◆ 光荣在党 50 年纪念

◆ 实验室工作照

◆与夫人刘曼媛在澳洲昆士兰大学住宅前坪合影

◆颜家祖孙三代在动物园合影

◆ 1987 年承担首批国家自然科学基金项目工作照

◆ 1998 年赴美访问与哈佛大学动物学 Levi 教授合影

——◆ 2000 至 2007 年被特邀参加美国科学基金项目 DEB0103795 贡山生物多样性研究

——◆ 2002 年随蒋洪新校长（右 2）等领导接待美国动物学家 Dr Charles 与 Dr Daivid

◆ 2002 年与澳洲科学院著名动物学家 Dr Robert 合影

◆ 2002 年与美、英学者在云南贡山北段考察生物多样性

◆ 2002 年在贡山海拔 3590 m 积雪石块下发现蜘蛛新种

◆ 2003 年应新西兰 Canterbury 大学 Robert R J 教授特邀合作研究合影

◆ 2005 年应邀赴美国加州科学院合作研究工作照

◆ 2009 年南澳大学与北京师范大学珠海分校共育"检学研三能人才"达成共识后留影

◆ 2011 年访台期间与台湾宜兰大学领导合影

◆ 2012 年与安宝生（右 2）等向教育部蔚玉副部长汇报协同创新培育"检学研三能人才"新模式受到赞赏

◆ 2014 年与美国亚利桑那大学 Michael R S 院长一行合影

◆ 2016 年颜亨梅（前排左 6）连任 3 届湖南省动物学会理事长后退休留念

◆ 2019 年在沈阳师范大学作学术报告

◆ 2020 年 10 月在中南八省区动物学联会上报告撰写首部《蜘蛛学》成果

◆ 2020 年与澳门 IT 协会共建大健康数据库

◆ 部分著作

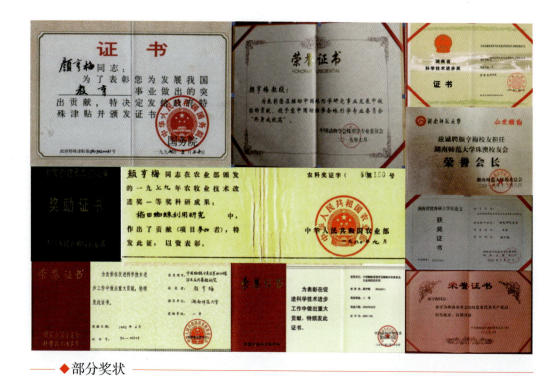

◆部分奖状

◆出席教育部骨干教师高级研讨班合影

◆与全国动物学教学工作委员会委员合影

◆参加全国昆虫学、寄生虫学教材编写合影

◆与时任国家质监局领导商讨合作培养"检学研 三能人才"达成共识后合影

◆指导学生海滨实习

◆与第十八届全国动物学会正副理事长孟安民院士、魏辅文院士合影

◆在橘园实施"保益控害"减少农药的生态调控技术

◆指导农业科技人员应用生态调控技术减少农药化肥用量

◆中韩日蜘蛛学者合影（左起：颜亨梅，金冑弼，尹长民，小野展嗣，彭贤锦，王新平）

颜亨梅文集

颜亨梅 / 著

湖南师范大学出版社

· 长沙 ·

图书在版编目（CIP）数据

颜亨梅文集 / 颜亨梅著 . — 长沙：湖南师范大学出版社，
2022.5
ISBN 978-7-5648-4381-6

Ⅰ . ①颜… Ⅱ . ①颜… Ⅲ . ①动物学—文集②生态学—文集
Ⅳ . ① Q95-53 ② Q14-53

中国版本图书馆 CIP 数据核字（2021）第 222172 号

颜亨梅文集
YAN HENGMEI WENJI

颜亨梅　著

◇责任编辑：宋　瑛
◇责任校对：吕　波
◇出版发行：湖南师范大学出版社
　　　　　　地址 / 长沙市岳麓山　邮编 /410081
　　　　　　电话 /0731-88873071　88873070　传真 /0731-88872636
　　　　　　网址 /https://press.hunnu.edu.cn/
◇经销：湖南省新华书店
◇印刷：湖南省美如画彩色印刷有限公司
◇开本：787 mm×1092 mm　1/16
◇印张：20.5
◇字数：468 千字
◇版次：2022 年 5 月第 1 版
◇印次：2022 年 5 月第 1 次印刷
◇书号：ISBN 978-7-5648-4381-6
◇定价：88.00 元

序

　　前几天，我院退休的颜亨梅老师告诉我，出版社将出版他的论文集，邀我为其作序，当时我就非常乐意地接受了，因为他曾是我的母亲胡运瑾先生的助教，我们相识相知几十年。颜老师对本职工作一丝不苟、精益求精、努力拼搏，对党的教育事业甘于奉献、勇于开拓创新，历时近半个世纪，为我校动物学和生态学学科建设添砖加瓦，业绩突出。如最近他撰写的《蜘蛛学》一书是目前国内外第一部全方位、系统描述蜘蛛的专著，为发展"蜘蛛学"做了开创性工作，填补了动物学领域中的一项空白，得到了国内外同行的一致好评。

　　《颜亨梅文集》汇集了颜老师近五十年来的主要教学科研成果，从他发表的200余篇论文中精选出近50篇，分为"蜘蛛学研究""生物安全性检测与评价研究"和"中医农业技术研究"三大部分；同时，本书还收录了他在不同时期参加的各类学术活动及服务社会的简况，内容丰富翔实，是颜亨梅老师丰富多彩学术生涯中的缩影。

　　颜老师自1987年获得首批国家自然科学基金项目以来，先后承担并完成了10个国家自然科学基金项目和20多项省市级课题，发表论文210多篇，出版专著12部、教材9册；曾9次获得国家农业部、教育部和湖南省政府颁发的科研和教学成果奖。因业绩突出，现被遴选为"国家科学技术奖励"评审专家、"全国学位与研究生教育评估"专家；作为湖南省科技杰出贡献专家进入"科技强省先锋谱"，是享受国务院特殊津贴专家。

　　基于颜老师在教育界的学术影响力，2004年7月起，应邀受聘为北京师范大学珠海分校教授委员会委员；作为学科带头人，2006年他受命创建工程技术学院生物技术专业，并任该院书记兼副院长、院学术委员会主任等职，为分校教书育人再立新功。

　　颜老师平易近人、乐于助人、热心公益，以"蜡烛精神"服务社会。在完成教学科研任务之余，他担任过湖南省动物学会三届理事长，省中学生生物奥赛委员会副主任，省昆虫学会、省生态学会、省植保学会和省医卫害虫防治协会的副理事长等职。

退休后，2018 年被遴选为湖南师大珠澳校友会名誉会长、珠海市科普志愿者协会会长，践行"科教兴国、科普惠民"的宗旨，创立"科普公益大讲堂"品牌活动，下乡村、上海岛、进校园、到社区传授健康等科学知识，深受大众的欢迎与赞赏；2020 年被评为珠海市"优秀共产党员"。

颜亨梅老师这种"老骥伏枥，志在千里"的品格与精神，是大家学习的榜样！

（刘少军系中国工程院院士，湖南师范大学教授、博士生导师）

2021 年 7 月 29 日

颜亨梅教授是我国知名的教育家、蜘蛛学家和昆虫学家；他因业绩突出被教育部科技论文网站列为全国有建树的学者，被湖南省遴选为科技杰出贡献专家而进入"科技强省先锋谱"；国务院为表彰其对发展我国高等教育事业的贡献，颁发了"政府特殊津贴"荣誉证书。

颜教授自参加工作以来一直在高校致力于动物学、生物安全领域的教学科研工作。

先后为本科生开设了《普通动物学》《昆虫学》《植物保护学》《生态学》《人类生态学》《生命科学前沿》《生物技术概论》《食品安全与健康》和《营养设计与膳食配餐》等课程，为研究生开设了《现代生态学原理与方法》《蜘蛛生态与利用》《科学研究方法》《文献阅读与英文写作》和《生物统计学》等学位课程。曾数次参加全国高校生物学统编教材编写工作，所撰写的教研论文被原国家教委、中国教育学会主编的《中国教育管理精览》一书收录，受《当代教育名人传》约稿。1993年荣获原国家教委科技进步一等奖，还被曾宪梓教育基金会首批授予"全国高等师范院校优秀教师奖"，1997年获省级"优秀教学成果三等奖"；多次获校级"教学优秀奖""教书育人奖"及"教学管理优秀奖"等荣誉；他所指导的研究生曾获"省级优秀研究生"称号和"省级优秀研究生论文奖"；2001年获中国高校自然科学奖二等奖。

颜教授致力于蜘蛛等经济动物的生态与应用研究，是国内最早研究蜘蛛多样性及其应用的学者之一。曾带领研究团队完成了对全国农林蜘蛛资源调查、土壤生态系统蜘蛛多样性调查、张家界与梵净山地区蜘蛛多样性、稻田蜘蛛群落结构与功能、虎纹捕鸟蛛繁殖生态与人工养殖技术、农药胁迫下蜘蛛分子遗传生态响应及其对蜘蛛多样性的影响、蜘蛛与猎物间信息联系机制和基于分子生物学技术的蜘蛛摄食与控虫效能评价等领域的研究工作。作为资深动物研究学者，2000—2007年应邀参加美国国家科学基金项目"中国云南高黎贡山生物多样性研究"。由于他在野外对蜘蛛独特的观察力以及多元化的标本采集方法受到外国专家的高度赞赏，2005年应邀赴美国加州科学院完成蜘蛛多样性国际合作研究。同年因他与湖南省植保站多年合作完成的"稻田生物灾害生态调控技术与示范研究"项目成果突出，获湖南省政府科技进步奖二等奖。

近年来，为了攻克自然生态系统中蜘蛛因行体外消化的生物学特征，以及昼伏夜行的生态学特性而无法检测其食谱和食量的难关，颜亨梅教授带领研究团队采用物理学、化学和生物学的新技术与新成果，对室内外蜘蛛捕食行为进行反复检测，比较分析实验结果，最后将 DNA 条形码技术、数字 PCR 技术与计算机技术有机结合，利用蜘蛛能够在一定的时间内有贮存猎物组织液的功能，通过检测蜘蛛消化道内残留的猎物 DNA 的量和消化速率，从中得出蜘蛛捕食猎物种类与食量，列出了自然环境中蜘蛛的食谱，建立了精确的食量检测数学模型，为客观评价蜘蛛控虫效能提供了有效的新方法，进而推断蜘蛛在农田生态系统中对害虫的控制效能。该成果不仅在生产实践中对制定"保蛛治虫"的措施，进一步发挥该捕食性天敌对害虫的控制作用具有重要指导意义，而且在理论上填补了蜘蛛学的一项空白。

颜教授治学严谨，精益求精，学识渊博，一丝不苟；待人处事作风正派，严于律己，宽以待人，助人为乐；对待学生和晚辈关爱有加，有求必应，教书育人。在他从执教生涯中退休后，为了拓展我校蜘蛛研究成果、促进学科建设，为实现先师尹长民教授要撰写《蜘蛛学》的意（遗）愿，他不顾身患类风湿疾病，克服关节疼痛的折磨，毅然承担主编的职责，承上启下，组织编委会，在前人工作的基础上，集湖南师大蜘蛛研究者数十年与蜘蛛交往的资料和研究成果，夜以继日地全身心投入写作之中。《蜘蛛学》终于在 2020 年底顺利完稿付印。《蜘蛛学》的问世是当今动物学界的一件好事，使我国的蜘蛛研究在世界上占有了一席之地。因为这是目前国内外第一部全方位、系统描述蜘蛛的文献，不仅为创立和发展"蜘蛛学"做了开创性工作，而且在理论上丰富了动物学、生态学和植物保护学相关内容；在生态调控农业有害生物的生产实践上充分发挥"保蛛控虫"作用，减少化学农药使用，保证农产品安全均有重要指导意义。

颜亨梅教授虽已步入古稀之年，但老当益壮，宝刀犹锐。他对事业执著追求、甘于奉献的品德和精神，既十分感人又永远值得我们学习和珍视！

彭贤锦

（彭贤锦系湖南师范大学生命科学学院执行院长，二级教授）

2021 年 7 月

目 录

CONTENTS

第一篇 **蜘蛛学研究**

第二篇 生物安全性检测与评价研究

第三篇　中医农业技术研究

颜／亨／梅／文／集

第一篇

蜘蛛学研究

斑管巢蛛生物学特性的研究

颜亨梅　王洪全

摘要： 斑管巢蛛（*Clubiona reichlini* Schenkel, 1944）是橘园蜘蛛中的优势种之一，在湖南长沙一年可发生 2~3 代，田间世代重叠。以成、若蛛越冬，若蛛经 4~6 次蜕皮发育为成蛛。雌、雄蛛均可多次交配。雌蛛一生平均产卵 362.5 粒，孵化率为 90.8%。世代平均历期 133.6 天，寿命 236.6 天，性比 ♂ ：♀ =1：1.9。在橘园中捕食卷叶蛾的成虫与幼虫、粉虱、蜡蝉、潜叶蛾与花蕾蛆的成虫及雄蚧等多种害虫；低龄若蛛嗜食橘全爪螨，捕食量最高达 44 头 / 日，尤其喜欢在傍晚至半夜出巢觅食。经室内观察，斑管巢蛛在无水无食的条件下可生存 27~65 天，可作为捕食性天敌加以保护利用。

关键词： 管巢蛛 *Clubiona*；生物学特征；橘园

斑管巢蛛是果园、茶园、森林和棉花等旱地作物上蜘蛛中的优势种群，尤以山丘常绿橘园中发生量大，据长沙地区橘园调查，其个体数量占总蛛量的 52.3%。它生活能力强，捕食量大，对上述生境中的农林害虫有一定控制作用。但是目前国内外未曾见到有关斑管巢蛛生物学特性的研究报道。因此，作者从 1983—1985 年在室内、外进行了较系统的试验和观察，现将结果整理如下。

一、材料和方法

1. 室外观察

在长沙市岳麓山区选择四块不同环境、柑橘品种、管理水平的橘园定点（株）定期（每周一次）观察蜘蛛的生活习性和发生期。另设规格为（1×2×4）m 的网室，内栽 3~5 年树龄蜜橘 2 株，每株放养斑管巢蛛 15~20 头，每日观察 3~4 次。

2. 室内饲养

鉴于斑管巢蛛世代重叠，在野外区别世代有困难，故以越冬后橘园中最早出现的卵囊作为第一代卵，连橘叶一并采回，放在垫有吸水棉球的（8×2.5）cm 的指管内，管口用棉花轻塞，待其孵化后将出囊的若蛛用毛笔转移于蜘蛛饲养器内，每天投放新鲜猎物。以后每代都是从亲代成蛛所产下的第一个卵囊作为饲养观察的对象（每代 50 头以上），并记载蜘蛛觅食、求偶、交配、产卵、孵化、蜕皮、死亡及各蛛态发育历期。

3. 饵料

低龄若蛛投放从橘园采回的橘全爪螨（*Panonychus citri*），高龄若蛛和成蛛饲以人工繁殖的果蝇（*Drosophila melanogaster*）和水蝇（*Hydreilia*）成虫。

4. 耐饥、耐干旱力测定

将供试蜘蛛分设无水无食、有水无食、有食无水三个处理。另设有水有食为对照组。从实验之日起到蜘蛛死亡日止，记载其生存期和试验期温湿度。

5. 越冬调查

从 1983—1985 年的越冬期（11 月中旬至次年 3 月中旬），确定不同地形（包括坡向）和植被的六块橘园，每次每园随机调查，并记载 5 株十年以上的橘树上及树冠下（以滴水为界）的灌木丛、草丛、地面覆盖物上和地表松土、土缝（5 cm 深）内所见的蛛数、蛛态（包括死亡者），然后换算出不同越冬场所占调查总蛛量的活蛛百分率和死亡率。每两周调查一次。

6. 数据统计

供试蜘蛛的体长均用 CMSD 测微目镜自动数显仪测量。

二、结果与分析

1. 胚后发育期的形态变化

斑管巢蛛自若蛛孵化至成蛛的发育中需蜕皮 4~6 次，一般雌蛛比雄蛛多蜕一次皮。每次蜕皮后随着蛛体增大，其外形如体色、斑纹等发生较大的变化：一龄若蛛体长 0.95~1.2 mm，全体白色，有光泽，无任何斑纹；孵化后 1~2 天出现褐色眼列，整个龄期在卵囊内度过。二龄体长 1.4~2.4 mm，肉眼可见全体被毛、刺，色暗，出囊后腹部背面位于心脏斑处有三个呈倒"品"字形排列的褐色小圆点，其上各有一根刺毛。三龄体长 2.3~3.0 mm，体背密布细毛，刺变为黑褐色；背甲中央有一对清晰的小括号"（）"状褐色纵纹，直达眼区后缘；腹背后半端出现四列点线状褐色纵纹。四龄体长 4.0~4.8 mm，体色加深，螯肢深棕色，螯爪色黑。背甲中央纵纹变为对应的双"丫"形，腹背后端出现 4~5 对隐约的"八"形斑纹。末期，雄体触肢跗节膨大呈球杆状；五龄体长 4.8~6.1 mm，螯肢强壮，漆黑而有光泽。头胸部同四龄，腹背八形斑纹 5~7 对十分醒目，末期雌体的腹部腹面生殖沟上方透过体壁可见到生殖厣的轮廓，雄体触肢器形状如四龄；六龄体长 5.8~7.0 mm，体色深暗，斑纹似五龄，仅见雌体。

2. 生活周期与年生活史

产卵前期　指蜘蛛交配后至产卵的历期。雌蛛最后一次蜕皮 24 小时后即可交配，但以 2~4 天居多；雄蛛 5~9 天，一般 7 天才有求偶行为。雌蛛产卵前期平均 12.7 天，最长 20 天，最短 8 天。产卵前期长短与气温和营养条件有密切关系，见表 1。

卵历期　第一代卵平均 7.4 天（95% 的置信区间 8.62~6.18 天），最长 14 天，最短 5 天；第二代平均 7.0 天（8.35~5.65 天），最长 9 天，最短 5 天；第三代平均 9.4 天（10.28~8.52 天），最长达 17 天，最短 8 天。

表 1　室温下斑管巢蛛最后一次蜕皮至产卵历期（1984 年，长沙）

最后蜕皮期（月/日）	交配期（月/日）	交配前历期/天	产卵期（月/日）	产卵前历期/天	日均温/℃
5/22	5/26	4	6/17	18	26.5
6/11	6/15	4	7/1	12	28.5
7/29	7/31	2	8/11	10	29.8
7/31	8/2	2	8/12	8	30.3
8/10	8/13	3	8/24	8	29.2
9/25	9/28	3	10/21	20	20.4

若蛛历期　不同季节，各代若蛛发育进度不一。第一代若蛛平均历期 62.5 天，第二代平均 57.5 天（见表 2），第三代若蛛历期长达 210.3 天。这是由于前两代发生期气温适宜，发育较快，而第三代发生时值 10 月，气温下降，并需经过越冬期于翌年春天才能发育成熟。

表 2　室温下斑管巢蛛各龄若蛛历期（天）（1984 年，长沙）

世代	一龄	二龄	三龄	四龄	五龄	六龄	合计历期	观察日平均温度/℃
第一代	6.0±0.37	19.5±3.76	17.1±3.68	11.5±2.2	8.5±1.36	—	62.5	22.1~30.0
第二代	4.6±0.56	11.8±1.67	11.9±1.86	7.5±0.89	10.5±1.41	11.6±1.79	57.5	31.0~23.8

表 3　斑管巢蛛的年生活史（长沙）

代别 ＼ 日旬	1-3 上中下	4 上中下	5 上中下	6 上中下	7 上中下	8 上中下	9 上中下	10 上中下	11 上中下	12 上中下
越冬代	Θ Θ Θ / ⊕ ⊕ ⊕	Θ Θ Θ / ⊕ ⊕ ⊕	⊕ ⊕ ⊕ / ⊕ ⊕ ⊕	⊕ ⊕ ⊕ / ⊕ ⊕	⊕ ⊕					
第一代			⊙ ⊙ ⊙	⊙ ⊙ ⊙　— —	⊙ — — —　+ +	— —　+ + +	+ + + +			
第二代						⊙ ⊙ ⊙　—	⊙ ⊙ — — —　+	—　+ + +	⊕ ⊕	⊕ ⊕
第三代							⊙	⊙ ⊙　—	— —　—	Θ Θ Θ

注：（1）⊙…卵；—…若蛛；+…成蛛；Θ…越冬若蛛；⊕…越冬成蛛；（2）旬：上/中/下旬；（3）第一代观察的若蛛未发现有第六次蜕皮的，故只有五龄。

综上所述，斑管巢蛛在饲以果蝇为主的室温条件下，第一代历期为 86.5 天，第二代历期为 77.5 天，第三代历期为 239.5 天。

年生活史　长沙地区一年可发生 2~3 代，越冬代于翌年 4 另下旬开始产下第一代卵；7 月中、下旬第一代成蛛出现；7 月下旬初产第二代卵，9 月上、中旬第二代成蛛成熟；9 月下旬和 10 月上旬第三代卵出现；11 月中、下旬以第三代若蛛及二代成蛛越冬（详见表 3），全年可完成两个完整世代。

3. 生活习性与行为

越冬习性　在长沙地区橘园共查越冬斑管巢蛛 299 头，其中成蛛 66 头，占总数的 22.4%，若蛛 232 头，占 77.6%；查卵囊 15 个，其中 4 个孵化，其余卵囊中的胚胎均已枯黄，将已孵化的卵囊带回室内饲养，结果均在 2 月中旬严寒之中死亡，无一幸存。可见在该地区斑管巢蛛的卵和未出囊的若蛛都不可能越冬，而是以成、若蛛越冬。

斑管巢蛛在橘园中的越冬场所大部分集中在树冠上被害的卷叶或枯叶内，占调查总数的 73.6%；其次是在开裂的树皮下或树洞入口处，占 16.6%；另外树冠下灌木、杂草上占 6.7%；落叶层占 3.5%。越冬期间蜘蛛死亡率平均为 19.4%，死亡者大多数为成蛛，占死亡总蛛量的 88.9%。

活动方式与猎食行为　斑管巢蛛是一种定居兼游猎的蜘蛛，终生不结网，仅牵少许不规则的蛛丝。选择阴暗而干燥的拐弯处，如树冠上被害卷叶成枯叶内作成 2~3 层蛛丝的管状或囊（袋）状网巢，蜘蛛隐居其中。巢的两端各有一精巧的小圆孔，为其出入之门户。网巢周围布满了信号丝，借以传递外界信息。

斑管巢蛛成、若蛛均为负趋光性，白天虽匿居巢中，但遇触巢的猎物，亦可迅速捕食之。黄昏时刻，蜘蛛开始出巢活动，主动巡游猎取食物。据笔者晚间在橘园中观察，其觅食方式是沿着枝、叶逐一搜索前进，几乎无遗漏之处。转换枝条，近处以跳跃来完成，远处则垂丝下落，下垂达 1~1.5 尺长还未碰着枝叶，则收丝回原处。如遇敌害或大的震动，牵丝突然跌落阴暗之处，过后仍可收丝上来，但多不再回归原巢，而另作新巢。

求偶和交配　斑管巢蛛的求偶方式是"追逐式"，即雄蛛主动追随雌蛛游走数圈。两者相遇时，雄蛛用触肢、螯肢上下和左右快速移动，同时交替伸出第一对步足，向雌蛛发出求婚信号。雌蛛头向雄蛛静伏不动，同时也用附肢做类似雄蛛的动作。这时雄蛛进一步向雌蛛靠拢，两头相对，并用前两对附肢交互接触数秒钟，然后雄蛛从雌蛛的头顶爬上其体背进行交配。

交配状态为"倒抱式"，雄蛛从背面倒抱住雌蛛，前两对步足握持对方的腹部，后两对夹住其头胸部，雌蛛则主动将腹部扭向背方的一侧，雄蛛相应一则的触肢器在雌蛛的生殖厣上反复刮几次，再将触肢作肘状弯曲支撑在雌蛛的生殖厣上，继而血囊膨大发亮，插入器由附舟内侧插入雌蛛生殖孔内。此后可见雄蛛触肢器的血囊出现节律性扩张与收缩。交配过程可持续 30~90 min，一般为 60 min。雄蛛两触肢器交替插入雌孔内授精的时间，恰好在整个交配过程的一半时间内进行。交配常发生在晚上 8~10 时。据笔者室内观察，斑管巢蛛雄、雌均可多次交配，在交配前后从未发现两性残杀现象。

产卵和护卵 雌蛛产卵前夕纺丝作成 3.5~4 × 2~2.5 cm 的产卵室，并在其内作一圆形的卵垫，由 2~3 层富黏性的蛛丝构成。产卵时，雌蛛腹背隆起，纺器支撑在卵垫边缘，卵粒一次性排出。待卵壳稍干后，雌蛛用腹部轻压卵块，并用附肢协同将其整理成形，卵块多为长椭圆形，或半球状。接着雌蛛快速纺丝覆盖卵粒，巧妙地与卵垫连接成一个整体——卵囊。从产卵到形成卵囊的整个过程需 120~150 min，产卵时间多在上午 5~10 时。

每头雌蛛一生可产下 4~6 个卵囊，解剖 54 个卵囊统计，平均含卵量为 81.5 粒，其中最多为 158 粒，最少 17 粒。据此，每头雌蛛一生可产卵 289~436 粒，但产卵量随着产卵囊次数增加而递减。据第一代的 48 头雌蛛统计，第一个卵囊平均为 108.5 粒，而第六个卵囊仅 50.5 粒。各世代产卵量差异亦大，第一代产卵期长，卵量大。

卵囊形成后，雌蛛始终用身体护住，直至若蛛爬出卵囊。即使遇到敌害干扰，雌蛛也寸步不离。若将卵囊移动，雌蛛紧追不舍；若将卵囊撕破，雌蛛能修补完好，并未发现自食其卵粒。

孵化与蜕皮 斑管巢蛛的孵化率很高。解剖 54 个卵囊，平均孵化率 90.8%，最高达 100%，尤以前 3 个卵囊孵化率高，自第四个卵囊后，孵化率依次下降。

若蛛蜕皮前一天，停止取食，蜕皮时前三对步足伸向前方，后一对步足伸向后方，腹部弯向胸板，全身弓缩，旧皮首先在眼区前缘和螯基交界处破裂，因全身肌肉收缩，头胸部、腹部先后蜕离旧皮。随着腹部弯向胸板，第四对步足也向前三对靠拢，最后四对并拢的步足同时抽出旧皮。刚蜕皮的蜘蛛身体，其状如虾，需 10~15 min，步足和身体方能舒展，整个蜕皮过程需要 30~40 min。除了一龄若蛛在卵囊内蜕皮外，其余各龄均在巢内蜕皮。每次蜕皮后，另建新巢。

4. 性比与寿命

斑管巢蛛性比，各世代都是雌蛛多于雄蛛。室内饲养 158 头成蛛，第一代 ♂：♀ 为 1 : 2.4；第二代为 1 : 1.09；第三代 1 : 2.7，平均性比为 1 : 1.9。

斑管巢蛛的寿命（指自若蛛孵出至成蛛死亡的历期）个体间和世代间都有差别。室内单蛛饲养统计，最长者 369 天，最短者仅 98 天，平均寿命 236.6 天，一般雄蛛寿命短于雌蛛 15~32 天。其中成蛛期平均寿命 126.5 天，最长 158 天，最短 37 天。各世代以第三代的寿命最长，因需经过越冬期，第一代次之，第二代成蛛期正遇盛夏高温，其寿命最短。

5. 食谱及食量

由室内、外观察可知，斑管巢蛛在橘园中能捕食卷叶蛾类（Tortricidae）和凤蝶

（*Sinoprinceps xuthus*）的低龄幼虫，花蕾蛆（*Contorinia citri*）、黑刺粉虱（*Aleurocan spiniferus*）、蜡蝉类（Fulgoridae）、叶蝉类（Cicadellidae）、潜叶蛾（*Phyllocnistis citrella*）、锈壁虱（*Phyllocoptruta oleivora*）蚊类（Culicidae）和果蝇的成虫及雄蚜。出卵囊后的低龄若蛛捕食橘全爪螨和锈壁虱，尤其嗜食橘全爪螨，一头若蛛捕食橘全爪螨可达 44 头 / 日。捕食量随生育期和性别不同而异，若蛛随着龄期增长其捕食量增大，尤其是四龄以后食量明显增加，接近甚至超过成蛛的食量。成蛛中雌蛛捕食量大大高于雄蛛，如室内饲以果蝇成虫，在恒温 28 ℃，相对湿度 70% ~50% 的条件下，二龄若蛛不见取食；三龄若蛛日捕食量平均为 9.2（±2.7）头；四龄为 30.8（±2.0）头；五龄为 33.8（±3.85）头；雄蛛为 21.8（±4.67 头），雌蛛为 34.0（±3.08）头。雌蛛日平均捕食果蝇比雄蛛多 16.3 头。

6. 耐饥、耐干旱能力

斑管巢蛛有较强的耐饥、耐干旱力。成蛛在无水无食条件下可生存 27~65 天，供试蜘蛛平均存活了 43.03 天；在无食有水时可存活 34~69 天，平均为 57.1；在无水有食时，能存活 56~70 天，平均 66.7 天，与对照组只相差 14 天。其耐受力与蜘蛛的发育阶段有关，在同期进行的试验中，平均生存天数是成蛛＞亚成蛛＞低龄若蛛，代表性误差 Q 值是低龄若蛛＞亚成蛛＞成蛛，可见其耐饥与耐干旱能力是随着龄期增长而提高，详见表 4。

表 4 斑管巢蛛耐饥饿、耐干旱能力测定（1984 年，长沙）

| 试验日期（月/旬） | 蛛态 | 供试蛛量（头） | 平均生存历期（天） | | | | 代表性误差 $Q=\|u-\bar{X}\|$ | | |
			A 无食无水（$\bar{X}$）	B 无食有水（$\bar{X}$）	C 有食无水（$\bar{X}$）	D 对照（u）	A 无食无水	B 无食有水	C 有食无水
2/中 –4/下	亚成蛛	11	57.5（54~62）	61.0（55~67）	—	102.5	55.0	41.5	—
2/中 –4/下	成蛛	10	61.4（57~65）	64.0（59~69）	—	92.5	31.1	28.5	—
6/上 –8/中	成蛛	16	31.3（27~35）	50.7（34~55）	64.5（56~69）	76.5	45.2	28.5	12.0
6/上 –7/底	二龄若蛛	34	7.9（4~15）	9.5（7~15）	21.0（11~36）	57.5	49.6	48.0	36.5
9/上 –11/上	成蛛	16	36.4（32~44）	56.6（41~59）	68.8（59~70）	73.9	37.5	17.3	5.1
平均值						80.58	41.68	32.66	17.7
误差率（%）= Q /u × 100							51.7	40.5	22.0

三、小结与讨论

1. 斑管巢蛛在湖南长沙地区一年可发生两个完整世代，第三代若蛛当年不能成熟，以若、成蛛越冬，并以若蛛占优势，以致田间世代重叠。

2. 斑管巢蛛繁殖力较强，雌蛛产卵次数多6个卵囊，卵量大（436粒），孵化率高（平均90.8%），但成活率较低，其中主要以低龄若蛛死亡率高，各世代性比均为雌多于雄。雌、雄蛛均可多次交配而无互相残杀现象。

3. 斑管巢蛛捕食范围广，初步观察，在橘园可捕食橘全爪螨、卷叶蛾等13类不同虫态的害虫。尤其2~3龄若蛛个体数量大，是橘全爪螨的主要捕食性天敌之一。

4. 斑管巢蛛有较强的耐饥耐旱力，在无水无食物的条件下可生存1~2个月。在有食物时，并无直接饮水的需求，这表明斑管巢蛛适应于树冠等无直接水源的生活环境。

A STUDY ON BIOLOGY OF THE SPIDER *CLUBIONA REICHLINI*

Yan Hengmei， Wang Hongquan

ABSTRCT: The present paper reported the life history, reproduction, development, and behaviors of *C. reichlini* Schenkel in detail in Hunan Province, China. Biology of *C. reichlini* was studied under standardized laboratory conditions （28 ±1℃, 70%~80% RH） and room temperature. They were reared with adults of *Drosophila melanogaster* serving as prey through their life cycle, but with *Panonyckus citri* serving as prey during 2nd instar spiderling. In Hunan, the sac spider *C. reichlini* has two or three generations each year. Both female and male mate several times, without cannibalistic action. One female lays 4~6 egg sacs and a mean of 382.5 （289 ~436） eggs throughout its adult life. The spiderling required a mean of 110.1 （62.5~210.3） days after hatching to reach maturity became adults following 4~6 molts, and lived for an average of 126.5 （37~158） days as adults.

Key Words: Biology of Spider, Clubionidae, Behaviors, Life history

原载◎动物学报，1987，33(3): 255-261

橘园蜘蛛空间分布型及抽样技术

颜亨梅

摘 要： 橘园蜘蛛的空间分布型，应用 Iwao 和 Taylor 法及多种聚集度指标测定的结果表明，混合种群以随机分布为主，但在较低（0.4 头 / 枝条）和较高（1.4 头 / 枝条）密度下都趋向均匀分布，优势种斑管巢蛛（*Clubiona reichlini*）均为聚集分布。对不同抽样单位和抽样方法进行比较测定，结果表明以抽查枝条法和平行线取样方式的效果最佳，其误差率可控制在 5% 以内，且简便易行。

关键词： 柑橘属； 种群； 取样； 空间分布型

一、前言

根据笔者从 1984 年以来进行的橘园蜘蛛种群动态研究，可以看出蜘蛛在橘园中对柑橘害虫的控制效应是很明显的。因此研究它们的空间分布型，无论在生态学理论上还是生产实践上都有重要意义，它有助于了解其生物学特性，揭示种群的空间结构及其分布型的生态学特征，从而提高橘园抽样技术及试验设计的精确度；同时也是对蜘蛛进行预测预报，制定保护利用措施的理论依据。有关空间分布型的研究在昆虫方面有不少报道，但对蜘蛛空间分布型的研究所见甚少。张永强等（1983）对稻田蜘蛛空间分布型进行了研究，但是对橘园蜘蛛空间分布型及其取样的研究未见报道。为此，笔者借用近年来作为昆虫聚集度的指数计算法，测定了橘园蜘蛛混合种群及优势种斑管巢蛛的空间分布型，同时也进行了橘园蜘蛛调查和取样技术的探讨，现将结果整理如下。

二、研究方法

1. 调查方法

在岳麓山区选择四块不同类型的橘园。每次连片调查 200 株十年以上树龄的橘树，在每株树冠的东、南、西、北四个方位的上、下层及树冠内、冠顶共取 10 个样点，每个样点以一尺长的枝条为单位。调查时逐株分别记录树冠上的成、若蛛（不包括未出卵囊）的数量，以 50 株为一小区，统计并依林间位置绘制蜘蛛实地分布图。

2. 聚集度的测定

采用常用的分布型指数法和回归模型法来确定种群的空间分布型。各块橘园资料均按下列方法测定：根据取样调查数据，计算出平均数（$\bar{X}$）、方差（S^2）及平均拥挤度（$\overset{*}{M}$）。采用聚集指标法：Beall 扩散系数 C、David and Moore 丛生指标 I、Moristita 的扩散指标 I_δ、负二项分布参数 K、Cassie 指标 C_A、Lioyd 聚集性指标 $\overset{*}{M}/\bar{X}$、Iwao 法、Taylor 法等方法测定其空间分布格局，并分析该种群呈现空间分布型的原因。

3. 不同抽样方法和准确度的比较

利用取样框，在斑管巢蛛橘园空间分布图上，用五点、棋盘式、Z 型、平行线与对照大样本做比较。用公式计算代表性误差和误差率、抽样方式和适宜的抽样数。

代表性误差（Q）= 样本平均数（$\bar{X}$）– 对照平均数（u）

误差率（%）= 代表性误差（Q）÷ 对照平均数（u）× 100

正态离差值 $u = |\bar{X} - u| / \delta \bar{X}$

上述调查和抽样方式的比较，分别在四块橘园中进行，每块园的各种处理或方法均重复三次，得出平均值。

三、结果与分析

1. 混合种群空间分布型

应用 Iwao（1971、1972）平均拥挤度（$\overset{*}{M}$）与平均密度（$\bar{X}$）的回归 $\overset{*}{M} = \alpha + \beta \bar{X}$ 作为检验分布型的公式。

以蜘蛛混合种群 20 个小区的资料（四块橘园）调查 5 次，每小区查橘树 50 株作 $\overset{*}{M}$ 对（$\bar{X}$）回归，得 $\alpha = 0.1082$，$\beta = 0.9437$，$r = 0.875$，$P = 0.001$，呈极显著。其回归式为：$\overset{*}{M} = 0.1082 + 0.9437 \bar{X}$。

Iwao 认为，截距 α 和回归系数 β 揭示种群的分布特性，当 $\alpha = 0$ 时，分布的基本成分是单个个体：$\alpha > 0$ 时，分布的基本成分为个体群 $\alpha < 0$ 时个体间互相排斥。$\beta = 1$ 为随机分布；$\beta < 1$ 为均匀分布，$\beta > 1$ 为聚集分布。若 $\alpha = 0$ 时，为随机分布，计算结果是混合种群 $\alpha = 0.1082$ 趋向 0，$\beta = 0.9437$ 趋向 1，这说明混合种群分布的基本成分是个体，符合随机分布。

同样用 Iwao 法将在不同季节内对橘园蜘蛛混合种群测定的空间分布型结果列于表 1。

表 1　橘园蜘蛛混合种群不同季节空间分布型测定结果

调查时间	均数 $\bar{X}$（头/尺枝条）	平均拥挤度 $\overset{*}{M}$	α	β	r^2	分布型	回归式
7 月 14 日	0.8833	1.8518	0.2053	1.0806	0.96	随机分布	$\overset{*}{M} = 0.2053 + 1.0806 \bar{X}$
8 月 8 日	0.4275	0.6650	−0.2499	2.2158	0.98	均匀分布	$\overset{*}{M} = -0.2499 + 2.2158 \bar{X}$
8 月 25 日	1.4083	2.3286	−0.6258	1.6217	0.97	均匀分布	$\overset{*}{M} = -0.6258 + 1.6217 \bar{X}$
9 月 15 日	1.0417	1.9108	0.2923	0.9178	0.95	随机分布	$\overset{*}{M} = 0.2923 + 0.9178 \bar{X}$
10 月 27 日	0.7749	1.4239	0.2404	1.0040	0.95	随机分布	$\overset{*}{M} = 0.2404 + 1.0040 \bar{X}$

表1结果说明，橘园蜘蛛空间分布型随季节而变化，五次测定中有三次为随机分布，占60%；有两次为均匀分布，占40%；空间分布型与蜘蛛的密度有关，用同一方法，较低密度和较高密度均为均匀分布（如8月份）；中等密度为随机分布（如10月27日）。这种现象与某些植食性昆虫，如东亚飞蝗、棉盲蝽等在高密度下呈聚集分布，在低密度下呈Poisson分布的情形是不同的。究其原因，笔者初步认为，这是由于蜘蛛属捕食性动物在密度不断增加的情况下，种内和种间对猎物和场所的竞争现象更为突出，加之蜘蛛本来就有相互残杀的习性，因此个体间的排斥性更大，这就形成了由随机分布趋向均匀分布的趋势。还有与蜘蛛种群的繁殖、扩散（若蛛）、求偶（成蛛）和对环境局部差异的反应特性有关。

2. 斑管巢蛛的空间分布型

（1）聚集度指标

将四块橘园蜘蛛调查所得斑管巢蛛成、若蛛的资料，应用多种聚集度指标测定的结果表明：扩散系数C、Morisita扩散指标I_δ、与$\overset{*}{M}/\overline{X}$的值均大于1，为聚集分布；指标$C$、$C_A$和$I$的值大于0，也属聚集分布；至于负二项分布的参数$K$值指标，Waters（1959）提出，负二项参数$K$值愈小，聚集度愈大，一般在8以上时才接近Poisson分布，计算结果中的K值都在8以下，仍属聚集分布。

（2）Taylor 的方法

应用各组种群的方差与均数的对数值相关，求回归式$\log s^2 = \log \alpha + \beta \log \overline{X}$，得$\log s^2 = 0.1531 + 1.0711\log \overline{X}$（$r = 0.9986$，$P = 0.01$）。Taylor认为，$\beta$是聚集度指标，$\beta > 1$为聚集分布；$\beta \to 0$为均匀分布；$\beta = 1$为随机分布，计算结果斑管巢蛛$\beta = 1.0711$（$\beta > 1$），证明属聚集分布，但聚集度不高。

（3）Iwao 的方法

应用各组调查的斑管巢蛛平均拥挤度（$\overset{*}{M}$）与平均密度（$\overline{X}$）的资料作$\overset{*}{M}$—$\overline{X}$回归，$r = 0.9883$，$P = 0.01$，得$\overset{*}{M} = 0.2204 + 1.2727\overline{X}$，说明种群分布的基本成分有个体群，属于聚集分布。又按Iwao提出的聚集分布的三种类型来衡量，应属于第三种聚集分布（$\alpha > 0$，$\beta > 1$），属于这种类型分布的特征是其聚集的原因：既包含着由于它自身的生殖、扩散等生物生态学特征作用的结果，也包含由于它对环境条件差异的反应结果。

3. 橘园蜘蛛抽样技术的探讨

（1）不同调查方法比较

设摇树干（20次/株）、拍振枝条（10次/枝）、抽查枝条（10尺枝条/株）三种调查方法，同时以大样本（50株）做对照，均以株为单位统计的斑管巢蛛数量见表2。

表 2　不同调查方法比较

园号	平均蛛量 $\bar{X}$（头/株）				代表性误差 $Q = \lvert u - \bar{X} \rvert$			误差率% $= Q / \bar{X} \times 100$			标准正态离差 u 值		
	对照 u	查枝条	拍枝条	摇树干	查枝条	拍枝条	摇树干	查枝条	拍枝条	摇树干	查枝条	拍枝条	摇树干
1	66.3	70.6	59.9	13.3	4.3	6.4	53.0	6.486	9.653	79.94	0.7897	0.3567	20.0317
2	58.6	62.0	50.7	11.7	3.4	7.9	46.9	5.802	13.481	84.05	0.7172	0.3564	13.3546
3	35.7	40.6	31.3	10.0	4.9	4.4	25.7	13.725	12.325	71.99	0.2144	0.2858	4.8568
4	92.6	96.4	90.0	12.6	3.8	2.6	80.0	4.104	2.808	86.40	0.3647	0.5329	17.3205
平均					4.1	5.325	51.4	7.529	9.567	80.59	0.5215	0.3830	13.8912

　　采用抽查枝条调查方法的样本平均代表性误差（$Q = \lvert -u \rvert = 4.1$）和正态离差值（$u = 7.329$）均较其他两种方法为低，说明误差较小，且此法在调查中不会惊跑蜘蛛，适应于消长规律的系统调查。拍振枝条的调查法，其代表性误差 $Q = 5.325$ 和标准离差 $u = 0.5215$，与前一种方法相近，且此法简便、易行、调查速度快，可适应橘园蜘蛛普查。但此法是无放回取样，调查时惊落的不少蜘蛛多不能回归原处，调查前后相比，树冠上蜘蛛数量减少 80%，因此，不适应于系统消长调查。摇树干法的代表性误差率高达 80%，正态离差 u 值也有 13.8912，与对照相差较大（$P < 0.05$），笔者认为，此法虽简便易行，但不可用于蜘蛛数量方面的调查。

（2）不同抽样方式比较

　　在确定的取样区内，分别采用五点（3 枝 × 4 株 × 5 点）、棋盘（10 枝 × 5 株 × 4 行）、Z 形［10 枝 ×（5+5+10）株］、平行（10 枝 × 4 株 × 5 行）四种抽样方法调查斑管巢蛛成、若蛛数量，统计结果见表 3。

表 3　斑管巢蛛不同取样方法准确度比较（200 尺枝条）

园号	平均蛛数（头/尺枝条）					代表性误差 Q 值				标准正态离差 u 值			
	对照	五点	棋盘	Z形	平行	五点	棋盘	Z形	平行	五点	棋盘	Z形	平行
1	0.367	0.274	0.412	0.377	0.357	0.093	0.045	0.01	0.01	0.896	0.789	0.011	0.239
3	0.280	0.223	0.337	0.316	0.297	0.057	0.057	0.036	0.017	0.550	0.754	0.266	0.207
4	0.547	0.41	0.67	0.507	0.54	0.127	0.123	0.031	0.0067	1.448	0.533	0.298	0.113
合计						0.277	0.225	0.053	0.0337	2.893	2.077	0.675	0.649
平均	0.398	0.306	0.473	0.389	0.395	0.093	0.075	0.018	0.0112	0.965	0.692	0.225	0.216
误差率/%						23.18	18.87	4.466	2.822	$P > 0.05$		$P > 0.05$	

　　由表 3 可见四种取样方式的代表性误差 Q 值、误差率和标准正态离差 u 值，以平行线抽样法最小，说明其结果接近大样本的对照组；Z 形取样仅次于平行式；与大样本对照最大的误差率是五点取样，达 23.2%。棋盘式为 18.9%，其他两种方法误差率均在 5% 以下。正态离差 u 值均未达到显著差异水平（$P > 0.05$）。按优选法的原则，在调查斑管巢蛛为主的橘园蜘蛛时，以平行或 Z 形取样方法为佳。

（3）分布型参数的应用

空间分布型确定后，依据分布型参数来拟定理论抽样数。当总体在正态情况下，抽样数，N 与平均密度（$\bar{X}$）之间有下列关系：$N = t^2 s^2 / D^2 (\bar{X}^2)$

按 Iwao（1977）的统计法，已知回归的 α、β 值及平均密度，再给定允许误差 D（0.1，0.2，0.3），根据 $N = D^{-2} [(\alpha + 1) / \bar{X} + (\beta - 1)]$ 可获得各种密度下的最适抽样数。现将橘园蜘蛛混合种群（$\alpha = 0.1082$，$\beta = 0.9437$）和斑管巢蛛（$\alpha = 0.2024$，$\beta = 1.2727$）最适抽样数计算结果列于表4、表5。

表4 橘园蜘蛛混合种群不同密度抽样数

允许误差 D	均 数 $\bar{X}$										
	0.2	0.4	0.6	0.8	1.0	1.5	2.0	2.5	3.0	4.0	5.0
0.1	637.5	332.4	230.7	179.8	149.3	108.3	88.3	76.1	68.0	57.8	51.7
0.2	159.4	83.1	57.7	45.0	37.3	27.2	22.1	19.9	17.0	14.5	12.9
0.3	70.8	36.9	25.6	20.0	16.6	12.1	9.8	8.5	7.6	6.9	5.7

表5 斑管巢蛛不同密度抽样数

允许误差 D	均 数 $\bar{X}$										
	0.2	0.4	0.6	0.8	1.0	1.5	2.0	2.5	3.0	4.0	5.0
0.1	548.5	271.4	179.1	132.9	105.2	68.3	49.8	38.7	31.3	22.1	16.5
0.2	137.1	67.9	44.8	33.2	26.2	17.1	12.5	9.7	7.8	5.5	4.1
0.3	60.9	30.2	19.9	14.8	11.7	7.6	5.6	4.3	3.5	2.5	1.8

在有限总体的林分调查时，可根据下列公式对抽样数进行调整。

$$N' = \frac{N}{1 + N/Q} \qquad （Q：调查总体）$$

四、小结与讨论

1. 应用分布型指数测定，以斑管巢蛛为主的混合种群在橘园的空间分布型基本上属随机分布，但在较高密度（1.4头/枝条）或低密度（0.4头/枝条）下，则趋向均匀分布。这说明作为捕食性的蜘蛛类，密度因素（包括自身的和猎物的）较其他因素更能直接影响种群的空间分布特征。

2. 优势种斑管巢蛛的空间分布型，经多种方法测定均属聚集分布。用 Iwao 法测定，表明种群分布的基本成分有个体群，个体群是聚集分布，属于 Iwao 提出的第三种类型（$\alpha > 0$；$\beta > 1$）。

3. 比较几种测定空间分布型法，显然以 Iwao 法为最佳。它不仅能表明种群的空间分布图式，还能表明种群中基本成分的状态，并可获得更多有关空间分布型的信息，确定理论抽样和进行资料代换。

4. 鉴于目前调查橘园蜘蛛尚无统一方法，笔者认为，根据橘园特点和蜘蛛的空间分布型，采用抽查枝条为取样单位和平行线抽样方式较为适宜，其误差率可控制在 5% 以内，基本上能反映客观实际，且操作简便，可供生产实践上参考应用。

SPATIAL PATTERNS OF SPIDERS IN CITRUS GROVES

AND THEIR SAMPLING TECHNIQUE

Yan Hengmei

Abstract: Seven methods and eleven indices of aggregation were reviewed and compared with their applications in the study of spatial patterns of spiders on citrus trees. All indices indicate that the distribution of the spider $C.$ $reichlini$ was of an aggregate pattern, and the distribution of the mixed population of spiders was of a random pattern. Iwao's method of regression of mean, crowding ($\overset{*}{M}$) on mean density ($\overline{X}$) is a good method for detecting the aggregation pattern. In the sac spider ($C.$ $reichlini$), all $\overset{*}{M}—\overline{X}$ ratio in a series of distribution is fitted to a single linear regression, for $\alpha > 0, \beta > 1$. In mixed population of spiders, the distribution patterns changed with its density down or up during different season, which showed an uniformity distribution under higher ($\overline{X} = 1.4$) or lower ($\overline{X} = 0.4$) density of spiders and a random distribution under general ($\overline{X} = 0.7\sim1.0$) density were existed. In addition, four methods of investigation and five tapes of sampling were reviewed and compared with their applications in the study of $C.$ $reichlini$ the result showed that the method of paralled as the best one.

Key words: citrus，population，sampling，spatial distribution pattern

原载◎湖南师范大学自然科学学报，1988，11（4）：346-351；由首批国家自然科学基金项目（No. 3860603）资助

斑管巢蛛对柑橘害虫的捕食作用研究

颜亨梅

内容提要： 在系统观察橘园蜘蛛优势种斑管巢蛛与主要柑橘害虫自然种群数量季节消长相关关系的基础上，采用血清学方法检测了蜘蛛对柑橘害虫的自然控制作用。在不同实验条件下测定了斑管巢蛛对柑橘害虫的捕食量、功能反应，以及相互干扰、温度对蜘蛛捕食作用的影响，建立了相应的模拟模型。

斑管巢蛛（*Clubiona reichlini*）是橘全爪螨（*Panonychus citri*）、卷叶蛾（Tortricidae）、蜡蝉类（Fulgoridae）和黑刺粉虱（*Aleurocan spiniferus*）等柑橘害虫的主要捕食性天敌之一。为了弄清其对柑橘害虫的控制作用，笔者从量的角度进一步研究了斑管巢蛛与主要柑橘害虫之间的相互作用规律，建立了斑管巢蛛捕食柑橘害虫的模拟模型，以期为进一步在柑橘害虫的综合治理中充分发挥蜘蛛的自然控制力提供理论依据。

一、材料和方法

1. 室内实验

实验动物斑管巢蛛和柑橘害虫均采自长沙市岳麓山下橘园，连同新鲜橘叶带回，分别投放于大号汽灯罩饲养器内饲养。实验中所用动物的体长均用 CMSD 测微目镜自动数显仪测量，供测动物数量均在 50 头以上。

捕食量实验：在室温下大号汽灯罩（9.5 cm×12.5 cm）饲养器内单蛛饲以既定比例的害虫，观察并记录日平均捕食虫数。

温度实验：在 15、20、25、30、35 和 40℃的恒温（±1℃）条件下测定斑管巢蛛雌成蛛对果蝇（*Drosophila melanogaster*）的捕食作用，猎物密度为每饲养器内 30 头。

功能反应实验：试前让蜘蛛饱食 1 天，然后禁食 2 天。分别测定斑管巢蛛雌成蛛（大号汽灯罩内）和若蛛（大号指形管：3 cm×10 cm）对猎物种群数量的捕食作用。猎物密度设 10、20、30、40、50、60、80（或 100）头 7 组处理。

干扰实验：管巢蛛二龄若蛛每指形管内分别为 1、3、5、7、9 头；橘全爪螨密度相应为 30、90、150、210 和 270 头（带新鲜橘叶）。

以上实验均设 3~5 个重复，并于 24 小时后观察和记载被捕食的虫数。

2. 野外调查

在长沙市岳麓山下选择四个不同类型的橘园，确定 10 株十年树龄的柑橘树，在每株树冠的上、下部的四个不同方位以及冠内、冠顶共取 10 尺长枝条，分别记录所见蜘蛛和害虫种类与数量，然后换算成百尺枝条蛛、虫数，每周系统调查 1 次。

3. 血清学实验

本实验包括蜘蛛和害虫的同步采集、抗原制备、抗体血清制备及血清沉淀反应检验——琼脂凝胶双扩散法。

4. 实验数据统计

均用 CS–130 型计算机处理。

二、结果和分析

1. 斑管巢蛛与主要柑橘害虫种群数量消长

将系统调查的数据进行相关系数（r）计算，结果表明：斑管巢蛛与单种害虫的数量季节消长相关性不显著，仅与卷叶蛾幼虫和黑刺粉虱成虫的种群消长呈弱度相关，其相关系数分别为：$r_1=0.4824$；$r_2=0.45507$（$t > t_{0.05}$）。回归系数（b）分别为：$b_1=0.04868$；$b_2=0.03792$。但是，斑管巢蛛与以卷叶蛾类、黑刺粉虱、橘全爪螨、锈壁虱（*Phyllocoptruta oleivora*）、橘凤蝶（*Popilio xuthus*）、潜叶蛾（*Phyllocnisus citrella*）成虫和蜡蝉类等为主体的害虫混合种群数量季节消长的相关性达极显著水平：$r = 0.7082$（$t > t_{0.01}$）（见图 1）。

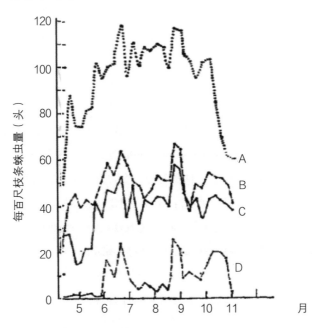

图 1　斑管巢蛛与主要柑橘害虫种群数量季节消长（A.柑橘害虫混合种群；B.黑刺粉虱；C.斑管巢蛛；D.卷叶蛾）

一般说来，天敌与害虫的相关系数（r），是反映两者种群密度变化波动趋势一致性的指标。相关系数越大，则这种天敌可能起的捕食作用越大。由此可见，斑管巢蛛对害虫总体的依赖程度较高，对整个害虫的捕食作用较大。

另外，斑管巢蛛的二、三龄若蛛第一个盛发期（5/下～6/上）和第二个盛发期（9~10月）分别遇上橘全爪螨在初夏和秋季的两个暴发时期，两者的数量季节消长曲线吻合程度较大，$r = 0.5270$（$t > t_{0.01}$），呈极显著相关，回归系数 $b = 0.058675$。

斑管巢蛛虽是一种多食性天敌，但与橘全爪螨、卷叶蛾和黑刺粉虱的种群季节消长有一定相关性。这是因为斑管巢蛛的生活方式既属定居型又有游猎式；而且游猎时运动速度快，蜘蛛在柑橘树冠上所占的生态位与上述害虫相近，它们均成为该蜘蛛觅食时机遇率最大的猎物。回归系数（b）小，表明斑管巢蛛由这些单一的害虫种群数量变化所引起的数量波动并不大，可见其并非专一捕食某单种害虫。

2. 对主要柑橘害虫的控制作用

室温下，测定斑管巢蛛对常见柑橘害虫的捕食作用结果列于表1。

表 1　斑管巢蛛对柑橘害虫的捕食作用

试验期日均温、湿度	猎物密度（蛛：虫）	观察蛛数（头）	日捕食量（头/日）			$\overline{X}_i \pm S_x \cdot t_{0.05}$	
			二龄若蛛	三龄若蛛	四龄若蛛	五龄若蛛	雌成蛛
T. 25.2 ℃ R.H. 90%	橘全爪螨（1:50）	55	26.6（±0.796）	32.0（±2.3）	—	—	—
T. 30.3 ℃ R.H. 80%	潜叶蛾（成虫）（1:10）	32	—	—	5.6（±1.54）	7.2（±1.52）	7.9（±1.33）
T. 26.4 ℃ R.H. 81.5%	卷叶蛾（幼虫）（1:10）	50	1.65（±0.48）	3.8（±1.13）	5.2（±1.13）	8.8（±0.59）	8.6（±0.82）
T. 21.5 ℃ R.H. 87.2%	黑刺粉虱（成虫）（1:10）	35	—	—	2.9（±1.25）	2.9（±1.25）	8.4（±1.02）
T. 21.5 ℃ R.H. 87.2%	橘凤蝶（幼虫）（1:10）	34	—	—	2.1（±0.75）	3.1（±0.84）	4.5（±0.93）

注：表中"—"表示试验期内未发现捕食现象。

由表1可见，斑管巢蛛的捕食作用随着龄期增大而增强。亚成蛛的捕获能力接近甚至超过雌成蛛，如在蛛：虫 =1:10 的密度下，亚成蛛对卷叶蛾幼虫可捕食 8.8 头/日，雌成蛛为 8.6 头/日；对黑刺粉虱成虫，亚成蛛可捕食 8.3 头/日，雌成蛛为 8.4 头/日，它们的捕食作用率均在 80% 以上。

为了测定蜘蛛在橘园自然条件下对柑橘害虫的捕食作用，制备了橘全爪螨、潜叶蛾成虫，后黄卷叶蛾（*Cacoecia asiapica*）幼虫，透翅蜡蝉（*Euricania clara* Kata）成、若虫和黑刺粉虱成虫五种害虫的抗体血清与斑管巢蛛成、若蛛的抽提原液作血清学沉淀反应，见表2。

表2　斑管巢蛛捕食柑橘害虫的血清学沉淀反应的测定结果

蜘蛛龄级	橘全爪螨	后黄卷叶蛾	透翅蜡蝉		黑刺粉虱	潜叶蛾
			成虫	若虫		
雌成蛛	—	+ (6.7)	+ (2.9)	—	+ (5.2)	—
2~3 龄若蛛	+ (10.5)	+ (0.8)	—	—	—	—
4~5 龄若蛛	—	+ (7.3)	—	+ (1.4)	+ (5.7)	+ (2.4)

注 "+" 为阳性反应, 括号内为阳性率 /%； "—" 为阴性反应

研究结果（表2）从所检验的害虫来看与表1中室内观察到的情形基本上吻合。其中以 2~3 龄若蛛对橘全爪螨的阳性反应率最高（10.5%），其次为 4~5 龄若蛛对卷叶蛾幼虫和黑刺粉虱成虫的阳性率，分别为 7.3% 和 5.7%；雌成蛛对卷叶蛾和黑刺粉虱的阳性率分别为 6.7% 和 5.2%。从血清学沉淀反应阳性率的高低，可反映出蜘蛛和害虫两者间存在的捕食和被捕食关系的强弱。试验结果说明斑管巢蛛低龄若蛛在橘园中主要捕食橘全爪螨；高龄若蛛和成蛛对猎物的嗜好性和捕获力相近，主要以卷叶蛾、黑刺粉虱和潜叶蛾成虫等为猎食对象。

3. 斑管巢蛛对猎物密度的功能反应

Solomon（1949）把单个捕食者在单位时间内，对给一定的不同猎物密度下，所能捕获的猎物数量变化，定义为功能反应。Holling（1959）根据对功能反应的许多研究，提出按反应曲线的形状可将其分为三个基本类型。

将室温（25.2 ~ 28.0 ℃）下的大号汽灯罩内，斑管巢蛛雌成蛛对果蝇成虫，以及在大号指管内，二龄若蛛对橘全爪螨不同密度的功能反应实验结果（表3）作图，可看出均属 Holling Ⅱ 型反应。用 Holling（1959）的圆盘方程对实验观察资料进行数学模拟，即有如下两个方程：

雌成蛛对果蝇成虫：$Na = 0.9907N / (1+0.00872 N)$　　　　　　　　　　（1）

二龄若蛛对橘全爪螨：$Na = 0.8365N / (1+0.01128 N)$　　　　　　　　　（2）

表3　斑管巢蛛对猎物密度的功能反应 (5 天平均值: 头 / 日)

猎物密度（N）	10	15	20	30	40	50	60	80	100
二龄若蛛对橘全爪螨（Na）	8.96 (± 0.79)	—	13.0 (± 2.02)	20.4 (± 2.9)	23.9 (± 2.02)	26.6 (± 1.66)	27.2 (± 1.33)		28.0 (± 2.58)
雌成蛛对果蝇成虫（Na）	9.8 (± 1.29)	13.0 (± 2.42)	18.4 (± 0.50)	28.6 (± 2.10)	34.0 (± 2.74)	—	38.2 (± 2.16)	3.88 (± 3.12)	—

经 X^2 测验，上述方程的理论与实际误差不显著（$P < 0.05$），说明模拟结果较理想，该方程能够用来描述斑管巢蛛对这两种害虫的捕食情形。以理论值和观察值作图，可直观地反映其捕食量变化情况（图2）。

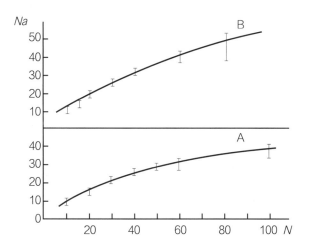

图 2　斑管巢蛛二龄若蛛对橘全爪螨（A）、雌成蛛对果蝇成虫（B）的功能反应

4. 温度对斑管巢蛛捕食作用的影响

不同温度下，斑管巢蛛雌成蛛对果蝇成虫的捕食量列于表 4。将表 4 中数据作图（见图 3），其捕食量的变化呈抛物线型，可用方程

$$Na = 0.08907（T-30）^2 + 24.87539 \qquad （3）$$

来描述。

表 4　温度对斑管巢蛛蛛捕食作用的影响

温度 T / ℃	15	20	25	30	35	40
日捕食 Na / 头	5.2 （± 0.81）	18.5 （± 1.24）	20.8 （± 1.15）	25.7 （± 0.78）	21.5 （± 0.94）	8.8 （± 1.97）

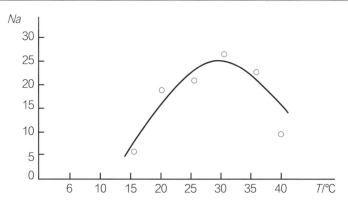

图 3　温度对斑管巢蛛捕食作用的影响

经数量分析，温度对蜘蛛的捕食作用有极为显著的影响（$P < 0.01$），Q 值测验结果表明，斑管巢蛛在 20~35 ℃之间都有较大的捕食量，在 30 ℃时达最高值，在 15 ℃以下、40 ℃以上，其捕食能力迅速下降。这是因为过高或过低温度，不仅降低了蜘蛛的活动能力，而且影响其消化速率和饥饿程度，表现出寻找猎物的效率下降，处置猎物的时间相对延长。

5. 相互干扰对斑管巢蛛摄食作用的影响

在一定空间条件下，捕食者常对邻近同种其他个体的存在，表现出敏锐的反应。这种相互干扰作用影响捕食者的捕获力。猎物密度不变而蜘蛛密度不等的试验结果（表 5）说明，蜘蛛的捕食作用在所给的固定猎物密度（30 头 / 容器）条件下，随着蜘蛛本身密度的增加而减少。用 Watt（1955）的干扰与竞争模型能较好地描述表 5 中二龄若蛛对自身密度的数值反应的观察结果，其模拟方程是

$$A = 29.47553 \cdot P^{-0.454844} \qquad (4)$$

经 X^2 检验，误差不显著（$< P_{0.05}$），用实验数据作图（图 4），可见理论值和观察值很接近。

表 5　不同蜘蛛密度对捕食率的影响

二龄若蛛密度（P）（*）	1	3	5	7	9
被捕食的橘全爪螨数（A）（头）	27.6（±0.31）	20.1（±0.38）	14.3（±1.32）	12.5（±1.07）	9.9（±1.80）

注：各组猎物数均为 30 头。

这种相互干扰作用常随捕食者的密度增加表现出对猎物的捕食作用率（E）下降。捕食作用率与猎物密度、捕食者密度有密切关系。一般定义的捕食作用率为

$$E = Na/(N \cdot P) \qquad (5)$$

式中 P 为捕食者密度，N 为猎物密度，Na 为被捕食的猎物量。

Hassell 和 Varley（1969）提出捕食作用率与捕食者密度之间的关系为

$$E = QP^{-m} \qquad (6)$$

式中 m 为干扰参数，P 为捕食者密度，Q 为搜索常数。

用方程（5）计算干扰反应实验中斑管巢蛛对橘全爪螨的捕食作用率（表 6），然后配合方程（6）进行模拟得：$Q = 0.900874$，$m = 0.4673058$，所以有

$$E = 0.900874 P^{-0.4673058} \qquad (7)$$

表 6　相互干扰对斑管巢蛛若蛛捕食作用率的影响

橘全爪螨密度（N）	30	90	150	210	270
二龄若蛛密度（P）	1	3	5	7	9
被捕食猎物数（Na）	25.6(±0.79)	17.2(±0.58)	14.3(±1.42)	10.1(±2.01)	9.2(±2.13)
捕食作用率（E）	0.8533	0.5733	0.46767	0.33667	0.30667

模拟结果很理想地描述了实验中观察的数据（图 5）。

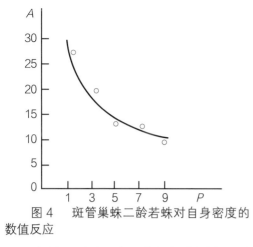

图 4　斑管巢蛛二龄若蛛对自身密度的
数值反应

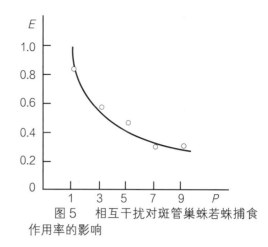

图 5　相互干扰对斑管巢蛛若蛛捕食
作用率的影响

由图 5 可见，在一定空间范围内，随着蜘蛛和螨的个体数量增加，其拥挤度加大，相互干扰现象愈明显，蜘蛛的捕食作用率下降愈快。

三、讨论

经室内、外观察、分析和血清学方法验证，斑管巢蛛对柑橘害虫有较大控制效应。其中引人注目的是斑管巢蛛低龄若蛛嗜食橘全爪螨，因其刚出卵囊，个体数量多，总体捕食量大，且与橘全爪螨栖境相同，季节消长一致，控制作用大，是橘全爪螨的主要捕食性天敌。

斑管巢蛛的捕食作用随本身的密度增大而减小，随猎物的密度上升而增大。但是当猎物的密度继续上升时，蜘蛛的捕食量波动在某一阈值内。所以，在农林生态系统中，当害虫密度处于该阈值以内时，蜘蛛对害虫密度的影响占主导地位，这时应充分发挥天敌的自然控制力，不要盲目用药，以达保益控害之目的；当害虫密度超过了该阈值，则蜘蛛对害虫的密度影响退居次要地位。此时，单靠天敌不能制胜，应采取其他综防手段。所以研究蜘蛛的捕食作用，对制定防治指标和措施，指导综防有重要意义。

应用血清学方法研究蜘蛛的捕食作用有明显的特异性反应，能较客观地揭示天敌与害虫的捕食和被捕食关系，是一种可靠的实验手段之一。根据 Dempster（1960）的方法，假设每头呈阳性反应的天敌在 24 小时内捕食 1 头害虫，那么根据阳性反应率，可估测田间群体捕食虫数。笔者曾对捕食了卷叶蛾幼虫的斑管巢蛛五龄若蛛和雌成蛛，经不同时间作血清沉淀反应检验，发现捕食后相隔 8、12 和 24 小时的均呈阳性反应，相隔 48 小时的呈阴性反应。由此从阳性率可估出田间蜘蛛种群对某种害虫的捕食量。例如，9 月 21 日查得橘园中斑管巢蛛 102 头 / 株，同时从血清学实验中得知该蜘蛛对卷叶蛾幼虫的阳性率平均为 7.3%，那么，当天内每株柑橘上的斑管巢蛛所捕食卷叶蛾幼虫数为：$102 \times 7.3\% = 7.5$（头）。与此同时查得取样橘树上的卷叶蛾幼虫密度为 41 头 / 株，这样可估测当天被捕食的幼虫数（7.5 头 / 株 / 天）约为其田间种群的 18.3%，但实际上每头蜘蛛每天绝不只捕食 1 条害虫。另外，血清学试验中发现即使存在捕食和被捕食的关系，并不一定会出现阳性反应。说明阳性反应率与抗体血清效价和蜘蛛标本采集时间有关。一般在蜘蛛捕食活动期间采集的标本，阳性反率较高。至于如何提高抗体血清的效价问题，尚待进一步研究。

PREDATION OF THE SPIDER *CLUBIONA REICHLI NI* ON CITRUS PESTS

Yan Hengmei

Both in the field and in the laboratory, it was observed that the sac spider *C. reichlini* Schenkel, 1944（Clubionidae）preyed on citrus red mites, lepidopterous larvae, black lies adults, citrus leaf-miner adults and so on. Population dynamic of the sac spider was found to be significantly correlated to that of its prey. A quantitative study of the predator on the citrus pests by the precipitin test showed that the spider played an important role in the biocontrol against the citrus pests. The optimum temperature for the predation is 30 °C, under 15 °C or over 40 °C, the predation efficiency was very low. The result can be described by the following equation:

$$Na = 0.08907（T-30）^2 + 24.87539$$

The functional response of the spider *C. reichlini* female adult against *Drosophila melanogaster* adult（A）and 2nd instar spiderling against *Panonychus citri*（B）was the Holling II type, which can be described by Holling's disc equation:

$$Na = 0.9907N/（1+0.00872N）\tag{A}$$

$$Na = 0.8365N/（1+0.01128N）\tag{B}$$

Mutual interference affected the predation of *C. reichlini* 2nd instar spiderling. The numerical response to itself density can be described by Watt's equation:

$$A = 29.47553P^{-0.454844}\tag{C}$$

and the predation rate, by Hassell & Varley's equation:

$$E = 0.900874P^{-0.4673058}\tag{D}$$

Key Words: *Clubiona reichlini*, Predation, Functional response, Numerical response, Biological control, Citrus pests.

原载◎动物学报，1990，36（1）：24~32；首批国家自然科学基金项目（No. 3860603）资助

武陵山地区蜘蛛群落多样性的研究

颜亨梅　尹长民　王洪全

摘要： 本文报道我国西南武陵山地区蜘蛛物种多样性和群落多样性的调查研究结果：取样区内已鉴定蜘蛛199种，隶属于91属29科，其中主要分布群为肖蛸、园蛛、狼蛛、球腹蛛、皿蛛、管巢蛛、漏斗蛛和跳蛛等科。依其植被和景观的不同，可将该区蜘蛛群落划分为8种类型。文中运用多种测度方法，着重分析了蜘蛛群落的垂直分层格局和水平分布格局的多样性特点及其与栖息地的关系。

关键词： 蜘蛛目；多样性；群落；武陵山区

一、自然概况

武陵山位于湘、黔、川、鄂4省交界处，自东北朝西南走向，最高峰凤凰山海拔2570 m，一般在1000 m以上。考察样点中有地势切割较为深邃的山谷地带，海拔高差800~1000 m；也有海拔150~500 m左右的低山丘陵及开阔河谷地带的农耕区。考察点的植被类型，除原始次生性中亚热带常绿阔叶林之外。尚有松林、竹林、稀树灌木丛、草地、山坡果、茶园耕作旱地及河谷稻田耕作区等。

二、研究方法

1. 取样

1990—1993年7至9月，分别在湖北的鄂西，四川的川东，贵州的铜仁、江口和梵净山，湖南的慈利、桑植、大庸、张家界国家森林公园等地，按不同地理和气候条件、植被和昆虫分布相选择取样区。每区以5点取样法随机调查10~15个样方；每个样方面积为2 m²。高大乔木采用Z形取样法，各选10株，每株分东、南、西、北、中5个方位，每方位查1 m长枝条，折算成平方米。分别记载和采集各样方内所有蜘蛛种类及个体数量，浸泡于80%的乙醇中带回室内鉴定。

2. 统计

分别利用群落多样性指数（H'）、均匀度指数（E）和优势度指数（C'）进行统计分析。多样性指数采用Shannon−Wiener指数公式计算：$H' = -\sum\limits_{i=1}^{s} P_i \mathrm{Ln}\, P_i$（$i = 0,1,2 \cdots s$）；均匀度用 $E = H'/\mathrm{Ln}\, S$ 公式计算；群落优势度指数用 $C' = \sum\limits_{i=1}^{s} P_i^2$ 公式计算。式中 P_i 为第 i 个物种的个体数与全部种的个体数之和的比，S 为物种数。

三、结果与分析

1. 蜘蛛群落组成及优势种

经不同生境类型 47 个取样区的调查采集，获得蜘蛛标本 2500 余号，从已鉴定的 1163 号成蛛标本中，计有蜘蛛 199 种，隶属于 29 科 91 属。表 1 为武陵山地区样点蜘蛛群落组成成分。

表 1　武陵山地区取样点的蜘蛛群落结构组成

科名	属		种		个体	
	N	%	N	%	N	%
1. 节板蛛科 Liphistidae	1	1.10	1	0.50	4	0.34
2. 长尾蛛科 Dipluridae	1	1.10	1	0.50	1	0.086
3. 地蛛科 Atypidae	1	1.10	2	1.01	4	0.34
4. 褛网蛛科 Psechridae	1	1.10	2	1.01	10	0.86
5. 卷叶蛛科 Dictynidae	2	2.20	2	1.01	4	0.34
6. 蚬蛛科 Uloboridae	3	3.30	4	2.01	11	0.95
7. 弱蛛科 Leptonetidae	1	1.10	1	0.50	30	2.56
8 花皮蛛科 Scytodidae	1	1.10	1	0.50	1	0.086
9. 幽灵蛛科 Pholcidae	1	1.10	2	1.01	9	0.77
10. 长纺蛛科 Hersiliidae	1	1.10	1	0.50	3	0.27
11. 园蛛科 Araneidae	11	12.20	32	20.10	183	15.74
12. 肖蛸科 Tetragnathidae	3	3.30	10	5.03	182	15.65
13. 球蛛科 Theridiidae	7	7.78	19	9.54	135	11.61
14. 类球蛛科 Nesticidae	1	1.10	1	0.50	2	0.17
15. 皿蛛科 Linyphiidae	8	8.89	17	8.54	130	11.58
16. 拟态蛛科 Mimetidae	1	1.10	1	0.50	3	0.26
17. 漏斗蛛科 Agelenidae	3	3.30	6	5.53	66	6.62
18. 栅蛛科 Hahniidae	1	1.10	1	0.50	3	0.26
19. 狼蛛科 Lycosidae	4	4.44	15	7.54	123	10.58
20. 狡蛛科 Dolomedidae	1	1.10	1	0.50	1	0.086
21. 盗蛛科 Pisauridae	1	1.10	1	0.50	2	0.17
22. 猫蛛科 Oxyopidae	1	1.10	1	0.50	2	0.17
23. 平腹蛛科 Gnaphosidae	3	3.30	6	3.02	17	1.46
24. 管巢蛛科 Clubionidae	3	3.30	10	5.03	73	6.28
25. 栉足蛛科 Ctenidae	1	1.10	1	0.50	1	0.086
26. 逍遥蛛科 Philodromidae	1	1.10	1	0.50	3	0.26
27. 巨蟹蛛科 Heteropodidae	1	1.10	2	1.01	8	0.69
28. 蟹蛛科 Thomisidae	11	10.00	12	6.03	50	4.30
29. 跳蛛科 Salticidae	16	20.00	26	16.10	93	7.99
合计	91		199		1163	

调查结果（表1）表明：该地区蜘蛛资源极丰富，常见的有园蛛、肖蛸、球蛛、皿蛛、狼蛛、跳蛛、漏斗蛛，蟹蛛和管巢蛛等9个科。个体数量以肖蛸最多，依次为：肖蛸＞园蛛＞球蛛＞皿蛛＞狼蛛＞跳蛛＞管巢蛛＞蟹蛛；种类数以园蛛科最多，依次为园蛛＞跳蛛＞球蛛＞皿蛛＞狼蛛＞蟹蛛＞管巢蛛和肖蛸；属的数量则以跳蛛科最多，依次为跳蛛＞蟹蛛＞园蛛＞皿蛛＞球蛛＞狼珠＞管巢蛛。其他各科的种类和数量在调查期间都比较稀少，出现的频率低。由于蜘蛛是一类捕食性动物，而且主要以中小型昆虫为食，所以不同植被类型和不同海拔高度分布的昆虫相，必然影响蜘蛛群落构成。据调查资料统计分析，可分为如下几个类型。

（1）山区稻田蜘蛛群落。主要由狼蛛、肖蛸、球蛛、微蛛和跳蛛5个科构成。其中位于梵净山脚下海拔200 m的稻田内，主要优势科是肖蛸（占调查总蛛量的45%）、球蛛（27%）和微蛛（22%）3个科；海拔400 m的稻田内主要是狼蛛（35.4%）、微蛛（23.6%）和跳蛛（14.6%）；而位于张家界海拔800 m的高山稻田主要以肖蛸（37.5%）、狼蛛（35.9%）和微蛛（17.2%）为主；晚稻田则以肖蛸占绝对优势，占总蛛量的70.8%，其次为微蛛（占9.7%），可见处于不同生育期的稻田蜘蛛群落组成也有差异。调查期间，稻田蜘蛛密度为140~288头/百丛。

（2）橘园蜘蛛群落。常见类群为肖蛸（32.4%）、蚜蛛（25.%）、管巢蛛（12.8%）和园蛛（8.9%），蜘蛛密度平均为94.90头/株，最高达228头/株。

（3）茶园蜘蛛群落。主要为球蛛（28.8%）、跳蛛（21.6%）、管巢蛛（14.8%）、蟹蛛（16.6%）和微蛛（12%），蜘蛛平均密度35.5头/株，最高为45头/株。

（4）灌木落叶层蜘蛛群落。常见的有皿蛛（19.6%~47.6%）、漏斗蛛（14.3%）、球蛛（18.1%~23.8%）和狼蛛（19.3%），蛛量一般为21~33头/m²，平均密度26.5头/m²。

（5）楠竹林蜘蛛群落。主要组成成分是管巢蛛（45.2%），其次为跳蛛（16.1%）和球蛛（9.7%），平均蛛量为15.5头/株。

（6）阔叶林蜘蛛群落。以药楠木为主体的阔叶林中常见的以跳蛛为多（26.7%），其次是园蛛（20%）和狼蛛（21%），平均密度为96头/株。

（7）针叶林蜘蛛群落。以黄山松为主体的针叶林主要成分是微蛛（30.8%）、球腹蛛和园蛛（各占21%），其次为蟹蛛类。蜘蛛密度92~331头/株，平均蛛量为121.8头/株。

（8）针、阔叶混交林蜘蛛群落。主要是皿蛛（35.3%）、管巢蛛（24.3%）和漏斗蛛（24.3%），其次是狼蛛（12.5%）。

（9）蜘蛛群落垂直高度差异。不同海拔高度的蜘蛛群落组成有如下特点：海拔1000 m以下的森林地带蜘蛛种类多（共27科172种），种群密度高（一般为21~42头/m²），平均蛛量31.8头/m²，该地带植株上主要有皿蛛、园蛛、跳蛛、漏斗蛛、管巢蛛、蟹蛛、肖蛸和球蛛科等。地面主要有狼蛛、皿蛛、地蛛和平腹蛛等。海拔1000~2000 m间的林带分布的蜘蛛种类明显减少，密度也较前者偏低。本次调查只采到 8 种，平均蛛量 8 头 /m²。该地带主要由皿蛛、园蛛、漏斗蛛、球蛛、卷叶蛛和蟹蛛 6 科组成，其中以皿蛛和小型园蛛及球蛛占优势。海拔 2000 m 以上低矮灌木丛和草甸蜘蛛分布的特点是种类甚少，仅采到皿蛛、栅蛛和蟹蛛 3 科 4 种，密度低。样方最高密度为 2 头 /m²。

2. 群落多样性

群落物种多样性指数（H'）是应用数学的方法来度量组成群落的种群数、个体总数以及各种群均匀程度等 3 个方面的数量指标，从而表明群落的组织结构水平及其生态学特征。因为多样性指数（H'）均匀度（E）和优势度（C'）值都是从不同角度反映群落结构特征的量度值，它们可以反映群落类型的不同、群落结构的差异。群落演替的动态变化及水平地带性和垂直地带性变化对群落结构的影响。现将武陵山地区不同生境类型蜘蛛群落物种多样性指数 H' 值、均匀度 E 值、优势度 C' 值及种类丰富度 S 值测算结果整理如下（见表 2）。

表 2　不同生境类型蜘蛛群落多样性指数 H'、均匀度 E、优势度 C' 及
种类丰富度 S 值测定结果

群落类型	H'（多样性指数）		E（均匀度）		C'（优势度）		S（丰富度）	
	值	序	值	序	值	序	值	序
阔叶林	3.5461	5	0.9392	4	0.08876	6	12	5
针叶林	3.2806	6	0.9483	3	0.1172	4	11	6
楠竹林	5.0693	2	0.9731	1	0.04889	8	37	1
灌木落叶层	5.2689	1	0.9498	2	0.06605	7	36	2
茶园	3.9693	3	0.7869	7	0.1451	3	33	3
橘园	3.77697	4	0.8739	5	0.1156	5	20	4
一季稻田	2.9986	7	0.8995	6	0.2721	2	10	7
晚稻田	1.8989	8	0.63297	8	0.3724	1	8	8

不同生境中蜘蛛赖以生存的动、植物群落组成不同，必然影响蜘蛛群落的组成。测定结果表明，物种多样性指数 H' 值由灌木落叶层＞楠竹林＞茶园＞橘园＞阔叶林＞针叶林＞稻田渐次递减，以灌木落叶层蜘蛛群落多样性指数 H' 值最高（5.2689），以稻田的 H' 值最低（1.8989）。可见前者的群落稳定性优于后者。这主要是因为灌木落叶层中植被类型多样，昆虫等中小型低等动物种类多，群落空间异质大，故蜘蛛群落多样性指数值高，稳定性大。而稻田的情形刚好相反，由于受农事活动（如收获、换茬等）的干扰，植被类型和昆虫相都较单纯，而且动、植物群落出现周年季节性的交替变化，表现出蜘蛛群落单纯。

为了进一步探讨外界因素对蜘蛛群落结构的影响程度，找出其中主要因素，我们比较了耕作区内的稻田与橘园和茶园的群落特征，由表 2 中数据可知，橘园和茶园蜘蛛群落中各项指标值都优于稻田。虽然它们同样受到农事活动的影响，但是两者均系常绿植

物，没有稻田中换茬的现象，供蜘蛛生存的动、植物种类多。据同一地点和相同面积调查结果表明：橘园和茶园中的昆虫种类比稻田的高出 4~6 倍，植物种类数则高 5~10 倍。茶、橘园中复杂的群落结构及茶、橘树本身的伞状蓬式株型，给各类蜘蛛提供了稳定而良好生活环境。绝大多数蜘蛛终年栖息在这里，所以蜘蛛群落多样性 H' 值、均匀度 E 值和丰富度 S 值都较前者为高。由此可见，生境中植被类型和分布的昆虫相是影响蜘蛛群落结构的主要因素。为了进一步验证上述结论，我们还测定了不同类型和不同用药水平的稻田蜘蛛群落结构特征。

测定结果表明，不同施农药次数和药量的稻田蜘蛛群落差别较大，施药 1 次的 H' 值（3.6085）是施药 3 次的（2.4104）的 1.5 倍；施化学农药 3 次以上或近期内施过农药的稻田蜘蛛 H' 值、E 值和 S 值都明显偏低，说明化学农药对蜘蛛群落的破坏性极大。同时也反映了植被和昆虫的多样性是影响蜘蛛群落结构的主导因子。因此，在农田应采用有效农业措施（如间作、套种、设置保护物、尽量少施化学农药和科学用药等）才能使蜘蛛群落结构保持相对稳定，减少人为干扰，使之趋于优化状态，以充分发挥蜘蛛等自然天敌对害虫的控制效益。不同海拔高度的蜘蛛群落结构特征指标值见表 3。

表 3　不同海拔高度蜘蛛群落多样性指数 H'、均匀度 E、优势度 C' 及丰富度 S 值的比较

垂直高度	H'		E		C'		S	
	值	序	值	序	值	序	值	序
海拔 2000 m 以上	1.8354	5	0.9177	3	0.4800	1	4	5
海拔 1500 m	2.6532	4	0.8844	4	0.2071	3	8	4
海拔 1000 m	2.7963	3	0.7557	5	0.2531	2	13	3
海拔 800 m	4.1212	2	0.9536	2	0.06497	5	20	2
海拔 500 m	6.2489	1	1.3294	1	0.06605	4	26	1

由表 3 可见，蜘蛛群落结构垂直地带性特点是群落多样性指数值随着海拔高度的增加而呈递减现象，而且均匀度 E 和丰富度 S 值都有相同的趋势。其中以 500~800 m 区带内的蜘蛛群落多样性指数 H' 值最高（4.1212~6.2489），说明群落结构状态最佳，稳定性强。海拔 2000 m 以上地带只有低矮的少量孤独的灌木丛和草甸，昆虫种类和数量明显减少。动、植物群落都单纯，故蜘蛛群落多样性指数 H' 值最低（1.8354），说明环境因素与蜘蛛群落结构有密切关系。

关于生态优势度（即集中优势度）是反映群落中诸种群优势状况的指标，从测定结果看来，它与多样性指数有密切关系，一般优势度指标 C' 值高的，其物种多样性指数较低。说明该群落结构尚未达到相对稳定状态，如晚稻前期蜘蛛群落多样性指数最低，而优势度指标 C' 值最高（0.4918），这是由于群落形成初期，优势种群特别明显，而群落的均匀度不高所致。说明优势度指标 C' 值也与多样性指数一样是衡量群落结构状况的一个重要指标。

3. 群落空间配置及差异水平

应用优势度指数 C' 测定各生境中的优势种，水田中以拟水狼蛛和锥腹肖蛸的优势度指标值最高（分别为 0.2841 和 0.2892），茶园和橘园中以拟环纹豹蛛和斑管巢蛛较高（0.3314 和 0.3467），其次为球蛛类和鳞纹肖蛸等。而楠竹林、灌木落叶层、阔叶林和针叶林中优势度 C' 值最高的是星豹蛛（0.2971），其次为皿蛛类。现将各生境中具代表性优势种拟环纹豹蛛、星豹蛛、拟水狼蛛、沟渠豹蛛和奇异獾蛛，作为构成狼蛛亚群落中的主要成员，采用 Whittaker 的相似性指数和最近邻体法对该亚群落进行聚类分析比较，以进一步揭示各群落之间的差异水平。

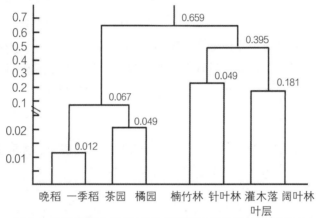

图1　八种类型生境狼蛛亚群落最近邻体法聚类结果的树状图

从聚类结果的树枝状图（图1）可以看出，以狼蛛亚群落作为一类分析群落结构特征的指示动物，所查武陵山地区 8 种生境类型，又可分为耕作区和森林非耕作区两大类，前者如稻田、橘园和茶园的群落相似程度较高。因该类生境内受人类农事活动的影响，动、植物种类单纯，空间异质小，表现为各蜘蛛群落间相异值较低（0.0121，0.0494 和 0.0670），相似性指数值高。此外，由于灌溉农作物，使土壤经常保持潮湿状态，蜘蛛栖身的小生境内相对湿度较大，故以喜湿的水狼蛛、拟环纹豹蛛等分布的数量较多；与此相反，森林区内的动、植物种类多样，空间异质大，所以各生境间如灌木丛落叶层、阔叶林和针叶林内蜘蛛群落相似程度与耕作区相比明显偏低，群落结构差异大（相异值分为 0.181，0.223 和 0.395）。因取样区内无直接水源，小生境内相对湿度较前者为低，因而狼蛛亚群落中以耐旱力较强的星豹蛛及獾蛛类的数量较多。另外两者的昆虫种群不一样，前者以农业昆虫为主，后者则以森林昆虫为主。说明蜘蛛群落间相似或相异值与环境生态因子特征有密切关系。尤其是环境中温湿度梯度，植被类型和昆虫相，充分反映了蜘蛛群落在各生境中空间配置的重要适应性特征。

四、小结与讨论

武陵山地区蜘蛛资源非常丰富，本文所报道的 29 科 91 属 199 种蜘蛛，离该地区蜘蛛物种实际分布的数值相差甚远，有待于进一步研究。

各生境中优势类群：稻田中有狼蛛、肖蛸和微蛛，橘园中有肖蛸、管巢蛛、蚁蛛和园蛛，茶园有球蛛、跳蛛、蟹蛛和管巢蛛，楠竹林为管巢蛛、跳蛛、球腹蛛，阔叶林为园蛛、跳蛛和狼蛛，灌木落叶层为皿蛛、漏斗蛛、狼蛛，针叶林有微蛛、园蛛和球腹蛛，针、阔叶混交林为管巢蛛、皿蛛和狼蛛。以上说明该地区蜘蛛资源有利用的物质基础。在排除农事活动干扰作用的情况下，蜘蛛群落水平分布格局的特点是：在农田中的种类较少，群体密度较高，优势种明显；在森林中分布的种类数比前者为多，群体密度相对地偏低。垂直分布格局的特点是：随着海拔高度的增加，蜘蛛种类数和个体数量均呈渐次递减现象。

测算其物种多样性指数 H' 值、均匀度 E 值、丰富度 S 值以及优势度指标 C' 值，结果表明：森林区域中各生境蜘蛛群落结构优于同水平地带内的农业耕作区中的各群落结构，其中以灌木落叶层蜘蛛群落多样性指数值最高，以稻田前期蜘蛛群落多样性指数值最低。蜘蛛群落结构垂直地带性分布特点是：多样性指数 H' 值随着海拔高度增加而呈递减现象，均匀度 E 值和丰富度 S 值与 H' 值有相类似的趋势，但并不是千篇一律，存在着差异。生态优势度 C' 值与前三者都呈相反的趋势。说明上述指数可以反映出群落的组成、结构、演化阶段和群落的稳定性程度，而且证明蜘蛛群落结构特征主要受生境中植被类型、昆虫以及环境中的温湿度梯度等外界因素的影响。农田蜘蛛群落除了上述主要因素外，尚受人类农事活动的干扰，而且后者从某种意义上来说起着主导作用。测定群落结构的指数值，可为我们保护和开发利用蜘蛛资源提供客观的信息和科学的依据。

从不同生育期和管理（施用化学农药等）水平的稻田蜘蛛群落多样性指数测算和各生境内狼蛛亚群落间相异性聚类分析结果看出，人类活动对群落建立、演变的重要作用。据此，在生产实际中，应该从维持生态平衡角度出发，采取多途径的优化农业措施，如实行间作、套种，设置覆盖物，改善农田生态系统中的温湿条件，尽量减少化学农药的干扰破坏作用。颜亨梅等（1992）认为，农业生态系统中蜘蛛多样性丰富，对害虫的控制能力增强。因为"以蛛治虫"创造了有利于蜘蛛发生发展的生态环境，大幅度减少了化学农药的用量，也保护了其他天敌，发挥多种天敌对稻虫的自然控制力，减少了环境污染，优化了稻田生态系统，使之呈良性循环。

原载◎湖南师范大学自然科学学报，1994，17（3）：65-71；国家自然科学基金项目（No.3860603）资助

中国稻田蜘蛛多样性研究

颜亨梅　王洪全　杨海明

摘要： 对全国主要水稻产区内具代表性样点的实地调查结果表明，已知我国稻田蜘蛛 373 种，隶属于 23 科 109 属。其中东南、西南稻区，蜘蛛物种数居全国首位，分别为 228 种和 220 种；华中稻区次之，207 种；西北和东北稻区较少，分别为 126 种和 97 种。以种类、密度和分布范围而论，稻田蜘蛛优势类群有园蛛、跳蛛、狼蛛、肖蛸、皿蛛、管巢蛛、蟹蛛和逍遥蛛科等。经测定群落 Shannon-Wiener 多样性指数发现：H' 值由低纬度（云南景洪 H'=4.3256）到高纬度（吉林长春 H'=1.713），由低海拔（80 m 的 H'=3.9015）到高海拔（1000 m 的 H'=2.7463）出现依次递减的趋势；不同生育期稻田内的蜘蛛，以中期（孕穗扬花期）的 H' 值（3.6756）最高，前期的最低（1.8979），后期的则介于两者之间。

关键词： 中国；水稻田；蜘蛛；生物多样性

蜘蛛为肉食性，且专捕活虫，自 20 世纪 50 年代中期开始，通过广泛的调查研究，"农田蜘蛛是农作物害虫的重要捕食性天敌"这个结论已被国内外植保学家和昆虫学家所公认。农田蜘蛛在农业生态系统的物质转换和能量流动过程中扮演了重要角色，是农业生态系统多样性不可缺少的组成部分。但是迄今为止，人们对我国农田蜘蛛多样性的现状及动态了解甚少，为此，本文从物种、生态系统和景观水平上研究了自然变化及人类活动对我国稻田蜘蛛多样性的影响。一方面可使我们进一步了解农业生态系统结构组成的复杂性，另一方面对我国的农田蜘蛛资源也会有较充分认识，为进一步研究"保蛛控虫"提供科学依据。

一、研究方法

1. 样地设置

本项调查工作以湖南为中心，分别在我国水稻栽培范围内的东、南、西、北、中部设置样地，1987—1991 年间，先后调查了西南地区的广西、云南、贵州，西北地区的陕西（秦岭以北）、新疆，华东地区的上海、江苏、浙江、福建，华中地区的陕西（秦岭以南河南和湖北，东北地区的黑龙江、吉林和辽宁共 15 个省份、52 个地区、79 个县（市）的 450 多个不同的景观生境具代表性采样点。

2. 取样

每样点实查 2~3 块水稻田，5 点取样，每样点共观察、记载并采集 300 丛稻株上的所有蜘蛛种类和个体数量，将标本浸泡于 80 ％ 乙醇中，带回室内鉴定。

3. 统计

应用 Shannon–Wiener 多样性指数 H'、均匀性指数 E 和优势度 C' 的公式（详见前文）测定群落结构状态。

二、结果与分析

1. 稻田蜘蛛物种多样性

表 1　全国各水稻栽培区的稻田蜘蛛已知物种统计

科名	湖南 N	湖南 %	东南区 N	东南区 %	西南区 N	西南区 %	华中区 N	华中区 %	西北区 N	西北区 %	东北区 N	东北区 %	单科平均种数
隐石蛛科 Titanoecidae			1	0.44	1	0.45	1	0.48	1	0.79			0.67
蚖蛛科 Uloboridae	2	1.01	3	1.32	2	0.91	2	0.96	3	2.38			2.0
卷叶蛛科 Dictynidae	3	1.52	2	0.88	3	1.36	3	1.45	3	2.38	3	3.09	
类球腹蛛科 Nesticidae	1	0.50	1	0.44			1	0.48					0.5
球蛛科 Theridiidae	19	9.60	15	6.58	18	8.18	11	5.31	8	6.35	8	8.35	13.2
皿蛛科 Linyphiidae	17	8.55	14	6.14	13	5.91	18	8.69	11	10.7	12	12.3	
幽灵蛛科 Pholcidae					4	1.82	3	1.45			3	3.09	1.67
园蛛科 Araneidae	42	20.1	48	21.1	43	19.50	36	17.40	26	20.6	12	12.4	34.5
肖蛸科 Terragnathidae	19	5.60	20	8.77	18	8.18	18	8.7	9	7.14	15	15.5	16.5
狡蛛科 Dolomedidae	3	1.52	5	2.19	5	2.27	2	0.96	2	1.59			2.83
栅蛛科 Hahnidae	3	1.52	4	1.75	2	0.91	1	0.48		9.52			1.67
漏斗蛛科 Agelenidae	5	2.53	11	4.83	6	2.73	3	1.45	2	6.03	3	3.09	5.0
狼蛛科 Lycosidae	15	7.58	18	7.89	17	7.73	23	1.10	12	5.56	20	20.50	17.5
管巢蛛科 Clubionidae	14	7.07	12	5.26	16	7.27	13	6.28	16		8	8.25	13.2
平腹蛛科 Gnaphosidae	2	1.01	3	1.32	2	0.91	2	0.96	7				2.67
盗蛛科 Pisauridae	2	1.01	2	0.88	4	1.82	1	0.48	2	1.59			1.83
猫蛛科 Oxyopidae	5	2.53	4	1.75	4	1.82	4	1.93	1	0.79	2	2.06	3.33
蟹蛛科 Thomisidae	8	4.04	10	4.39	13	5.91	9	4.35	11	8.73	5	5.15	9.33
逍遥蛛科 Philodromidae	4	2.02	4	1.75	3	1.36	11	5.31	5	4.00	4	4.12	5.17
巨蟹蛛科 Heteropodidae	1	0.51	1	0.44	1	0.45	1	0.48					0.67
拟扁蛛科 Seoenopidae	1	0.51	1	0.44	2	0.91	2	0.96					1.00
栉足蛛科 Ctenidae	1	0.51	1	0.44			1	0.48					0.5
跳蛛科 Salticidae	31	15.7	48	21.1	43	19.6	34	16.4	7	5.56	2	2.06	27.5
合计	198		228		220		207		126		97		

调查结果表明，我国稻田蜘蛛资源非常丰富，共采得蜘蛛标本 16040 份，经室内鉴定，计有 373 种，隶属于 23 科 109 属（见表 1），其中东南和西南稻区因气候适宜，地形和景观复杂多样化，蜘蛛种类居全国之首，分别为 228 种和 220 种；其次华中稻区 207 种；东北稻区最少，只有 97 种。

由表 1 可知，从物种的数量和分布范围来看，我国稻田蜘蛛的优势类群依次是园蛛、跳蛛、狼蛛、肖蛸、皿蛛、球蛛、管巢蛛、蟹蛛、逍遥蛛和漏斗蛛科等。

此外，就蜘蛛个体数量而言，绝大多数取样区都以狼蛛、皿蛛和球蛛科最多，其次为跳蛛、肖蛸、管巢蛛和蟹蛛科等。就蜘蛛在某一稻田内的生态分布来看，不同种群的生态位不一，其分布不同。蜘蛛通常可分为两大生态类型，即结网（定居）型和不结网（游猎）型。结网者，因网形不同，又可分为水平圆网、垂直圆网、皿网、三角网、漏斗网和不规则网等若干类型。结网与不结网蜘蛛从水稻叶面到禾莞基部均有分布：一般说来，地（水）面上有狼蛛（*Lycosa*）、盗蛛和狡蛛等游猎；稻茎部有球蛛、微蛛（*Erigone*），稻秆上有锯螯蛛（*Dyschiriognatha*）、亮腹蛛（*Singa*）和狼蛛等活动；叶面上既有管巢蛛定居，又有跳蛛、猫蛛和蟹蛛等游猎；稻株顶端之间还有园蛛、肖蛸等蜘蛛张开大、中型圆网狩猎，它们各自捕食所占生态位内的害虫，为各种害虫布下了"天罗地网"，使许多害虫都难摆脱蜘蛛的控制而暴发成灾。而且，由于我国水稻种植面积辽阔，从南到北、从低海拔到高海拔构成了不同生态系统和景观的多样性。

2. 不同类型稻田蜘蛛群落多样性指数比较

由前述各取样点稻田蜘蛛种类数量比较，说明不同景观生境内稻田蜘蛛物种多样性存在差异。为了进一步探讨这种差异的程度及造成差异的原因，本文测定并比较分析了各样点蜘蛛群落多样性指数（H'）、均匀度（E）、丰富度（S）和优势度指数（C'）的数值（见表 2）。

表 2　不同类型稻田蜘蛛多样性指数 H'、均匀度 E 和优势度 C'、丰富度 S 值的比较

	稻田类型	H'		E		C'		S	
		值	序	值	序	值	序	值	序
纬度	44°（吉林长春）	1.713	3	0.6575	3	0.5832	1	6	3
	32°（湖北襄阳）	3.6613	2	0.7884	2	0.1027	2	13	2
	22°（云南景洪）	4.3256	1	0.9401	1	0.0518	3	38	1
垂直高度 /m	80	3.9015	1	0.9934	1	0.1105	4	36	1
	400	3.6556	2	0.8923	2	0.1721	2	12	2
	800	3.1082	3	0.8726	3	0.1407	3	11	3
	1000	2.7463	4	0.8663	4	0.1901	1	9	4
生育期	分蘖期	1.8989	3	0.6330	3	0.3724	2	8	3
	扬花期	3.0556	1	0.8523	1	0.4721	1	12	1
	黄熟期	2.9219	2	0.9740	1	0.1400	3	9	2

稻田类型		H'		E		C'		S	
		值	序	值	序	值	序	值	序
施药量	施药一次 *	3.6085	1	0.9130	1	0.2562	2	13	1
	施药三次 **	2.4104	2	0.7427	2	0.4918	1	8	2

注：* 调查期 2 个月内未施药；**30 天前施药。

3. 自然与人为干扰对稻田蜘蛛多样性的影响

我国是世界上主要的产稻区之一，水稻栽培区域辽阔，南至海南省，北达黑龙江、新疆都种植水稻。南北跨温、热两大气候带。受各地纬度和海拔高度、距海洋远近的差异以及多种地形错综分布的影响，形成了全国稻田蜘蛛多样性的复杂而丰富多彩的特点。现根据全国各主要产稻区内有代表性的取样点上实地考察的资料，从物种、生态系统和景观水平上进一步研究自然变化和人类活动对稻田蜘蛛多样性的影响。

（1）低纬度盆地稻田蜘蛛

以广西南宁市郊样点为代表，海拔 80 m 左右的低丘或江河流域，冲积平原，地形开阔，年平均气温 21.61 ℃，年雨量 1500 mm 以上，年日照时数 2000 h 左右，为大面积双季稻或三熟作物栽培区；水稻害虫主要是稻飞虱、黑尾叶蝉及稻蝗等。稻田蜘蛛分布的特点是：

a. 蜘蛛种数较多，密度较高。经采集和鉴定的已知分布于该类稻田的有 36 种，占本次调查总数的 32.6%，平均密度为 227.5 头 / 百丛，多样性指数 H'=3.9015，说明群落中不仅物种较多，而且空间异质性较大；C' 值为 0.0518，说明群落中优势度不高。

b. 游猎型蜘蛛种类多，结网型种类较少，所查的 36 种蜘蛛中，结网型的只有 13 种，游猎型的多达 23 种，占总种数的 63.9%。结网型蜘蛛主要以活动于稻秆下层的球腹蛛类为多，这与稻田中飞虱、叶蝉发生数量较大有关。

c. 优势种有拟环纹豹蛛（*Pardosa pseudoannulata*）、拟水狼蛛（*Pirata subpiraticus*）、食虫沟瘤蛛（*Ummeliata insecticeps*）和八斑鞘腹蛛（*Coleosoma octomaculatum*）等。

（2）山间坝区与河谷稻田蜘蛛

本类型以云南思茅、景洪地区和元江河谷地带为代表，海拔 372~540 m 之间，两地均处热带北部边缘，属北热带季风气候，年平均温度为 18~23.8 ℃，平均雨量 1290~1600.5 mm，相对湿度为 70%~84%，年日照 2300 h，且高湿多雨，年温差小（9.9 ℃），日温差大（最大为 27.1 ℃），雨量不均，"干湿季分明而四季不明"的气候特点，保持着湿热优势和良好的生态环境；水稻害虫主要有稻飞虱、纵卷叶螟、黏虫、稻蝗等。稻田蜘蛛分布特点是：

a. 蜘蛛种类多，密度偏低。目前已鉴定出景洪 38 种，元江 37 种，均比前一类多，占调查总种数的 33.8%，但个体发生量不高，两地平均只有 79~124.9 头 / 百丛，较前一类型田低 60%。

b. 结网型蜘蛛种类增多，游猎型减少。由于稻田被热带雨林所包围，各类植被繁茂，稻田中结大型圆网的园蛛和肖蛸科的种类明显增多。调查结果表明：加上皿蛛、卷叶蛛、球蛛等其他结网型蜘蛛，元江共有 21 种，景洪为 22 种，分别占两地总蛛种数的 58.3% 和 62.9%。游猎型蜘蛛出现较少，而且其中绝大多数都以狼蛛为主体，究其原因除了上述的稻田周围的环境外，更重要的是与纵卷叶螟等叶面害虫发生量大小有关。

c. 优势种有锥腹肖蛸（*Tetragnatha maxillosa*）、四斑锯螯蛛（*Dyschiriognatha quadrimaculata*）、拟环纹豹蛛、鳞纹肖蛸（*T. squamata*）、四点亮腹蛛（*Hypsosinga pygmaea*）和灰斑新园蛛（*Neoscona griseomaculata*）等。

（3）高原稻田蜘蛛

以宾川样点为代表，海拔 1420~2000 m 之间，年平均温度 17.9 ℃，绝对高温 37.6 ℃，低温 –6.4 ℃，年日照 2718.7 h，年降水量是 559.3 mm，大部分地区一年两熟，少数一年三熟；主要水稻害虫是螟虫、飞虱和叶蝉。稻田蜘蛛分布的特点是：

a. 蜘蛛种类单纯，密度较大。已知分布的 19 种蜘蛛中主要由微蛛、园蛛和狼蛛 3 类组成，占总蛛种数的 65.1%；稻丛上蜘蛛平均密度高达 284~333 头 / 百丛，比南部的文山和景洪稻田蜘蛛密度高 2.9~3.3 倍。

b. 近缘种少，喜温性种类少，19 种蜘蛛隶属于 8 个科，大多数科只见 1 种，这样种间生态位重叠性很小，有利于资源的分配和利用，减少种间竞争。另外，一些喜温性种类（如球蛛类等）明显减少，而喜凉性种类的个体数量明显增加，如微蛛种群密度高达 60 头 / 百丛，占总数的 48 %。

c. 耐旱性蜘蛛多，稻丛基部活动的蜘蛛多。本类稻田中分布的狼蛛和微蛛的个体数量最大，平均密度为 272 头 / 百丛，占总蛛量的 95.2 %，这说明各种群数量差异悬殊，优势类群独占鳌头，其中狼蛛类又以耐旱的豹蛛属（*Pardosa*）占绝对优势，水狼蛛属（*Pirata*）很少发现。究其原因，主要与该地的光照充足、热量丰富、干旱少雨的气候特点，以及稻田中以螟虫、飞虱和叶蝉等为主要害虫有关。

d. 优势种有拟环纹豹蛛、食虫沟瘤蛛、齿螯额角蛛（*Gnathonarium dentatnm*）。尚有高原稻田特有种科氏隆背蛛（*Erigone koshiensis*）（又称锯胸微蛛）。

（4）高纬度海洋性气候型稻田蜘蛛

以辽宁省丹东东沟县汤池乡为代表，本区属于温带季风气候区，但因南部受黄海影响，具海洋性气候特点，夏无酷暑，降水充足，无霜期长。本区水稻面积广，且林木茂盛，地势复杂，昆虫种类多，作物害虫常年发生且种类多；稻田主要害虫是稻纵卷叶螟、稻飞虱、稻蝗、二化螟等。稻田蜘蛛分布的特点是：

a. 蜘蛛种类较多，种群数量较大。本地区共发现蜘蛛 29 种，占东北三省调查总蛛种的 30%，其中绝大多数为游猎型的狼蛛，占 42.9%；其次为叶面活动的管巢蛛，占 21.3%。蜘蛛密度为 107 头 / 百丛，故其多样性指数 *H′* 和均匀度 *E* 值均较高。

b. 优势种为拟水狼蛛和粽管巢蛛（*Clubiona japonicola*）。

（5）高纬度大陆性季风型稻田蜘蛛

以龙江样点为代表，包括德都、绥化等地，本区农田地处北纬45°以上，海拔高于200 m，气象条件恶劣，冬季漫长，严寒干燥，春季风大，少雨干旱、雨水集中，经常是夏涝，无霜期最短；水稻栽培面积较小，新稻区内主要栽培作物为玉米，其次为谷子、高粱、大豆等；农业害虫少，常见的是潜叶蝇。稻田蜘蛛分布特点是：蜘蛛种类少，仅6种，占总蛛种数的6.1%，密度小（10头/百丛）；群落多样性指数 H' 和均匀度 E 值均小（H'=2.477，E=0.746）。本区自然条件差，旱、涝、风、雹、冻等自然灾害时有发生，蜘蛛的发生发展也时起时落，群落稳定性较差。优势种为真水狼蛛（*P. piraticus*）、沟渠豹蛛（*P. laura*）、华丽肖蛸（*T. nitens*）和锥腹肖蛸。

（6）南部丘陵山区稻田蜘蛛

以武陵山地区为代表，考察点既有深缝山谷，也有低山丘陵开阔的河谷地带耕作区，气候温暖，雨量充沛，植被丰富。蜘蛛物种多样性介于前述高、低纬度类型之间，且以跨古北和东洋两界分布的种类为多见，主要由狼蛛、肖蛸、球蛛、微蛛和跳蛛5个科构成，其中位于梵净山脚下海拔200 m的稻田内，主要优势科是肖蛸（占调查总蛛量的45%）、球蛛（27%）和微蛛（22%）3个科；海拔400 m的稻田内主要是狼蛛（35.1%）、微蛛（23.6%）和跳蛛（14.6%）；而位于张家界海拔800 m的高山稻田主要以肖蛸（37.5%）、狼蛛（35.9%）和微蛛（17.2%）为主；晚稻田则以肖蛸占绝对优势，占总蛛量的70.8%，其次为微蛛（9.7%）。调查期间，稻田蜘蛛密度为140~288头/百丛。

（7）环境污染区蜘蛛群落

以沈阳苏家屯和清原县城区纸厂污水区稻田为代表。清原县城附近稻田地处县造纸厂排污区，稻田灌溉全是用纸厂污水。该地的蜘蛛资源遭到极大破坏，H'=2.273，E=0.738，为辽宁省的最低值。沈阳苏家屯与丹东东沟县同属于海洋季风型气候，其生物多样性理应较为丰富，但据当地植保部门资料记载，该地近几年虫害严重，为了保护农作物而大量施用1605、马拉硫磷等化学农药，在防治害虫的同时，也大大杀伤了蜘蛛等害虫天敌。由表2可见，不同施农药次数和药量的稻田蜘蛛多样性差别较大，施化学农药3次以上或近期内施过农药的稻田蜘蛛 H' 值（2.4104）、E 值（0.7427）和 S 值都明显偏低，说明滥用化学农药和工业废水对环境的污染，严重破坏了生态平衡，是生物多样性丧失的主要原因。因此，应采用有效农业措施（如间作、套种、设置保护物等），并尽量少施化学农药和科学用药，减少人为干扰，使之趋于自然优化状态，才能使蜘蛛多样性得以就地保护和持续利用。

原载◎生物多样性研究进展，北京：中国科学技术出版社，1994；国家基金项目（No.3860603）资助

农药污染对蜘蛛中肠黏膜损伤的扫描电镜观察

颜亨梅　郭永灿　彭图曦　王振中 等

摘要： 本文应用扫描电镜观察了农药污染区内一种中型蜘蛛星豹蛛（*Prdosa astrigera*）中肠黏膜组织细胞的病理变化。结果表明：重污染区的蜘蛛中肠黏膜出现明显的弥漫性溃疡、凝固性坏死及穿孔等病变，轻污染区的则发现大量细胞水肿、萎缩、纤维素样变性等组织细胞损伤现象。上述结果提示，因蜘蛛摄入了污染的猎物和水源，致使农药对其消化道有着直接和间接的损伤作用，且受损伤的程度随农药污染程度的不同有明显差异。由此，作者认为蜘蛛中肠黏膜层的病变状况有可能作为农药污染监测的一项生物学指标，值得进一步探讨。

关键词： 农药污染；蜘蛛；中肠黏膜；扫描电镜

环境毒理学的研究成果揭示了食物链对环境中有毒物质的积累和浓缩的重要性，这在国内外有过不少文献记载。作者（1994）曾对土壤中受重金属污染的白颈环毛蚓（*Pheretima californica*）胃肠道黏膜的损伤进行了扫描电镜观察。然而，农药污染对蜘蛛内部组织细胞结构的损伤状况的研究报道所见甚少，为了解农药残留物对蜘蛛的毒害作用以及寻求监测环境中农药污染的敏感指标，现将作者对湖南农药厂污染区狼蛛中肠黏膜层的扫描电镜观察结果报道如下。

一、材料与方法

1. 采样　本研究以湖南湘潭易家湾，湖南省农药厂西南方污染区为采样点。由于该厂的"三废"长期大量排放，使多种农药成分在土壤和动植物体内累积，造成土壤不同程度的污染。以农药厂的废水排放口为污染源，沿着排污沟，分别在距污染源的100 m，2000 m 和5000 m 处共设 3 个取样区，每个样点随机采集 2 m² 内的所有蜘蛛。经多次取样分析，发现该污染区以狼蛛科中的星豹蛛（*P. astrigera*）为优势种，故以星豹蛛为研究材料。其中Ⅰ区距污染源最近，属重污染区；Ⅱ区居中，且地势高于排污沟，为轻污染区；Ⅲ区远离污染源，且濒临湘江，样点地势更高，污染极微，作对照区。

2. 取材　将采集的星豹蛛分区活体带回，选择其中个体大的成蛛在室内饥饿4天，然后在体视显微镜下进行解剖，迅速取出中肠，用磷酸缓冲液清洗 3 次，每次 10 分钟。

3. 固定　OSO_4–$C_5H_3O_2$ 双重固定法：先用 2.5% 的戊二醛溶液固定 2 小时，然后用磷酸缓冲液（0.2 M）冲洗 3 次，每次 10 分钟；再用 1% 的锇酸溶液固定 1 小时，继而用磷酸缓冲液漂洗 4 次，每次 15 分钟。

4. 脱水 采用乙醇浓度梯度脱水法。

5. 干燥 应用临界点干燥法。

6. 装台黏膜 将样品用镊子稍稍夹碎、挑开，以暴露中肠的内表面，然后装固在样品台上，并采用银粉导电胶处理。

7. 处理 采用离子溅射镀膜法对样品表面导电处理。

8. 观察 使用日产 S-450 型扫描电子显微镜观察三个样区所采得的星豹蛛中肠黏膜并摄像。

二、结果与分析

1. 蜘蛛消化道形态结构特征

蜘蛛虽属肉食性动物，但只吮吸液体，不直接吞咽固体食物，与其他节肢动物相比，其消化道的前、中、后肠三部分发生了许多适应性变化。前肠包括口、咽、食道和吸胃，管状的咽和吸胃均可把液体食物吸进消化道并运至中肠。中肠有两部分：一部分在胸部，前连吸胃，并发出 1 对粗盲管，沿吸胃两侧前伸至头部，每条粗盲管又分出 4 条侧盲管，依次进入 4 对步足基节内；后一部分通过腹柄进入腹部，亦分出许多盲管。如此结构可扩大消化道的容量，容纳较多的食物。既然中肠有贮存食物的作用，随食物进入消化道的农药，则必然对中肠组织细胞产生毒害作用。据此，作者择其中肠进行扫描电镜分析，以了解其病变状况。

蜘蛛的中肠来源于内胚层，相当于高等动物的胃，故有"真胃"之称，以与吸胃相别。在扫描电镜下，可见中肠内壁黏膜表面衬有单层柱状上皮细胞，且被纵横交错的小沟分隔成许多小区（又称胃区）。各小区（胃区）表面由呈半圆球形同一型的黏膜上皮细胞组成，这些细胞均呈簇状排列，细胞的游离面上具短而密的微绒毛。整个黏膜表面分布着许多"胃小凹"，为中肠腺（胃腺）分泌出口处。（见图 1 左边 A）

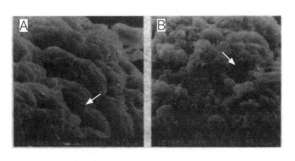

图 1　星豹蛛中肠表面超微结构扫描电镜图

注：A 对照区星豹蛛中肠上皮正常结构放大，箭头示胃小凹（×3000）；B 重污染区蜘蛛肠黏膜发生弥漫性溃疡，并伴有穿孔（↑）现象（×3000）。

2. 重污染区蜘蛛中肠黏膜的形态变化

经扫描电镜观察发现，在重污染区（Ⅰ区）蜘蛛中肠黏膜发生了明显的弥漫性溃疡，丧失了上述对照中的正常黏膜层组织形态特征。如图2C所示，胃区模糊，"胃小凹"消失，大量的上皮细胞萎缩，甚至自溶，少数细胞出现肿胀。整个黏膜表面无规则地散布着许多凝固性坏死病灶，即在电镜下可见此处有无定形的细颗粒状物质，不见组织轮廓，其坏死部位有的已变成坚实、干燥、混浊无光泽的凝固体，与周围的正常组织有明显差别。有的更为严重，可见到黏膜上皮层有明显的穿孔病灶。孔洞呈不规则形，洞内有结构不清的物质。（见图1右边B）

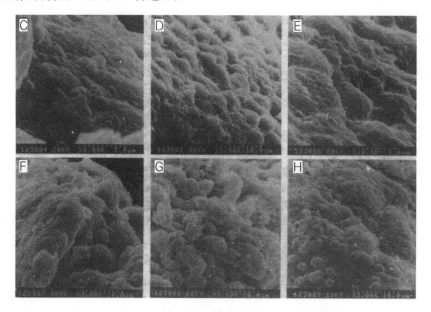

图2　星豹蛛中肠表面超微结构扫描电镜图

注：C重污染区示蜘蛛肠上皮黏膜发生弥漫性溃疡并伴有穿孔现象（×8000）；D~H 中污染区蜘蛛肠上皮细胞体积膨大，胃小凹消失，局部开始发生溃疡和纤维样变性（×3000）。

观察结果表明：重污染区内蜘蛛中肠黏膜组织和细胞发生了严重局部坏死。从病理学上来说，坏死是组织损伤所致的最严重的病变。坏死组织，细胞代谢停止，功能丧失，为不可逆性病理改变。这可能是由于蜘蛛长期生活于农药厂污染源（排污沟）附近，农药残留物及工业"三废"中的强酸强碱通过食物链进入蜘蛛体内。这些致病因素的毒害作用只要达到一定的强度或持续相当的时间，可使组织局部细胞的结构发生破坏，细胞间基质解聚，胶原纤维肿胀断裂，结构消失。最终坏死部位因组织结构完全消失，而变成一片模糊的颗粒状或均质状物质，于是出现了镜下的形态改变。有的由于坏死组织细胞释放的蛋白凝固酶类使蛋白质发生凝固而出现凝固性坏死；有的因强烈的毒害作用，坏死组织迅速发生分解液化，或被溶解吸收或被分离排出，因而形成坏死腔或孔洞。

3. 中等污染区蜘蛛中肠黏膜的形态变化

第Ⅱ样区距污染源较远，且所采蜘蛛大多数生活在高于农药厂排污沟的水田中，属中等污染区。经电镜观察，该区蜘蛛中肠黏膜层虽很少发现上述组织细胞坏死和孔洞病状，但是因组织损伤而发生的萎缩、变性等形态学变化现象普遍可见，且较为严重。参见图2 D~H。黏膜面上"胃区"界线模糊，"胃小凹"消失，并主要表现出两种类型的组织损伤：（1）细胞水肿，如图2 D所示，大量的细胞游离、畸形、完全丧失了健康黏膜层同型细胞成簇排列的组织形态学特征。其中大多数是细胞水肿；少数细胞体积变小，细胞膜出现许多皱襞，失去光泽，说明这些细胞正在由水变性转为萎缩变性；其中只有极少数为正常细胞。（2）纤维素样变性，主要表现出间质胶原纤维的变性。可见细胞游离，或自溶，相互粘连；或萎缩（图2 E、F）。"胃区"界限有的消失，有的模糊，但仍能见大体轮廓。"胃小凹"已全部消失；有的病变部位随着组织结构逐渐消失，变为一片界限不甚清晰的颗粒状、小条或小块状无结构物质，细胞间充满纵横交错的纤维状物质。

据病理学认为，变性是由于组织、细胞物质代谢因受外界污染源的毒害作用而发生障碍，从而引起细胞或细胞间质内出现某些异常物质，或正常物质积累过多的现象。变性的细胞仍存有活力，但功能往往降低。一般而言，变性是可恢复性改变，当致病源消除后，变性的细胞结构和功能尚可恢复，但严重的变性则往往不可恢复而发展为坏死。由此可见，本区内蜘蛛中肠黏膜的组织损伤程度较Ⅰ区（重污染区）为轻。

4. 对照（Ⅲ）区蜘蛛中肠黏膜的扫描电镜分析

第Ⅲ取样区距污染源甚远，且濒临湘江，排污沟中的有毒物质几经流失和稀释后，其含量已大大降低，属微污染区，故又作为本研究的对照区。扫描电镜下，可见该区蜘蛛中肠黏膜表面衬有排列紧密的单层柱状上皮细胞。细胞之间界限清楚，各上皮细胞的凸圆顶面也清晰可见，细胞数目、形态、大小和排列均较规范，"胃区""胃小凹"等黏膜组织结构清晰可辨（图1A）。该区所检样品中尚未发现蜘蛛中肠黏膜层有明显的组织损伤病灶。上述结果说明农药有毒成分对Ⅲ区环境的污染程度远比Ⅰ区和Ⅱ区为轻。

三、小结与讨论

1. 本研究以湖南湘潭易家湾农药厂排污沟周围所采集的星豹蛛为材料，对其消化道的中肠段进行扫描电镜分析，发现污染区内蜘蛛中肠黏膜层组织细胞普遍受到损伤，其形态学变化表现为萎缩、变性和坏死等不同程度的病灶，说明污染对机体产生了较严重的毒害作用。易家湾农药厂是我省生产甲胺磷等多品种有机磷杀虫剂的大型农药厂，其排出的废气、废水中含有多种有毒物质不断在环境中积累增加，并通过食物链在生物体内积累和浓缩。蜘蛛作为生态系统中的次级消费者，主要是通过捕食和饮水两条途径将环境中农药残余及其他有害物质摄入消化道内，首先在贮存食物的中肠内产生毒害作用，并经黏膜上皮细胞吸收后产生不同程度的病变。可见生物浓缩现象大大增加了农药及其他工业"三废"中有害物质污染环境的严重性和潜在危险性，这在生态学和环境保护中都应引起足够重视。

2. 扫描电镜分析结果还表明，距污染源越近，机体组织细胞受损伤程度越严重。如Ⅰ区狼蛛中肠黏膜发生弥漫性溃疡，组织细胞不仅出现萎缩、水变性、纤维样变性，而且发现凝固性坏死和穿孔等严重坏死病灶；Ⅱ区则以细胞水肿或萎缩现象为主，极少有组织坏死型病灶；Ⅲ区狼蛛黏膜层损伤轻微，组织结构清晰可辨，细胞大小，形态和排列规范，与正常组织无异。由此可知，蜘蛛中肠黏膜受损的程度可以敏感地反映出环境中农药等有害物质污染的状况。作者认为，利用蜘蛛中肠黏膜组织结构变化作为环境中农残污染监测的一项新的生物学指标，是值得进一步探讨的。

致谢：研究中得到我校实验中心电镜室有关同志大力支持与帮助，生物系刘曼媛老师为本文提出了有价值的修改意见，特此一并致谢。

Scanning electron microscopic observation on damage of midgut mucosa of spiders caused by pesticide pollution

Yan Hengmei   Guo Yongcan   Peng Tuxi   Wang Zhenzhong

Abstract: A medium-sized spider (*Prdosa astrigera*) was observed by scanning electron microscope in pesticide contaminated area. The results showed that there were obvious diffuse ulcers, coagulative necrosis and perforation in the midgut mucosa of spiders in the heavily polluted area, while a large number of cell edema, atrophy and cellulose like degeneration were found in the lightly polluted area. The above results suggested that the toxicity of pesticides to the midgut mucosa of spiders was caused by the ingestion of contaminated prey and water. There are direct and indirect damage effects on the digestive tract, and the degree of damage varies with the degree of pesticide pollution. Therefore, it is suggested that the pathological changes of midgut mucosa in spiders may be used as a biological index for monitoring pesticide pollution, which is worthy of further study.

Key words: Insecticides contamination；Spider；Midgut mucosa；Scanning electron microscope

原载◎激光生物学报，1995，4（2）：654-657；国家自然科学基金项目（No.4907003）资助

以蛛治虫对优化稻田生态系统的作用

颜亨梅　　王洪全　　杨海明　　胡自强

摘要： 我国稻田蜘蛛资源丰富，且田间蜘蛛种群较其他天敌滞留期相对长而稳定，蜘蛛与稻飞虱等主要害虫的种群数量季节消长"追随"现象明显、空间分布型相一致、生态位重叠值大，表明蜘蛛与目标害虫的生态分布相关性强，彼此依存和制约关系明显。以蛛治虫，创造有利于蜘蛛发生发展的生态环境，为各类害虫布下了"天罗地网"，能够持续有效控制虫害，大幅度减少化学农药的用量，既降低了环境污染，又保护了其他天敌，利于发挥多种天敌对稻虫的自然控制力，优化稻田生态系统，使之呈良性循环。

关键词： 蜘蛛；生物防治；稻飞虱；稻田生态系统

为探明蜘蛛在农业生态系统的物质循环和能量流动过程中所起的作用，作者在前期工作的基础上，从稻田生态系统整体出发，进一步研究了稻田蜘蛛群落结构与环境的关系，蜘蛛与主要害虫、蜘蛛与其他天敌的相互制约关系。目的在于利用天敌的自然控制力，减少农药用量，稳定和优化稻田生态系统。现将研究结果报告如下。

一、研究方法

1. 田间调查与测定

（1）样地设置与取样

以湖南为中心，分别在我国水稻栽培范围内的东、南、西、北、中部设置样地，先后调查了西南地区的广西、云南、贵州，西北地区的陕西（秦岭以北）、新疆，华东地区的上海、江苏、浙江、福建，华中地区的陕西（秦岭以南）、河南和湖北，东北地区的黑龙江、吉林和辽宁，共15个省份、52个地区、79个县（市）的450多个不同景观样点。选择有代表性田块，划定100~200丛水稻小区若干，采集该区内所有蛛、虫，用80%乙醇杀死固定，带回实验室分类鉴定和统计。

（2）蛛、虫季节消长

在湖南地区，每年选择5~10丘不同类型的系统观察田，各设2个重复。在水稻生育期间，每月调查1次，5点或平行跳跃式取样。分蘖前，取50~100丛；分蘖后期，取25~50丛，逐丛记录，最后均以百丛计算蛛、虫数，推算不同季节每亩蛛、虫发生量。

（3）生态位

将稻株划为5个资源等级，记录各等级内的蛛、虫分布的数量，应用 Levins 提出的生态位宽度公式和 Hurlbert 的生态位重叠指数公式测算。

（4）空间分布型

划定取样框，逐丛观察和记载稻株上的所有蛛、虫数。用 Iwao 提出的平均拥挤度 $\overset{*}{M}$ 与平均密度 $\bar{X}$ 的回归方程测算。

（5）群落多样性测定

应用 Shannon–Wiener 多样性指数（H'）、均匀性指数（E）和优势度（C'）的公式测定群落结构状态。

2. 蜘蛛对田间害虫捕食量的测试

选择大田水稻4~6丛，清除各种益、害虫，平整泥面，上罩39目尼龙纱网，按蜘蛛成蛛体形大小每网投以一定比例的蜘蛛和飞虱，下面以土密封网基，上方线封网口。各设2个重复，每2日检查1次，分别记录蛛、虫数，统计虫口下降率和蜘蛛日捕食量。

二、结果与分析

1. 稻田蜘蛛资源丰富，有控制害虫的良好基础

全国稻田中所采集到的蜘蛛标本，已鉴定373种，隶属于23科109属之多。调查结果显示：我国稻田蜘蛛资源丰富，有控制害虫的良好基础。同时由实地调查可知，从物种数量和分布范围来看，我国稻田蜘蛛的优势类群依次是园蛛、跳蛛、狼蛛、肖蛸、球蛛、管巢蛛、蟹蛛、逍遥蛛和漏斗蛛科等。

就蜘蛛个体数量而言，绝大多数取样区都以狼蛛、皿蛛和球蛛科最多，其次为跳蛛、肖蛸、管巢蛛和蟹蛛科等。就某一稻田而论，常因用药水平不同而异：用药水平高的，混合种群的发生量，每亩500~1000头之间。用药少或不用药的稻田，早稻中、后期，每亩6万~10万头；晚稻中期，达8万~20万头。

就蜘蛛在稻田内生态分布来看，结网者，因网型不同，又可分为水平圆网、垂直圆网、皿网、三角网、漏斗网和不规则网等若干类型。结网与不结网蜘蛛从水稻叶面到禾兜基部均有分布：一般说来，地（水）面上有狼蛛、盗蛛和狡蛛等游猎，稻茎部有球蛛、微蛛（*Erigoninae*），稻秆上有锯螯蛛（*Dyschrionnatha*）、亮腹蛛（*Singa*）、跳蛛和狼蛛等活动；叶面上既有管巢蛛定居，又有跳蛛、猫蛛和蟹蛛等游猎，稻植株顶端之间还有园蛛、肖蛸等蜘蛛布大、中型圆网狩猎，它们各自捕食所占生境内的害虫，为各种害虫布下了"天罗地网"，使许多害虫都难摆脱蜘蛛的控制而暴发成灾。

2. 蜘蛛优势种对主要害虫的控制效果

（1）田间优势种群相对稳定

稻田蜘蛛优势类群，全国有 8 科 16 种，但在长江流域主要稻区，与飞虱关系最密切的只有 3 科 6 种，即微蛛亚科的草间钻头蛛（*Hylyphantes graminicola*）和食虫沟瘤蛛（*Ummelita insecticeps*），球蛛科的八斑鞘腹蛛（*Coleosoma octomaculatum*），狼蛛科的拟环纹豹蛛（*Pardosa psudoannulata*）、拟水狼蛛（*Pirata subpiraticus*）、类水狼蛛（*P. piratoides*）。它们性情凶猛，专捕活虫，食量大，而且繁殖力强。中、小型蜘蛛，在长江流域，每年发生 2~7 代，每头雌蛛一生产卵 4~8 次，多达 15 次；每头雌蛛一生产卵 400 粒至 600 粒，其孵化率在 95% 以上。加之蜘蛛寿命长，抗逆性强，由此蜘蛛虫口基数大，在田间形成了相对稳定的种群。如草间钻头蛛与食虫沟瘤蛛，早稻前、中期占优势；3 种狼蛛则为早稻后期，晚稻前、中期的优势种；晚稻后期则以八斑鞘腹蛛为主，形成早晚稻期间消长曲线的 3 个主要高峰。

（2）蜘蛛与飞虱的相关性

季节消长"追随"现象明显。根据历年蜘蛛与飞虱发生量消长曲线分析，插秧后 15~20 天开始数量回升，6 月中旬至 7 月中旬盛发，微蛛占总蛛量的 62%~82%；早稻后期与晚稻前、中期，狼蛛上升，占总蛛量 15.5%~71.3%，微蛛下降；晚稻后期，八斑鞘腹蛛上升，占 40%~80.4%。褐飞虱与白背飞虱在早稻中、后期与晚稻中、后期盛发，与蜘蛛消长一致。经相关系数 r 测算，$r=0.53~0.97$（$\alpha=0.05$），均呈正相关。

空间分布型完全一致。以 Iwao 的 $\overset{*}{M}=\alpha+\beta\bar{X}$ 直线回归方程来测算，结果表明，拟水狼蛛的 $\overset{*}{M}=0.3113+1.8567\bar{X}$（$r=0.96$，$P=0.01$）；拟环纹豹蛛的 $\overset{*}{M}=0.2289+5.2515\bar{X}$（$r=0.92$，$P=0.01$）；狼蛛混合种群的 $\overset{*}{M}=0.168+1.3171\bar{X}$（$r=0.9329$，$P=0.01$）；$\beta$ 值分别为 1.857、5.252、1.317，均大于 1，均属聚集分布，与飞虱空间分布型一致。

生态位重叠值大。利用 Levins 公式测试了优势种蜘蛛田间生态位宽度值，结果表明，狼蛛类最高（0.92），微蛛和球蛛次之（分别为 0.87 和 0.81）；应用 Hurlbert 公式测试蛛、虫生态位重叠值，结果食虫沟瘤蛛、八斑鞘腹蛛与飞虱的生态位重叠值（分别为 0.89 和 0.86）最高，拟环纹豹蛛和拟水狼蛛与飞虱的生态位重叠值（0.70 和 0.74）次之，说明上述优势种蜘蛛对飞虱种群数量的控制力较大，与田间观察情形基本吻合。

（3）蜘蛛对飞虱的控制作用

室内试验结果表明，在草间钻头蛛和食虫沟瘤蛛与飞虱之比，最高不超过 1:6.3；拟水狼蛛与飞虱成虫之比不超过 1:10.8，与飞虱若虫之比不超过 1:11.2，若蛛与若虫之比不超过 1:10.5 的情况下，蜘蛛基本上能控制飞虱的发展，可为田间用药防治指标的制定提供参考。

田间笼罩试验结果表明，草间钻头蛛与飞虱在 1:20 的条件下，前 2 天日捕食 2 头，平均虫口下降率为 37.2%；第 5、6 天，日捕食 0.7 头，虫口下降率为 78.5%。较大的拟环纹豹蛛与类水狼蛛，在蛛虫比为 1：20 的条件下，前 2 天日捕食分别为 6.46、5.97 头，第 6 天虫口下降率分别为 88.9 %、90.9 %（见表 1）。

表 1　六种优势种蜘蛛对飞虱种群的控制效果

蛛 名	蛛虫比	重复次数	平均日捕食量 / 头			平均下降蛛虫比			平均虫口下降率 / %		
			第 1、2 天	第 3、4 天	第 5、6 天	第 2 天	第 4 天	第 6 天	第 2 天	第 4 天	第 6 天
草间钻头蛛	1:20	5	2.00	1.50	0.70	1:6.42	1:2.25	1:2.25	37.2	62.3	78.5
八斑鞘腹蛛	1:20	5	1.86	1.50	0.66	1:6.29	1:4.75	1:2.39	37.1	66.0	77.9
拟环纹豹蛛	1:20	6	6.46	1.98	0.90	1:8.99	1:4.19	1:2.29	59.6	79.3	88.9
拟水狼蛛	1:20	4	5.97	1.94	1.19	1:8.06	1:4.10	1:1.59	59.7	79.1	90.9
棕管巢蛛	1:20	4	4.50	2.09	1.75	1:11.25	1:5.60	1:2.22	45.0	70.9	88.2
圆尾肖蛸	1:15	4	2.88	1.88	1.25	1:9.25	1:5.50	1:2.75	27.5	63.7	80.0
空白对照	0:80	2	0	0	0	0:79.30	0:78.00	0:77.00	0.625	2.5	3.76

室内外实验结果均表明，上述优势种蜘蛛对飞虱种群数量有较大的控制能力。

3. 在优化稻田生态系统中的作用

（1）天敌数量上升，害虫密度下降

通过保蛛治虫，每亩早稻田 10 次累计的调查蛛量，1 年区为 1174 头，2 年区 1284 头，3 年区 1689 头，而飞虱总量则分别为 744.5、588、435 头。晚稻期间 11 次调查累计，蜘蛛分别为 1655、1693、2478 头，飞虱为 14001、6245、2698 头。80% 的稻田未达到防治指标，保蛛区捕食性天敌占调查总数的 55.7%，其中蜘蛛占 33.7%，飞虱则占 44.3%；化学防治田施药 3 次，捕食性天敌仅占 23%，其中蜘蛛占 17%，而飞虱占 77%。

保护蜘蛛亦保护了其他天敌。据调查，实施保蛛治虫措施后，田间天敌日益增多，如湘阴县，开展保蛛治虫前，天敌为 61 种，保蛛治虫后则增加到 101 种。按 Mountford 群落相似性指数（I）测算，$I=0.043$（$P > 0.01$），保蛛综防田与化防田的生物群落相似性指数差异极显著。而且，天敌种群数量上升很快，如寄生性天敌，开展保蛛治虫前一般不超过 10% 的寄生率，保蛛治虫 6 年后调查，寄生褐稻虱的缨小蜂（*Anagrus* sp.）卵寄生率达 50.3%，寄生黑尾叶蝉的褐腰赤眼蜂（*Paracentrobia andoi*）的卵寄生率达 71.%，纵卷叶螟幼虫的寄生率达 20.3%~46.4%，充分发挥了多种天敌对害虫的控制作用，使稻田生态系统向良性方向发展。

（2）减少农药用量，稳定生物群落结构

开展以蛛治虫措施后，需药治面积，早稻田不到 3%；晚稻田较为复杂，用药面积在 20% 左右，最高的个别稻区亦不超过 50%，比一般化学防治田可少用药 2~4 次，大大降低了农药用量。从而使稻田生态系统中的益、害虫群落结构趋于优化状态和稳定状态。应用 Shannon–Wiener 多样性指数（H'）、均匀性指数（E）和优势度（C'）的公式测定了不同用药水平的稻田捕食性天敌群落结构，结果见表 2。

表 2　不同用药水平的稻田捕食性天敌群落多样性指数 H'、均匀性指数 E 和
优势度 C' 指数比较

稻田类型	H'		E		C'		S	
	值	序	值	序	值	序	值	序
"以蛛治虫"田	6.256	1	0.964	1	0.528	3	49	1
施药一次	3.609	2	0.903	2	0.258	2	18	2
施药三次	2.211	3	0.713	3	0.591	1	12	3

三、小结与讨论

1. 稻田蜘蛛种类多，繁殖力强，发生数量大，捕食能力强，优势种突出，且蜘蛛滞留在田间种群相对稳定，与稻田主要害虫的季节消长、生态分布及变态类型一致，制约关系明显，有控制害虫种群的良好基础。

2. 保蛛治虫，措施简便，易于推广，而且保护了蜘蛛也就保护了其他天敌，有利于发挥多种天敌联合控虫作用，减少农药用量，降低生产成本，防止环境污染，因而生态、经济、社会效益明显，进一步推广"以蛛治虫"的生防技术有良好的前景。

3. 面向 21 世纪，建设有我国特色的有机农业，必须使生物防治与生态环境保护密切结合，加强生物高新技术在生防工作的应用研究。从生防角度看，一方面要考虑农业系统中植被结构的合理性、植被的多样性，增加生态系统中的空间异质，有利于天敌种群繁衍，提高天敌多样性的水平，充分发挥天敌的自然控制作用，作为有害生物持续治理的基础；另一方面，研制并规范化蜘蛛等天敌对害虫的控制指标体系，以及和生物农药的配套技术，作为有害生物持续治理、优化农业生态系统的保障，走生态高值农业之路。

原载◎生命科学研究，1997，1（1）：65-71；本文曾为 1994 年中国科学院在北京召开的"首届全国生物多样性保护与持续利用研讨会"的大会报告

Predation Efficiency of the Spider *Tetragnatha squamata* （Araneae:Tetragnathidae） to Tea Leafhopper *Empoasca vitis* （Insecta : Homoptera）

Hengmei Yan Manyuan Liu Joo-Pil Kim

ABSTRACT：The spider, *Tetragnatha squamata* and its prey *Empoasca vitis*, the tea leafhopper, were investigated in laboratory on the prey-predator relationship. The predator spider showed a significant response to the increase of the prey. The predation efference and the response of predator to its density were examined as well. The result of the experiments are given as questions.

Key words: predation; *Tetragnatha squamala*; spider; tea leafhoppers

INTRODUCTION

It has been of served in several countries that spiders are predators of insect pests in rice fields, cotton fields and fruits orchards. These biological control experiments indicated that spider plays an important role in the suppression of serious pests in these agroecosystems.

Tea crop is one of the most important economic crops in China. Tea plantation provides a habitat for a many spiders species, which may reduce tea pest populations. Nevertheless, very limited studies on this aspect have been made in China. Predator-prey relationships constitute an important component of field population ecology, and it is of much theoretical and practical interests in the problem of how predator populations affect the populations of their prey. There are various approaches to solve this problem.

The functional responses of predators were studied in depth by Holling physical and biotic factors affecting functional response have been studied by various authors. As pointed out by Huffaker et al. （1963）, the first step in assessing the predatory efficiency is to learn how it performs as an individual that is, the way in which it searches for prey, perceives the prey and accepts or refuse given prey individuals for attack. Knowledge of the functional response of individuals is essential for a clear understanding and correct approach to modeling predator-prey interactions.

It has been observed that the spider *T. squamata* has a great potentiality as the dominant predator of serious citrus pests in untreated orchards in China. Therefore, it was important to assay its predation efficiency as a biological control agent.

MATERIALS AND METHODS

Response of the spider to prey density. Thirty adult females of *T. squamata* were reared individually in the laboratory in the presence of the adults of tea leafhoppers *Empoasca vitis* which were taken from tea plantations. The spiders were starved for 3 days and then presented with different numbers of the tea leafhoppers （5, 10, 20, 30, 40, 80） in 5 replicates, each spider was kept in an individual cage under the condition of 25±℃ in temperature and 75±5% in humidity. The Number of the tea leafhoppers consumed by each spider was recorded 24 h after the beginning of the experiment.

Response of the spider to itself density. Different density （1, 3, 5, 7） of the spiders was each kept in an individual cage and then presented with 20 the tea leafhoppers.

Influence of the temperature on predation efficiency by the spider. Under different temperature （10,15, 20, 25, 30 ℃）, thirty adult females of *T. squamata* were reared in dividually in the laboratory on 25 the tea leafhoppers.

RESULTS AND DISCUSSION

Response of *T. squamata* to prey. The results are summarized in Table 1 and in Fig. 1. When 5 adults of the leafhopper were given to the spider, all the prey were consumed by each spider. When the number of the tea leafhopper exceeded 40 or 50, the number consumed per spider also increased, but at every each condition the leafhoppers were in variably spared. The number of the leafhoppers consumed appeared to level off at highest densities of 80 and even more per spider.

Table 1　Response of *T. squamata* to tea leafhopper *E. vitis*.

Prey density	5	10	20	30	40	80
No. prey eaten by spider	3.3 ± 1.57	5.1 ± 0.67	9 ± 0.11	13.8 ± 1.08	19.2 ± 2.9	22.6 ± 3.1

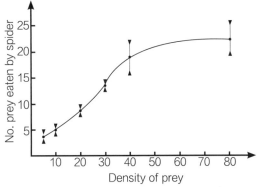

Fig.1　Response of female adult spider （*T. squamata*） to prey *E. vitis* adult density.

Table 2　Response of the spider to itself density.

Density of spiders	1	3	5	7
No. prey eaten by spider	9.2 ± 0.75	5.2 ± 0.10	2.7 ± 0.33	1.1 ± 0.251

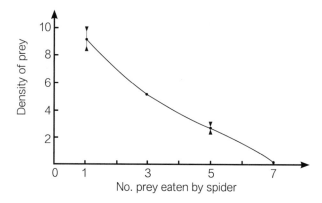

Fig.2　Response of *T. squamata* adult to itself density.

The response curve of *T. squamata* to prey density （Fig.1） is essentially similar to the sigmoid curve described by Yan （1991） for the response of the spider *Clubiona qeletrix* O. P. Cambridge,1885 to the density of *Drosophila*. An S-shaped curve is characteristic of the responses of various predators, which can be described by using Holling's disc equation:

$Na=0.5964N/$（$1+0.008356N$）.

As the density of its prey increases, the number of prey consumed by *T. squamata* increases markedly, but at a progressively reduced rate. The proportion of prey consumed declines gradually, as prey density increases.

Response of the spider to itself density. The experiment showed that the number of prey eaten by the spider appeared decrease while density of the spider increased （Table2; Fig.2）. Mutual interference affected the predation efficiency of *T. squamata*. The response of the spiders to its density can be described by using Watt's equation: $A=10.7948P^{-1.0011}$ and the predation rate is $E=0.5986Q^{-0.6891}$ （Q=a constant measuring the efficiency of utilization of prey for production by predators in Krebs, 1978, Table3; Fig.3）.

Table 3　Influence of mutual interference on predation rate of *T. squamata*.

Density of spiders	1	3	5	7
No. of prey eaten	8.0 ± 0.3	16.4 ± 0.57	19.8 ± 0.45	24.8 ± 0.48
Predation rate	0.374	0.175	0.128	0.128

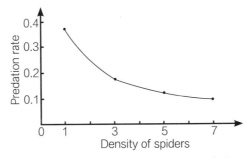

Fig.3   Influence of mutual interference on predation rate of *T. squamata.*

Table 4   Influence of temperature on predation efficiency by *T. squamata.*

Temperature	10	15	20	25	30
No. of prey eaten	2.5 ± 0.5	6.5 ± 0.89	10.8 ± 0.74	12.0 ± 0.44	8.6 ± 1.07

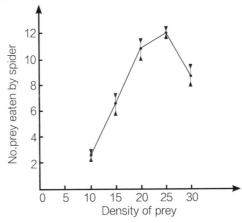

Fig.4   Influence of temperature on predation efficiency by *T. squamata.*

Influence of temperature on predation efficiency. At 10 ℃, 15 ℃, 20 ℃, 25 ℃ and 30 ℃, the results of laboratory observation of predation by *T. sgquamata* are summarized in Table 4 and in Fig. 4.

These experiments indicated that the optimum temperature for the predation efficiency is 25 ℃, and under 15 ℃ and over 30 ℃ it was decreased. The results can be described by the equation:

$$Na = -0.0425\ T - 25^2 - 11.5674.$$

The spider *T. sguamata* plays an important role as a biological control agent of the tea leafhopper *E.vitis* on tea tree in China.

ACKNOWLEDGMENTS

The authors are grateful to Profs. Changmin Yin and Hongquan Wang, Department of Biology, Hunan Normal University, Changsha, China, for their valuable suggestions.

原载◎ The Korean Journal of Systematic Zoology, 1998, 14（2）: 159-164; 国家自然科学基金项目（No.3860603）资助; 合作作者: Dr. Joo-Pil Kim（金胄弼）, 韩国蛛形学会会长、东国大学教授

中国虎纹捕鸟蛛的生态学

颜亨梅　王洪全　卢岚　胡自强　杨海明　刘曼媛

摘要：文中首次报道了虎纹捕鸟蛛种群生态分布特点、洞穴结构、活动规律、捕食、繁殖、防御和进攻行为等生物生态学特征，并初步分析了其自然种群分布与栖息地结构之间的相关关系，以及蜘蛛种群对环境的适应性。研究结果可为虎纹捕鸟蛛的人工养殖提供重要的科学信息。

关键词：捕鸟蛛；穴居动物；生态学

虎纹捕鸟蛛 *Cyripagopus schmidti*（von Wirth，1991）（曾用学名 *Selenocomia huwena* 和 *Ornithoctonus huwena*）隶属于蛛形纲，蜘蛛目，原蛛亚目，捕鸟蛛科（Theraphosidae）。因其身体多毛，腹部背面有虎皮状花纹而得名。为一种大型有毒的穴居蜘蛛，其平均体重雌蛛为 31.27 g，雄蛛为 11.31 g，是进行蛛毒、蛛蛋白研究的理想试验材料。梁宋平等（1993）对其蛛毒分子结构和生理功能进行了研究。发现其中含有多种酶类及数十种有重要科学价值的活性成分。这一研究揭示了该蛛毒是研制新型药物，包括抗癌药的新药源，但其自然资源日趋枯竭，人工饲养该种蜘蛛则具有广泛的开发应用前景。可见研究虎纹捕鸟蛛不仅在科学研究中具有重要理论价值，而且在生产实践上有重要意义。为此作者在国家自然科学基金的资助下，对虎纹捕鸟蛛的生物生态学进行了研究，以期在理论上为蜘蛛的起源和进化提供有益信息，为就地或迁地保护这种濒危物种提供生态对策；在实践中可为探讨在中南地区进行大规模人工养殖的可行性提供科学依据，为有关单位和中药材部门提供优质蛛源。

一、材料和方法

1. 野外调查

自 1995 年 11 月至 1998 年在广西、云南等地进行了野外普查和定点（宁明县桐棉乡）、定期（每年度 2~4 次）调查研究。调查内容主要包括虎纹捕鸟蛛自然种群生态分布区的自然概况（气候、地貌、地质等状况），栖境结构，洞穴分布及其结构，洞内蛛态，行为和习性观察，环境因子对蜘蛛行为的影响等。取样的同时观察并记录蜘蛛栖息环境特征，尤其对蜘蛛洞穴及其周边土壤组成与理化性质进行了检测，以作为设计捕鸟蛛迁地保护，选择人工养殖场地的参考资料。

2. 室内饲养与实验

供试蜘蛛采自原产地广西宁明县，将不同大小和性别的活体标本带回长沙，按下列方法分别安置进行人工养殖。

（1）棚养法。在野外用钢管架和塑料窗纱围成规格为 6 m×10 m 的网棚，窗纱下边入土 20 cm 以防蜘蛛逃逸，棚内地貌和植被均模拟蜘蛛原产地生境，并按蛛体大小设洞穴若干。洞穴朝外一方用木板遮掩，木板外用土壤掩埋，以便揭盖观察。分别将若蛛或成蛛投入洞穴内。另设饮水器和投饵盘数个，每周投饵、放水 2~3 次，以观察其能否在长沙地区自然条件下正常生活。

（2）笼养法。室外置 10 个规格为 120 cm×70 cm×80 cm 的钢架窗纱网笼箱，箱内用 30 cm 厚的红色黏土筑成 30°的斜坡，按上法模拟原产地生境，设置洞穴 2 个，分别投入雌、雄成蛛 1 对，用于观察蜘蛛捕食和繁殖行为等。

（3）池养法。室内建 30 个规格为 78 cm×52 cm×46 cm 的养殖池，分别在每个池中用红色黏土按上法设置洞穴 1 个，用于观察蜘蛛生长发育、行为与环境的关系。

（4）缸养法。置规格为 28 cm×17 cm×25 cm 的玻璃缸，分别在每个缸底先铺 1层 5 cm 厚的红土，亦筑成大约 30°斜坡，坡高约 10 cm。沿缸壁筑一个圆形洞穴，单蛛饲养。缸中亦设饮水器、投饵盘各一，用于观察若蛛的生长发育和行为。

（5）温度对蜘蛛活动能力的影响试验。温度设置 10、15、20、25 和 30 ℃ 5 个水平。先将雌成蛛置于 10 ℃环境中，连续 6 天观察并记录其活动和捕食情况，然后将蜘蛛逐级移至较高一级温度环境中（直至 30 ℃），做同样观察和记录。每处理重复 3 次。

（6）温度和光照时间对蜘蛛捕食作用的交互影响试验。不同温、光组合采用 $L_9(3^4)$ 正交试验表设计，温度（A）因素，分设 22、25 和 28 ℃ 3 个水平；光照（B）因素分设 10、12、14 小时 3 个水平。每处理组投放 20 头蟋蟀，24 小时后观察记录蜘蛛捕食量，每处理重复 4 次（颜亨梅，1990）。依据结果进行正交设计的方差分析，找出对蜘蛛捕食量有显著影响的因素及主效应因素，选出优化因子组合。

（7）温度和食物对若蛛生长发育的交互影响试验。选用来源于 1 个卵囊的 3 龄若蛛 36 只，按上述方法，温度（A）因素，分设 18、23、28 ℃ 3 个水平；食物（B）因素分设固体型人工饵料、液体型人工饵料及鲜猪肝 3 个水平。每处理每周投喂新鲜饵料2 次，连续观察 1 个月，记载若蛛的体重增长率、存活率及脱皮率，并依据实验结果进行方差分析提出优化组合。

二、结果和分析

1. 种群分布区域及其适应性

通过野外调查，目前已知虎纹捕鸟蛛主要分布于云南省的勐腊、勐海、文山、景洪、思茅和广西的宁明、北流、岑溪、容县等北回归线以南的热带和亚热带季风气候区域。分布区有日照长、气温高、雨量丰、夏热冬暖、夏长冬短、夏湿冬干和雨热同期的气候特点。由于它们穴居地下，温湿度及生活环境较地面稳定，并已对上述气候产生了适应性。北移长沙室内人工养殖观察结果表明：虎纹捕鸟蛛在气温 30 ℃以上的高温环境中，蜘蛛活动能力明显减弱，并经常伏在饮水器旁边，说明该蜘蛛在高温下，要有足够的水分。蜘蛛对低温更为敏感，气温 15 ℃以下，停止取食，10 ℃以下停止活动，5 ℃以下持续 7~10 天，供试蜘蛛全部死亡。由此可见，该种蜘蛛在自然选择作用下，对长期低温的适应性差，适应的温度范围较狭窄，因而适宜该蜘蛛生长的时期短，生长速度慢，生活史周期长，加之栖境不断受到人类活动的干扰和破坏，使其种群分布局限于北回归线以南，自然种群数量日渐减少，成为一种古老的濒危物种。

2. 种群分布与栖境土壤理化性质的关系

在原产地野外调查发现，该种蜘蛛栖居的土壤，多为砂岩发育而成的红壤，质地为黏土（细质的土壤）。这类土壤在潮湿时易于挖掘洞穴，土壤变干后土体往往变得坚硬致密。虎纹捕鸟蛛穴居在这类土壤中，不但利于其挖掘洞穴，而且洞穴的稳定性强，不易坍塌，大大地增加了安全系数。

在野外随机采集 30 个洞穴的土壤样品进行含水量和 pH 的分析结果（表1，表2）表明：虎纹捕鸟蛛洞穴中土壤含水量的平均值为（20.862 ± 1.742）%。由表1可见，大多数洞穴内土壤含水量在 13.00 % ~ 24.99 % 的范围之内，最适范围在 16 % ~ 22 % 之间。

表 1　蜘蛛洞穴土壤样品含水量测定结果

组界 /%	组中值 /%	频数	频率
13.0 ~ 16.99	14.995	6	0.2
17.00 ~ 20.99	18.995	11	0.3667
21.00 ~ 24.99	26.995	1	0.033
29.00 ~ 32.99	30.995	3	0.1

表 2　蜘蛛洞穴土壤样品 pH 测定结果

组界 /%	组中值 /%	频数	频率
4.6 ~ 5.0	4.8	8	0.2667
5.1 ~ 5.5	5.3	15	0.5
5.6 ~ 6.0	5.8	7	0.2333

由表2可知，洞穴土壤 pH 范围在 4.5~6.0 之间，其平均值为 5.28 ± 0.134，在 5.1~5.5 范围之内的占 50%，表明虎纹捕鸟蛛栖息地的土壤偏酸性。

3. 种群分布与栖境生物群落的关系

虎纹捕鸟蛛种群分布区内的植被垂直分布从高到低依次为亚高山草甸带、针叶林、针阔叶林混交带、低矮灌木丛和农耕区。该蜘蛛主要分布在靠近水源的山坡和路边，或高大宽厚的旱作田田坎上。

上述生境中，农耕区的植物类群除了农作物外，主要为铁芒萁（*Dicranopteris dichotoma*）等蕨类植物和茅草等草本植物；森林区植物类群主要为马尾松（*Pinus massoniana*），还有其林下的一些灌木丛、蕨类等小草本植物。动物群落，主要是一些小型昆虫，如直翅目的蚱蜢、蟋蟀、蝗虫，鞘翅目的金龟子，蜚蠊目的蟑螂，半翅目的蝽象等。还有一些小型的哺乳类、两栖类、爬行类动物，如小鼠、青蛙、蜥蜴、蛇类等。上述植被可作为蜘蛛隐蔽的良好场所，而动物类则为其提供了充足的食物源。

4. 洞穴结构

野外调查表明：虎纹捕鸟蛛洞口呈较为规则的圆形，一般是暴露的，不被植物的枝叶或其他障碍物所覆盖，与已报道的其他捕鸟蜘蛛不同，其洞口周围不张悬网或大网，而是利用蛛丝把杂草或落叶缠绕和粘连在洞口处，共同形成一丝管（或丝套），丝管可达 3~6 cm。在冬季，洞口中央可见明显的一层薄丝网封住洞口。

洞口的朝向与洞穴所处的山坡或土坎的朝向相一致，野外随机调查其洞口的朝向，结果表明：洞口大多数朝向避风和温暖之处，朝南和西的洞口最多，占调查总数的74.3%，东北朝向和西北朝向洞穴最少。野外解剖 30 处洞穴，分析其洞穴走向基本情况表明：洞穴一般是沿着 15~20 cm 深的表土层平行走向，呈水平状或稍带倾斜者为多，占调查总数的 89.4%，少数洞穴有肘状拐弯。

洞口直径、洞穴长度与该洞内蜘蛛体重之间存在着相关关系。蜘蛛体重对洞口直径的回归方程为：$Y = e^{0.4910x}$，$r = 0.8836$；蜘蛛体重对洞穴长度的回归方程为：$Y = e^{0.0365x}$，$r = 0.7170$。根据洞口大小可以初步判断蜘蛛的发育状态。

5. 活动规律

虎纹捕鸟蛛为负趋光性，昼伏夜出。据观察发现：蜘蛛全天有 2 个明显活动高峰期，即半夜 22:00~0:00、凌晨 2:00~4:00，其他时间很少见到蜘蛛出洞活动。蜘蛛活动频繁时间是与其猎物丰盛度和气温相关联的。当气温降至 10 ℃以下时，虎纹捕鸟蛛在洞内处于休眠状态，其若蛛、亚成蛛和成蛛均可越冬。待气温回升至 15 ℃以上便逐渐苏醒，开始重新出洞活动。随着温度的升高，其活动能力逐渐增强，20~30 ℃为适宜温度范围。

雌蛛有护卵习性，自产卵后至若蛛孵出前，从未看见出洞活动或取食，而是用螯肢持卵囊置于其胸板下，两前足抱住卵囊两侧。在长沙地区 7~9 月间，母蛛抱卵时间约 30 d。若蛛孵出后，仍留在卵囊中，无取食、无残杀现象，经 1 次蜕皮后，若蛛用螯肢自行撕开卵囊，破囊而出，出囊后的 2 龄若蛛呈聚集型生活在母蛛周围，绝大多数匍匐在母蛛体背。待 2~3 d，蜕皮成 3 龄若蛛后，才从母蛛洞中分散，营独居生活。

6. 捕食行为和食谱

当虎纹捕鸟蛛发觉洞口蛛丝被猎物触动时，即跃出洞捕食。发现猎物后，表现出一种进攻姿态：头胸部向上抬起，连同第一、二对步足一起向上举起，腹部及第三、四对步足着地支撑身体，触肢伸展，螯肢张开，螯爪伸出，身体伺机快速移向攻击对象，利用其触肢和螯肢钳住猎物，毒汁随即由螯爪尖端注入猎物体内，将其麻醉，并迅速将猎物送入口内压碎，注入唾液，使猎物组织器官液化，然后吮吸体液，剩下的食物残渣呈食糜状，未见留下猎物完整的体壳。

经野外调查和鉴定洞穴内猎物残骸得知，在自然状下，虎纹捕鸟蛛只捕食活动的猎物，主要猎食一些中小型低等动物，如蟋蟀、蝗虫、蚱蜢等直翅目昆虫，以及鞘翅目的金龟子、半翅目的蝽象和蜚蠊目的一些种类，还可捕食小鼠、青蛙等动物。在实验室人工饲喂条件下，除上述食物外，还可食取新鲜的猪肝、鸡肝、黄鳝血液以及黄粉虫、地鳖虫等。

应用汪世泽（1988）改进的 Holling III 型方程式模拟虎纹捕鸟蛛对蟋蟀的捕食功能反应方程式为：$Na=11.793EXP（-5.7109Nt^{-1}）$，经 X^2 检验，该方程理论值与实际观察值的误差不显著（$P < 0.05$）。计算结果表明，在一昼夜时间内，1 头虎纹捕鸟蛛对蟋蟀的最大捕食量为 12 头，最佳寻找密度为 6 头。

7. 环境因子对捕食作用的影响

虎纹捕鸟蛛在 15 ℃时，开始捕食，但捕食量很少，在 25~30 ℃时捕食量较多，为 15 ℃时的 5 倍，但超过 30 ℃时，捕食量就相对下降。其捕食量的变化呈抛物线形，可用方程：

$$Na= -0.0381（T- 26.75）^2 + 6.906$$

来描述。经测定（$X^2 < X^2_{0.05}$），拟合程度较好。由此可见，温度在 27 ℃左右，虎纹捕鸟蛛捕食能力最强，捕食量最大。

采用正交设计法，经方差分析和 Duncan 多重比较法测定不同温度和光照时间对蜘蛛捕食的交互影响，试验结果表明：温度和光照时间对蜘蛛捕食行为均有显著影响（$P < 0.01$），其中温度为影响捕食的主效应因子。最有利于蜘蛛捕食的温度、光照时间的因子水平组合为：温度 27 ℃，光照时间 12 h。

8. 温度和食物对若蛛生长发育的交互影响

本试验主要从若蛛体重的增长率、蜕皮率和存活率 3 个指标测定其生长发育状况。试验结果（表 3）表明，随着温度的上升，3 龄若蛛的生长率明显地出现递增期（18~23 ℃）和递减期（23~28 ℃）2 个阶段，详见图 1。以温度为 23 ℃、食物为猪肝处理组的若蛛体重平均增长率最高（0.31）；以温度为 18 ℃，食物为固体型人工饵料处理组的若蛛体重增长率最低 （-0.073），可见试验中所配人工饵料有待进一步完善。方差分析结果（表4）表明，在 18~28 ℃范围内不同温度对若蛛体重增长率的影响呈显著水平（$P < 0.05$）；

而不同食物对若蛛体重增长率的影响呈极显著水平（$P < 0.01$）。可见在适当温度范围内，食物是决定若蛛生长发育速度的关键因子。温度与食物双因子对若蛛体重增长率的交互影响呈显著水平（$P < 0.05$）。体重、增长率的交互影响呈显著水平（$P < 0.05$）。

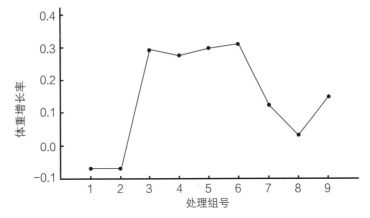

图 1　不同温度与食物组合下的三龄幼蛛体重增长率的变化

就本试验而言，其中最有利于若蛛生长发育的因子水平组合为温度 23℃，食物为猪肝。

表 3　不同食物和温度对 3 龄若蛛生长发育的影响 (*n*=4)

温度 /℃	食物类型	生 长 率				生长率均值	蜕皮率 /%	死亡率 /%
		1	2	3	4			
18	A	−0.006	0.093	−0.080	0.000	0.071	0	0
	B	0.063	−0.167	0.031	−0.156	−0.073	0	0
	C	0.552	0.302	0.236	0.262	0.292	0	0
23	A	0.503	0.156	0.165	0.277	0.275	25	0
	B	0.336	0.160	0.281	0.405	0.296	50	0
	C	0.243	0.237	0.367	0.394	0.310	0	0
28	A	−0.004	0.153	0.215	0.119	0.121	100	0
	B	0.052	0.026	0.002	0.038	0.030	75	0
	C	0.108	0.139	0.089	0.250	0.147	25	50

注：A.液体型人工饵料（Artificially fluid foods）；B.固体型人工饵料（Artificially solid foods）；C.猪肝（Pig liver）。

表 4　温度和食物对 3 龄若蛛体重增长率交互影响的方差分析

变异来源	平方和	自由度	均方	*F* 值
温度	0.3480	2	0.1740	4.469
食物	0.1733	2	0.0867	10.020
温度 × 食物	0.1557	4	0.0389	4.501
误差	0.2335	27	0.0086	
总变异	0.9106	35		

温度是影响若蛛蜕皮率的主导因子，在 18 ℃恒温条件下，供试若蛛均未见蜕皮，在 28 ℃下，若蛛蜕皮率高达 66.7%；就食物而言，喂人工饵料的 2 个处理组的若蛛蜕皮率 41.7%，远高于喂猪肝处理组的若蛛蜕皮率（8.33%）。

温度在 18~23 ℃的范围内，不论投喂何种食物对若蛛的存活率均无影响，存活率均为 100%；唯温度为 28 ℃、食物为猪肝的条件下，若蛛存活率最低，为 50%。这是由于虎纹捕鸟蛛自然分布区的气候特点是雨热同期，气温高时，空气中相对湿度也高，3 龄若蛛个体小相对体表面积大，体内水分散失较快，对空气中湿度的变化很敏感。所以北移长沙后，当若蛛长期处于高温、干燥的环境下，对水分的需求量就会相对增加。两种类型的人工饵料内均含有大量水分，而猪肝含水量相对较少，故在高温下投喂猪肝，若蛛很容易造成体内缺水，时间一长，若蛛的死亡率增高，这表明 3 龄若蛛在高温下耐干旱能力差。可见影响若蛛存活的主导因子也是温度，若蛛生存的温区为 18~28 ℃，最适温度为 23 ℃。

9. 防卫与进攻行为

在危险情况下，虎纹捕鸟蛛可采取下列防御措施：（1）行为上的防御：遇敌害时，虎纹捕鸟蛛能迅速退入洞中，以逃避敌害。还可采取攻击恫吓的姿态进行防御，蜘蛛第三、四对步足和腹部着地，头胸部连同第一、二对步足竖起，步足伸展，触肢和螯肢张开，发出"呼呼"的响声并伴随"一扑二钳三剪"的攻击行为。同时可利用强大的螯爪和毒腺射出毒液，以对付敌害。（2）体色上的防御：蜘蛛体色与其栖居环境土壤的颜色相近似，生活在森林中的蜘蛛体色较生活在农田区的蜘蛛体色稍偏黄。体色与环境的色彩相似，利于其隐蔽，不易被敌害发现。此外据 Dunlop（1995）和 Bertanl（1996）报道，该类蜘蛛在危急关头还可放出螯毛来对付敌害。

三、结语

（1）已知虎纹捕鸟蛛仅分布在我国北回归线以南的热带和亚热带季风气候区，由于人为干扰，栖境破坏，其自然种群数量正在不断减少，是一种濒危物种。

（2）该蜘蛛种群栖息地多为砂页岩发育而成的红色酸性黏土，其洞穴多分布在近水源、向阳山坡地或旱作田宽厚堤埂上。洞口多呈圆形、无覆盖物，但多具较短的丝套，洞内较干爽，具薄丝垫，这是区别其他动物洞穴的显著标志。

（3）该蜘蛛昼伏夜出，有两个活动高峰，分别为深夜 22:00~0:00 和凌晨 2:00~4:00，其活动最适温度为 23~30 ℃，15 ℃以下、35 ℃以上即停止活动。

（4）自然条件下，虎纹捕鸟蛛主要捕食在地面活动的直翅目、鞘翅目、蜚蠊目、半翅目等大中型昆虫以及小型两栖爬行类、鸟类、啮齿类动物，食性广泛。

（5）温度和食物对若蛛生长发育的交互影响极为显著，其中食物是 3 龄若蛛体重增长的关键，这也是攻克虎纹捕鸟蛛人工批量饲养的难关。本试验表明，最有利于三龄若蛛生长发育的最优因子组合是：温度为 23 ℃、食物为猪肝。但温度为 28 ℃、食物为液体饵料时，若蛛蜕皮率最高达 100%。温度为 28 ℃、食物为猪肝时，三龄若蛛死亡率高达 50%。试验结果还表明，投喂单一的食物容易造成若蛛的厌食和营养不良，猪肝与液体型人工饵料轮流投喂，有利于三龄若蛛体重的增长。

Ecology of the Spider *Cyriopagopus schmidti*（Araneae:Theraphosidae）from China

Yan Heng-mei

Abstract: In this paper，the ecological distribution characteristics，cave structure，activity law，predation，reproduction，defense and attack behavior of the spider *C. schmidti* population were reported for the first time，and the correlation between the natural population distribution and habitat structure, as well as the adaptability of the spider population to the environment were preliminarily analyzed. The results can provide important scientific information for the artificial breeding of *C. schmidti*.

Key word: Spider (Theraphosidae); Burrowing animals; Ecology.

原载◎动物学报，2000，46（1）：44~51；国家自然科学基金项目（No.39570119）资助

低剂量农药对稻田蜘蛛控虫作用的影响

颜亨梅　　王智　　尹绍武　　王洪全

摘要： 用不同的低剂量杀虫双药液对蜘蛛和飞虱进行了多个处理，发现低剂量的化学农药能增强蜘蛛的相对控虫力。得出杀虫双：水 =14：5000 和杀虫双：水 =10：5000 这两种浓度的杀虫双溶液分别是发挥拟水狼蛛和八斑鞘腹蛛控虫潜能的最适浓度，同时测定了蜘蛛控制害虫的生物量。

关键词： 农药；蜘蛛；相对活力；控虫效能；生物量

对农药等毒物的评价，各有其辞，但大多数人只考虑到施用农药对环境污染及对天敌杀害的副作用，忽视了它存在的合理性。其实早在 19 世纪就有人提出小剂量毒物的有益作用。Schulz（1888）首次观察非常低浓度的毒物对酵母的作用，其结论是，当充分稀释时，它们都能在或短或长时间内使酵母活力增强；几年之后，细菌学家 Hueppe（1896）通过对细菌的试验，也提出了"每一个物质在一定浓度中能杀死或破坏原生质，在较低浓度中抑制其发育，但在中性点之下更低的浓度时能刺激和增加生命潜力"的小剂量有益效应学说。到 20 世纪，Smyth（1967）用完全不同的方法，继续证实了许多化合物小剂量蓄积是有利的而同一化合物即使在稍大的剂量就是有害的。并且在同一年 Gabliks 等把这个小剂量的有益作用的现象扩大到细胞培养并包括了农药，如乐果、内吸磷和马拉硫磷等。因此，作者借鉴前人的工作，以稻飞虱作为稻田害虫的代表，以杀虫双作为农药代表，以蜘蛛优势种拟水狼蛛和八斑鞘腹蛛为稻田蜘蛛代表，利用不同的低剂量杀虫双药液对蜘蛛和飞虱进行了多个处理，首次开展了以有效控制害虫、保护环境为前提的低剂量农药对稻田蜘蛛控制力的影响研究，以便为害虫的综合治理提供新的信息，为指导合理用药及协调化学防治和生物防治提供理论依据。

一、材料与方法

1. 供试材料与设施

室内栽培的分蘖期桶（直径 25 cm）栽稻苗，无任何虫卵；供试稻虫：褐飞虱成虫（体长 2.0 ± 0.015 mm）；自制窗纱网箱（高 1 m，直径 26 cm）等。试验用化学农药采用湖南农药厂生产的杀虫双水剂，常用剂量为 3.75~4.50 L/hm²。本试验中所选用的低剂量杀虫双 4 种浓度的配比分别为：杀虫双：水 =18：5000，14：5000，10：5000，6：5000。

2. 不施农药条件下蜘蛛控虫力的测定试验

塑料桶内栽禾一丛，去其基部黄叶，保留 8 根苗，桶内积水 1~2 cm，罩上窗纱网箱，下面用橡皮筋扎紧，网罩上装上 0.8 m 长的拉链以便观察，箱内各放长翅型飞虱成虫 25 头，拟水狼蛛雌蛛 1 头，或八斑鞘腹蛛雌蛛 1 头。

3. 害虫施药、蜘蛛不施药条件下蜘蛛控虫力的测定试验

笼箱蛛虫布置同上，顶部用透明塑料薄膜覆盖，以防雨水和露水。然后用喷雾器分别向笼箱内的禾叶上喷洒上述 4 种不同浓度的药液，每箱内只喷一种浓度的药液，并用标签标记。待禾叶上药液干燥后，再放入大小均等的两种蜘蛛。

4. 蜘蛛施药、害虫不施药条件下蜘蛛控虫力的测定试验

笼箱蛛虫布置同上，箱内分别放入经 4 种不同浓度药液处理的两种蜘蛛。

5. 同时施药条件下蜘蛛控虫力的测定试验

在上述试验的基础上，优选两种低剂量的最佳农药浓度，对蜘蛛和害虫同时施药，喷雾量与正常大田喷雾量保持一致。以上试验均 24 h 后记录蜘蛛取食和咬死的飞虱数，然后补充猎物至原数，连续观察记录 5 d。重复 3 次。并均设对照，以校正飞虱自然死亡数。所放蜘蛛都经过 24 h 饥饿处理。

6. 蜘蛛控制害虫和生物量的测定试验

本试验设"无蛛有虫""有蛛无虫"和"有药有蛛有虫" 3 个处理，即：①在塑料桶内栽 3 丛禾，每丛保持 8 根苗，桶内保持 1~2 cm 深的水，其他设置照上进行，笼罩内放飞虱短翅成虫 60 头，25 d 后观察记录。重复 1 次。②在上述设置的笼箱内放飞虱短翅成虫 60 头，再放拟水狼蛛雌成蛛和八斑鞘腹蛛雌成蛛各一头，25 d 后观察记录。③设置同②，每隔 10 d，使用对蜘蛛的控虫力和相对活力最佳状态的一种农药浓度（14：5000），至 25 d 时观察记录。

7. 数据统计

蜘蛛（或害虫）的相对活力（F）在一定的蛛虫比例条件下，被蜘蛛捕食和咬死的飞虱总数（或存活的飞虱总数）与试验所用的飞虱总量之比，即：

$$F = \sum_{i=1}^{s} n_i / N$$

式中 n_i 为每次实验被蜘蛛捕食和咬死的飞虱总数或存活的飞虱总数，N 为试验所用的飞虱总量，S 为试验处理的天数。

二、结果与分析

1. 不施农药条件下蜘蛛的控虫力

在蛛、虫均未施药的情况下，一头拟水狼蛛日均捕食飞虱 7.2 头、咬死 1.4 头，控虫力达 86 头；一头八斑鞘腹蛛日均捕食飞虱 2.0 头、咬死 0.6 头，控虫力达 2.6 头（图 1）。运用上述相对活力公式计算得出，拟水狼蛛对飞虱的相对活力为 0.735，八斑鞘腹蛛对稻飞虱的相对活力为 0.347。由此可见，拟水狼蛛对稻飞虱的控制力是八斑鞘腹蛛的 3.31 倍，拟水狼蛛的相对活力是八斑鞘腹蛛的 2.12 倍。

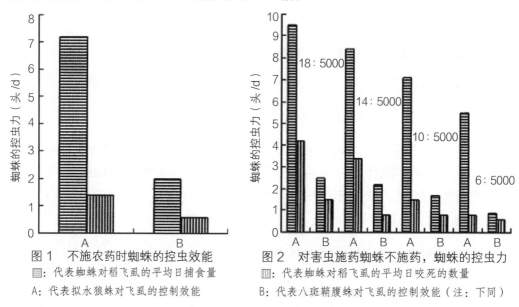

图 1　不施农药时蜘蛛的控虫效能　　图 2　对害虫施药蜘蛛不施药，蜘蛛的控虫力
▤：代表蜘蛛对稻飞虱的平均日捕食量　　▥：代表蜘蛛对稻飞虱的平均日咬死的数量
A：代表拟水狼蛛对飞虱的控制效能　　B：代表八斑鞘腹蛛对飞虱的控制效能（注：下同）

2. 对害虫施药、蜘蛛不施药条件下蜘蛛的控虫力

随着处理农药浓度的递增，拟水狼蛛和八斑鞘腹蛛控虫力明显增强。但在连续 5 天的观察中，蜘蛛的控虫力逐步下降（图 2），其原因有：①由于蜘蛛的饱食，降低了蜘蛛对害虫的攻击力；②蜘蛛吃了经药物处理的害虫，药物在体内积累产生轻度中毒现象；③随着时间的推移，低剂量的农药在飞虱体内经过其代谢分解作用和生理调控，免疫力的恢复，从而使其活力也逐步恢复，增加了蜘蛛的取食难度。在农药浓度为 18∶5000 和 14∶5000 时，蜘蛛对飞虱的控虫力明显增强。可见该种浓度下，飞虱的相对活力下降，蜘蛛对飞虱的控制力增强，尤其在施用 18∶5000 浓度时，蜘蛛对飞虱的控制力最强。此时拟水狼蛛对飞虱的捕食量相当于不施农药时的 1.32 倍，咬死飞虱数量相当于不施农药时的 3.0 倍，控虫力相当于不施农药时的 1.59 倍；八斑鞘腹蛛对飞虱的捕食量相当于不施农药时的 2.5 倍，控虫力相当于不施农药时的 1.54 倍。

由此可见，蜘蛛每天实际吃进消化道的有效猎物是有限的，其控虫力主要体现在咬死飞虱的量数倍于吃进去的量。在农药浓度为 10∶5000 时，拟水狼蛛和八斑鞘腹蛛的相对活力和控虫力与未施农药时的情形差不多，这说明飞虱具一定的抗药性。当农药浓度为 6：5000 时，拟水狼蛛的相对活力为 0.625，日均捕食飞虱量为 5.5 头、咬死量为 0.8 头、控虫力为 6.5 头；八斑鞘腹蛛的相对活力为 0.213，日均捕食飞虱量为 0.9 头、咬死量为 0.6 头、控虫力为 1.5 头，所有这些指标都明显低于未施药时的水平。究其原因，6：5000 浓度的杀虫双能刺激和增强飞虱的生命潜力，使其相对活力较未施药前明显增强，从而相应地增加了蜘蛛捕获猎物的难度。

3. 对蜘蛛施药、害虫不施药条件下蜘蛛的控虫力

当以 18：5000 浓度的杀虫双农药喷洒拟水狼蛛和八斑鞘腹蛛后，与试验 2.1 比较，其相对活力和控虫力下降幅度较大（图 3），拟水狼蛛的相对控虫力分别下降 16.1%、32.6%；八斑鞘腹蛛的相对控虫力分别下降 45.2%、61.5%。其原因可能是：①这种浓度的杀虫双虽不能杀死蜘蛛，但能降低了细胞膜的钠离子通道蛋白及钙离子通道蛋白的活性；②可能抑制了蜘蛛消化酶活性；③或抑制了其神经兴奋性，但随着时间的推移，经过蜘蛛体内的生物转化和生物修复作用，其控虫力得到逐步恢复。与试验 2.1 的结果相反，当用 14：5000 和 10：5000 浓度的杀虫双喷雾时，拟水狼蛛的相对控虫力明显增强，尤其在 14：5000 的浓度下，其效应更为明显，日均捕食量为 10.4 头，咬死 3.7 头，控虫力为 13.1 头，相对活力为 0.851，其控虫力和相对活力分别是试验 2.1 的 1.52 倍和 1.16 倍。而施用 10：5000 的杀虫双时，八斑鞘腹蛛的相对控虫力明显增强，其控虫力为 3.2 头 / 日，相对活力为 0.442，分别是试验 2.1 结果的 1.23 倍和 1.27 倍，这表明拟水狼蛛和八斑鞘腹蛛对不同浓度的杀虫双药液的刺激效应存在着明显差异。拟水狼蛛的最佳控虫效能的最适浓度为 14：5000，而八斑鞘腹蛛的最适宜浓度为 10：5000。作者对此试验进行连续 5 天的观察发现：随着时间的推移，其控虫力逐渐下降，但至第 5 天时，其控虫力仍大于蛛、虫均不施药的情形。当施药浓度为 6：5000 时，拟水狼蛛的相对活力和控虫力与两者均不施药的情形相比几乎没有差异，说明这种浓度的杀虫双对蜘蛛的活力和控制力几乎没有影响，蜘蛛能耐受这种低浓度农药。

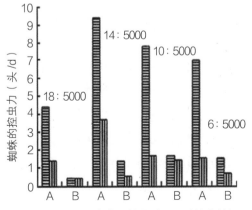

图 3 对蜘蛛施药害虫不施药时蜘蛛的控虫效能

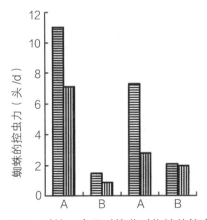

图 4 对蛛、虫同时施药时蜘蛛的控虫效能

4. 同时施药条件下蜘蛛的控虫力

试验结果（图4）表明：施用浓度14∶5000的杀虫双溶液时，每头拟水狼蛛日均捕食量11.0头，咬死飞虱7.1头，控虫力18.1头，相对活力0.890，其控虫力和相对活力分别为试验2.1的2.10倍和1.21倍；试验2.2的1.53倍和1.12倍；试验2.3的1.38倍和1.05倍。从试验2.2结果还可看出，在此浓度的作用下，稻飞虱的相对活力有所下降，八斑鞘腹蛛的相对活力应有所增强；但在此试验中发现，在此浓度下，其控虫力和相对活力还稍低于蛛、虫均未施药的情况，这说明此浓度的杀虫双溶液对八斑鞘腹蛛的抑制力还稍大于稻飞虱的相对活力下降的程度。

当施用浓度为10∶5000时，拟水狼蛛的活力远低于施用浓度为14∶5000时的情况，但与未施农药的情形相比，其控虫力增加较大。八斑鞘腹蛛在此农药浓度的刺激下，其控虫和相对活力增幅最大，控虫力平均达4.1头/日，相对活力达0.440，分别为蛛、虫均未施药情形的1.58倍、1.23倍。从以上分析可知，如果田间飞虱大发生时，若以拟水狼蛛为绝对优势种，则施用浓度为14∶5000的杀虫双药液，用以提高其相对活力，使飞虱数量降至阈值水平以下；若以八斑鞘腹蛛为绝对优势种，则应施用浓度为10∶5000的杀虫双药液，这样既能有效地控制害虫，又能很好地保护环境。

5. 蜘蛛控制害虫的生物量测定

田间试验每箱60只飞虱在未加任何控制的情况下，25天后增至643头，增长约10.7倍，其繁殖率为0.905；在1头拟水狼蛛和1头八斑鞘腹蛛的控制下，25天后仅剩38头，降低94.1%。根据前面所做的试验，选用浓度为14∶5000的杀虫双溶液每10天喷洒蜘蛛和飞虱一次，25天后发现仅剩下飞虱7头，与无蜘蛛控制对照试验组相比，降低了98.9%，接近110~120头/百丛的防治指标。

三、讨论

在害虫综合防治的生产实践中，应该为蜘蛛等天敌创造良好的生态条件，尽量少用或不用农药以便充分发挥其对害虫的自然控制力。如害虫再猖獗，则利用"小剂量毒物的有益作用原理"，选择合适的低剂量农药，采用"少食多餐"的策略，使蜘蛛等天敌的控虫效能发挥出最大潜力，把害虫控制在经济危害阈值以下。施用这些小剂量的化学农药既增强了天敌的控虫力，同时不会导致环境和粮食的污染，因为这些小剂量的农药不会超出生态系统的"弹性限度"，通过生态系统的自身调节作用，生物体的生物转化及其生物修复作用，完全能把这些小剂量的有毒物质分解成无毒物质或排出体外。小剂量的化学农药能增加蜘蛛作为天敌的控虫效能的报道，国内外尚属首次，作者仅进行了初步的探讨，有关其生理、生化和遗传学机制有待今后进一步研究。

Effects of Low Dose Pesticides on the Insect-Control Power of Spiders in Paddy Fields

Yan Heng-mei   Wang Zhi   Yin Shao-wu   Wang Hong-quan

Abstract: The spiders and planthoppers were treated with different low-dose insecticides. It was found that low-dose insecticides could enhance the relative control ability of spiders. The results showed that the optimum concentration of two kinds of insecticide solution was 14 : 5000 and 10:5000, respectively. The biomass of spiders controlling pests was also determined.

Key words: pesticides, spiders, relative vitality, insect control efficiency, biomass

原载◎走向 21 世纪的中国昆虫学会议论文集，北京：中国科学技术出版社，2000：55-58；修改稿载：生态学报，2002，22（3）：346-351；国家自然科学基金九五重点项目（No.39830040）资助

On the Egg-guarding Behavior of a Chinese Symphytognathid Spider of the Genus *Patu Marples*, 1951(Araneae, Araneoidea, Symphytognathidae)

Charles E.Griswold Hengmei Yan

1 Schlinger Curator of Arachnida, Department of Entomology, California Academy of Sciences, Golden Gate Park, San Francisco, California 94118 USA, and Research Professor of Biology, San Francisco State University. Fax:(415)750-7228; Internet:cgriswold@calacademy.org; 2 College of Life Science, Hunan Normal University, Changsha, Hunan Province 410081, P. R. China.

The eggsacs and egg-guarding behavior of a species of *Patu* from montane forests in the Gaoligongshan of western Yunnan Province, China, mirror that reported by Marples (1951) for *P. samoensis* from Samoa. The eggsacs are deposited as a loose group on the frame near the periphery of the spiral portion of the web.

Symphytognathid spiders are known for their small size and beautiful, finely-woven, horizontal orb webs. Most adults are less than 1 mm in total length and, with an adult female at 0.55 mm or less, *Anapistula caecula* Baert and Jocqué from West Africa may be the world's smallest spider (Baert and Jocqué 1993). Symphytognathids appear to be common in moist environments in the tropics and south temperate regions but their small size has made them rare in collections. They are most often collected by sieving leaf litter, a technique that reveals little of their life style. *Curimagua bayano* from Panama is unique in being a kleptoparasite in the webs of diplurid spiders, but most other symphytognathids appear to be free-living web-builders (Forster and Platnick 1977). Symphytognathid webs have been described from several continents. The majority of these observations are of horizontal, 2-dimensional orb webs with many accessory radial lines that anastomose before reaching the hub (Forster and Platnick 1977, fig. 1; Coddington 1986, fig. 12.24; Hiramatsu and Shinkai 1993, fig. 1). Most observations are on the webs of various *Patu* species from Samoa (Marples 1951), Fiji (Marples 1951; Forster 1959), Central America (Coddington 1986; Eberhard 1987) and Japan (Hiramatsu and Shinkai 1993). Undescribed *Patu* species from Tanzania, Madagascar and Australia make similar webs (Griswold, unpublished data). A Puerto Rican *Anapistula* makes a similar web (Coddington 1986, fig. 12.23; Griswold et al. 1998, fig. 3c). Hickman (in Forster and Platnick 1977:3) reported that the Tasmanian *Symphytognatha globosa* Hickman, 1931 makes a web of a few irregular horizontal threads.

This is unique among symphytognathids, and at least the South African *Symphytognatha imbulunga* Griswold, 1987 makes a horizontal orb typical for the family (Griswold, unpublished).

Eggsacs of Symphytognathidae have previously been reported by Hickman in the original description of the family (Hickman 1931) for captive spiders reared in the lab and by Marples for spiders in the field (Marples 1951). We here report on the eggsacs of a *Patu* species from southwestern China, which resemble those described by Marples for the Samoan *P. samoensis* Marples, 1951 and Fijian *P. vitiensis* Marples, 1951 fifty years previously.

I. STUDY SITE

Symphytognathids were observed at 2000 m elevation near Qiqi He in the Nujiang State Nature Reserve, Yunnan Province, China. This nature reserve is in the Gaoligongshan (Gaoligong Mountains), which extend north–south along the border between China and Myanmar, dividing the watersheds of the Irrawaddy (Dulong Jiang) and Salween (Nu Jiang) Rivers. Because of its physical isolation and long–standing political instability the area is less disturbed than most other regions in Yunnan. Large tracts of old growth forest with a rich flora of hardwood and coniferous trees persist in the mountains. *Taiwania*, a relictual genus of Taxodiaceae, occurs in this area. Affinities of known spiders are with the Himalayas (Griswold et al. 1999). This area, part of the 'East Himalayan Region', has been recognized as an area of biotic richness and endemism (Myers 1988).

II. MATERIALS AND METHODS

Dark, shaded embankments along stream courses and hillsides, the sides of fallen logs, and tree trunks were searched for symphytognathid webs. Because of their fine structure and the dark environment in which they occur, webs were invisible, although those containing eggsacs could be located by noticing these tiny, white objects. Corn starch was broadcast into suitable habitats and clung to small webs, including those of symphytognathids, making them visible. Spiders were collected by visualizing the web with corn starch, locating the spider (in most cases hanging at the hub), placing a spoon beneath the web, and gently tapping the center of the web, causing are available at: *http://www. calacademy. Org / research/ cnhp/* and *http://www. calacademy. org/ science_now /archive /academy_research /griswald_10172000. html*. The locality record is China: Yunnan Province:Nujiang Prefecture: Nujiang State Nature Reserve, Qiqi He, 9.9 air km W of Gongshan, 27° 43′ N, 98° 34′ E, 2000 m, 9 – 14 July 2000, C.E. Griswold, H. – M. Yan, and D. Ubick. Close up photos of the eggsacs and female (Figs. 5 – 6) were taken with a Leica MZ12.5 stereomicroscope and the numerous photos with different focal planes were digitally montaged into one in–focus image using the software package Automontage® made by Syncroscopy. Voucher specimens are deposited in the College of Life Science, Hunan Normal University (CASENT Nos. 9000339, 341, 342, 369, 371 and 9000372) and Department of Entomology, California Academy of Sciences (CASENT Nos. 9000338, 340, 343, 370, 373, and 9000374).

III. OBSERVATIONS

Sixty adult females, two juveniles and eight adult males were collected during five days of collecting. All individuals were taken from horizontal 2–D orb webs (Figs. 1, 3) that were typical of those previously described for symphytognathids. Although at the time of collecting it was not possible to determine the sex or maturity of the spiders, occasionally two would drop from the center of the same web suggesting that males and females could be found there together. The spiders were identified as an undescribed species of *Patu*, having the characters diagnostic for that genus (Forster and Platnick 1977:15): chelicerae fused only near the base, an elevated pars cephalic and six eyes in three dyads. The male and female genitalia are unlike those of any described species.

Eggsacs were found attached to frame lines on the periphery of the webs of six adult females (Figs. 1, 3), always on that side of the web nearest the surface of an embankment, log or tree trunk. If eggsacs were present the female hung close to them. Females without eggsacs hung from the hub at the center of the web. The eggsacs were attached to the web by one or a few silken lines and were separate (Fig. 4) or contiguous (Fig. 2). In some cases bits of moss, wood (Fig. 5) or other debris were attached to one or more of the eggsacs, but in all cases the eggsacs were clearly exposed. There was no attempt to camouflage the eggsacs. The number of eggsacs per group ranged from four to eleven ($X= 7, N = 6$). The eggsacs were about the same size as the female that made them (Fig. 5): females ranged from 0.74 to 0.96 mm in total length, whereas the eggsacs ranged from 0.64 to 1.00mm in diameter (N eggsacs

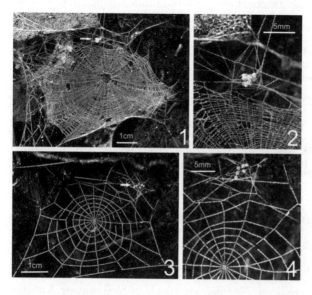

Figs.1 - 4   Webs and eggsacs of *Patu* sp. from Qiqi, Gaoligongshan, China. Webs and eggsacs have been dusted with corn starch to enhance their visibility. 1. Completed web; arrow to eggsacs at top of photo (Voucher CASENT 9000342). 2. Close up of eggsac group on frame at periphery of web (Voucher CASENT 9000342). 3. Incomplete web with temporary spiral; arrow to eggsac at upper right of photo (Voucher CASENT 9000340). 4. Close up of eggsac group on frame at periphery of web (Voucher CASENT 9000340). Photos 1 and 2 by L. Dong, 3 and 4 by C. Griswold.

measured = 35, *X* diameter = 0.82 mm). Eggsacs contained either a single egg or developing embryo and all were translucent but rendered conspicuous even in their low light habitats by the single bright white egg or embryo within each one. Each eggsac consisted of a sphere of fine silk woven loosely and covered with loops of silk projecting from the surface (Fig. 6). This is exactly the form described by Marples (1951:51) for the "cocoons" of *P. samoensis*.

IV. DISCUSSION

The eggsac placement discovered in this new Chinese species of *Patu* is identical to that found by Marples fifty years earlier for *Patu* species from Samoa and Fiji. The only other symphytog nathid for which the eggsac is known, *Symphytognatha globosa* Hickman from Tasmania, makes a strikingly different, densely woven, triangular eggsac studded with sharp silken points (Hickman 1931, Plate I, Fig. 3). The uniformity of eggsacs within *Patu* and their difference from *Symphytognatha* suggest that eggsac form may be an informative character within the Symphytognathidae.

Griswold, Coddington, Hormiga and Scharff (1998) placed the Symphytognathidae in the "Symphytognathoids", which comprised the Anapidae, Mysmenidae, Symphytognathidae and Theridiosomatidae and were characterized by the unambiguous synapomorphies of posteriorly truncate sternum, loss of the claw on the female palp, greatly elongate fourth tarsal median claw, and double attachment of the eggsac near the hub. Sch ü tt (2003) considered the same taxa, with the addition of the Microphocommatidae, as Symphytognathidae *sensu lato*. In neither of those papers, nor in an earlier quantitative treatment of araneida phylogeny (Coddington 1990), was symphytognathid eggsac attachment behavior scored for this family because Marples' field observation was overlooked and Hickman's lab observations were considered possibly artifactual. Character 91 in Griswold et al. (1998) was "Eggsac doubly attached:(0)absent; (1)present". The authors noted that "basal theridiosomatid genera such as *Ogulnius*, *Plato*, *Naatlo*, *Epeirotypus*, the anapids *Anapis*, *Anapisona*, and the mysmenids *Mysmena* and *Maymena* retain their eggsacs at or near the hub of their webs attached by two silk lines within the web or with one line attaching to the substrate" (Griswold et al. 1998:45). This behavior should be more precisely defined as eggsac doubly attached during construction, because whereas some taxa leave the eggsac doubly attached others, e.g., distal theridiosomatids (some *Plato*), cut the bottom attachment so that the eggsac appears singly attached (J. Coddington, pers. commun.). The previous second attachment may be visible as a nubbin on the eggsac. The results of the analysis of Griswold et al. (1998) implied such behavior for the Symphytognathidae. It is uncertain if this is the case for this species of *Patu*, but at least the upper eggsac in Figure 5 has a small nubbin on the rounder end that may be the vestige of a former double attachment.

Other questions remain. Although numerous *Patu* have been observed on several continents, eggsacs have been observed only for the Samoan and Fijian species (Marples 1951) and this Chinese species. Why should this behavior be so rarely observed? The haphazard arrangement of the eggsacs on the frame of the web suggests that they may have been transported there after construction. Perhaps other *Patu* species transport the eggsacs farther, where they are overlooked.

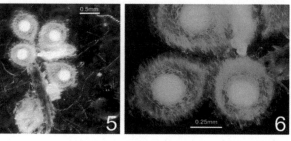

Figs.5 - 6   Eggsacs of *Patu* sp. from Qiqi, Gaoligongshan, China, preserved specimens. 5. Five eggsacs with female at lower right (Voucher CASENT 9000340). 6. Close up of eggsacs (Voucher CASENT 9000340).

Behavioral characters will undoubtedly help to clarify the evolution of these minute spiders. We hope that Arachnologists, armed with corn starch, spoons, patience and good eyesight, will add to our growing store of observations of these cryptic but fascinating animals.

V. ACKNOWLEDGMENTS

Support for this research came from the China Natural History Project, the Foundation of Natural Science of the Education Department of Hunan Province (China), the California Academy of Sciences (CaAS) and the US National Science Foundation grant NSF DEB-0103795. We are also grateful to Prof. Heng Li and Prof. Chun-Lin Long for support for the 2000 Sino-Americanexpedition to the Gaoligong Mountains and to Prof. Zhi-ling Dao for ably leading the expedition. We especially thank Mr. Lin Dong (CaAS) for braving the monsoon to photograph these spiders under conditions of very high humidity and very low light. A draft of the manuscript was read and criticized by Dr. Jonathan Coddington, who clarified symphytognathoid eggsac construction behavior and offered several valuable suggestions. This is Scientific Contribution No. 25 from the California Academy of Sciences Center for Biodiversity Research and Information (CBRI) and contribution No. 18 from the China Natural History Project (CNHP).

原载© PROCEEDINGS OF THE CALIFORNIA ACADEMY OF SCIENCES, 2003, 54（19）：356 - 360. 本研究由美国国家科学基金立项（No.DEB-0103795）资助；中、美、英合作考察的"中国云南高黎贡山生物多样性调查与研究"成果之一； Hengmei Yan（颜亨梅）为项目特邀的中方资深动物学者 （下同）。

Three New Species of the Genus *Clubiona* from China (Araneae:Clubionidae)

Ping Liu   Hengmei Yan*[①]   Charles E.Griswold   Darrell Ubick

Abstract: The present paper deals with three new species of the genus *Clubiona* collected from the Gaoligong Mountains Region of Yunnan Province, China: *Clubiona applanata* sp. nov., *Clubiona altissimoides* sp. nov., *Clubiona cylindrata* sp. nov.

Key words: Gaoligong Mountains; *Paraclubiona*; sac spiders; species descriptions; taxonomy

I. Introduction

Clubiona was established by Latreille in 1804, it is the biggest genus of Clubionidae and the only genus existing in China. According to Platnick (2007), a total of 441 species have been described from all over the world, including 85 species from China. *Paraclubiona* was established as a genus by Lohmander in 1945. Later, Mikhailov (1990) presented it as a subgenus. Based on the typological classification, Mikhailov (1995) divided the Holarctic Clubiona fauna into 4 subgenera: *Paraclubiona*, *Japonina*, *Bicluona*, *Clubiona* s. str., with the biggest subgenus *Clubiona* s. str. comprising 15 groups and 10 subgroups.

All new species described in this paper belong to the subgenus *Paraclubiona* and were collected from the Gaoligong Mountains by the Sino–American Expeditions (1998–2004). The type specimens are deposited in the College of Life Sciences, Hunan Normal University (HNU) and some paratypes will be deposited in the California Academy of Sciences (CAS).

II. Material and methods

Species were kept in 75% ethanol. The epigynum were cleared in lactic acid for examination and stored in micro vials with the specimen. We used the Olympus Tokyo BH–2 stereo dissecting microscope for the examination. Leg and palpus lengths are given as: total length (Femur, patella + tibia, metatarsus, tarsus). All measurements are given in millimeters (mm).

Abbreviations used in this paper: AER, anterior eye row；ALE, anterior lateral eyes；AME, anterior median eyes；AME‐AME, distance between AMEs；AME‐ALE, distance between AME and ALE；PER, posterior eye row；PLE, posterior lateral eyes；PME, posterior median

---

① ＊表示通讯作者，项目主持人（全书同）.

eyes；PME－PME, distance between PMEs；PME－PLE, distance between PME and PLE；MOQ, median ocular quadrangle；MOQL, length of MOQ；MOQA, MOQ anterior width；MOQP, MOQ posterior width. RTA, retro lateral tibial apophysis；VTA, ventral tibial apophysis.

III. Taxonomy

Clubiona Latreille, 1804

According to the infrageneric classification proposed by Mikhailov (1995), all species described in this paper belong to the subgenus *Paraclubiona*. This taxon can be distinguished from other subgenera by the following characters: copulatory openings in anterior part of epigynum, removed far away from epigastric furrow；RTA and VTA weakly developed, of simple shape, bulb enlarging and protruding (Mikhailov 1995:42).

Clubiona applanata sp. nov.(Figs. 1－5)

Type material. Holotype female, CHINA, Yunnan Province, Gongshan County, Dulong Valley Road, 27.78333°N, 98.51667°E, 3030 m, 4 October 2002, H.M. Yan (HNU). Paratypes:2 ♂, same data as holotype (HNU)；4 ♀, Gongshan County, New Road, 27.78333°N, 98.50000°E, 3032 m, 3 October 2002, H.M. Yan (CAS)；1 ♀, Gongshan County, Dabadi battalion, 27.78333°N, 98.50000 °E, 3030–3045 m, 2 October 2002, H.M. Yan (HNU)；1 ♂, Gongshan County, Dulong Valley Road, 27.80000°N, 98.55000°E, 3000 m, 27 September to 6 October 2002, P.E. Marek (HNU).

Etymology. The specific name refers to the shape of the atrium of epigynum

Diagnosis. This new species is similar to *Clubiona ovalis* Zhang, 1991 (Zhang 1991:30, figs 7－10, 17), but can be distinguished from the latter by (1) atrium oblate, instead of upright oval in *C. ovalis*；(2)anterior spermathecae smaller and globular, instead of bigger and subtriangular in *C. ovalis*；(3)chelicera with four teeth on retro margin, instead of two in *C. ovalis*.

Description. Female (holotype): Total length 4.60. Prosoma 1.90 long, 1.45 wide；opisthosoma 2.62 long, 1.65 wide. Carapace oval in dorsal view, yellow brown, with erect thin dark setae on the front ridge. Cephalic portion of prosoma slightly elevated. Fovea longitudinal. Anterior eye row slightly recurved, posterior eye row slightly procurved. AME dark, other eyes light；bases of eyes black. Diameters of eyes: AME 0.09, ALE 0.14, PME 0.12, PLE 0.11. Distances between eyes: AME－AME 0.06, AME－ALE 0.03, PME－PME 0.13, PME－PLE 0.11, MOQL 0.16, MOQA 0.21, MOQP 0.32. Chelicerae yellow brown, with small lateral condyle, prolargin and retro margin both with 4 teeth. Gnathocoxae lightly yellow brown, long and narrow, with dark serrulate. Labium lightly yellow brown, longer than wide. Sternum oval, yellow, with many hairs. Opisthosoma lightly yellow, with conspicuous anterior tufts of hairs, dorsum with black thin hairs and two pairs of muscular depressions; venter yellow white. Spinnerets light yellow. Legs yellow. Tibiae I and II with 3 pairs of spines in ventral view. Measurements of legs: I 3.70 (1.10, 1.60, 0.60, 0.40), II 4.0 (1.30, 1.45, 1.30, 0.45), III 5.0 (1.10, 1.20, 0.75, 0.45), IV 5.20 (1.80, 1.90, 1.00, 0.50). Leg formula IV, II, I, III.

Epigyne (Figs 1 - 2). Atrium oblate, surrounded by a thick membrane; copulatory openings located in anterior part of epigynum; copulatory ducts short; anterior spermathecae smaller, globular; posterior spermathecae ovoid and semitransparent; Fertilization ducts short, curved.

Male (one paratype): Total length 4.35. Prosoma 1.90 long, 1.45 wide; opisthosoma 2.45 long, 1.30 wide. Diameters of eyes: AME 0.10, ALE 0.13, PME 0.12, PLE 0.11. Distances between eyes: AME - AME 0.08, AME - ALE 0.03, PME - PME 0.20, PME - PLE 0.10, MOQL 0.20, MOQA 0.16, MOQP 0.27. Measurements of legs: I 3.85 (1.20, 1.60, 0.65, 0.40), II 4.40 (1.30, 1.85, 0.80, 0.45), III 4.00 (1.15, 1.45, 1.00, 0.40), IV 5.70 (1.70, 1.90, 1.65, 0.45). Leg formula IV, II, III, I. All characters as in female.

Palp (Figs 3 - 5). VTA short and with a blunt tip; RTA dark, flat and trigonal; embolus strong, with a curved tip; conductor wide and membranous. In ventral view, sperm duct S-shaped.

Distribution. China: Yunnan. THREE NEW SPECIES OF CLUBIONA *Zootaxa* 1456 © 2007 Magnolia Press.

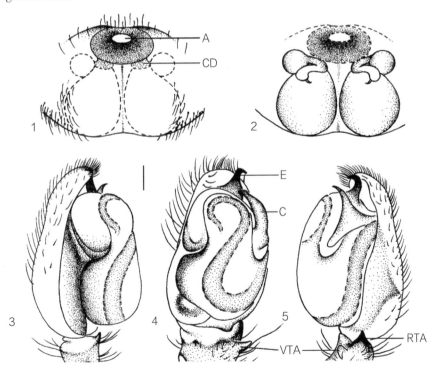

Figs. 1 - 5 *Clubiona applanata* sp. nov. 1 - 2 Epigyne (1 ventral view, 2 dorsal view); 3 - 5 Left male palp (3 prolateral view, 4 ventral view, 5 retro lateral view). A - atrium; CD - copulatory duct; E - embolus; C - conductor; RTA - retrolateral tibial apophysis; VTA - ventral tibial apophysis. Scale bars: 0.1mm.

Clubiona altissimoides sp. nov. （Figs 6 - 10）

Type material. Holotype female, China, Yunnan Province, Gongshan County, Dulong Valley Road, 27.78333 ° N, 98.51667 ° E, 3030 m, 4 October 2002, H.M. Yan (HNU). Paratypes:2 ♂ , 3 ♀ , same data as holotype (HNU)；1 ♂ , Gongshan County, New Road, 27.78333° N, 98.51667° E, 3032 m, 2–3 October 2002, H.M.Yan (HNU)；7 ♂ , 3 ♀ , Gongshan County, Dabadi battalion, 27.78333 ° N, 98.51667° E, 3030 m, 28 September 2002, H.M. Yan (CAS)；2 ♂ , 1 ♀ , Gongshan County, Dulong Valley Road, 27.78333 ° N, 98.51667 ° E, 3100 m, 30 September 2002, H.M. Yan leg. (HNU)；11 ♂ , 10 ♀ , Gongshan County, Dulong Valley Road, 27.80000 ° N, 98.50000 ° E, 3000 m, 27 September to 6 October 2002, P.E. Marek (HNU).

Etymology. The specific name refers to the similarity of the main structure of vulva to *Clubiona altissimus* Hu, 2001.

Diagnosis. This new species is similar to *Clubiona altissimus* (Hu, 2001:283, figs 163, 1 - 3), but can be distinguished from the latter by: (1) copulatory openings located in the underside of atrium instead of in the two sides in *C. altissimus*；(2) fertilization ducts horizontal instead of inversed V–shaped in *C. altissimus*.66 LIU ET AL. · *Zootaxa* 1456 © 2007 Magnolia Pres.

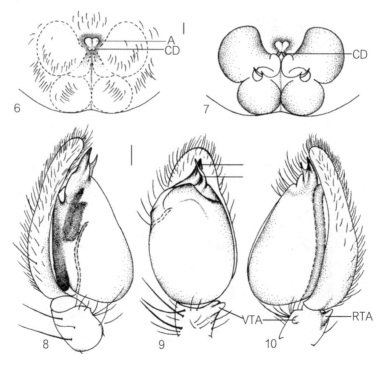

Figs. 6 - 10 *Clubiona altissimoides* sp. nov. 6 - 7 Epigyne (6 ventral view, 7 dorsal view)；8 - 10 Left male palp (8 prolateral view, 9 ventral view, 10 retrolateral view). A - atrium；CO - copulatory opening；CD - copulatory duct；E - embolus；C - conductor；RTA - retroateral tibial apophysis；VTA - ventral tibial apophysis. Scale bars:0.1mm.

Description. Female (holotype): Total length 7.95. Prosoma 4. 0 long, 2.30 wide；opisthosoma 2.10 long, 2.55 wide. Carapace oval in dorsal view, red brown, with erect thin dark setae on the front ridge. Cephalic portion of prosoma slightly elevated. Fovea longitudinal. Anterior eye row slightly recurved, posterior eye row slightly procurved. Eight eyes all light；bases of eyes black. Diameters of eyes: AME 0.12, ALE 0.14, PME 0.15, PLE 0.16. Distances between eyes: AME－AME 0.19, AME－ALE 0.12, PME－PME 0.36, PME－PLE 0.21, MOQL 0.21, MOQA 0.33, MOQP 0.56. Chelicerae dark red brown, with lateral condyle, prolargin with 3 teeth, retro margin with 5 teeth. Gnathocoxae red brown, long and narrow, with dark serrulate. Labium dark red brown, longer than wide. Sternum oval, yellow brown, with many hairs. Opisthosoma grey, with conspicuous anterior tufts of hairs, dorsum with black thin hairs and two pairs of muscular depressions；venter grey. Spinnerets yellow. Legs yellow. Tibiae I and II with 2 pairs of spines in ventral view. Measurements of legs: I 6.90 (1.90, 2.65, 1.50, 0.85), II 8.10 (2.35, 3. 5, 1.55, 0.85), III 6.55 (1.90, 2.10, 1.80, 0.75), IV 10.00 (2.55, 3.60, 2.95, 0.90). Leg formula IV, II, I, III.

Epigyne (Figs. 6－7). Atrium cordiform；copulatory openings small, located in the underside of atrium；copulatory ducts short；anterior spermathecae fan-shaped；posterior spermathecae globular, semitransparent；fertilization ducts short, curved and horizontal.

Male (one paratype): Total length 7.00. Prosoma 2.95 long, 2.10 wide；opisthosoma 4.05 long, 2.15 wide. Diameters of eyes: AME 0.14, ALE 0.17, PME 0.13, PLE 0.15. Distances between eyes: AME－AME 0.10, AME－ALE 0.05, PME－PME 0.18, PME－PLE 0.16；MOQL 0.31, MOQA 0.27, MOQP 0.41. Measurements of legs: I 7.55 (2.10, 2.80, 1.70, 0.95), II 8.35 (2.30, 2. 0, 1.80, 1.05), III 6.70 (1.95, 2.35, 1.80, 0.60), IV 9.50 (2.60, 2. 0, 2.90, 0.80). Leg formula IV, II, I, III. Opisthosoma light yellow, other characters as in female.

Palp (Figs. 8－10). VTA short and with a blunt tip；RTA dark, sharp and strong；genital bulb bulging out；embolus wide, with a sharp triangular tip；conductor membranous, short and thin.

Distribution. China:Yunnan.

Clubiona cylindrata sp. nov. (Figs. 11－15)

Type material. Holotype female, CHINA, Yunnan Province, Tengchong County, Yong' an Bridge, 25.16212 ° N, 98.35567° E, 1492 m, 22 October 2003, H.M. Yan (HNU). Paratypes: 1 ♂, Gongshan County, Dandang Park, 27.44348 ° N, 98.39525 ° E, 1496 m, 21 September 2002, X. Xu (HNU)；2 ♂, 1 ♀, Gongshan County, Cikai Bridge, 27.43287° N, 98.40572° E, 1442 m, 4 October 2002, X. Xu (HNU)；4 ♂, 2 ♀, Gongshan County, Jimudeng Village, 27.54197 ° N, 98.39340 ° E, 1573 m, 6 October 2002, X. Xu (CAS).

Etymology. The specific name refers to the shape of the atrium of epigyne.

Diagnosis. This new species is similar to *Clubiona lyriformis* Song & Zhu, 1991 in Song *et al*. 1991:69, fig. 4, but can be distinguished from the latter by (1) atrium columnar, protruded upward, but lyriform in C. *lyriformis*; (2) copulatory ducts smaller

Description. Female (holotype): Total length 7.40. Prosoma 2. 0 long, 2.05 wide; opisthosoma 4.20

long, 2.35 wide. Carapace oval in dorsal view, red brown, with erect thin dark setae on the front ridge. Cephalic portion of prosoma slightly elevated. Fovea longitudinal. Anterior eye row slightly recurved, posterior eye row slightly procurved. AME circular, dark, other eyes light; bases of eyes black. Diameters of eyes: AME 0.15, ALE 0.12, PLE 0.14, PME 0.13. Distances between eyes: AME – AME 0.16, AME – ALE 0.11, PME – PME 0.40, PME – PLE 0.26; MOQL 0.33, MOQA 0.26, MOQP 0.53. Chelicerae dark red brown, with small lateral condyle, prolargin with 3 teeth, retro margin with 2 teeth. Gnathocoxae red brown, long and narrow, with dark serrulate. Labium red brown, longer than wide. Sternum oval, yellow, with many hairs. Opisthosoma grey, with conspicuous anterior tufts of hairs, dorsum with black thin hairs and two pairs of muscular depressions; venter lightly grey. Spinnerets grey. Legs yellow brown. Tibiae I and II with 2 pairs of spines in ventral view. Measurements of legs: I 6.95 (2.30, 2.70, 1.25, 0.70), II 7.70 (2.45, 2.90, 1.55, 0.80), III 6.30 (2.05, 2.15, 1.65, 0.45), IV 8.35 (2.95, 2. 0, 1.95, 0.75). Leg formula IV, II, I, III.

Epigyne (Figs.11 – 12):Atrium columnar, protruded upward; copulatory openings located in anterior part of epigynum; copulatory ducts short, downwards excurved; anterior spermathecae slender, tubular; posterior spermathecae bigger, ovoid and semitransparent; fertilization ducts short, curved.

Male (one paratype): Total length 6.75. Prosoma 2.85 long, 2.10 wide; opisthosoma 3.90 long, 1.65 wide. Diameters of eyes: AME 0.12, ALE 0.14, PLE 0.14, PME 0.125. Distances between eyes: AME – AME 0.085, AME – ALE 0.04, PME – PME 0.24, PME – PLE 0.155; MOQL 0.305, MOQA 0.23, MOQP 0.38. Measurements of legs: I 7.45 (2.05, 2.95, 1.55, 0.90), II 8.95 (2.45, 5. 5, 2.00, 0.95), III 7.00 (2.05, 2.50, 1.80, 0.65), IV 9.75 (2.70, 3. 0, 2.80, 0.95). Leg formula IV, II, I, III. The coloration lighter than holotype, tibiae I and II with 3 pairs of spines, the first pairs smallest, other characters as in female.

Palp (Figs.13 – 15):VTA small, short and blunt, RTA dark, slender and cuspidal; embolus filiform, slender and the tip slightly deflexed; conductor membranous and follow the embolus; genital bulb strongly bulging out. In ventral view, sperm duct forms a semicircle.

Distribution. China:Yunnan.

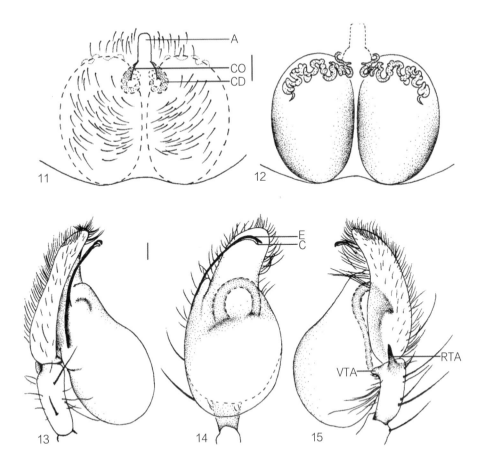

Figs.11－15　*Clubiona cylindrata* sp. nov. 11－12 Epigyne (11 ventral view, 12 dorsal view). 13－15. Left male palp (13 prolateral view, 14 retrolateral view, 15 ventral view). A－atrium；CO－copulatory opening；CD－copulatory duct；E－embolus；C－conductor；RTA－retrolateral tibial apophysis；VTA－ventral tibial apophysis. Scale bars: 0.1 mm.

原载 © Zootaxa, 2007, 1456：63－68；美国国家科学基金项目（No.DEB-0103795）和中国国家自然科学基金项目（No.30370208）资助

蜘蛛血细胞染色体制片技术探讨

王智　颜亨梅＊　王洪全　尹长民

摘要：本文报道了一项经血液培养制作蜘蛛染色体装片的新方法。本实验方法具有收集的细胞多、制备的标本分裂指数高、可获得良好的细胞分裂相等优点。与一般染色体制片技术相比，不仅操作简便、实验效果好，而且节约实验材料，尤其是适用供试样品数量很少的、珍稀濒危的和身体微小的蜘蛛染色体研究。

关键词：蜘蛛；染色体；血细胞培养

对蜘蛛的染色体进行研究，为其形态分类学提供细胞遗传学方面的证据，有利于避免在形态分类中出现的同物异名、异物同名现象，有利于鉴定在垂直遗传和协同进化中所形成的疑难种、近似种，同时也将对蜘蛛的群体遗传学和蜘蛛的系统演化研究以及蜘蛛广泛适应性的研究产生重要影响。国内外对蜘蛛染色体研究多采用精巢和胚胎细胞为材料，前者因雄性蜘蛛难以采到，研究有一定的局限性，后者仅适于高等蜘蛛，对原始的地穴蜘蛛，如虎纹捕鸟蛛、七纺器蛛等，因其卵囊不易发现，故难以用此法进行研究。也有报道从蜘蛛纺器注入秋水仙碱，取其血液作材料的，但由于蜘蛛血液细胞数量少，用此法难以收集较多的细胞，以至无法得到足够的细胞分裂相，故不便于进行统计分析，并且该方法只适用于体型较大的蜘蛛，而体形微小的蜘蛛更难以获得实验材料。作者通过反复实践，摸索了一套较理想的制片技术，并用其对虎纹捕鸟蛛等低等蜘蛛染色体数进行了探索。国内尚未见相关类似报道，现将方法介绍如下。

一、药品及其配制

（1）血液培养基配制法：80％ 1640 液，15％～20％灭菌小牛血清，4％～7％ PHA，各 200U 双抗（青霉素、链霉素），比例按 79：15：5：1 混合，用 G6 型玻璃除菌器过滤除菌。

（2）卡诺氏固定液：无水甲醇与冰乙酸每次使用前按 3：1 新鲜配制。

（3）低渗液：0.0603 ％ KCl 溶液（用蒸馏水配制）。

（4）1.5 μg/mL 的秋水仙碱（用 0.687 ％ 的 NaCl 溶液配制）。

（5）染液：20 ％ Giemasa（用 pH 7.8 的磷酸缓冲液配制）。

二、材料和方法

（1）材料野外采集蜘蛛，活体带回实验室饲养备用。

（2）实验过程

第一步：用75%乙醇对蜘蛛体表进行消毒处理，然后将蜘蛛的步足从基部切断，用已灭菌的注射器取其血液，在无菌操作台上，将血淋巴液注入血液培养基中，在25 ℃恒温培养箱中培养48 h，然后加入0.1 mL的1.5 μg/mL的秋水仙碱，继续培养8 h。

第二步：培养完毕后，用吸管冲散成均匀细胞悬液。

第三步：装入离心管，离心5 min，转速为1500转/min，除去上清液，加入5 mL低渗液，用吸管冲散成均匀悬液，室温下低渗20~25 min。

第四步：以1500转/min离心5 min，去上清液，加固定液1~2 mL，用吸管冲散成均匀悬液，固定10 min，再以相同转速离心5 min，弃去上清液后加入5 mL固定液，并用吸管冲散成均匀悬液，固定10 min。

第五步：以1500转/min离心5 min，去上清液，加入少量固定液，用吸管冲散成均匀悬液，取预冷载玻片，在其上滴1~2滴/片，放在75~80 ℃烤箱中烘烤2~3 h。

第六步：取出样品，待冷却至室温，用20% Giemasa染色20 min后，用去离子水冲去浮液，镜检。

三、结果与分析

（1）作者采用上述方法制成的虎纹捕鸟蛛(2n = 46)的染色体标本中，染色体形态清晰、舒展、个体性明显、分散好、背景杂质少、效果好。

（2）本方法与其他染色体标本制备方法相比，有着显著优点：即能够收集较多的细胞，制备的标本分裂指数较高，可获得良好的细胞分裂相，尤其是适用于样品数量少的珍稀濒危、原始蜘蛛和微小蜘蛛等的染色体研究。

（3）秋水仙碱浓度及其所加量要适中，秋水仙碱浓度过低，难以获得较多的中期分裂相；秋水仙碱浓度过高，会引起染色体收缩，作者曾用过2 μg/mL和1 μg/mL的秋水仙碱，但从制片效果看，仍以1.5 μg/mL的浓度为宜。

（4）低渗处理是使细胞膨胀、染色体分散，减少或避免染色体在细胞内的重叠现象，便于观察计数。低渗液除用KCl外，还可用蒸馏水，但后者细胞膨胀程度差，染色体重叠现象严重。经KCl处理后的细胞较易破裂，但易导致染色体缺失，因此低渗溶液的浓度不能太高，并且低渗时间也应注意适当控制，不宜过长。

（5）制片时用火焰干燥法，其温度难以掌握，往往由于温度过高引起染色体收缩，本法是将滴片后的玻片放在75~80℃的烤箱中烘烤，这样制作的染色体标本效果良好。

（6）本文采用的蜘蛛取血方法，不仅操作简单，而且较一般方法具有明显的优势：一方面，在数量上可以收集足够的血淋巴供血培之用，并能在同一个体上进行多次重复采样；另一方面，还不会致命性伤害供试蜘蛛，受伤的蜘蛛经养殖一段时间后又会长出新的附肢；尤其像虎纹捕鸟蛛等珍稀濒危动物，如此既可保护生物资源，又可节省研究经费。

原载◎Journal of Changde College, 1999, 11（2）：96-99；国家自然科学基金项目（No. 31372159）资助

四川不同生境稻田蜘蛛群落多样性及其影响因子分析

文菊华　　颜亨梅 *

摘要： 对四川峨眉、简阳和达县三地区稻田蜘蛛进行调查的结果表明：该地区稻田蜘蛛群落有8科、19属、33种，其中以狼蛛科的种类和数量为最多，次为肖蛸、园蛛等科，蜘蛛优势种因各分布区的栖息地结构不同而有明显差异。不同生境的稻田蜘蛛群落的种类数和群体密度存在差异，各种蜘蛛分布群在群落内的比例随样地地理气候因素变化而改变，因而也导致稻田蜘蛛群落多样性参数的变化。通过对三样区的蜘蛛群落进行的生态因子考察、模糊聚类分析及对各科蜘蛛的主成分分析，可以看出温度、年降雨量、日照时数是导致蜘蛛群落多样性及其结构稳定的主要因素，并且调查区的蜘蛛群落多样性指数：峨眉＞达县＞简阳。

关键词： 蜘蛛群落；稻田；主成分分析；模糊聚类

四川省属我国水稻种植区划中的西南单双稻作区。该省气候条件、植被类型、地貌结构及动物分布既有普遍性，更有其复杂性和特殊性，从而孕育了该地区的生物多样性。有关四川省稻田蜘蛛群落生态学研究尚未见专题报道，本研究在国家自然科学科学基金重点项目"稻区蜘蛛群落结构与功能研究"的资助下于1999年在四川省的峨眉、达县、简阳进行了实地取样调查和考察，将其考察资料和采回的标本进行室内鉴定和数据处理，结果整理如下。

一、研究方法

1. 取样

1999年7月上中旬到四川省峨眉市、达县市、简阳市取样。先后对峨眉市峨眉县黄湾乡孕穗期水稻，简阳市石桥镇、达县市河市区拔秆期水稻进行了考察，选择生境不同的各类型水稻6~9块，每块田5点取样，每点20丛，共100丛。以手提、目测和吸虫器相结合的方法捕捉100丛禾的所有蜘蛛，标本用80%乙醇浸泡带回室内鉴定并统计分析。

2. 统计

（1）群落多样性，均匀度测定

群落多样性测定采用Shannon–Wiener多样性指数 H' 表示：$H' = -\sum_{i=1}^{P} N_i \log (N_i/N)/N$

式中 N_i 为第 i 物种的个数，N 为样本中个体总数，P 为样本物种数。均匀度以实测多样性和最大多样性的比值表示：$E'=H'/\log_2 P$。

（2）模糊聚类分析

建立距离矩阵 S，并将 S 进行归一化处理，使 $S[0,1]$，满足反身性、对称性；建立距离矩阵 S 的模糊等价矩阵，使满足传递性；给定不同的 λ 值，由 1 到 0，步长 0.05，作为截集进行聚类。

（3）蜘蛛的主成分分析

建立原始数据矩阵；原始数据标准化；计算属性间的相关系数矩阵；求其规格化特征根和特征向量：求特征多项式的 p 个根，并依大小顺序排列成，然后解出 p 个相应的特征向量，并把它们依行排列就得到变换矩阵；根据负荷量估计各物种对各样点的贡献。

二、结果与分析

1. 稻田蜘蛛群落组成

据 3 个样点共采得蜘蛛 3000 余头，其中性成熟的 243 头，已鉴定的有 8 科 19 属 33 种。结果表明：在调查期间构成该地区稻田蜘蛛群落的主要成分（见表 1），种类以狼蛛科（Lycosidae）和园蛛科（Araneidae）为最多，各 8 种（各占 24.24%）；其次为皿蛛科（Linyphiidae）5 种（占 15.15%），肖蛸科（Tetragnathidae）4 种（占 12.12%），管巢蛛科（Clubionidae）和跳蛛科（Salticidae）各有 3 种（各占 9.09%），蟹蛛科（Thomisidae）和圆颚蛛科（Corinnidae）分别为 1 种（各占 3.03%）。而蜘蛛的个体数量由表 1、表 2 可以看出，狼蛛科的个体数占优势（占 27.16%），其次为皿蛛科和肖蛸科（分别占调查总数的 23.87%），再次为园蛛科（占 12.76%），管巢蛛科（占 9.05%），跳蛛科（占 1.66%），圆颚蛛科（占 1.23%）；蟹蛛科的数量最少，仅占 0.41%，属本次调查中的稀有种。

表 1　四川调查样区稻田蜘蛛群落组成

科名	属的数量	属数的比例/%	种的数量	种数的比例/%	个体数量	个体数的比例/%
肖蛸科	1	5.26	4	12.12	58	23.87
皿蛛科	4	21.05	5	15.15	58	23.87
狼蛛科	5	26.32	8	24.24	66	27.16
园蛛科	4	21.05	8	24.24	31	12.76
管巢蛛科	1	5.26	3	9.09	22	9.05
跳蛛科	2	10.53	3	9.09	4	1.66
蟹蛛科	1	5.26	1	3.03	1	0.41
圆颚蛛科	1	5.26	1	3.03	3	1.23
总计	19		33		243	

2. 稻田蜘蛛群落的多样性

由前述蜘蛛种类和数量的比较，说明各样点之中群落组成上的差异。为了进一步讨论这种差异的程度以及造成这种差异的原因，本文比较分析了各样点蜘蛛群落的多样性指数（H'）、均匀度指数（E'）、丰富度（S'）及优势度（C'）及其原因（见表2）。

由表2可见，峨眉的稻田蜘蛛多样性指数（H'）最高，其次是达县，简阳的最低。因此，其群落稳定性由大到小依次是峨眉＞达县＞简阳。综合四川省的地貌、气候、水文地理、植物资源和动物地理等因素，以及考察样地气象和植保部门的资料记载，可以看出蜘蛛群落分布的格局受各样点气候、生境结构的影响，蜘蛛群落稳定性由峨眉——达县——简阳呈递减趋势。

表2 四川调查样区稻田蜘蛛群落结构指数比较

样地	多样性（H'）	序	均匀度（E'）	序	丰富度（S'）	序	优势度（C'）	序
峨眉	2.476	1	0.841	2	19	1	0.114	3
达县	2.390	2	0.862	1	16	2	0.116	2
简阳	1.943	3	0.810	3	11	3	0.189	1

稻田蜘蛛群落组成及种类地理分布的差异性与其栖息地的生态因子影响密切相关。特别是平均温度、年降雨量、日照时数、无霜期、海拔高度这五种主要的生态因子对蜘蛛栖息地结构与蜘蛛群落结构有较大影响（见表3）。

表3 调查样地主要生态因子比较

生态因子	峨眉	达县	简阳
平均温度 / ℃	21	25.4	26.6
年降雨 / mm	1593	1148	907
日照时数 / h	1000	1200	1600
无霜期 / d	310	297	270
海拔高度 / m	550	430	590

（1）峨眉山地区的气候特点及蜘蛛群落结构

由于峨眉山区丰富的森林植被调节当地气候，气候温和、雨量丰富、热量充足、海拔较低，加上栖息地空间异质性大，因而有利于蜘蛛等变温动物栖息繁衍，昆虫种类分布较其他地区多。农田主要害虫为飞虱、稻蝗、稻苞虫、稻螟等，蜘蛛优势种为锥腹肖蛸、拟水狼蛛、食虫沟瘤蛛。

（2）达县地区的气候特点及蜘蛛群落结构

由于达县的降雨量相对峨眉较少些，持续高温时间较长，植被较为丰富，因而昆虫种类、数量次之，广温性种类偏少。农业害虫主要是稻蝗、飞虱、纵卷叶螟等，蜘蛛优势种为锥腹肖蛸、黄褐新园蛛、食虫沟瘤蛛。

（3）简阳地区的气候特点及蜘蛛群落结构

简阳与峨眉、达县相比，该区降雨量最少，持续高温干旱时间最长，不利于昆虫、蜘蛛等变温动物的生长繁衍，加之植被类型单一，栖息地空间异质性较小，昆虫种类单一化。农业害虫主要是稻蝗、稻缘蝽、稻绿蝽等，农田蜘蛛优势种为食虫沟瘤蛛、齿螯额角蛛，且该优势类群与该地区主要水稻害虫相关性不强，因而蜘蛛的优势度不高，物种多样性较前两样点明显减弱。

3. 模糊聚类分析

标定欧式距离对 3 个样点进行模糊聚类，将各样点蜘蛛群落分析资料（见表 4）列一矩阵，输入计算机，然后对数据进行标准化，做出模糊聚类图（见图 1）。

表 4　八科蜘蛛在三个样点的分布

样点	肖蛸科	皿蛛科	狼蛛科	园蛛科	管巢蛛科	跳蛛科	蟹蛛科	圆颚蛛科
峨眉	30	18	36	14	15	1	0	0
达县	21	13	8	17	5	2	0	3
简阳	7	27	22	0	2	1	1	0

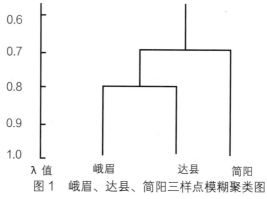

图 1　峨眉、达县、简阳三样点模糊聚类图

由聚类图可知，λ =0.8 时，峨眉、达县两样地聚为一类；λ =0.7 时，三样地全归为一类；λ =0.8 时，峨眉、达县因共享优势种锥腹肖蛸而归为一类；λ =0.7 时，所有样地共享蜘蛛资源。

4. 主成分分析

（1）将各样点蜘蛛群落分科资源输入计算机，计算各物种的相关矩阵 R，由 R 计算特征向量和特征根。表 5 列出了 3 个特征根（由大到小）及相应每轴所占信息量和累计贡献率，由特征根分析得出的每一科蜘蛛对每一特征根的特征向量，主成分分析因子分析结果见表 6。

表 5　特征根表

No.	特征根	百分数 / %	累计百分数 / %
1	2.077883	69.26276	69.2628
2	0.707774	23.59248	92.8552
3	0.214343	7.14477	100

表6　各科蜘蛛对特征向量的负荷量表

科名	$Y(i,1)$	$Y(i,2)$	$Y(i,3)$
肖蛸科	1.7138	−1.2544	0.1285
皿蛛科	1.5503	0.963	−0.9224
狼蛛科	1.8165	1.073	0.6968
园蛛科	0.2308	−1.3487	−0.2464
管巢蛛科	−0.5281	−0.0412	0.527
跳蛛科	−1.5177	0.1935	−0.0585
蟹蛛科	−1.7208	0.3888	0.0158
圆颚蛛科	−1.5448	0.026	−0.1408

从表6对三样点稻田蜘蛛群落中各种群的生态学特征主成分分析结果可见，对于第一主分量，以狼蛛科贡献最大，负荷量为1.8165，可以认为第一主分量基本代表游猎型蜘蛛如狼蛛等，它们主要捕食稻飞虱等作物基部害虫；对于第二主分量，贡献最大的是园蛛科，负荷量为 −1.3487，第二主分量代表园蛛科等结网型蜘蛛控虫目标和方式与游猎型蜘蛛的不同，以蛛网捕捉猎物，喜食稻纵卷叶螟、稻叶蝉与稻苞虫等水稻叶面害虫。通过对各科的主成分分析，其结果与蜘蛛群落的生态学特征相吻合。

（2）将取样地五种主要的生态因子资料输入计算机，计算各物种的相关矩阵R，由R计算特征向量和特征根。表7列出了3个特征根（由大到小）及相应每轴所占信息量和累计贡献率，由特征根分析得出的每一生态因子对每一特征根的特征向量，主成分分析因子分析结果见表8。

表7　特征根表

No.	特征值	百分数 / %	累计百分数 / %
1	2.719466	90.64887	90.6489
2	0.275298	9.176584	99.8255
3	0.005236	0.174543	100

表8　生态因子对特征向量的负荷量表

生态因子	$Y(i,1)$	$Y(i,2)$	$Y(i,3)$
平均温度	−2.1213	0.0205	−0.0273
年降雨量	1.8294	−0.8554	−0.0122
日照时数	2.0026	0.7987	−0.028
无霜期	−1.2275	−0.0354	−0.0716
海拔高度	−0.4831	0.0716	0.1392

从表8可以看出，仅就调查期间来说，在主成分因子中对于第一主分量，影响蜘蛛栖息地结构与蜘蛛群落结构的五种主要生态因子贡献最大的是平均温度，其次是日照时数，其负荷量分别为 −2.1213、2.0026，可以理解为昆虫和蜘蛛均为变温动物，因而对光热较为敏感；对第二主分量，贡献最大的是年降雨量，负荷量为 −0.8554，可以认为它直接影响着对湿度敏感的昆虫和蜘蛛（拟水狼蛛）。通过对各科的主成分分析，其结

果与蜘蛛群落的多样性与其栖息地结构的相关分析相当，和石光波所报道的稻田蜘蛛地理分布与生态因子关系也一致。

三、小结与讨论

经初步鉴定，四川省峨眉、达县、简阳地区稻田蜘蛛群落组成有 8 科 19 属 33 种。结果表明：尽管该地区在此调查期间蜘蛛的种类和数量不是特别丰富，但优势种因各分布区的环境因素不同而有明显差别。种类数以狼蛛和园蛛最多；个体数以狼蛛占绝对优势，其次为肖蛸、皿蛛。复杂多样的气候资源和地理环境影响着该地区稻田蜘蛛群落的组成及其多样性。主要特点如下：

峨眉，属中亚热带湿润型季风气候。因植被丰富、降雨量充沛，气候适宜，因而稻田蜘蛛种类多，发生数量大，多样性指数和均匀度高，群落结构稳定性大。达县，属亚热带气候。因降雨量较少，气温稍高，因而稻田蜘蛛种类、数量较多，多样性指数和均匀度较高，在三者中该区群落结构稳定性居中。简阳，属亚热带冬暖夏热气候。因该地降雨量少，全年持续高温时间长，因而使稻田蜘蛛种类较少，数量也是三区中最少的，蜘蛛群落结构稳定性较差，要适当采取措施保护这一类害虫天敌。

综上所述，温度、年降雨量、日照时数是影响峨眉、达县、简阳三地区稻田蜘蛛群落结构稳定性特征状态的关键气候因素。可见，蜘蛛群落的丰盛度是蜘蛛与环境相互关系及蜘蛛组成的种类之间关系的综合反映。

原载◎湖南师范大学自然科学学报，2004，27（1）：79-83；国家自然科学基金九五重点项目（No.39830040）资助

虎纹捕鸟蛛卵巢发育的组织学研究

王常玖　刘曼媛　颜亨梅 *

摘要： 根据卵巢的组织学和形态特征分析，虎纹捕鸟蛛的卵巢为若干由生殖上皮向卵巢腔内突起的卵巢小体构成。在卵细胞发育过程中，一直有滋养细胞形成的托柄向其供应养分。卵巢发育可分为 5 个时期：形成期、生长期、成熟期、排卵期和恢复期。在生殖季节里可多次产卵，为多次产卵类型。卵巢的大小重量与蛛体重量成正相关，而成熟的蜘蛛性腺指数仅随卵细胞的发育而变化，不随蛛体大小改变。

关键词： 虎纹捕鸟蛛；卵巢；生殖发育；组织学

作者通过对虎纹捕鸟蛛（*Cyriopagopus schmidti*）的雌蛛卵巢进行组织学研究，以期在理论上和实践中为进行大规模人工养殖提供科学依据。

一、材料和方法

1. 材料

虎纹捕鸟蛛雌成蛛，为湖南师范大学生命科学院蜘蛛养殖场提供。从 1994 年起，笔者先后对 30 头雌蛛进行了解剖研究，解剖成功 17 头，最小蛛重 4.34 g，最大蛛重 29.83 g。

2. 研究方法

将蛛体用电子天平称重，置液氮瓶中迅速冷冻后，立即解剖，取出完整卵巢称重，并对其外观进行形态描述后，将材料用 Bouin 氏液固定 24 h 后，进行脱水包埋，石蜡切片（厚度 4 μm），苏木精–伊红染色，加拿大树脂封片，组织切片在 Olympus 显微镜下观察，典型切片作显微拍照。用微机对数据进行统计和作图。

二、结果与分析

1. 卵巢的外形特征

虎纹捕鸟蛛的卵巢基本上为纺锤形，1 对，着生于腹部消化道的下方两侧，有腹膜包裹着，膜向前渐缩成输卵管，两侧的输卵管汇合后形成子宫和阴道，由生殖孔通体外。刚开始发育的卵巢呈乳白色，质地较紧密，形状也较规则；产完卵后的卵巢呈浅灰色，质地较疏松，有许多空泡；发育中的卵巢除体积逐渐变大外，颜色也逐渐变黄，随着成熟的卵粒增多，卵巢膨大几乎充满整个腹腔，此时雌蛛腹部也更大而丰满。

2. 卵巢重量与蛛体重量呈正相关

供试蜘蛛的个体重量及其卵巢重量测定结果列于表1，图1示出其体重与卵巢重的关系曲线。

表 1　供试雌蛛的体重和卵巢重量

蛛号	体重 /g	卵巢重 /g	蛛号	体重 /g	卵巢重 /g	蛛号	体重 /g	卵巢重 /g
1	4.3400	0.0013	7	15.9230	0.0512	13	23.363	0.0733
2	9.1000	0.0105	8	17.7797	0.0311	14	24.296	0.0671
3	10.1013	0.0159	9	18.0878	0.0420	15	25.975	0.0680
4	11.7004	0.0126	10	20.5250	0.0372	16	26.039	0.0623
5	12.2030	0.0250	11	21.0600	0.0411	17	29.830	0.0575
6	13.5000	0.0400	12	22.8060	0.0581			

由表1可见，解剖成功的17头雌蛛的卵巢重量与其体重呈明显的正相关关系。从图1可以看出，虎纹捕鸟蛛在生长发育过程中，卵巢也同步发育，近似S形曲线，在幼龄阶段，卵巢随身体的长大而生长，而后迅速发育至性成熟；在排卵后，卵巢重量下降，而后又迅速恢复，青壮年的雌蛛随身体的生长生殖能力不断上升；在蛛体停止生长后，卵巢不再发育，并有萎缩的趋势。

3. 虎纹捕鸟蛛的卵细胞结构特点

虎纹捕鸟蛛的卵细胞呈圆球形，未成熟的卵细胞尚未与生殖上皮完全脱离，有一由大量滋养细胞组成的托柄与其相连，托柄这一特殊结构可能在卵细胞发育过程中起输送养分和支持卵细胞的作用。成熟的卵细胞已脱离生殖上皮，进入卵巢腔，卵细胞外被一层卵膜，细胞核缩小并移向动物极，内部结构及与胞质的界限不清，细胞质多为卵黄占据，显微测量成熟的卵细胞直径达 400~600 μm，最大达 623.9 μm（见图2）。

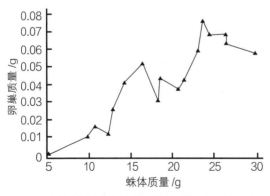

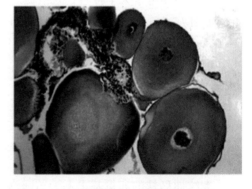

图 1　虎纹捕鸟蛛雌蛛体重与卵巢重量的关系　　图 2　虎纹捕鸟蛛各时期的卵（×100）

4. 卵巢的组织结构特点及卵细胞的发育

在光镜下观察结果表明：虎纹捕鸟蛛的卵巢结构是由若干分枝的卵巢小体构成，与昆虫卵巢管的形态不同，其卵巢小体为向卵巢腔内突出而形成的具多个皱襞的囊状体。

整个表面均可见到若干个同期和不同期的卵细胞。从切片上看，卵巢小体的横切面呈凹凸的不规则形囊状或泡状结构，部分卵巢小体还吻合成网状结构。卵巢小体的外层为生殖上皮，由若干原始生殖细胞和卵原细胞聚集在一起形成的生殖上皮覆盖着整个卵巢小体的外周。卵原细胞相对核较大，而胞质较少。卵原细胞在分裂分化过程中，产生卵母细胞和滋养细胞，滋养细胞为卵细胞输送养分，随着卵细胞的增大，最后形成卵细胞的托柄和卵泡膜，卵细胞成熟后即与托柄分离，落入卵巢腔内，同一时期腔内可见众多成熟卵细胞，因而雌蛛一次可排出数十到数百粒卵。卵巢小体内部生殖上皮之间有大量的疏松结缔组织，其间有血管和神经穿过（图 3）。

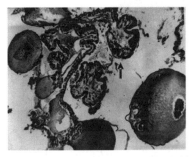 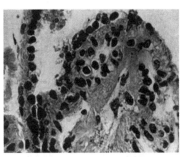

图 3　虎纹捕鸟蛛卵巢切片（示卵巢小体 ×100）　图 4　虎纹捕鸟蛛卵巢中心卵母细胞（×400）

　　笔者参照昆虫和虾类卵巢发育的有关文献，将虎纹捕鸟蛛卵巢的发育大致分为 5 个时期。

Ⅰ. 形成期（供试蛛号 1~4 号）。在蛛体幼小时期卵巢极小，呈细丝状，色白，不易分离。形成期的卵原细胞一般为圆形，核大，占细胞大部分，胞质稀少。切片染色：胞质淡紫红色，核着色较深呈紫红色，核仁不易辨认。卵原细胞聚集在一起，形成"增殖中心"（见图 4）。

Ⅱ. 生长期（供试蛛号 5~6 号）。蛛体进入生育期后，卵巢增大，同时腹部外雌器结构趋于成熟，卵巢因卵细胞卵黄增多由浅白逐渐加深至淡黄色。生长期同时可以看到卵原细胞、卵母细胞和卵细胞。卵原细胞分裂形成卵母细胞，卵母细胞外被一层透亮的由滋养细胞组成的膜，细胞核和细胞质均显著增大，细胞核呈圆形，切片染色为一较透亮的区域，核周分布染色较深的为核仁，胞质呈片状分布，被染成蓝紫色，着色较深，从颜色看，形成圆环状的生长环结构（图 5）。在生长期末期，卵母细胞卵黄颗粒开始沉积，细胞核与胞质界限不太清晰，核内物质较模糊。在这一时期卵细胞被一由滋养细胞形成的托柄与生殖上皮连接着，并不断从中吸收养分，随着卵细胞逐渐增大与成熟，托柄越来越小（图 6）。

图 5　虎纹捕鸟蛛生长中的卵细胞（×100）　图 6　虎纹捕鸟蛛卵细胞的托柄（×100）

Ⅲ.**成熟期**（供试蛛号 7、13 号）。成熟期卵巢已基本为最大，卵巢内卵母细胞已长足，卵黄颗粒致密，细胞核缩小并出现极化现象（有的切片上甚至看不清卵核）（图 2），卵细胞与托柄分离，批量成熟的卵子排入卵巢腔中，成游离状态，随时准备排出。

Ⅳ.**排卵期**（供试蛛号 8~10 号）。产卵后的卵巢体积缩小，包膜较松，性腺质量减少，切片中尚能见到少量未产出的卵子，同时也可见到少量尚在生长中的卵母细胞（图 7），未产出的卵子将被吸收。蜘蛛腹部减小，活动性增强，出现护卵行为。

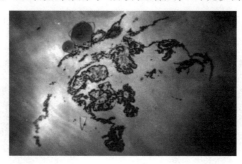

图 7　排卵后的虎纹捕鸟蛛卵巢（×40）

Ⅴ.**恢复期**（标本蛛号 11~12 号）。产卵后的蜘蛛经过一段时间后，如果气候尚处于生殖季节，卵巢会再次发育，其状况类似于生长期。在成长中的蜘蛛下次产卵将更多。

5.虎纹捕鸟蛛的卵巢性腺指数

应用公式：性腺指数 = 性腺重量 ÷ 体重 × 100%，对虎纹捕鸟蛛卵巢各时期的变化进行统计，并根据方差公式求出其 S_x，得出如图 8、图 9 所示关系图。

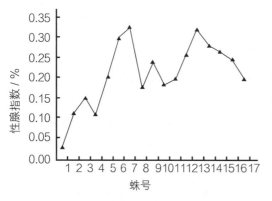

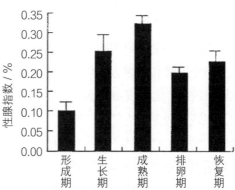

图 8　样品蜘蛛的性腺指数　　　图 9　虎纹捕鸟蛛雌蛛各时期的性腺指数

从图 8 可以看出，蜘蛛性未成熟时，其性腺指数随着体重的增加而增加；蜘蛛性成熟以后，其性腺指数仅随卵细胞的周期变化而变化，不再随体重变化。从图 9 可以看出，形成期的蛛体性腺指数最低，而成熟期的最高，生长期性腺指数变化最大。

三、小结与讨论

对蜘蛛进行组织学的研究报道国内外尚不多见，特别是对蜘蛛卵巢进行组织学观察与分析，在检索中难以见到相关文献。笔者研究了虎纹捕鸟蛛卵巢的组织结构和卵细胞的发育过程填补了这一领域中的空白。本研究结果显示：虎纹捕鸟蛛的卵巢随身体同步发育，近似 S 形曲线，在蛛体停止生长后，卵巢不再发育，并有萎缩的趋势；虎纹捕鸟蛛的卵巢结构与其他节肢动物的不同，是由若干分枝的卵巢小体构成，卵巢小体生殖上皮向卵巢腔突出而形成的具多个皱襞的囊状体，整个表面均可产生卵细胞；未成熟的卵细胞尚未与生殖上皮完全脱离，有一由大量支持细胞组成的托柄与其相连，可能起输送养分与支持的作用；虎纹捕鸟蛛卵巢的发育大致分为形成期、生长期、成熟期、排卵期和恢复期 5 个时期；虎纹捕鸟蛛性腺指数较小，性未成熟时，性腺指数随着体重的增加而增加，性成熟以后，性腺指数仅随卵细胞的周期变化而变化，不再随体重而变化。

Histological Studies on the Ovary Development of the Spider *Cyriopagopus schmidti*

WANG Changjiu　LIU Manyuan　YAN Hengmei*,

Abstract: According to the histological and morphological analysis, the ovary of *C. schmidti* is composed of the ovarian tubule, which are sticking out from germinal epithelium into ovarian cavity. Nutrition is provided through the pads which are made up of the nutrient cells during oocyte developing process. There are five stages in the ovary development: formation stage, mature stage, growth stage, ovulation stage and recovery stage. The spider can lay eggs several times in the reproductive periods. So, it is poly ovulation type. There are positive correlation in the size and weight of the ovary with the weight of the spider's body. The sexual gland exponent of the spider is changing with the oocyte developing but not with the size of the mature individuals.

Key words: *C. schmidti*; ovary development; histology

原载◎湖南师范大学自然科学学报，2006，27（2）：84-87；国家自然科学基金项目（No.39570119）资助

狼蛛优势种群对长期农药胁迫的分子响应

颜亨梅　罗育发

摘要： 应用 12S rRNA 基因序列分析探讨了狼蛛优势种群对长期农药胁迫的分子响应机制。结果表明：（1）供试拟水狼蛛 Pirata subpiraticus 和拟环纹豹蛛 Pardosa pseudoannulata 在长期农药胁迫下的 12S rRNA 基因第三结构域序列发生了明显改变，即碱基组成由 315 bp 和 301 bp 减少为 300 bp 和 299 bp，转换/颠换为 17/5 和 11/10，核苷酸变异百分数达到 0.095 和 0.083，同源性仅为 85.8% 和 91.7%；（2）比较拟水狼蛛和拟环纹豹蛛在长期农药胁迫下，其 12S rRNA 基因第三结构域的序列所发生的改变，以拟水狼蛛所受的影响最明显，可见连续丢失几段 4 ～ 10 以上 bp 的片段，说明拟水狼蛛对农药的胁迫更为敏感；（3）两者 12S rRNA 基因片段的共同突变位点规律显示：192~228 片段是其农药胁迫的敏感区；（4）两者基因组 DNA 的四个碱基对中，以 A 和 T 的变异频率最高，属农药敏感型碱基对。

关键词： 狼蛛；优势种群；12S rRNA 基因；序列分析；农药胁迫

随着生态学由宏观向微观方向的发展，让人们能够从基因的角度去考查环境因子（自然因子和人为因子）对物种遗传的影响。并能根据核酸序列资料定量地测定物种在不同的环境因子作用下所受的影响程度（即耐受性）和同一环境因子对物种的影响程度。本文在此基础上，将这一思路扩大到蜘蛛学研究领域。在该领域首次采用分子生物学研究手段，由线粒体 DNA — 12S rRNA 基因第三结构域序列分析，探讨了长期的农药胁迫对拟水狼蛛和拟环纹豹蛛种群的影响。实验结果不仅为初步阐明狼蛛优势种群在长期农药胁迫下的分子适应、进化机制提供了理论依据；也为可持续发展和实现"以蛛治虫"为主的农林病虫综合防治措施的制定提供了客观的信息；为蜘蛛学增加了新的内涵。

一、材料与方法

1. 标本材料

供试蜘蛛标本同期分别采自长沙望城稻区的未施农药区和施农药区中的活体狼蛛，带回室内鉴定种类，预处理后进行 DNA 提取。选择拟水狼蛛 P. subpiraticus（施药区测序个体数 10 m / 5 f，未施农药区 9 m / 5 f）、拟环纹豹蛛 P. pseudoannulata（施药区测序个体数 13 m / 7 f，未施农药区 8 m / 8 f）

2. 实验方法

（1）基因组 DNA 的提取

提取方法参考 Sambrook 等（1989），部分步骤加以改进。

（2）供试标本基因组 DNA 的 PCR 扩增

PCR 扩增使用常规方法，扩增 12S rRNA 基因第三结构域的引物为 12St-L-14503（5'—GGTGGCATTTTATTTTATTAGAGC—3'）和 12Sbi-H-14214（5'—AAGAGCGACGGGCGATGTGT—3'）（Croom，1991）。PCR 反应总体积为 50 μL，包括 1 μL 的 10 mmol / L dNTPs，1.5 μL 的 15 μmol/L 引物，4 μL 的 25 mmol/L MgCl$_2$，5 μL 的 10×Buffer，0.6 μL 的 5U TaqDNA 聚合酶，1 μL 的 20 ng/μL 的基因组 DNA 模板。以上除 TaqDNA 聚合酶为美国 MBI 公司的产品之外，其余均为上海生物工程有限公司的产品。PCR 反应在美国安普公司生产的 1605 型 PCR 仪上进行。预变性：94 ℃，5 min；冰浴：3 min；循环参数如下：94 ℃变性，10 s，45 ℃退火 10 s，72 ℃延伸 40 s，共运行 40 个循环，最后 72 ℃延伸 3 min。

（3）测序

基因测序由上海生物工程有限公司完成，测序反应的引物为 PCR 反应时所用引物（12St-L-14503 和 12Sbi-H-14214），获得双链序列。之后用 Jellyfish3.0 序列综合分析软件将双链序列进行对位排列，辅以手工校正。最后得到长期施用农药和未施用农药区域内狼蛛优势种群的 12S rRNA 基因第三结构域的完整序列。

（4）数据的分析处理——序列比对

由于 rRNA 基因缺乏像蛋白质编码基因那样的三联体密码结构，所以很难确定同源位点。Hichson *et al.*（1996）研究发现当结合二级结构信息时，比对的可靠程度明显提高。本文用 Jellyfish3.0 序列综合分析软件进行序列比对，辅以手工校对。然后根据动物 12S rRNA 基因第三结构域的二级结构模型推断插入 / 缺失的位置，所有序列均被视为无序特征，最后得到基于二级结构的序列比对。

二、结果与分析

1. 农药胁迫下狼蛛种群的 12S rRNA 基因结构的性状与特征

测得两种情况下拟水狼蛛的 12S rRNA 基因片段长度分别为 315 bp（无农药胁迫）和 300 bp（农药胁迫），以及两种情况下拟环纹豹蛛的 12S rRNA 基因片段长度分别为 301bp（无农药胁迫）和 299 bp（农药胁迫）。

2. 农药胁迫下狼蛛的 12S rRNA 基因片段组成的变异程度

通过对长期农药胁迫下拟水狼蛛的 12S rRNA 基因片段的同源序列进行基于二级结

构的对位排列后，用于分析的实际片段长度为 319 bp（包含插入 / 缺失），包括 45 个变异位点。两条对应序列 A、T、G、C 的平均含量为 37.2 %、36.4 %、11.7 %、9.6 %，其中 A+T 含量相当高，平均为 78.7 %。通过对长期农药胁迫下拟环纹豹蛛的 12S rRNA 基因片段的同源序列进行基于二级结构的对位排列后，用于分析的实际片段长度为 302 bp（包含插入 / 缺失），包括 25 个变异位点。两条对应序列 A、T、G、C 的平均含量为 41.5%、35.1%、11.3%、12%，其中 A+T 含量相当高，平均为 76.6%。A+T 含量高是节肢动物的共同现象。由于 A+T 的含量高，可能狼蛛优势种群在长期农药胁迫下一些核酸替代发生更为频繁，如颠换中大部分是 A 与 T 间颠换引起的。见表 1。

表 1   长期农药胁迫下狼蛛优势种群的 12S rRNA 基因组成及性状比较
（A= 腺嘌呤，T= 胸腺嘧啶，G= 鸟嘌呤，C= 胞嘧啶）

物种	编号	A/%	T/%	G/%	C/%	A+T/%	长度 /bp
拟水狼蛛	a	43.8	36.2	10.8	9.2	80.0	315
	a'	40.7	36.7	12.7	10	77.4	300
拟环纹豹蛛	b	42.2	35.9	11	11	78.1	301
	b'	40.8	34.4	11.7	13	75.2	299

注：　a、b 分别无农药胁迫的拟水狼蛛和拟环纹豹蛛；a'、b' 分别为长期农药胁迫下的拟水狼蛛和拟环纹豹蛛。

从表 1 中可以看到狼蛛优势种群在长期农药胁迫下各碱基（A、T、G、C）的组成均发生了不同程度的变异。

图 1、图 2 为长期农药胁迫下各种碱基含量变化测定的结果。

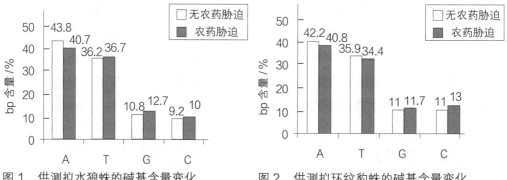

图 1   供测拟水狼蛛的碱基含量变化　　　　图 2   供测拟环纹豹蛛的碱基含量变化

图 1 表明了长期农药胁迫下拟水狼蛛的各种碱基含量有的减少，有的不同程度的增加。其中腺嘌呤（A）的含量减少了 3.1%（$P < 0.05$），而胸腺嘧啶（T）、鸟嘌呤（G）、胞嘧啶（C）的含量分别增加了 0.5%（$P < 0.05$），1.9%（$P > 0.05$），0.8%（$P < 0.05$）。图 2 表明了长期农药胁迫下拟环纹豹蛛的各种碱基含量有的不同程度地减少，有的不同程度地增加。其中腺嘌呤（A）的含量减少了 1.4%（$P < 0.05$），胸腺嘧啶（T）的含量减少了 1.5%（$P < 0.05$）（改变的程度稍大于前者），鸟嘌呤（G）、胞嘧啶（C）的含量分别增加了 0.7% 和 2.0%（$P > 0.05$）。

3. 对狼蛛优势种群农药胁迫下的适应性分子机理初探

在运用狼蛛优势种群的 12S rRNA 基因片段序列资料的基础上进行数理统计，统计结果见表 2。

表 2　农药胁迫下狼蛛的 12S rRNA 基因片段序列资料的统计

物种	转换 / 颠换数	插入 / 缺失数	序列差异百分数 /%	同源性 /%
拟水狼蛛	17/5	4/19	0.095	85.8
拟环纹豹蛛	11/10	1/3	0.083	91.7

从表 2 中可以看出：（Ⅰ）长期农药胁迫下狼蛛的 12S rRNA 基因片段序列的碱基转换均大于颠换，转换 / 颠换平均为 4.5。这说明在该环境因子的作用下狼蛛核酸序列多重替换数较少。在本文所测的狼蛛的 12S rRNA 基因片段序列中，平均发生转换的次数为 14，颠换的次数为 7.5。所检测到的 15 次颠换中有 14 次是由 A ⇌ T 之间的颠换引起的，占颠换总数的 93.%。这显然与节肢动物的序列都富含 A+T 有关。（Ⅱ）长期农药胁迫下狼蛛的 12S rRNA 基因片段序列的碱基插入均小于缺失，插入 / 缺失平均为 0.225。在本文所测的狼蛛的 12S rRNA 基因片段序列中，平均发生插入的次数为 2.5，缺失的次数为 11。这说明长期农药胁迫易使狼蛛的核酸序列碱基发生丢失。在共发生的 22 次缺失中，全都是由 A 或 T 的缺失引起的，占总缺失总数的 100%。在所发生的 5 次插入中有 4 次是由 A 和 T 的插入，有一次是由 G 的插入。由上述两种结果可见，这不仅仅是与节肢动物的碱基序列都富含 A+T 而造成了 A 和 T 的高频率丢失或插入，而且表明基因组 DNA 的四个碱基对中，A 和 T 变异频率最高，属农药敏感型碱基对。

三、小结与讨论

根据长期农药胁迫下拟水狼蛛和拟环纹豹蛛的 12S rRNA 基因片段序列差异和数理统计结果表明：（Ⅰ）长期农药胁迫致使狼蛛优势种群的核酸序列长度均不同程度地减少。（Ⅱ）各碱基含量均发生不一致的改变，其中腺嘌呤的含量都减少，鸟嘌呤、胞嘧啶的含量都不同程度地增加，而胸腺嘧啶的含量在不同狼蛛优势种群中有的增加，有的减少。（Ⅲ）都发生了碱基的转换，转换的比率均大于颠换（如拟水狼蛛为 3.4，拟环纹豹蛛为 1.1）。大部分颠换是由 A+T 间颠换引起的，这不仅仅与节肢动物的序列都富含 A ⇌ T 有关，而且表明基因组 DNA 的四个碱基对中，以 A 和 T 变异频率最高，属农药敏感型碱基对；同时也都造成了碱基的插入和缺失，插入的比率均小于缺失（如拟水狼蛛为 0.21，拟环纹豹蛛为 0.333），且缺失的位点和方式不同，如拟水狼蛛在 245~255 两个位点间连续丢失了 11 个碱基（A 和 T），在 261~264 两个位点间连续丢失了 4 个碱基（A 和 T）。拟环纹豹蛛未出现类似情况，最多是在某些位点连续丢失了 2 个碱基。所有这些碱基的缺失完全是 A 和 T 的缺失。这些表明了拟水狼蛛比拟环纹豹蛛在长期农药胁迫下发生碱基的缺失更容易更频繁。（Ⅳ）狼蛛优势种群的核酸序列差异百分数和同源性也都表现出不一致。（Ⅲ）和（Ⅳ）结果与分析说明长期农药胁迫对拟水狼蛛的影响要大于拟环纹豹蛛。究其原因，作者认为可能与它们的形态学、生物学和生态学特性有关，比如个体大小、生活习性、行为习性等，如拟水狼蛛比拟环纹豹蛛更多时间生活在水体环境，而在水体环境中更加容易接受农药的有毒成分。

本研究仅以两种狼蛛的线粒体 DNA——12S rRNA 基因第三结构域序列作为研究对象，结果发现，12S rRNA 基因序列不仅可用于研究生物的系统发生关系，而且可作为生态学上环境因子作用下生物物种所受影响的一种有效的遗传标记。至于狼蛛核酸序列的其他基因片段在长期农药胁迫下的分子响应是否与该基因片段一致，以及其他种类蜘蛛在该环境因子作用下的分子响应如何，还有待深入研究。

Molecular（12S rRNA）Response of the Wolf Spider（Araneae：Lycosidae）Populations under long-period Pesticide Stress *

YAN Heng-mei   LUO Yu-fa

Abstract: The molecular response mechanism of dominant population of wolf spiders under long-term pesticide stress was studied by using 12S rRNA gene sequence analysis. The results show that: (1) the third domain sequence of 12S rRNA gene of *Pirata subpiraticus* under long-term pesticide stress has changed significantly, that is, the base composition is reduced from 315 bp to 300 bp, conversion / bump is 17/5, and the percentage of nucleotide variation (p-distance= sequence difference / sequence size) reaches 0.095, The homology was only 85.8% (2) The third domain sequence of 12S rRNA gene of *paradosa pseudoanuannulata* under long-term pesticide stress also changed, that is, the base composition decreased from 301 bp to 299 bp, conversion / bump to 11/10, nucleotide variation percentage 0.083, homology 91.7% (3) The results showed that the 12S rRNA gene sequence of the spider was the most obvious, and several segments of 4-10 bp were lost continuously, which indicated that the spider was more sensitive to pesticide stress (4) The common mutation sites of 12S rRNA gene fragments of two species of wolf spiders under long-term pesticide stress showed that 192-228 fragments were sensitive areas of pesticide stress (5) Among the four base pairs of genome DNA of *P. subpiraticus* and *P. pseudoannulata*, the variation frequency of base pairs A and T is the most frequent, which is pesticide sensitive base pair.

Key words: Wolf spiders; Dominant population; 12S rRNA gene; DNA sequence analysis; Pesticide stress

本文为 2005 年中南四省动物学会联席年会上的大会报告，后载：应用与环境生物学报，2006，12（1）：55-58（有改动）；国家自然科学基金项目（No.30370208）和湖南省自然科学基金项目（No.01 JJY 2026）资助

中国狼蛛科分子系统关系及娲蛛分类地位的探讨

晏毓晨　颜亨梅 *

摘要： 将自测的中国蜘蛛目狼蛛科 4 亚科 6 属 26 种 mtDNA-16S rRNA 基因的部分序列，比较来自北美狼蛛科豹蛛属 2 种豹蛛的同一基因序列，并选取漏斗蛛科蜘蛛作为外群，采用 Bayesian 方法和最大简约法（MP）构建分子系统树，结果表明：1）中国狼蛛科 6 属间的分子系统关系为（Pirata（Hippasa（Trochsa+Arctosa（Pardosa+Wadicosa））））；2）水狼蛛属为最早分出的一支或者水狼蛛属和马蛛属最先聚为一族，二者关系较近，是较为原始的类群；3）两种建树方法均支持娲蛛属和豹蛛属形成一大的单系。这一结果与现行狼蛛科传统分类体系中娲蛛属的分类地位有差别。据此，作者认为：娲蛛属和豹蛛属可以归为同一个分类亚单位。

关键词： 狼蛛科；娲蛛亚科；豹蛛属；娲蛛属；16S rRNA；系统发生关系

一、狼蛛科主要属的分子系统发育关系

经过测定中国狼蛛科（Lycosidae）4 亚科 6 属 26 种的线粒体 16S rRNA 基因的部分序列。测序所得序列长度为 340~360 bp，在 Genbank 上用 BLASTn 程序比对其同源性，结果显示所测序列与昆虫 mtDNA-16S rRNA 基因有很高的同源性，且与北美豹蛛 16S rRNA 基因碱基同源性高达 80% 以上。因此可以确定实验所得序列为 mtDNA-16S rRNA 基因序列。序列平均碱基组成为：碱基频率为 A=0.4138，C=0.1079，G=0.1254，T=0.3529；A+T 含量明显高于 C+G 含量。这与节肢动物 A+T 含量高的共同现象是相一致的。比对猴马蛛（Hippasa holmerae，1♀，1♂）、星豹蛛（P. astrigera，1♀，1♂）和从不同地区采到的拟环纹豹蛛（P. pseudoannulata，2♀♀，2♂♂）序列，发现种内碱基序列没有差异。这和 KarlZehethofer（1998）运用 12S rRNA 序列研究欧洲中部狼蛛的结果一致，种内序列间无差异。说明 16S rRNA 基因是保守序列，适合于做物种间或较高阶元的系统发育研究。运用 MrBayes3.0 软件 Bayesian 方法和 PAUP 软件中 MP 方法，对外类群和本研究所用狼蛛科 16S rRNA 基因序列分别进行建树分析（图 1~2）。从图 1 可以看出，几乎所有属的单系行均成立（熊蛛属除外），狼蛛科蜘蛛形成 4 个大的分支：水狼蛛属是最先分化出的类群（PP=1.00），其次是马蛛属（PP=0.72）；獾蛛属聚成一个单系与熊蛛属蜘蛛组成 1 支（PP=1.00），豹蛛属的 15 种豹蛛与娲蛛属的 2 种娲蛛连接在 1 个分支上（PP=0.83），形成 1 个单系群。

在豹蛛属和娲蛛属组成的大单系群内，2 种娲蛛形成 1 小支（*PP*=1.00），再与北美豹蛛 *P. takahashii* 形成一支（*PP*=0.97）；然后再和其他 4 种豹蛛构成姐妹群（*PP*=0.21）；豹蛛属内蜘蛛聚类是多支的，分为 4 个小支后再聚成一支。图 2 中，MP 树与 Bayesian 树极为相似，不同表现在豹蛛属内豹蛛聚成小支的细微差别。同样，狼蛛科蜘蛛形成 4 个大的分支，Bootstrap 值分别为：*BP*=99，*BP*=99，*BP*=28，*BP*=23；娲蛛属蜘蛛与北美豹蛛形成一明显的单系群（*BP*=23）。

传统分类将中国狼蛛科分为 3 个亚科和 5 亚科系统，分别包括豹蛛亚科 Pardosinae、狼蛛亚科 Lycosinae、马蛛亚科 Hippasinae（虞留明，1986），以及艾狼蛛亚科 Evippinae、马蛛亚科 Hippasinae、狼蛛亚科 Lycosinae、豹蛛亚科 Pardosinae（尹长民，1997）。本文研究涉及其中的 4 个亚科（马蛛亚科、狼蛛亚科、豹蛛亚科和娲蛛亚科）6 属（马蛛属、水狼蛛属、熊蛛属、獾蛛属、豹蛛属、娲蛛属）。

从图 1、图 2 可知，狼蛛科的 26 种蜘蛛在演化中较早分出了水狼蛛属、马蛛属，其次是熊蛛属和獾蛛属。狼蛛科 6 个属之间的分子系统关系为（*Pirata*（*Hippasa*（*Trchsa*+*Arctosa*（*Pardosa*+*Wadicosa*）））。

二、娲蛛属（亚科）的分类地位探讨

本文采用 Bayesian 法和 MP 法构建的分子系统树均较好地验证了传统形态分类的正确性，各属（除熊蛛属外）分类地位基本与传统形态分类吻合。大理娲蛛和脉娲蛛聚成一个单系群，与北美豹蛛聚在一个小支上。同时 Bayesian 法和 MP 法均反映出豹蛛属与娲蛛属关系最近；与豹蛛属的其他蜘蛛组成了一个大的单系群。娲蛛亚科分布于东洋界，种类稀少。形态上，娲蛛的雄性触肢器结构特殊，盾片有两个突起，称为盾片突，强角质化，一前一后排列，顶突大，螺旋扭曲迂回；外雌器的腹面有垂兜 1 对，小而浅，无中隔。豹蛛属 *Pardosa* 隶属于狼蛛科豹蛛亚科，是狼蛛科最大的一个属，包含的蜘蛛种类较多，分布范围广，属全球性分布，已知约 450 种，我国约有 60 余种。本研究中采到豹蛛属蜘蛛种类最多，有 15 个种（包括两个北美豹蛛）。在形态上豹蛛属外雌器中隔因种而异，通常有垂兜 1~2 个，纳精囊圆球形、灯泡形、棍棒形不等，多数具有小结节；雄性触肢器跗舟较粗短，顶突因种而异，一般呈齿状，位于端部后侧位置。生殖隔离是保持物种相对稳定性的主要条件，因而生殖器的结构特点在分类上极为重要，特别是在种的分类鉴定中尤为重要。但其他结构特点也是物种在生存竞争中形成的。

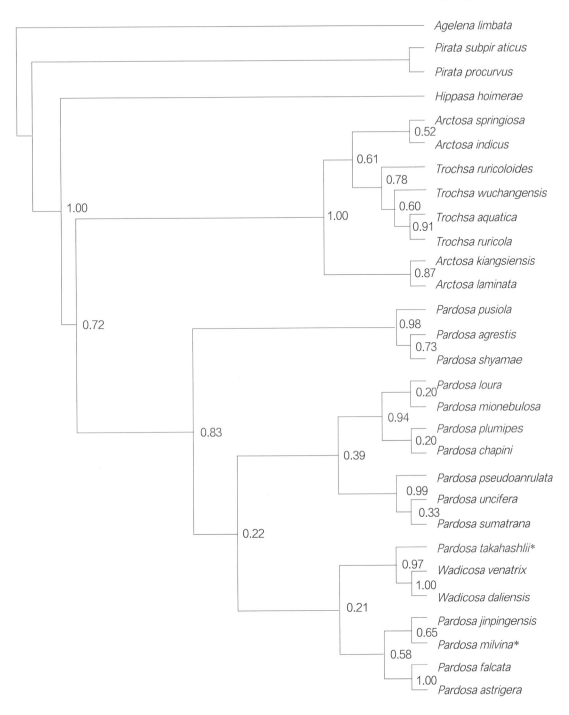

图 1 用 Bayesian 方法基于 GTR+G+I 模型构建的狼蛛科代表种类 50% 一致树

分支节点处数字表示后验概率值，"＊"代表北美类群

  它的异同也能反映物种之间的亲缘关系，在分类学上也有其特定价值。娲蛛属的生殖器官结构特殊，有可能是其属内的自征，它和其他各属之间可能有更相近的共近裔性状来表明它的支序分类地位。如：娲蛛头胸部前端两侧特征、眼列和眼距的特征、纺器特征及足式显现出与豹蛛属相似的共近裔性状。娲蛛属种类少而分布窄，而豹蛛属种群

多而分布广。这也可能是由于不同环境生态因素作用，导致两者对环境趋异性适应的结果，这种适应性的差异可能是形成两者地理分布不均衡的原因之一。本研究中分子系统树显示出豹蛛属和娲蛛属有共同的祖先，从分子特征的角度来看娲蛛和豹蛛属的关系很近。

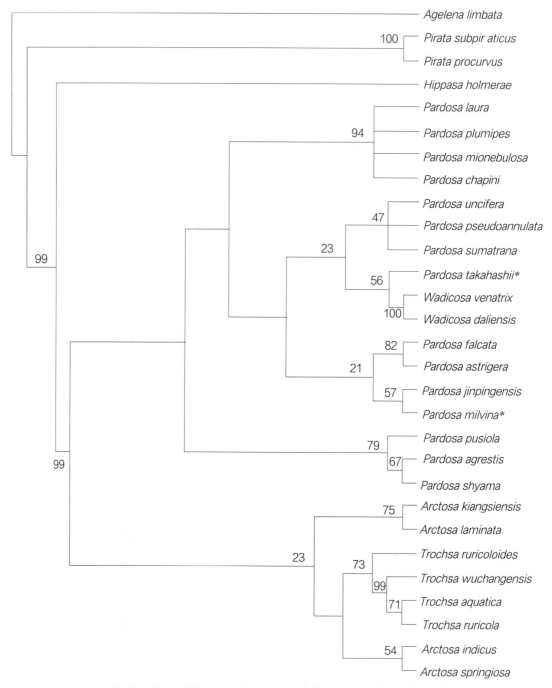

图2　用最大简约法（MP）构建的狼蛛科代表种类最大简约树

分支节点处的数字表示 Bootstrap 值；树长：271；一致性指数（CI）= 0.7048，同质性指数（HI）= 0.2952，保留指数（RI）= 0.7802；"*"代表北美类群

　　总之，娲蛛属在分类地位上能不能上升为一个亚科（娲蛛亚科）以及娲蛛属和豹蛛属可否归为同一个分类亚单位都值得进一步验证，因本实验选取的基因序列较短（约360 bp），变异位点有限，在以后的研究中应选取不同的基因片段和更长的序列来研究。目前，距建立起一个完整的符合自然演化的体系还为时过早，还需进一步研究发现证据。

　　致谢　　感谢尹长民先生对本研究中标本鉴定工作的指导。感谢中国科学院动物研究所王倩博士提供的软件和数据支持。感谢付秀芹提供的部分标本。

Phylogenetic Relationships of Chinese Wolf Spiders (Lycosidae) and Taxonomic Status of *Wadicosa* in Inferred from 16S rRNA Sequences

YAN Yu-Chen　　YAN Heng-Mei*

Abstract : A portion sequence dataset of mitochondrial 16S rRNA gene in the ribosomal large subunit were sequenced, including 26 species six genera of wolf spiders (Lycosidae) and one specie *Agelena limbata* (Agelenidae) as outgroup from China. After multiple sequence aligning, the fragment gene were found rang from 340bp to 360bp, including 133 variable sites, 90 parsimony-informative sites. The phylogenetic trees of the Lycosidae was constructed by using NJ and ML methods of Phylip software and UPGMA method of Mega software. The results support *Pardosa* has the closest phylogenetic relationship with Wadicosa, 15 species of the *Pardosa* as clade sister group to two species of the *Wadicosa*, which forming a monophyletic group, its supported that the two genus should be merged into one subfamily.

Keyword: Lycosidae; *Pardosa*; *Wadicosa*; Mitochondrial DNA; 16S rRNA; Molecular phylogeny

原文（有改动）载◎动物分类学报，2007，32（4）：996–999；国家自然科学基金项目（No.30370208）资助

Influence of long–period pesticide force on genetic polymorphism of wolf spider *Pardosa pseudoannulata* (Lycosidae:Araneae)

（长期农药胁迫对拟环纹豹蛛遗传基因多态性的影响）

Sun Jiying Fu Xiuqin Zhang Zhigang Yan Hengmei *

摘要： 拟环纹豹蛛 *Pardosa pseudoannulata* 是蜘蛛目狼蛛科的一种分布广，数量多的捕食性天敌。在长期的杀虫剂作用下，狼蛛如何保持其优势种地位？作者研究了地理生境对其基因组 DNA 多态性的影响。RAPD 图谱显示不同地理种群间和群体内部存在多态性差异。用 10 个随机引物从 8 个地理种群的 55 个个体中扩增出 84 条带，其中多态性带 62 条（73.81%）。同时，香农指数（Ho=0.5177）显示了该种群丰富的遗传多样性，其遗传变异大部分（64.24%）发生在群体内。多元回归分析表明，是气候变化导致了其适应性的生态地理分化，而长期的农药胁迫加速了拟环纹豹蛛的遗传分化，在改变种群遗传多样性中起着更为重要的作用。

关键词： 拟环纹豹蛛；生态地理；农药胁迫；遗传分化

Introduction

Pardosa pseudoannulata, a common species of Lycosidae, distributes in China, India, Korea, Japan and other countries of East Asia. It is an ideal material to study the relationship between the natural enemies and their habitats in rice ecological system. Because it consumes more planthoppers and leafhoppers than other spider species does. It is of great importance in controlling pests and developing non–pesticide agriculture.

Eight populations of *P. pseudoannulata* distributing in the southern area of China were studied by RAPD marker. It is our aim that determines the genetic variation with in and among the spiders populations and illustrates the molecular mechanism of forming this dominant spider species by long–period pesticide force.

I Materials and methods

1. Sampling

Fifty–five adult female samples of *P. pseudoannulata* were collected from eight populations located in the southern area of China（Table 1）, three populations in Yunnan province, two in Hunan province, three in Hainan province. All the samples were collected during March to May in 2004.

Table 1　The natural habitat of eight populations of *P. pseudoannulata* in this study

Province	Sampling site	Abbr.	Collecting Time	Altitude /m	Latitude /N	Longitude /E	Annual precipitation /mm	Annual average temperature /℃
Hunan	Tianding Village	TD	03/2004	27	28012′	112059′	1361	17.2
	Leifeng Village	LF	03/2004	27	28012′	112059′	1361	17.2
Hainan	Nanxin Farm	NX	03/2004	20	18014′	109031′	1279	25.0
	Wuzhi Mt.	WZ	03/2004	728	18046′	109031′	1430	22.5
	Danzhou Town	DZ	03/2004	45	19031′	109034′	1766	24.0
Yunnan	Shangpa Village	SP	04/2004	1224	26055′	98052′	1380	19.0
	Yamu River	YM	05/2004	1788	27013′	98043′	1380	14.0
	Egong Village	EG	05/2004	1680	27016′	98037′	1380	15.0

2. DNA extraction and RAPD protocol

A modified DNA extraction proceeded following the instructions of the manufacture. Fifty RAPD primers were tested and selected on the basis of the reproducibility of the banding profiles. This procedure yielded 10 primers for the population genetic analysis（Table 2）.

Table 2　Arbitrary primers used in the study of the population genetics of
P. pseudoannulata

Primer	Sequence	Primer	Sequence
S1	5/ GTTTCGCTCC 3/	S62	5/ GTGAGGCGTC 3/
S3	5/ CATCCCCCTG 3/	S92	5/ CAGCTCACGA 3/
S21	5/ CAGGCCCTTC 3/	S112	5/ ACGCGCATGA 3/
S23	5/ AGTCAGCCAC 3/	S175	5/ TCATCCGAGG 3/
S60	5/ ACCCGGTCAC 3/	S179	5/ AATGCGGGAG 3/

RAPD protocol was performed by using volumes of $25\,\mu L$ containing template DNA（$200\,ng/\mu L$）, 25 mM $MgCl_2$, 10 mM dNTP, $10\times$ buffer, Tag polymerase and each random primer. Condition for the PCR−reaction were 90 s at 95 ℃, followed by 40 cycles of 40 s at 94 ℃, 1 min at 36 ℃ and 90 s at 72 ℃. The final extension step lasted for 5 min at 72 ℃. Amplified DNA fragments were size−separated on 2% agarose gels in $1\times$ TBE and stained with ethidium−bromide. The banding profiles were visualized under ultraviolet light and the gel image was saved in computer using the Tanon GIS−1000B software.

3. Data analysis

The fragments produced by each primer were treated as a character and numbered sequentially. Genotypes were scored by the presence（1）or absence（0）of all polymorphic bands. For each population and each selected random primer, the number of polymorphic loci and the percentage of polymorphic loci (P) at population and species level were calculated. Shannon's index of phenotypic diversity (H_0), estimated as,

$$H_0 = -\sum pi \log_2 pi, \tag{1}$$

where pi was the frequency of the presence or absence of the band, was used to quantify the degree of within-population diversity. H_{pop} is the average diversity over different populations and H_{sp} is the diversity calculated from the phenotypic frequencies p in all populations considered together ($-\sum pi \log_2 pi$). So it was possible to calculate the proportion of diversity within (H_{pop}/H_{sp}) and among populations[($H_{sp}-H_{pop}$)/H_{sp}]. This procedure was performed by POPGENE1.32. Genetic distances between all pairs of individual landraces were estimated as,

$$GD = -\ln [2 N_{ij} / (N_i + N_j)], \tag{2}$$

where N_{ij} is the number of bands found in both landraces i and j, and N_i and N_j are the numbers of bands found in landrace i and j, respectively. A dendrogram was constructed based on genetic distance using unweighted pair group method average (UPGMA). The relationship between the index of genetic diversity of *P. pseudoannulata* and their environmental factors was investigated by means of a multiple regression test in SPSS13.0 and SAS6.12.

II Results

1. Genetic diversity of *P. pseudoannulata*

Among all 55 individuals, RAPD analysis using ten random primers generated a total of 84 scorable fragments, of which 62 were polymorphic (73.81% polymorphism). The fingerprint patterns from various populations were very different from each other. The percentage of polymorphic loci within populations ranged from 17.7% to 38.7%, with mean of 22.9% (Fig. 1). This uneven loci distribution in each geoecotype clearly indicated extensive genetic differentiation among the individuals (Table 3).

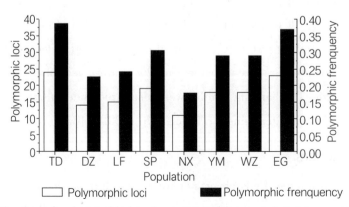

Fig. 1　Number of polymorphic bands generated from each primer and bands distribution in eight populations.

Table 3   Partition of genetic diversity inter-population and intra-population

| Primer | Population | | | | | | | | H_{sp} | H_{pop} | H_{pop}/H_{sp} | $(H_{sp}-H_{pop})/H_{sp}$ |
	TD	LF	NX	WZ	DZ	SP	YM	EG				
S1	0.5802	0.4615	0.3579	0.3952	0.2781	0.3519	0.5181	0.5802	0.7287	0.4396	0.6034	0.3966
S3	0.7728	0.3325	0.2631	0.3781	0.1321	0.3688	0.4505	0.5728	0.6460	0.4088	0.6329	0.3671
S21	0.2157	0.2937	0.3198	0.2781	0.1321	0.2986	0.3038	0.2157	0.4174	0.2683	0.6428	0.3572
S23	0.3767	0.2599	0.3198	0.3412	0.4519	0.3505	0.3038	0.3767	0.4068	0.3568	0.8770	0.1230
S60	0.3727	0.1168	0.1321	0.1321	0.1321	0.2703	0.3662	0.3727	0.3713	0.2092	0.5634	0.4366
S62	0.3325	0.3783	0.2631	0.4952	0.2781	0.1038	0.3648	0.3325	0.4838	0.3393	0.7013	0.2987
S92	0.5482	0.2157	0.1321	0.2321	0.2781	0.3466	0.3519	0.5482	0.4761	0.2969	0.6236	0.3764
S112	0.2157	0.2937	0.3579	0.2781	0.2781	0.1519	0.2703	0.2157	0.4513	0.2688	0.5956	0.4044
S175	0.2599	0.2599	0.2198	0.3412	0.4102	0.1622	0.3406	0.2599	0.6971	0.3288	0.4717	0.5283
S179	0.3094	0.3251	0.3321	0.2724	0.3198	0.5128	0.4222	0.3094	0.4985	0.3550	0.7121	0.2879
Ave.	0.3984	0.2937	0.2698	0.3144	0.2710	0.2917	0.3692	0.3784	0.5177	0.3277	0.6424	0.3576

a.H_{pop}: The average genetic diversity within-populations; b. H_{sp}: Total genetic diversity; c.H_{pop}/H_{sp}: Proportion of genetic diversity within-population; d. $(H_{sp}-H_{pop})/H_{sp}$: Proportion of genetic diversity among population.

From Table 3, Shannon's index of phenotypic diversity of P. pseudoannulata (H_0) is 0.5177. 64.24% of molecular diversity existed within populations while 35.76% among populations. The phenotypic diversity of eight populations varied from 0.2698 (NX) to 0.3984 (TD) with an average of 0.3277. According to Shannon's index of phenotypic diversity (H_0) and percentage of polymorphic loci (P), the order of the genetic diversity value of eight populations are as follows: TD > EG > YM > WZ > LF > SP > DZ > NX (Table 3) . The effective number of migrants (N_m) among populations based on the Shannon's index (F_{ST} = 0.3670) was 0.4312.

2. UPGMA and Nei's analysis

The genetic distance of RAPD varied from 0.0753 to 0.3725, with means of 0.2426. The genetic distance between the NX and DZ population is the nearest (D=0.0753) , and the furthest genetic distance is between the EG and DZ population (D=0.3725) . It suggested that the genetic differentiation is obvious in all individuals. According to genetic distance index, the results of UPGMA cluster analysis showed that fifty-five individuals from eight populations related to the geographic locations where they were collected. The individuals of Tianding population and Leifeng population were closely clustered together; the Shangpa, Yamu population and Ega population combined into one branch; the other three populations clustered into one branch.

3. Correlation between genetic diversity and eco-geography factors

For the 8 populations, main component analysis indicated that the genetic diversity within populations of P. pseudoannulata has positive correlation with annual average temperature

（ $R=-0.8093, P<0.05$ ）, and has negative correlation with latitude（ $R=0.6326, P<0.05$ ）（Table 4）. Multivariate recursive analysis（ $a=0.05$ ）showed the regression coefficient of annual average temperature（ r^2 ）is prominent among the four main physical factors（ $r^2=0.5950, P<0.05$ ）. It means the annual average temperature is the key natural factor which influences populations' hereditary variety of *P. pseudoannulata*. In addition, we examined the differences between the expanded RAPD fragments in LF and TD populations with t-test. The results showed significant genetic differentiation existed（ $t=2.862>t_{0.05}$ ）, as the Shannon's index of LF population（0.3984）is quite different from that of TD population（0.2937）. We investigated their habitats, they differ from each other only depend on receiving long-term pesticide intimidated or not.

Table 4　Pearson correlation analyses for the relationship between Shannon's index within populations of *P. pseudoannulata* and climatic factors

Item	Correlation index（ r ）
Altitude	– 0. 4742
Latitude	0.6326*
Annual precipitation	–0. 2846
Annual average tem perature	–0. 8093*

*means the correlation is prominent.

III Discussion

The eight geographic populations of *P. pseudoannulata*, distributed highly discontinuous, collected from the southern and southwest of China were analysis to assess their genetic polymorphism under the long-period pesticide force. From the genetic parameters, *P. pseudoannulata* showed rich genetic diversity at the species level（ $H_0=0.5177$ ）. The RAPD data showed that the intra-population genetic variation（64.24%）is greater than the inter-population（35.76%）. According to Wright, FST values above 0.25 indicate substantial genetic differentiation. The mean value F_{ST}（0.3670）in our study was very high, so the genetic differentiation among populations was obvious. That is probably caused by insufficient gene flow rather than genetic drift. A moderate geographical barrier might significantly restrict the gene exchange among populations, which may lead local population diversity to co-evolve with its habitats. Significant genetic differentiation was also found in *Pholcus phalangioides* and *Coelotes terrestris*. Based on multiple regression analysis and RAPD polymorphism unrandom-distribution, it suggests that the climatic variation（such as annual average temperature etc.）results in adaptive eco-geographic differentiation, while gene transfer and drift were not dominant reason for the differentiation.

It was found that long–period pesticide stress could change genetic diversity of *P. pseudoannulata*. Distance of the two habitats mentioned in this paper, Tianding town and LeiFeng town, is less than 2 km and their climate factors are similar to each other. Tianding town was the non–polluted rice cultivating base of Hunan province, where pesticide has been forbidden for tens of years, while organ phosphorous pesticides were used in LeiFeng town frequently. And there were no significant isolated patches between Tianding town and Leifeng town. So we think pesticide (human farming activities) should be responsible for the variety of the genetic structure and then leading to the genetic differentiation of the populations. In other words, long–period pesticide force speeds up the genetic differentiation of *P. pseudoannulata* in paddy fields more obvious than natural ecological factors.

In conclusion, our study suggests that intra–population differentiation is mainly determined by ecological factors and natural selection of climatic variation (mainly in annual average temperature) always results in the adaptive RAPD eco–geographic differentiation. But if in same climate conditions, long–period pesticide force speeds up the genetic differentiation faster than natural selection. Supplemented with the results of other techniques and studies, those findings might be of some importance for the future knowledge about this spider species.

原载© PROGRESS IN NATURAL SCIENCE. 2007, 17 (10): 1161–1165; Supported by National Natural Science Foundation of China (No.30370208, No.30570226)

拟环纹豹蛛遗传多样性及优势种群成因的探讨

孙继英　彭光旭　付秀芹　颜亨梅 *

摘要：对分布于我国中南、西南和海南岛 8 个不同生境的拟环纹豹蛛种群进行 RAPD 分析。筛选出 10 对引物扩增出清晰稳定的 200~2500 bp 片段 84 条，其中多态性片段 62 条（占 73.8%），表明种群存在明显多态现象。Shannon 指数、相似系数和遗传距离测定以及聚类分析的结果表明，拟环纹豹蛛种群总的遗传多样性指数为 0.5177，而且种群内遗传变异（64.24%）大于种群间（35.76%）；8 个狼蛛种群平均遗传距离为 0.2426，变异范围为 0.0753 ~ 0.3725，表明 8 个种群由于所处生境条件不同而产生了一定的适应性变异。多元回归统计结果表明，制约拟环纹豹蛛成为稻田优势种的主要因子是年平均气温和人为的长期施用农药。

关键词：拟环纹豹蛛；RAPD；遗传多样性；环境因子；优势种群

一、引言

拟环纹豹蛛（*Pardosa pseudoannulata*）是世界性广布种，适应能力强，常年田间发生量大，是农田作物害虫最主要的捕食性天敌之一。由于人类长期对自然环境资源的过度开发利用，尤其是农事活动，使得狼蛛面临着极大的生存压力，种群数量和分布范围发生急剧变化。本文选用不同纬度、海拔和农药施用条件下分布的 8 个拟环纹豹蛛种群为材料，利用 RAPD 技术，从 DNA 水平上分析不同生境下拟环纹豹蛛种群的遗传变异及遗传分化程度，旨在探讨其成为优势种的适应性机理。

二、 材料与方法

2.1 试验材料

试验用拟环纹豹蛛采集于海南、云南以及湖南省等地，以活体带回实验室进行鉴定后提取 DNA 待用。表 1 为标本的采集时间、地点、地理位置、气候条件以及个体数量和雌雄比例。

表 1　拟环纹豹蛛 8 个地理种群样地的自然概况

采集地点	缩写	采集时间	数量	海拔/m	纬度	经度	年降水量/mm³	年均气温/℃	农药施用情况
湖南长沙天顶乡	TD	2004.3	8	27	28°12′	112°59′	1361	17.2	未施药
湖南长沙雷峰镇	LF	2004.3	8	27	28°12′	112°59′	1361	17.2	施药
海南三亚南新农场	NX	2004.3	7	20	18°14′	109°31′	1279	25	施药
海南五指山	WZ	2004.3	7	728	18°46′	109°31′	1430	22.5	未施药
海南儋州	DZ	2004.3	7	45	19°31′	109°34′	1766	24	施药
云南福贡上帕镇	SP	2004.4	6	1224	26°55′	98°52′	1380	19	施药
云南福贡亚目河	YM	2004.4	6	1788	27°13′	98°43′	1380	14	未施药
云南泸水俄嘎村	EG	2004.5	6	1680	27°16′	98°37′	1380	15	未施药

2.2 DNA 的提取

参照文菊华，颜亨梅（2005）提取蜘蛛基因组 DNA 的方法，并做部分修改。（具体见前文中 "2. DNA extraction and RAPD protocol"）

2.3　RAPD-RCR 反应体系的建立

实验优化了适合本研究的扩增和电泳条件，并获得丰富的较可重复的 DNA 片段图谱。反应体系总体积 25 μL，包括 25 mmol / L MgCl₂ 2.0 μL, 10 mmol / L dNTP 1.0 μL, 10 × PCR 缓冲液 2.5 μL, 5 μg / μL Tag 酶 0.3 μL, 10 umol / L 随机引物 1.0 μL, 20 ~ 50 ng 模板 DNA（约为 1.0 μL），灭菌双蒸水 17.2 μL。扩增程序为 95 ℃预变性 90 s 后进行 40 个循环，每个循环包括 94 ℃变性 40 s, 36 ℃退火 60 s, 72 ℃延伸 90 s, 最后 72 ℃下延伸 5 min, 并且每次 PCR 反应均设不含模板 DNA 的空白对照。

2.4　电泳检测及成像

扩增产物经 2% 的琼脂糖凝胶（含 0.5 μg / mL 溴化乙锭）电泳分离，恒压 3 V / cm 电泳 1 h, 紫外投射仪上观察、拍照。统计时仅记录清晰稳定重复性好的扩增条带。对于不同个体同一引物所扩增出的 RAPD 带，在同一电泳迁移位置上，有扩增条带的记为 1, 没有出现扩增条带的记为 0。

2.5　数据处理

2.5.1 种群遗传特征分析　分别计算各种群不同位点上的扩增频率，采用 Shannon 信息指数和 Nei 遗传距离公式计算拟环纹豹蛛种群内的遗传多样性和拟环纹豹蛛种群间的遗传距离。运用 SPSS.13 分析软件的欧氏距离和皮尔森相关指数构建聚类图。

2.5.2 遗传多样性与环境因子的相关性分析　在 SPSS 及 SAS 6.12 统计软件上进行简单相关性分析及多元回归分析，计算相关系数 r 并进行显著性检验。

三、结果与分析

3.1 各种群的多态位点比率利用

10 个随机引物对 8 个拟环纹豹蛛地理种群共 55 个个体的 DNA 样本进行了 RAPD 分析,每个引物检测到的位点在 4 ~ 13 之间,55 个个体共检测到 84 个位点,大小在 200~2500 bp 之间,平均每条引物扩增出 8.4 个位点,其中多态性位点有 62 个,占 73.8%。在 8 个种群中,湖南天顶乡种群的多态位点比率最大 (38.7%),海南南新农场种群的多态位点比率最小(17.7%)。各种群的多态位点百分率介于 17.7%~38.7% 之间(表 2),平均多态位点百分率为 22.9%。这些位点在各种群中分布的不均衡,致使拟环纹豹蛛 8 个种群的总多态位点百分率高。供试样本的 RAPD 带型差异表明拟环纹豹蛛自然种群具有丰富的遗传多样性。

表 2　RAPD 引物及其扩增结果

种群	多态性位点数	多态性位点频率 /%	种群	多态性位点数	多态性位点频率 /%
TD	24	38.7	DZ	14	22.6
LF	15	24.2	SP	19	30.6
NX	11	17.7	YM	18	29.0
WZ	18	29.0	EG	23	37.0

3.2 不同地理种群的遗传多样性指数 H' 值的比较（表 3）

表 3　8 个拟环纹豹蛛地理种群群体内和群体间遗传多样性指数 H' 值的比较

	地理种群								种 H'	种群 H'	群内 H' 比	群间 H' 比
	TD	LF	NX	WZ	DZ	SP	YM	EG				
S1	0.5802	0.4615	0.3579	0.3952	0.2781	0.3519	0.5181	0.5802	0.7287	0.4396	0.6034	0.3966
S3	0.7728	0.3325	0.2631	0.3781	0.1321	0.3688	0.4505	0.5728	0.6460	0.4088	0.6329	0.3671
S21	0.2157	0.2937	0.3198	0.2781	0.1321	0.2986	0.3038	0.2157	0.4174	0.2683	0.6428	0.3572
S23	0.3767	0.2599	0.3198	0.3412	0.4519	0.3505	0.3038	0.3767	0.4068	0.3568	0.8770	0.1230
S60	0.3727	0.1168	0.1321	0.1321	0.1321	0.2703	0.3662	0.3727	0.3713	0.2092	0.5634	0.4366
S62	0.3325	0.3783	0.2631	0.4952	0.2781	0.1038	0.3648	0.3325	0.4838	0.3393	0.7013	0.2987
S92	0.5482	0.2157	0.1321	0.2321	0.2781	0.3466	0.3519	0.5482	0.4761	0.2969	0.6236	0.3764
S112	0.2157	0.2937	0.3579	0.2781	0.2781	0.1519	0.2703	0.2157	0.4513	0.2688	0.5956	0.4044
S175	0.2599	0.2599	0.2198	0.3412	0.4102	0.1622	0.3406	0.2599	0.6971	0.3288	0.4717	0.5283
S179	0.3094	0.3251	0.3321	0.2724	0.3198	0.5128	0.4222	0.3094	0.4985	0.3550	0.7121	0.2879
均值	0.3984	0.2937	0.2698	0.3144	0.2710	0.2917	0.3692	0.3784	0.5177	0.3277	0.6424	0.3576

从表 3 可以看出,8 个种群的平均遗传多样性 H' 值最高的为湖南天顶乡种群 (0.3984),最小的为海南南新种群（0.2698）,按照多样性大小顺序排列为 TD > EG > YM > WZ > LF > SP > DZ > NX。拟环纹豹蛛种群总的遗传多样性平均为 0.5177,在总遗传变异中,大部分存在于群体内（64.24%）,群体间占 35.76%。群体间的遗

传变异程度相对较低，在一定意义上反映了不同群体遗传分化和群体内基因交流的程度，与动植物方面的其他报道相似，比较符合实际情况。值得注意的是，其中湖南雷锋镇种群与天顶乡种群、海南五指山种群与儋州种群尽管处于同一地区，但它们的多样性差别较大。究其原因，可能与样地的农药施用水平有密切关系。

3.3 农药对拟环纹豹蛛种群扩增片段多态性的影响

为了测定农药对蜘蛛种群遗传多样性的影响，采用配对数据的 t 检验法对 10 种引物在这两个种群扩增出来的 RAPD 多态片段进行了显著性检验，发现 $t=2.862 > t_{0.05}$（双侧）$=2.201$；但 $t < t_{0.01}$（双侧）$=3.250$（$0.05 > P > 0.01$），可见长沙 2 个种群的 RAPD 扩增片段差异显著。供试材料来自同一地区（相距约 1.5 km），海拔一致，生境相似，气候相同，为何差异显著？主要原因在于两种群是否受长期农药胁迫。天顶乡稻区为省无公害水稻试验基地，数十年未施用农药，而雷锋镇稻区则常年施用大量的有机磷农药。可见，长期农药胁迫可导致种群遗传多样性降低。

3.4 拟环纹豹蛛种群间的遗传距离与聚类分析（表 4）

表 4 各群体之间的平均遗传距离和平均相似性系数

种群	TD	LF	NX	WZ	DZ	SP	YM	EG
TD	——	0.8110	0.7607	0.7379	0.7484	0.7171	0.7942	0.7348
LF	0.1890	——	0.7081	0.7106	0.7184	0.7065	0.7552	0.7395
NX	0.2393	0.2919	——	0.8937	0.9247	0.7357	0.7614	0.6424
WZ	0.2621	0.2894	0.1063	——	0.9136	0.7228	0.7508	0.6275
DZ	0.2516	0.2816	0.0753	0.0864	——	0.7576	0.7730	0.6402
SP	0.2829	0.2935	0.2643	0.2772	0.2424	——	0.8662	0.7682
YM	0.2058	0.2448	0.2386	0.2492	0.2270	0.1338	——	0.8149
EG	0.2652	0.2605	0.3276	0.3725	0.3598	0.2318	0.1581	——

从表 4 可以看出，8 个种群间遗传距离变异范围较小，为 0.0753 ~ 0.3725，平均遗传距离为 0.2426，其中南新种群和儋州种群的遗传距离最近，而俄贡种群与五指山种群的遗传距离最远。根据遗传距离指数得到的系统聚类图表明（图 1），8 个地理种群依据地理距离和大陆与岛屿的位置由近及远依次聚类，湖南 2 个种群与云南 3 个种群先聚在一起，再和海南 3 个种群聚类。可见，种群间的遗传距离与地理空间距离基本一致。

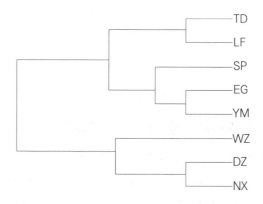

图1　8个拟环纹豹蛛群体间的聚类分析图

3.5 拟环纹豹蛛种群遗传多样性与环境因子的相关性（表5）

从表5可见,拟环纹豹蛛种群内的遗传多样性与纬度高低呈显著正相关（$P < 0.05$),与年平均气温显著负相关（$P < 0.05$）,而与其他生态因子相关关系不显著（$P > 0.05$）。表明种群遗传多样性随纬度的降低呈递减趋势。利用 SAS6.12 统计软件以遗传多样性指数为自变量,以海拔、纬度、年降水量和年平均气温为因变量,做多元回归分析,结果只有年平均气温的回归系数 $R = 0.5950$,达到显著水平（$P < 0.05$）。其余 3 个因子对遗传多样性指数的回归系数均未达到显著水平（$P > 0.05$）。可见, 在 4 个因子中,年平均气温应是对拟环纹豹蛛种群遗传多样性影响最大的气候因子。

表5　8个拟环纹豹蛛群体内的遗传多样性与各环境因子的相关性

环境因子变量	Shannon 信息指数估算的遗传多样性
海拔 /m	0.4742
纬度	0.6326*
年降水量 /mm	−0.2846
年平均气温 /℃	−0.8093*

* $P < 0.05$。

四、结论

（1）多态位点比率、Shannon 多样性指数显示, 不同采集地的拟环纹豹蛛种群遗传多样性有明显差异（51.77%）。群体内变异 （64.24%）大于群体间（35.76%）,说明狼蛛个体之间差异大,种群的适应能力强,使拟环纹豹蛛成为我国南方的优势种类 。

（2）长期农药胁迫导致狼蛛优势种群遗传多样性降低。湖南天顶乡和雷锋镇两地相距不到 2 km,采集稻田的气候等环境因素均较为相似,天顶乡稻区为省无公害水稻试验基地,数十年未施用农药,而雷锋镇稻区则常年施用大量的有机磷农药。雷锋镇种群遗传多样性显著低于天顶乡种群, 可见农药施用在较小的地理范围内影响种群遗传组成，产生遗传分化，迫使种群对局部环境产生适应性变异，以保持其优势种地位。

（3）拟环纹豹蛛种群遗传变异与年平均气温呈显著负相关，也就是说，随着纬度降低及环境温度的升高，拟环纹豹蛛种群遗传多样性呈递减趋势，这表明温度在维持拟环纹豹蛛种群遗传多样性中可能起着较为重要的作用。这与我们实地调查中发现拟环纹豹蛛分布在我国南方的大部分地区这一结论相吻合。几处采集生境虽然各异，但都处在我国热带和亚热带气候区域内，实验种群研究结果表明：拟环纹豹蛛的最适生长温区为20~30 ℃，湿度为75%~85%，温度超过30 ℃或低于15 ℃时活动减退直至死亡，说明年平均气温是影响该物种分布范围和形成优势种群的主要因素。

（4）种群间的遗传距离与空间距离存在一定的相关性，空间距离越远，基因频率的差异和遗传距离越大。本实验对远距离范围的种群进行聚类结果符合这一观点。由于高山和海峡等多方面因素阻碍了群体间的有效基因交流，聚类结果显示地理隔离的作用明显。

综上所述，栖息地的年平均气温和长期农药施用是影响该物种成为优势种的主要因子。

原载◎应用生态学报，2007，18（5）：1081-1085；国家自然科学基金项目（No.30370208）资助

虎纹捕鸟蛛神经细胞急性分离培养及其电压门控通道膜片钳

胡朝暾 邓梅春 王美迟 梁宋平 颜亨梅 *

摘要： 探索了虎纹捕鸟蛛（*Cyripagopus schmidti=Ornithoctonus huwena*）食道下神经细胞急性分离培养条件，并利用全细胞膜片钳技术对虎纹捕鸟蛛食道下神经细胞电压门控性钠、钾和钙通道的基本电生理学特性进行了研究。适合虎纹捕鸟蛛神经细胞离体培养的培养基为（g/L）：葡萄糖 0.7，果糖 0.4，琥珀酸 0.06，咪唑 0.06，L-15 13.7，Hepes 2.38，酵母粉 2.8，乳白蛋白 2.5；青霉素 200 IU/mL，链霉素 200 mg/mL，小牛血清 15 %；pH 6.8。该培养基非常适合虎纹捕鸟蛛神经节神经细胞离体培养，细胞在温度（27±2）℃的培养箱中培养 2~4 h，培养的细胞数目多、结构完整、贴壁效果好，细胞近似汤勺形，有一个长的单极突起，大部分细胞在 10~30 μm 之间。全细胞模式下可以记录到钠、钾和钙三种电压门控离子通道电流。钙电流为高电压激活电流，该电流能够被 NiCl$_2$ 完全抑制；钾电流为瞬时钾电流和延迟整流钾电流，这两类钾电流分别被细胞外液中的 4- 氨基吡啶和氯化四乙胺所阻断；钠电流为 TTX 敏感型电流。

关键词： 虎纹捕鸟蛛；神经细胞；电压门控离子通道；细胞培养

作者在虎纹捕鸟蛛食道下神经细胞急性分离培养成功的基础上，用膜片钳分析其离子通道，并对其电压门控离子通道的类型和特征进行记录和研究，使得蜘蛛神经细胞成为一类新的膜片钳研究的实验细胞。并且为进一步研究虎纹捕鸟蛛毒素作用机制、机理及其新型药物的研发打下实验基础。

一、材料与方法

1. 供试蜘蛛

虎纹捕鸟蛛采自广西宁明县桐棉乡的山上，活体带回湖南并在实验室内人工饲养。室内温度控制在 22~30 ℃，相对湿度为 65% ~ 90%，自然光照。蜘蛛每周喂食一次，将猪肝切成 1~2 cm^3 的小块放入食皿中，投食时间为周一 15:00~17:00 时，周二 8:00~10:00 时将食皿从饲养器皿中取出，食皿放置时间为 15~19 h。

2. 神经细胞培养用液

培养基（g/L）：葡萄糖 0.7，果糖 0.4，琥珀酸 0.06，咪唑 0.06，L-15 13.7，Hepes 2.38，酵母粉 2.8，乳白蛋白 2.5；青霉素 200 IU/mL，链霉素 200 mg/mL，小牛血清 15%；pH 6.8。

生理液（mmol/L）：NaCl 200，KCl 3.1，CaCl$_2$ 5，MgCl$_2$ 4，Sucrose 50，Hepes 10，pH 6.8。培养基和生理液配好后在无菌条件下过滤除菌并分装于 10 mL EP 管内保存备用。

3. 神经细胞的急性分离和培养

虎纹捕鸟蛛食道下神经细胞的分离和培养均可在简单消毒环境下进行。具体步骤如下：用眼科小剪刀将蜘蛛的螯肢剪下，将蜘蛛全身用 75% 酒精消毒，用维纳斯剪刀剪下并取走蜘蛛胸甲，用镊子将血窦膜扒开，然后分离得到食道下神经节组织，将神经组织剪细并用玻璃吸管轻轻吹打组织离散细胞，其细胞悬液添加到预先放有培养液的培养皿中，T（27 ± 2）℃下静置培养 2~4 h。

4. 电信号记录

用高阻封接全细胞膜片钳技术记录电信号。实验前将培养皿中的培养液用细胞外液替换，20~25 ℃室温下置于倒置显微镜（OLYMPUS IX70，日本）下进行膜片钳实验。本实验主要采用全细胞记录模式进行，具体方法如下：参考电极与细胞外液用 150 mmol/L NaCl–琼脂盐桥连接；玻璃电极经两步拉制仪（PC–10，Narishige）两步拉制后热抛光，所得电极尖端口径为 1.5~2 μm，充电极内液后入水电阻为 2~4 MΩ；细胞与电极尖端形成千兆封接后即可抽破形成全细胞记录模式；稳定 4~6 min 后施加去极化脉冲测试电流大小。记录电流经 EPC–9 膜片钳放大器以 10 kHz 滤波过滤。数据和图形用 pulsefit–pule8.0 软件采集分析并储存。线性漏电流和电容电流用 p/4 程序予以删除。

记录钠电流（I_{Na}）的细胞外液（mmol/L）：NaCl 80，KCl 4，CaCl$_2$ 2，Glucose 10，Choline–Cl 50，Hepes 10，4–AP 1，TEA–Cl 30，用 NaOH 调至 pH 6.8。电极内液（mmol/L）：CsF 140，MgCl$_2$ 2，EGTA 10，Hepes 10，用 CsOH 调至 pH 6.8。

记录钾电流（I_k）的外液（mmol/L）：NaCl 100，KCl 4，CaCl$_2$ 2，Glucose 10，MgCl$_2$ 2，Hepes 10，TTX 0.001，用 NaOH 调至 pH 6.8。电极内液（mmol/L）：KF 140，MgCl$_2$ 2，EGTA 10，Hepes 10，用 KOH 调至 pH 6.8。

记录钙电流（I_{Ca}）的外液（mmol / L）：NaCl 120，KCl 4，CsCl$_2$ 5，Glucose 10，MgCl$_2$ 2，Hepes10，TEA–Cl 10，TTX 0.001，用 CsOH 调至 pH 6.8。电极内液（mmol / L）：CsCl 120，MgCl$_2$ 2，Hepes 10，EGTA 10，TEA–Cl 10，Na$_2$–ATP 2，用 CsOH 调至 pH 6.8。

二、结果与分析

1. 神经细胞的分离培养

吹打分散后在倒置显微镜下观察发现神经元大都呈汤勺形，细胞胞体成椭圆形。一般细胞都有一条长的轴突。大部分细胞都在 10 ~30 μm 左右。多数细胞在接种 2~4 h 内贴壁。适合神经细胞生长的培养基为方法 1.2 部分提到的培养基。神经细胞在 DMEM 中基本不能够存活。当培养皿中加入多聚赖氨酸，细胞贴壁时间缩短，小牛血清浓度从10%增加到15%时存活和贴壁细胞增多。电生理实验所需细胞就是在上述培养条件下在 T（27±2）℃培养箱中培养 2~4 h 后获得，细胞大小在 30 μm 左右。这个时期细胞状态很好，也很容易形成高阻抗封接。

2. 神经细胞电压门控通道膜片钳实验

电压门控性通道根据其对离子的选择通突性，主要有钠通道、钾通道和钙通道三种。在引出每种通道电流时用特异性工具药物将另外的通道电流阻断。

（1）钠电流

膜片钳实验封接成功并得到全细胞记录后，将膜电位维持在 – 80 mV，给予脉冲宽度为 50 ms、刺激脉冲序列从 –70~40 mV、以 10 mV 步幅递增的去极化电压刺激，可记录到一系列电流。由于胞外液中加入 TEA–Cl，电极内液中高浓度 CsF，钾电流可被 TEA–Cl 阻断，钙电流已被高浓度的 F^- 负电荷离子流所灭活。在外液中加入 TTX，该电流被抑制，说明该电流为 TTX 敏感型钠电流（图 1A）。从电流 – 电压关系曲线可知钠电流在 – 40 mV 左右激活，0 mV 左右达最大值（图 1B）。

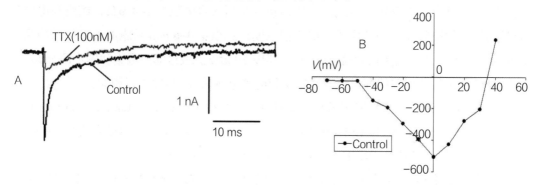

图 1　TTX 敏感型钠电流（A）及其电流 – 电压关系曲线（B）

（2）钾电流

将膜电位维持在 –80 mV，给予脉冲宽度为 30 ms、以 10 mV 步幅递增的去极化电压刺激，在不同的蜘蛛神经细胞中可记录到两种电流。在这两种电流中，一种为缓慢激活，几乎没有失活的电流，即延迟整流钾电流（图 2A），该电流对 TEA–Cl 敏感（图 2B）；另外一种为快速激活也快速失活的钾电流，即瞬时钾电流（图 3A），这种钾电流对 4-氨基吡啶敏感（图 3B）。

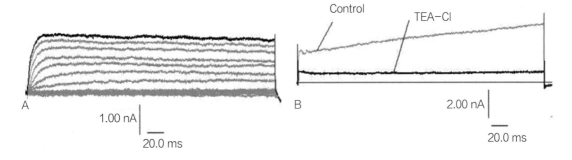

图2　延迟整流钾电流（A）及其被 TEA-Cl 抑制（B）

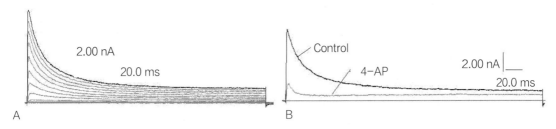

图3　瞬时钾电流（A）及其被 4-AP 抑制（B）

（3）钙电流

将膜电位维持在 – 90 mV，给予脉冲宽度为 150 ms，刺激脉冲序列从 – 80 mV 到 +30 mV，给予一系列以 10 mV 步幅递增的去极化电压刺激。由于细胞外液中的 TTX 和内液中的 TEA-Cl，钠和钾电流被阻断，所记录的电流为钙电流（图 4A）。这种钙电流的特征为高电压激活，缓慢失活。该电流在 –20 mV 左右时激活，+20 mV 左右达到峰值（图 4B），此电流能被 NiCl$_2$ 完全抑制（图 4C）。

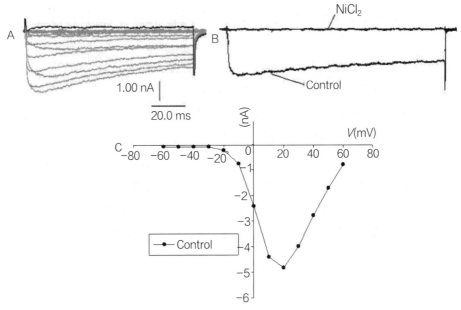

图4　电压激活钙通道电流（A）及其电流 – 电压关系曲线（B）以及其被 NiCl$_2$ 完全抑制（C）

三、讨论

膜片钳实验以细胞膜上的离子通道为研究对象。因此，细胞数量与状态是决定膜片钳实验能否成功的关键。笔者曾经对虎纹捕鸟蛛神经节的解剖以及神经细胞急性分离培养进行过初步研究，所用培养基为：NaCl₂ 23 mmol / L，KCl 618 mmol / L，CaCl₂ 8 mmol / L，MgCl₂ 511 mmol / L，Sucrose 5 mmol / L，Herpes 10 mmol / L，谷氨酰胺 1 mmol / L，青霉素 200 IU/mL，链霉素 200 μg /mL，小牛血清 20 %，pH 7.4。结果不是很理想，最大的问题就是细胞贴壁不好，急性分离后在显微镜下能够看到许多较大的神经细胞，但是，当用细胞外液替换培养基后，一些细胞，特别是大细胞都从培养皿中消失了，留下的都是一些小细胞。因此，在前期研究的基础上，再次对虎纹捕鸟蛛神经细胞的培养条件进行摸索，对细胞培养所需的培养基进行了更换，更换后的培养基为（g/L）：葡萄糖 0.7，果糖 0.4，琥珀酸 0.06，咪唑 0.06，L−15 13.7，Herpes 2.38，酵母粉 2.8，乳白蛋白 2.5；青霉素 200 IU / mL，链霉素 200 mg/mL，小牛血清 15 %，pH 6.8。更换后的培养基添加了适合节肢动物细胞培养的 L−15，添加了细胞生长所需的酵母粉、乳白蛋白等营养物质及琥珀酸和咪唑等细胞代谢物质，更接近细胞体内环境，有利于细胞的生长。更换后细胞贴壁效果大大提高，很多大细胞都能够贴壁和存活，电生理记录时也很容易封接成功。说明新的培养基更适合细胞的生长。膜片钳实验所需的细胞就是在此培养基培养条件下获得。

钠、钾和钙等电压门控性离子通道是神经元和其他兴奋细胞赖以产生电信号的分子基础，在动作电位的产生和传导，即在控制神经和肌肉的兴奋中起关键作用。特别是钠通道，它控制着动作电位的去极化相，它的变化直接决定着动作电位能否产生。当动作电位产生时，首先就是钠离子在膜两侧浓度差的作用下由膜外流向膜内。我们在对虎纹捕鸟蛛神经细胞电压门控钠通道膜片钳实验时，发现结果不理想，大多数情况下都只能够记录到小的钠电流。

有文献报道昆虫神经细胞是非兴奋细胞，仅在特定条件下膜离子通道才能够被激活，细胞表现兴奋性。由于此前未见有关虎纹捕鸟蛛神经细胞离体培养及电压门控通道膜片钳研究的报道，因此体外培养的虎纹捕鸟蛛神经细胞是否也存在类似的情况，是否适合于膜片钳实验研究，表达哪些电压门控性离子通道等都是未知数。本研究结果表明：离体培养的虎纹捕鸟蛛神经细胞适合于膜片钳实验研究。全细胞模式下，不经药物刺激，即可记录到电压门控钙电流和钾电流，以及小的钠电流。神经细胞不仅表达延迟整流钾通道电流和瞬时钾通道电流，同时还表达高电压激活的钙通道电流及 TTX 敏感的钠通道电流。

Isolation and Culture of Nerve Cells from *Cyripagopus schmidti* and the Patch-clamp Study on the Voltage-gated Ion Channels in the Cultured Neurons

HU Zhao-Tun DENG Mei-Chun WANG Mei-Chi YANG Jing LIANG Song-Ping YAN Heng-Mei*

Abstract: In this article, the dissociation and culture of neurons isolated from the suboesophageal ganglion (SUB) of the *Cyripagopus schmidti* (=*Ornithoctonus huwena*) are described. The basic electrophysiological properties of voltage-gated Na^+, K^+ and Ca^{2+} channels on the cultured neurons were studied by means of whole-cell patch-clamp technique. The culture medium used for the nerve cells contained (g/L): glucose 0.7, fructose 0.4, succinic acid 0.06, imidazole 0.06, L-15 13.7, Herpes 2.38, yeast extract 2.8, lactalbumin 2.5, penicillin 200 IU/ml, streptomycin 200 mg/ml, bovine calf serum 15 %; pH 6.8. The suitable culture was (27 ± 2) ℃ for 2~4 h. Most cells were in good condition and above 90 % cells survived in the cell culture dishes. The shape of the soma of the nerve cell was in an ellipse and that of neural cellar prepared like a spoon, with a single axon. The size of these cells varied from 10 to 30 μm .Whole-cell patch-clamp showed high-voltage-activated (HVA) calcium currents and two types of outward potassium currents including delayed rectifier potassium currents and rapid outward potassium currents on spider neurons. The potassium currents could be inhibited by TEA-Cl and 4-AP. Sometimes, small voltage-gated sodium currents were also recorded in the experiment.

Key words: *Cyripagopus schmidti*; Nerve cell; Voltage-gatedion channel; Cell culture

原载 © *Chinese Journal of Zoology*, 2009, 44（5）: 60-65; 国家自然科学基金项目（No.39570119、No.30370208）资助

不同 pH 条件下蜘蛛丝收缩与延展性能的变化

汪波　于金迪　郑安妮　颜亨梅*

摘要：研究不同 pH 条件下，蜘蛛丝拉伸性能的变化。在酸性条件下，设置 pH 梯度，比较经丝、纬丝的拉伸性能；使用同样方法，在碱性条件下，比较经丝、纬丝的拉伸性能。将实验数据应用统计学中的单因素方差分析方法分析。结果表明不同 pH 对这两类蛛丝的拉伸性能的变化均有显著影响：在酸性条件下，随着 pH 的升高，经丝和纬丝收缩度逐渐升高；在碱性条件下，随着 pH 的升高，其收缩度逐渐降低。当 pH 为 7 时，经丝和纬丝的收缩度最高，分别为经丝（27.00±0.60）%，纬丝（28.30±0.31）%。

关键词： pH；蜘蛛丝；经丝；纬丝；拉伸性能

蜘蛛丝作为一种具有高强度、高弹性、高断裂功等优异性能的天然蛋白纤维，近年来，引起了相关领域研究人员的极大兴趣，掀起了研究热潮。

对蜘蛛丝的最早认识可追溯到中世纪，那时人们开始利用蜘蛛丝和蜘蛛网包扎伤口以起到止血作用。但开始用科学方法研究蜘蛛丝是在 20 世纪初。近年来，蜘蛛丝在军事、医学、纺织、生物等领域都有着应用，而对蜘蛛丝的研究也越来越多。Benton 曾在 1907 年首先发表了关于蜘蛛丝强度和弹性的研究结果，但由于测试手段的限制，该实验在测量的精度上受到了限制。1915 年 Herzog 等经过多次试验，发表了 *Nephila madagascariensis* 卵囊丝单纤维的平均断裂强度。1940—1941 年间，Dewilde 等研制了可直接记录蜘蛛丝力——伸长曲线的装置，并测定了 *Aranea diadema* 蛛网框丝的拉伸机械性能，测得其断裂强度为 1342.6~1391.6 N/mm^2、断裂伸长率为 25%~30%。在 1964 年，Lucas 经试验研究发表了 *Aranea diadematus* 蜘蛛牵引丝的断裂强度为 68.80 CN/tex、断裂伸长为 31% 的结果。20 世纪 70 年代后期至 80 年代初期，Robert 对蛛丝的力学性能进行了比较系统的研究，并分析了人工卷取牵引丝和天然牵引丝性能的差异。Robert 还对园网蛛大囊状腺分泌丝的成丝机理进行了相关研究。相关学者对蜘蛛丝也进行了一定的研究，潘志娟针对蜘蛛丝的优异性能进行了研究，蜘蛛丝以大腹园蛛的 3 种主要纤维丝为研究对象，探索了蜘蛛丝优异力学性能的形成机理，黄智华等人对蜘蛛丝的分子结构和力学性能进行了研究。所具有的优异弹性和良好韧性，从某种程度上讲，是各种天然纤维与合成纤维所无法比拟的，因此蜘蛛丝出众的机械化学性能备受科学家们的关注。而蜘蛛丝的主要成分是蛋白质，如所有的蛋白质纤维一样，其组成长链蛋白质分子的单元为不带侧链的 R 的酰胺结构。大量研究表明，蛋白质在不同的酸碱环境下，其分子内与分子间的氢键网络会呈现不同的特征，导致蛋白质的构象发生转变，并影响到蛋白质的拉伸性能。在蛋白质的研究基础上，对在不同 pH 条件下，蜘蛛丝拉伸性能的研究，有利于我们更好地利用蜘蛛丝。

一、材料与方法

1. 材料与试剂

大腹园蛛蛛网，采集于野外树丛中。NaOH 溶液、HCl 溶液、蒸馏水、显微镜用香柏油。

2. 仪器与设备

移液枪、游标卡尺、光学显微镜、pH 测量仪。

3. 试验设计

（1）pH 梯度的设置

利用 NaOH 溶液和 HCl 溶液，调配出 pH 分别为 1、3、5、7、9、11 和 13 共 7 个不同梯度的酸碱液，分别保存于 7 个小试管中，待用。

（2）蜘蛛网经丝的光学显微镜观察

分离出蛛网部分经丝（约 7 cm），绕于载玻片上，加上盖玻片。将制好的玻片放置于光学显微镜载物台上，滴 1 滴香柏油于玻片上。观察经丝的结构。

（3）酸（碱）性条件下，蜘蛛丝拉伸性能的影响测定

将蜘蛛丝的经丝和纬丝分离，连同硬纸板平均切取为 5 cm 的一小段，制成观察纸（长 5 cm，宽 2 cm）。经丝、纬丝各设 4 组平行，每组进行 3 次实验处理。利用移液枪在观察纸上滴加不同浓度的酸（碱）液，滴加的量以完全覆盖蜘蛛丝为宜。静置 5 min 后，测量其长度；将经（纬）丝一端固定住，用小镊子轻轻地、缓慢地拉伸经丝的另一端，直至经丝断裂，记录经丝瞬时断裂时所达到的最大长度 L 值。

（4）实验数据统计分析

收缩度定义及计算公式。蜘蛛丝收缩度定义：浸水后蛛丝缩短的长度与未浸水长度的数量级变化的百分比。蜘蛛丝收缩度的计算方法按如下公式进行。

收缩度 S= 浸水后蛛丝缩短的长度 ÷ 未浸水蛛丝长度 ×100%

（5）数据处理

所有实验数据运用 SPSS 软件统计并作图。对经丝和纬丝测得数据分别进行单因素方差分析，对经丝和纬丝的两种数据做双样本异方差假设检验，置信水平设置为 95%，即显著性水平 α =0.05。

二、结果与分析

1. 酸性条件下蜘蛛丝拉伸能力的变化

测量蜘蛛丝在酸性条件下的断裂时所达到的最大长度 L_1 值，计算其此 pH 条件下的收缩度 S_1，其结果见表 1 和表 2。

表 1　酸性 pH 条件下蜘蛛丝的 L_1 值

pH	经丝	纬丝	差异显著性标记
1	6.22 ± 0.02^a	5.88 ± 0.04^a	**
3	6.12 ± 0.01^b	5.73 ± 0.04^b	**
5	6.03 ± 0.04^c	5.63 ± 0.05^c	**
7	5.89 ± 0.04^d	5.42 ± 0.03^d	**

注：表中数据以平均值 ± 标准差表示；数据右上方的字母不同表示每列数据间有显著性差异（$P < 0.05$），* 表示每行数据间有显著性差异（$P < 0.05$），** 表示差异极显著（$P < 0.01$），下同。

由表 1 数据可得，当 $1 \leqslant pH < 7$ 时：经丝的 L 值随 pH 增大而减小，当 pH 为 7（溶液为中性）时，蜘蛛丝的 L_1 值最小，为 5.89 ± 0.04，经丝的 L 值与 pH 的增大呈显著性负相关（$P < 0.01$），其 $y = -0.054x + 6.281$，R 值为 0.9902；纬丝的 L 值随 pH 增大而减小，当 pH 为 7 时，纬丝的 L_1 值最小，为 5.89 ± 0.04，纬丝的 L 值与 pH 的增大呈显著性负相关（$P < 0.01$），其 $y = -0.074x + 5.962$，R 值为 0.9805。

表 2　酸性 pH 条件下蜘蛛丝收缩度 S_1

pH	经丝	纬丝	差异显著性标记
1	24.13 ± 0.61^a	24.80 ± 0.35^a	
3	25.00 ± 0.53^a	25.30 ± 0.31^a	
5	26.00 ± 0.53^{ab}	26.30 ± 0.42^b	
7	27.00 ± 0.60^c	28.30 ± 0.31^c	**

由表 2 数据可得，当 $1 \leqslant pH < 7$ 时：经丝的收缩度随 pH 增大而增大，当 pH 为 7 时，其收缩程度最大，为（27.00 ± 0.60）%，经丝的收缩度与 pH 的增大呈显著性正相关（$P < 0.05$），其 $y = 0.4805x + 23.611$，R 值为 0.9989；同样，纬丝的收缩度随 pH 增大而增大，当 pH 为 7 时，其收缩程度最大，为（28.30 ± 0.31）%，纬丝的收缩度与 pH 的增大呈显著性正相关（$P < 0.05$），其 $y = 0.575x + 23.875$，R 值为 0.92。

2. 碱性条件下蜘蛛丝拉伸能力的变化

测量蜘蛛丝在碱性条件下断裂时所达到的最大长度 L_2 值，计算此 pH 条件下的收缩度 S_2，其结果见表 3 和表 4。

表3　碱性条件下蜘蛛丝的 L_2 值

pH	经丝	纬丝	差异显著性标记
7	5.89 ± 0.04^a	5.42 ± 0.03^a	**
9	6.09 ± 0.03^b	5.64 ± 0.04^b	**
11	6.14 ± 0.01^c	5.73 ± 0.05^c	**
13	6.24 ± 0.01^d	5.90 ± 0.01^d	**

由表3数据可得，当 $7 \leqslant pH < 13$ 时：经丝的 L 值随 pH 增大而增大，当 pH 为 13 时，蜘蛛丝的 L_2 值最大，为 6.24 ± 0.01，经丝的 L 值与 pH 的增大呈显著性正相关（$P < 0.01$），其 $y = 0.055x + 5.54$，R 值为 0.9308；同样实验数据显示，纬丝的 L_2 值随 pH 增大而增大，当 pH 为 13 时，纬丝的 L_2 值最大，为 5.90 ± 0.01，纬丝的 L 值与 pH 的增大呈显著性正相关（$P < 0.01$），其 $y = 0.0765x + 4.9075$，R 值为 0.9764。

表4　碱性条件下蜘蛛丝收缩度 S_2

pH	经丝	纬丝	差异显著性标记
7	27.00 ± 0.60^a	28.30 ± 0.31^a	**
9	25.90 ± 0.42^b	27.80 ± 0.40^a	**
11	25.60 ± 0.53^b	26.70 ± 0.31^b	**
13	25.10 ± 0.31^b	25.30 ± 0.31^c	

由表4数据可得，当 $7 \leqslant pH < 13$ 时：经丝的收缩度随 pH 增大而减小，当 pH 为 13 时，其收缩程度最小，为（25.10 ± 0.31）%，经丝的收缩度随 pH 的增大呈显著性负相关（$P < 0.05$），其 $y = -0.31x + 28.95$，R 值为 0.9196；纬丝的收缩度随 pH 增大而减小，pH 为 13 时，其收缩程度最小，为（25.30 ± 0.31）%，纬丝的收缩度随 pH 的增大呈显著性负相关（$P < 0.05$），其 $y = -0.52x + 32.3$，R 值为 0.9555。

三、小结与讨论

蜘蛛丝是一种天然的动物蛋白纤维，主要成分是甘氨酸、丙氨酸等多种氨基酸。其具有良好的弹性，主要是非结晶区的贡献，蛛丝二级结构分析表明，蜘蛛丝非结晶区分子链呈现 β–转角状，受到拉伸时可能会形成 α–转角螺旋，使得蜘蛛丝具有良好的弹性和收缩性能。实验中，分别探究经丝和纬丝在 7 个不同 pH 环境下，经酸碱液处理后的最大断裂长度 L，发现当 pH 为 7 时，两类蜘蛛丝的 L 值最小，表明此时其拉伸性能最低；当溶液的酸性或碱性逐渐增强时，两类蜘蛛丝的 L 值也逐渐增大，其拉伸性能比中性环境下的强，推测其原因为在不同酸、碱性条件下，蛋白构象发生变化引起。单因素方差分析的结果表明：不同 pH 条件对两类蜘蛛丝的拉伸能力都有显著影响，然而，纬丝的拉伸性能比经丝更容易受到 pH 的影响而发生改变。研究表明，蛛丝力学性能的直接因素有两个方面：横截面积和分子结构，经丝和纬丝的蛋白亚基组成不同，导致拉伸程度也有所差异。

从本实验可观察到,不管 pH 如何变化,两类蜘蛛丝都会产生收缩现象,尤其是在中性溶液中,蜘蛛丝的收缩幅度最大。其实,蜘蛛丝存在着一种超收缩现象(SC 现象),指的就是把一根没受约束的蜘蛛丝浸泡于水中,由于丝纤维的充分收缩,蜘蛛丝的长度也大大缩短。有研究表明,常温条件下蜘蛛丝在水中的收缩率可达到 50% 以上;当空气中的湿度高于 90% 时,蜘蛛丝也会发生 SC 现象。以园蛛为例,大多数腺体产生的丝是一种微结晶区嵌入无定形区的结构,微结晶区的分子链呈平行有序排列,无定形区的大分子则呈不规则聚集排列。在分子形态上,微结晶区富含的丙氨酸相互间以氢键结合,分子构象为 β–折叠链,无定形区富含的甘氨酸相互间也以氢键结合,分子构象为 β–转角结构。有学者认为,将蜘蛛丝置于水中,无定形区的氢键首先被水分子切断,分子链逐渐向无规卷曲结构转变,随着时间的推移,水分子继续渗透微结晶区,微结晶区的氢键也被切断,氢键断裂降低了分子间的作用力,分子链可以自由运动,加速了无规卷曲空间构象的转化,这也是蜘蛛丝收缩的分子原理。而有实验数据可知,在酸性或碱性溶液中,蜘蛛丝的收缩度小于在中性溶液中的收缩度。在酸性或碱性溶液中,某种离子减弱了蜘蛛丝的收缩,或是阻碍了水分子对蜘蛛丝无定性区氢键的破坏,还待进一步研究。

由此,本研究可得出以下结论:当 pH 为 7 时,蜘蛛丝的收缩幅度最大;在极端酸、碱性条件下,蜘蛛丝的收缩幅度最小。

Change of spider silk tension properties under different pH conditions

WANG Bo,YU Jin-di,ZHENG An-ni,YAN Heng-mei*

Abstract: The change of spider silk tension properties under different pH conditions was explored in the laboratory. The result indicated that the pH conditions had a significantly affection on tensile properties of radial silk and spiral silk. Under acid condition, the shrinkage degree increased gradually with the increase of pH value, the higher pH condition, the higher shrinkage degree. The shrink-age degree of radial silk reached to(27. 00 ± 0. 60)%, while spiral silk reached to(28. 30 ± 0. 31)%, when pH value is was equal to 7. As under alkaline condition, the shrinkage degree of radial silk showed an opposite tendency. The shrinkage degree showed clear negative correlation to the alkaline solution's pH value.

Keywords: pH; spider silk; radial silk; spiral silk; tensile property

原载◎生物学杂志,2015,32(2):33-36;国家自然科学基金项目(No.31372159、No.31172107)资助

拟环纹豹蛛体表裂缝感受器、跗节器亚显微观察

汪波　周子华　谭昭君　颜亨梅 *

摘要：拟环纹豹蛛（*Pardosa pseudoannulata*）为狼蛛科豹蛛属动物，为了探究游猎型蜘蛛接收外界信号的机制，通过对拟环纹豹蛛体表进行扫描电镜观察，分析拟环纹豹蛛体表感受器的类型、分布及特征。结果显示：拟环纹豹蛛的单个裂缝感受器主要分布在触肢的跗节与胫节，数量较少，在整个触肢只能发现 1~2 个单个裂缝感受器；竖琴器在拟环纹豹蛛体表分布广泛，螯肢、触肢、步足均有发现，且胫节分布较多；而跗节器则见于触肢端部的前跗节上，其形态似水滴状小孔，为圆形或椭圆形空洞。

关键词：拟环纹豹蛛；裂缝感受器；跗节器；扫描电镜

拟环纹豹蛛属蜘蛛目，狼蛛科，是一种分布较广、数量较多的游猎型蜘蛛。研究发现，蜘蛛能够准确地定位害虫，与其具有各种功能的感受器是分不开的。随着现代显微技术的发展，越来越多的细微结构特征被发现，在蜘蛛中应用较多的是对其体表感受器细微结构的观察，如各种体毛的形状、位置、作用、数量等，这些感受器不仅在种间存在明显差异，同一种蜘蛛的不同部位也有所不同。在蜘蛛体表感受器方面，于春林等对星豹蛛（*P. astrigera*）触肢、步足上的化学感觉毛和杂黑斑园蛛（*Araneus variegatus*）颚叶上纤细的毛、步足上的触毛进行了扫描电镜观察；Barth 证实了环境中物体位置改变而引发的空气振波，如均匀气流、空气波动、节奏性气流、近距离声波和某些远距离物体产生的声波等均能刺激蜘蛛的听毛，使之产生反应；肖永红等发现北京幽灵蛛（*Pholcus beijingensis*）体表微感受器的类型、结构和分布等特征与其生活环境和通信方式有重要关系。

迄今为止，对游猎型蜘蛛体表的裂缝器和跗节器等超微结构研究较少，因此，本研究利用扫描电镜观察拟环纹豹蛛感受器的体表结构，有助于了解游猎型蜘蛛接收外界环境信号的机制机理，既可探明体表感受器对蜘蛛寻觅和定位猎物的作用及其影响因子，为生产上制定保护蜘蛛控制害虫的农业措施提供科学依据；也可以为蜘蛛感受器的进化研究提供参考。

一、材料与方法

1. 试验材料

采集雌、雄拟环纹豹蛛亚成蛛装入放有湿润棉花团的 250 mL 锥形瓶中，纱布封口，在实验室内用果蝇饲养，温度（25±1）℃，湿度 60%~80%，待其性成熟后制成标本，在扫描电镜（JSM-6360LV）下观察。

2. 试验方法

参照肖永红等的样品制作方法，将拟环纹豹蛛雌、雄成蛛放入 2.5 % 的戊二醛溶液浸泡 4 ℃过夜固定，再用 0.1 mol/L 的磷酸缓冲液（pH 7.4）多次冲洗，依次经 30%，50%，70%，80%，90%，100% 乙醇脱水。采用 CO_2 临界点干燥法干燥蜘蛛标本，金属镀膜后置于 JSM-6360LV 扫描电镜下观察。

二、结果与分析

1. 裂缝感受器的观察

蜘蛛体表的裂缝感受器主要有 2 种：单个裂缝感受器和竖琴器。本次扫描电镜观察结果表明，这 2 种裂缝感受器在拟环纹豹蛛体表均有发现。

（1）单个裂缝感受器

拟环纹豹蛛身上的单个裂缝感受器形状近似椭圆形，略大于毛孔，有边，边缘凸起且较厚，中间有一条明显裂缝，间杂分布于体毛中，可与毛孔明显地区分（见图 1）。单个裂缝感受器主要分布在触肢的跗节和胫节，数量较少，在整个触肢仅发现 1~2 个单个裂缝感受器。而北京幽灵蛛体表的单个裂缝感受器较多，仅在一段触肢上就能发现数十个成群出现的单个裂缝感受器。

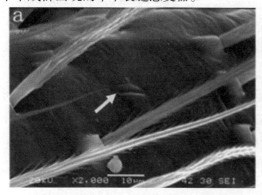
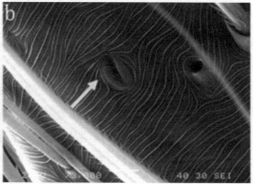

a：触肢跗节上的单个裂缝器（2000 ×）；b：触肢胫节上的单个裂缝器（3000 ×）。箭头指向裂缝器（下同）。

图 1　拟环纹豹的单个裂缝感受器

（2）竖琴器

在扫描电镜下可清楚观察到拟环纹豹蛛体表分布的由多个裂缝感受器聚集而成的竖琴器（图2）。每个竖琴器由许多个褶皱聚集平行排列组成，但大小不一，有的是5~6个裂缝组成，其沟缝比较深也比较长；而有些则是由许多个裂缝组成，其褶皱的凹槽深浅不一，长短也不同，密密麻麻地排列。

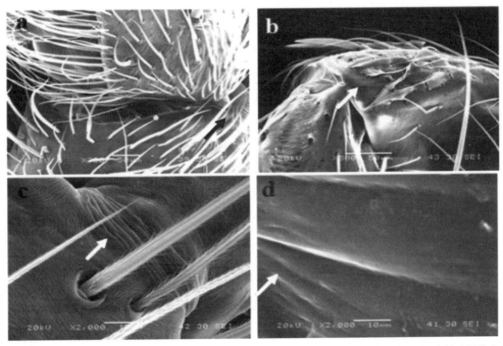

a：右螯肢胫节上的竖琴器（700 ×）；b：左触肢胫节上的竖琴器（300 ×）；c：右触肢胫节上的竖琴器（500 ×）；d：第 2 条左腿胫节上的竖琴器（2000×）。

图 2　拟环纹豹蛛的竖琴器

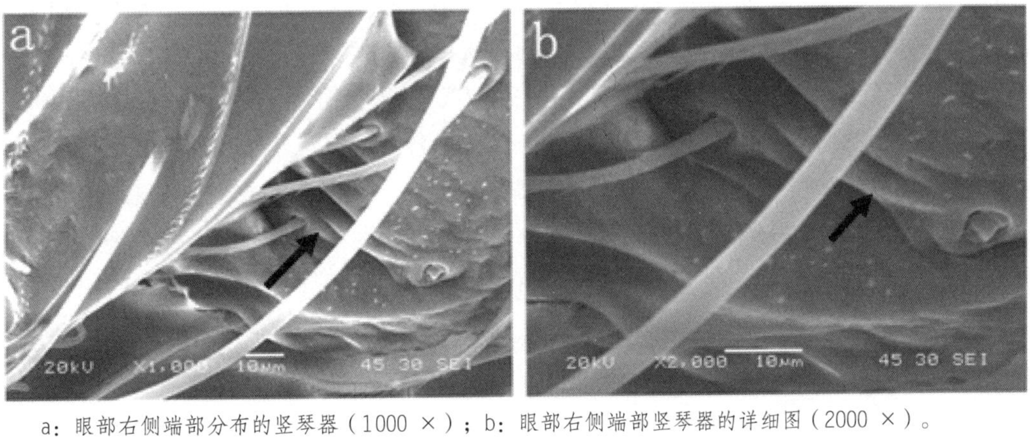

a：眼部右侧端部分布的竖琴器（1000 ×）；b：眼部右侧端部竖琴器的详细图（2000 ×）。

图 3　拟环纹豹蛛眼睛下方分布的竖琴器

琴形器在拟环纹豹蛛体表分布广泛，螯肢、触肢、步足均有发现，且胫节分布较多。

另外，在拟环纹豹蛛雌蛛的眼睛下方也发现大面积褶皱，其形态类似雄蛛螯肢表面分布的竖琴器（图3）。北京幽灵蛛的腿部和螯肢也分布许多琴型器，但是大小不一，与拟环纹豹蛛相比，北京幽灵蛛的琴型器更为整齐、褶皱也更深、排列也更紧凑。

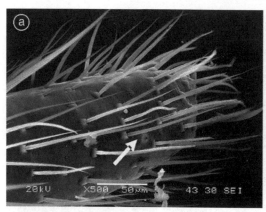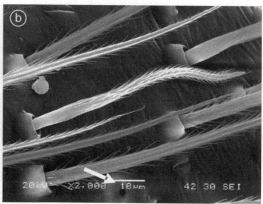

a：左侧触肢前跗节上的跗节器（500×）；b：左侧触肢跗节器的细节图（2000×）。箭头所指为跗节器。

图4　拟环纹豹蛛的跗节器

2. 跗节器的观察

跗节器分布在蜘蛛的触肢和步足的前跗节末端，拟环纹豹蛛的跗节器分布在触肢的前跗节，其形态似水滴状小孔，为圆形或椭圆形空洞，略小于毛孔，边缘较薄（图4），与中国原蛛的跗节器丘状隆起结构在形态上差距较大。

三、小结与讨论

拟环纹豹蛛附肢各节的关节侧面为竖琴器的主要分布部位，其包含的裂缝数量不同，多的达几十个。单个分布的裂缝感受器在触肢与第三对步足上都有分布，竖琴器则仅在螯肢与第二对步足有分布。成群分布的裂缝感受器和竖琴器可感知到的载荷范围是单个分布的裂缝感受器的3.5倍左右，推测拟环纹豹蛛对于震动信号反应可能并不敏锐，而北京幽灵蛛的腿节基部有成群的裂缝感受器，且步足各节均有竖琴器，推测北京幽灵蛛对震动信号反应比较敏锐。研究发现，将竖琴器盖住后，蜘蛛对气味反应的灵敏度大大减弱，因此认为蜘蛛的嗅觉与竖琴器有关，竖琴器甚至能够帮助某些雌蛛感受雄蛛求偶时发出的信号。性成熟的北京幽灵蛛在交配过程中，雄蛛会表现一系列的求偶行为，主要是震动信号，如雄蛛通过拨丝、跳动、全身抖动等动作引起蛛网震动，向雌蛛传递性信息；而拟环纹豹蛛求偶时，雄蛛面对雌蛛，第一对步足水平前伸并伴随高频颤动，逐渐靠近雌蛛，同时雄蛛触肢同步上扬，同步下放，伴随触肢向外打开，如同船夫划桨的动作，推测拟环纹豹蛛在求偶的过程中，不仅仅依靠震动辨别，还可能受视觉、震动和嗅觉等多种通信信号的共同激发。

跗节器为蜘蛛重要的感觉器官，其形态和结构在研究蜘蛛间亲缘关系及分类学上具有一定价值。拟环纹豹蛛跗节器的特点为受体被表皮隆起包围，不暴露于体表，中间有一较大凹陷，属于囊状跗节器，分布在触肢的前跗节末端，与结网型的北京幽灵蛛的跗节器形态上基本一致，均呈圆形囊状，中间有一较大腔窝，推测跗节器的形状与蜘蛛的捕食策略可能没有直接的联系。目前，关于跗节器的功能，说法并不统一，Foelix 等认为跗节器可能是温度感受器或者嗅觉感受器，也可能两种功能都有；之后也有学者证实多种挥发性物质能够激发跗节器的电生理反应，但 Ehn 等则认为跗节器是温、湿度感受器，他们发现跗节器内有 3 种感觉细胞，其中 2 种对湿度敏感，另 1 种对温度变化敏感。

Submicroscopic observation of slit sensilla and tarsal organ of *P. pseudoannulata*

WANG Bo，ZHOU Zi-hua，TAN Zhao-jun，YAN Heng-mei*

Abstract: The wolf spiders *P. pseudoannulata* are members of the genus *Panthera* belongs to family Lycosidae. In order to explore the mechanism of receiving external signals of vagabundae spiders, the types, distribution and characteristics of surface receptors of *P. pseudoannulata* were observed by the scanning electron microscope (SEM). The results showed that there were a few single slit sensilla present on the palpal tarsus and tibia，actually，only one or two single slit sensilla were found on the whole pedipalps. Lyriform organs were widely distributed on tibia，pedipalps，foot step，especially on tibia. The tarsal organs were located on pedipalps，their shapes resembled the water drop shaped holes，round or oval holes.

Key words: *P. pseudoannulata*; slit sensilla; tarsal organ; scanning electron microscop

原载◎浙江农业学报，2015，27（10）：1725-1729；国家自然科学基金项目（No.31172107）资助

拟环纹豹蛛附肢体毛感受器的扫描电镜观察

汪波　黄婷　刘金　谭昭君　颜亨梅 *

摘要： 通过对拟环纹豹蛛体毛(触毛、听毛、味觉感觉毛)的扫描电子显微镜观察，发现拟环纹豹蛛的触毛与体表形成的角度为锐角，触毛粗大，毛干较挺立，周围有绒毛环绕，触毛主要分布在蜘蛛体的触肢的跗节、胫节和步足的跗节、胫节、端部处，其中第一步足分布最多，其数量较听毛和化学感觉毛多；拟环纹豹蛛的听毛细而长，基本垂直于表皮，毛囊深窝有褶皱，听毛主要分布于触肢和第四步足的胫节上，其余腿节分布较少，不同部位的听毛在形态、长度上没有太大的差别；拟环纹豹蛛的味觉感觉毛基部四周有微微隆起的圆形状毛囊，味觉感觉毛大于听毛又小于触毛，四周被绒毛环绕，主要分布于蜘蛛的第一步足和第二步足的跗节胫节处，在触肢和螯肢上也有少量分布。

关键词： 拟环纹豹蛛；感受器；触毛；听毛；化学感觉毛；扫描电子显微镜

蜘蛛的体表感受器对捕食猎物、生态环境、雌雄交配之间的联系是至关重要的。虽然到目前为止已有相当多关于感受器的研究成果，但是对拟环纹豹蛛的体表感受器的扫描电镜观察的研究却很少。为了更深入地研究其体表感受器对害虫的捕食和自身求偶繁衍后代的作用，本文对其感受器的超微结构的形态、分布、数量进行观察、分析，通过对拟环纹豹蛛的体毛感受器的扫描电镜观察，对比前人已研究的北京幽灵蛛（*Pholcus beijingensis*）、施密特单柄蛛（*Haplopelma schmidti*）等蜘蛛的体表结构的扫描电镜观察，为蜘蛛体毛感受器研究提供参考。

一、实验材料和方法

1. 拟环纹豹蛛的采集与饲养

拟环纹豹蛛采集于珠海水稻田间（22°15'253"N，114°12'314" E）。将采集好的成熟蜘蛛分装于透明玻璃盒内饲养，制备样品。

2. 标本制备方法

蜘蛛体表的清洁：乙醚处死后，用0.65%NaCl溶液反复冲洗蜘蛛的体表。固定：取拟环纹豹蛛雌雄各3只放入预冷的2.5%戊二醛溶液中浸泡，放在4℃冰箱中过夜。漂洗：用0.1 mol/L(pH 7.4)磷酸盐缓冲液清洗浸泡一夜后的拟环纹豹蛛4次，每次15 min。脱水：

用系列梯度的乙醇浓度（30%、50%、70%、80%、90%、100%）由低浓度到高浓度，依次浸泡冲洗好的蜘蛛，每种乙醇浓度浸泡 2 次，每次 15min。干燥：用临界点干燥法。镀膜：用真空喷镀法。电镜型号：JSM-6360LV。

二、结果与分析

1. 触毛的形态与分布

（1）触毛的形态

触毛比大部分体毛粗，从基部向末端方向逐渐变细，基部和末端大小差别较大。触毛毛干通常较直，表面有绒毛环绕（图 1a，b）。触毛基部被圆形的毛囊紧紧包围，毛囊深处的表面有鳞片状突起，毛囊四周又有环形的凹槽环绕（图 1a）。拟环纹豹蛛的触毛与体表所形成的角度为锐角（图 1b），相比大多数体毛与体表所形成的角度大小差别不大，但是其形态特征却与体毛有明显的差别。

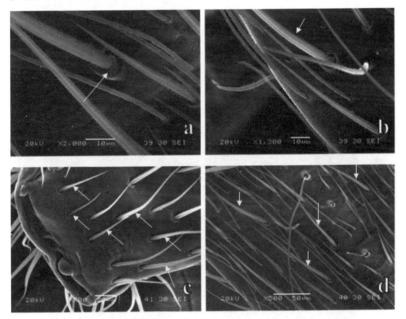

a.触毛毛囊（×2000）；b.触毛表面绒毛的排布（×1300，箭头指向触毛，下同）；c.第二步足胫节跗节关节处的触毛（×700）；d.触肢上的触毛（×500）

图 1　触毛超微结构扫描电镜

（2）触毛的分布

根据扫描电镜观察，拟环纹豹蛛的触毛分布在触肢的跗节、胫节和步足的跗节、胫节、端部，其中第一步足和触肢分布数量最多，螯肢、第二步足、第三步足、第四步足次之，其他部位最少（图 1c，d）。雌、雄蛛的触毛分布部位基本相同。

2. 听毛的形态与分布

（1）听毛的形态

听毛是一种感受气流振动和声波的感受器，不同种类蜘蛛听毛的形态不同。听毛有四个明显的特征：一是毛干细长；二是毛干基部微微隆起；三是毛干基部毛囊窝很深，毛囊周缘有褶皱；四是毛干基本垂直于体表。

拟环纹豹蛛的听毛细而长，毛干基本垂直于体表，毛干四周有绒毛，基部一侧是隆起的毛囊，隆起部位表面光滑，与另一侧相比隆起幅度大（图2a），毛囊的中间是一个深窝，听毛从深窝中伸出。毛囊周缘与听毛间的空隙较大，毛囊窝的一侧有多个明显的褶皱（图2a，b）。听毛的毛干从基部到端部粗细变化不大，小于触毛的变化程度。听毛长度通常大于触毛和味觉毛，听毛长而纤细，与其他体毛有明显的区别（图2c~f）。扫描电镜观察发现，许多体毛有脱落的现象，但听毛较少脱落，说明听毛基部与体表结合比较牢固。

（2）听毛的分布

听毛主要分布于触肢和第四步足的胫节上，其次是分布在第一步足，其余腿节有少量分布，不同部位的听毛在形态、长度上没有太大的差别。听毛在雌雄方面的差异不大，雌性听毛的分布部位也主要在胫节处。

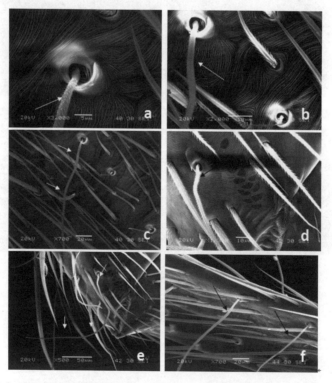

a.触肢听毛毛囊（×3000）；b.触肢听毛毛囊（×2000）；c.触肢听毛（×700）（箭头指向听毛，下同）；d.触肢胫节跗节处的听毛（×1300）；e.触肢听毛（×500）；f.第四步足胫节处的听毛（×700）

图2　听毛超微结构扫描电镜

3. 味觉感觉毛的形态与分布

（1）味觉感觉毛的形态

味觉感觉毛是化学感觉毛的一种，主要辨别环境中的化学物质。不同种类蜘蛛的化学感觉毛形态有所不同，但都具备三个明显的特征：一是毛干有长长的绒毛呈毛刷状分布；二是毛干基部的凹槽较深，无褶皱；三是与体表表皮接近直角，且末端有开口。

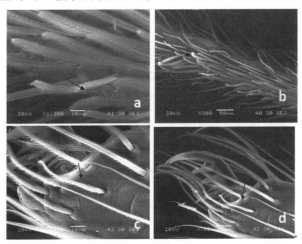

a. 第一步足跗节的味觉感觉毛（×1300；箭头指向味觉感觉毛，下同）；b. 第一步足跗节的味觉感觉毛（×300）；c. 第三步足端部的味觉感觉毛（×1300）；d. 第三步足端部的味觉感觉毛（×700）

图3 味觉感觉毛超微结构扫描电镜

拟环纹豹蛛的味觉感觉毛基部四周有微微隆起的圆形状毛囊，有些味觉感觉毛的隆起部位较均匀（图3a），而听毛的毛囊基本都是单侧隆起，毛囊中间是凹进去的深窝，毛干基部没有紧挨着毛囊壁，因此毛囊与毛干基部之间有空隙。味觉感觉毛大于听毛又小于触毛，毛干壁密被绒毛，但其基部及基部上面小部分毛干没有绒毛，其顶端轻微地朝一方弯曲。分布于不同位置的味觉感觉毛长度和分布密度都不一样，在跗节与胫节处的味觉感觉毛分布集中且较密集，毛干较短，绒毛较浓密，顶端稍微弯曲；而分布在其他腿节的味觉感觉毛较长，非常稀疏，在离顶端较远的部位或靠近基部的部位开始弧形弯曲成大抛物线形，绒毛量也较胫节跗节处的味觉感觉毛少。

（2）味觉感觉毛的分布

拟环纹豹蛛味觉感觉毛主要分布于第一和第二步足的跗节、胫节处，其次是在触肢和第三步足，其他腿节也有少量分布。雌蛛的第一对步足的跗节、胫节上也都有大量的味觉感觉毛，同时雌蛛的头部也有少量的味觉感觉毛，而雄蛛的头部则未发现。

三、讨论

拟环纹豹蛛感受器的触毛、听毛、味觉感觉毛主要分布于步足的跗节、胫节和触肢处；其中触毛最多，其次是味觉感觉毛，最少的是听毛；三者的大小、长度有很大差别，听毛最长最细，触毛较听毛短，但是是最粗的，味觉感觉毛最短，大小介于听毛与触毛之间；三者的形态也有很大的差别，其中听毛细长弯曲度不一致，触毛笔直无弯曲度，味觉感觉毛的弯曲度较大，有的 S 形，有的弧形，有的顶部突然弯曲；同时还发现听毛的基部与听毛窝的空隙最大，味觉感觉毛次之，触毛周围为毛囊无空隙，但有一环形凹槽。

1. 触毛

触毛是一种触觉感受器，拟环纹豹蛛的触毛较北京幽灵蛛的触毛粗，毛囊和隆起程度不及北京幽灵蛛的毛囊大，但是毛囊上有鳞片状突起，而北京幽灵蛛则是光滑的，同时拟环纹豹蛛的毛囊凹槽比北京幽灵蛛的凹槽深，广西近捕鸟蛛（*Plesiophrictus guangxiensis*）和虎纹捕鸟蛛的凹槽也比较深，但是虎纹捕鸟蛛凹槽的大小却不及拟环纹豹蛛的凹槽深，而广西近捕鸟蛛的凹槽大小和拟环纹豹蛛相近。拟环纹豹蛛的触毛与园蛛科的触毛相比，发现园蛛触毛上的绒毛长且多于拟环纹豹蛛的触毛，但是二者的毛干都与体表形成锐角的角度，二者毛干表面的绒毛都形成竖列状，围绕着毛干。

2. 听毛

听毛是一种能够感受气流的振动和声波的感受器，相关学者观察了我国一些蜘蛛，根据其形态的差别发现有两种听毛，一种是普通听毛，另一种是特殊听毛，普通听毛为所有原蛛共有。黄垃土蛛（*Latuchia sp*）的听毛呈棒状，大紫蛛（*Ummidia sp*）的听毛也呈棒状，其听毛的侧中部有一纵沟，还有一些蜘蛛的听毛呈长茄形和毛状，这些都属特殊听毛。拟环纹豹蛛的听毛细而长，大弧度地不规则弯曲或不弯曲，毛干有绒毛，基部与毛囊窝之间的空隙很大。与其对比，广西近捕鸟蛛与虎纹捕鸟蛛这两种穴居型蜘蛛的听毛毛干是光滑的，北京幽灵蛛的听毛毛干与拟环纹豹蛛的毛干都有绒毛。

国外研究者 Griswold C E 指出盗蛛科和行蛛科的听毛窝只有一个褶皱，栉足蛛科和狼蜘蛛科的听毛窝有多个褶皱，还有国内学者研究了三种猫蛛听毛窝的形态，发现猫蛛的听毛窝只有一个横褶皱，作者发现拟环纹豹蛛听毛窝的横褶皱则具有多个。在数量上，赵敬钊等人研究 9 种蜘蛛中，发现暗蛛科、漏斗蛛科、狼蛛科、园蛛科、肖蛸科中的听毛较多。作者发现，听毛在同种雌雄狼蛛上的数量差异不大，雌性听毛的分布部位也主要在胫节处，这一点与其他的蜘蛛听毛分布位置也相似，但是同样在胫节的听毛数量却随着种间的变化而变化。

3. 味觉感觉毛

味觉感觉毛是一种通过近距离接触同种或异种以及环境中的化学物质而发生辨别和传递的感受器。Dumpert(1978)通过实验研究，发现了蜘蛛感受气味的受体能够产生电位反应。该感受器是蜘蛛在求偶捕猎过程中至关重要的一个元件，国外学者研究发现，一种游猎型蜘蛛的雄蛛能够通过其触肢的感觉细胞受体即味觉感受器来识别雌蛛释放的性信息素（S）

1，1－二甲基柠檬酸。同时国内学者肖永红采用雄性北京幽灵蛛的信息素顺 -9- 二十三烯刺激雌性北京幽灵蛛，发现有电位反应。作者通过观察电子显微镜扫描的味觉感觉毛照片，同时对比了前期研究其他种类蜘蛛的化学感觉毛，发现拟环纹豹蛛的味觉感觉毛表面的绒毛量较北京幽灵蛛的化学感觉毛表面的绒毛量多，但是顶端弯曲的曲度不及北京幽灵蛛；拟环纹豹蛛有些部位的味觉感觉毛与体表形成的角度较小，有些角度接近直角，北京幽灵蛛的化学感觉毛的角度接近直角，弯曲度较小；但顶端弯曲度较大，且顶端有开口、不封闭；拟环纹豹蛛的味觉感觉毛毛干中间弯曲的弧度形态有的如 S 形，也有的如大抛物线形（见图 3）；其顶端也有开口，是蜘蛛感受外界生物、化学信息的重要位置。

Observation on the Hair Sensors of *Pardosa pseudoannulata* by Scanning Electron Microscope

WANG Bo HUANG Ting LIU Jin TAN Zhao-jun YAN Heng-mei*

ABSTRACT: Spider were sensitive to various stimuli. To understand spider's sensing mechanism, the hair sensors (tactile hair, trichobothrium, gustatory hair) of *P. pseudoannulata* were studied by Scanning Electron Microscope (SEM). The result indicated that tactile hair formed acute angle with the surface of spider body. Tactile hair was big and thick, while hair was straight and with villus around. Most of tactile hairs distributed on the tarsus and tibia of appendages, especially on the first leg. The quantity of tactile hair were more than the quantity of trichobothrium and gustatory hair. The distinct character of trichobothrium was thin and long and mostly perpendicular to the epidermis, also, hair follicles of trichobothrium was deep pit and with folds. Trichobothrium were mainly distributed in the fourth leg and the pedipalps, the rest of femur distributed less. The base of gustatory hair had a slight bulge around the round shape of hair follicles, which were mainly distributed on the first and second leg, certainly, a few gustatory hairs located in pedipalps and chelicera.

Key words: *Pardosa pseudoannulata*; Sensors; Tactile hair; Trichobothrium; Gustatory hair; SEM

原载◎动物学杂志，2015，50（6）：940-946；国家自然科学基金项目（NO.31172107、NO.31372159）资助

Analysis of digestion of rice planthopper by *Pardosa Pseudoannulata* based on CO-I Gene

（基于 CO-Ⅰ基因分析蜘蛛捕食稻叶蝉后的消化速率测定）

Bo Wang　Wenfen Li　Hengmei Yan*

摘要： 为探明蜘蛛消化规律，当狼蛛（*Pardosa pseudoannulata*）进食稻飞虱后，分别于 0、1、2、4、8、16、24 h 从其头胸和腹部提取基因组 DNA，然后采用常规 PCR 和实时荧光 PCR 技术扩增稻飞虱 CO-Ⅰ基因，检测狼蛛消化道内猎物 DNA 残留量，并通过 Gel-Pro analyzer 4.0 软件计算稻飞虱 CO-Ⅰ基因质量浓度，分析靶标猎物在狼蛛体内的消化情况。结果表明：猎物组织液在捕食后 2 h 内基本上贮存在蜘蛛头部的吸吮胃内，0~1 h 时，腹部中肠内检测不到残留的猎物 CO-Ⅰ基因。但进食 2h 后，稻飞虱 CO-Ⅰ基因在头胸部的残留量逐渐减少，说明猎物液从吸胃进入了中肠消化；4 h 时，腹部中肠检测到的 CO-Ⅰ基因残基达到峰值；而头胸部的 CO-Ⅰ基因残留量 8 h 后迅速下降。16 h 后蜘蛛头胸部消化道内残留的稻飞虱 CO-Ⅰ基因大部分转移到腹部，至 24 h 时仍能检测到，但含量甚微。同时随着温度从 26 ℃升高到 32 ℃，测定稻飞虱 CO-Ⅰ基因在蜘蛛头胸和腹部的残留量减少的速率明显加快，说明在一定范围内，随着温度的升高，其消化率逐渐增加；当温度继续升高到 34 ℃时，其消化率呈快速下降趋势，可见高温环境能抑制其消化。

关键词： *P. pseudoannulata*; Rice planthopper; Digestion; CO-Ⅰ gene; Real-time fluorescence PCR

I. Introduction

In recent years, using COI and SCAR molecular marker technology, Meng Xiangqin established a technique system for qualitative detection of predation of *Frankliniella occidentalis* by local natural enemies, and by TaqMan fluorescence quantification PCR, which quantitatively determined capacity of natural enemies in predation of *F. occidentalis* (Meng Xiangqin, 2010). Nevertheless, comprehensive research on quantitative analysis and evaluation of insect-controlling efficiency by spider has not been reported so far, demonstrating this study is quite necessary.

In this study, to understand predatory behavior and digestion regularity of spiders, real-time quantification PCR technique was used to detect number of *COI* genes in *P. pseudoannulata* after it preyed on rice planthoppers in different temperatures within different periods.

II. Materials and methods

1. *Experimental Materials*

Mature *P. pseudoannulata* with similar size were collected in Zhuhai rice field (22 degrees 15 minutes 253 seconds north latitude, 114 degrees 12 minutes 314 seconds east longitude). They were put in 250 mL Erlenmeyer flask separately, and studied in experiments after hungry feeding for 7 d. Absorbent cotton was placed in the flask, only adequate water was provided to ensure that tarantula could survive under hunger.

Nilaparvata Lugens Seal of similar size were also collected from rice fields where the spiders lived. They were placed in plastic bottle with rice, and sealed with gauze after the capture for temporary cultivation and spare applications.

2. Experimental design

(1). Study on digestion rate of *P. pseudoannulata* after feeding with rice planthopper

The spider were cultured in a bottle under starvation condition. Each of them was fed with three rice planthoppers before being placed in an incubator at 28 ℃. They were killed at 0,1,2,4,8, 16, and 24 h, respectively. All walking legs and pedipalps were removed, the cephalothorax and abdomen were cut with a scalpel. It should be noted that the abdomen is not squeezed before cut because of the soft tissue in the abdomen. Otherwise, food juice in the midgut will flow back along the podeon to the cephalothorax, affecting the experimental results. The cephalothorax and abdomen were placed and well-marked in a 1.5 mL centrifuge tube for the subsequent processing in the next step. The negative control the spider was not fed and used directly in experiment.

(2). Study on digestion rate of rich planthopper by spider *P. pseudoannulata* at different temperatures

The spider were placed in incubators at 26 ℃, 28 ℃, 30 ℃, 32 ℃ and 34 ℃, respectively. Two hours after being fed with rice planthoppers, they were treated same as mentioned above in (1), with DNA extracted for further experiments.

3. Experimental Methods

(1). DNA extraction:DNA fast extraction kit (animal) produced by Sangon Biotech (Shanghai) Co., Ltd was used to extract DNA.

CO–I gene primers (Wang Guanghua, 2009) were synthesized by Sangon Biotech (Shanghai) Co., Ltd.

Upstream primer:5'–CAACATTTATTTTGATTTTTTGG–3'

Downstream primer:5'–TCCAATGCACATATCTGCCATATTA–3'

(2). Routine PCR

25 μL routine PCR System:2.5 μL 10 × PCR buffer, 0.5 μL 10 mmol / L dNTPs, 1 μL 10 μmmol / L upstream primer, 1 μL 10 μmmol / L downstream primer, 0.3 μL 5 U / μL Taq DNA polymerase, MLDNA template, add water to 25 μL.

PCR procedure:initial denaturation at 94 ℃ for 3 min; denaturation at 94 ℃ for 50 s; refolding for 30 s at annealing temperature 55 ℃ (to be lowered by 1℃ in each cycle until 50 ℃); extension at 72 ℃ for 1 min (35 cycles); extension at 72 ℃ for 10 min; save at 4 ℃ for standby application.

After completion of the reaction, take 5 μL for electrophoresis in 1% agarose gel at 70 v for 25 min. View the results with gel imager to save resulting image.

(3). Real–time fluorescence PCR

Fluorochrome SYBR Green I was used to establish a 25 μL real–time fluorescence PCR system. The liquid was homogenized and placed in a PCR 8 tube, and put in a 7500 fluorogenic quantitative PCR instrument for gene amplification. The PCR procedure was described as follows:Initial denaturation at 95 ℃ for 3 min, denaturation at 95 ℃ for 30 s; refolding for 30 s at annealing temperature 50 ℃; extension at 72 ℃ for 1 min (a total of 40 cycles); save at 4 ℃ for standby application.

The expression difference was calculated with $2^{-\Delta\Delta Ct}$ method by Ct value and formula $v = \Delta C / t$, wherein, v denotes the digestion rate, ΔC denotes the total amount before the digestion– the total amount after the digestion, t denotes the digestion time. The digestion rate was calculated for each time period.

III. Results

(1) Detection of digestion rate of *P. pseudoannulata* at different time after feeding by routine PCR method

According to the experimental design, gene amplification was performed by routine PCR method, and electrophoresis detection showed that no target band was found in the negative control group, which proved that the primers did not amplify the DNA of the spider, and specificity indeed exists. After gel extraction of positive results, gene sequencing proved that the amplified band represented CO–I gene of rice planthopper.

DNA was extracted from the cephalothorax and abdomen of *P. pseudoannulata* during 0–24 h after it preyed on rice planthopper, followed by conventional PCR amplification. The results are shown in Figs. 1–2.

In Fig. 1, the gel imaging results show the fact that there are obvious bright spots with length of about 900 bp in the cephalothorax at 0, 1, 2, 4 h. Among which, spots at 0, 1, 2 h are more obvious. Over time, the brightness of the electrophoretic bands decreases gradually, and becomes difficult to be observed after 16 h. This indicates that there are many residues of CO-I gene of rice planthopper in the digestive tract of cephalothorax within 2 h after predation, which gradually decrease after 4 h, and basically disappear after 16 h.

As shown in Fig. 2, after electrophoresis, there are obvious bright spots in the abdomen at 0, 1, 2, 4, 8 h, and very dark band appear after 16 and 24 h. Thus, it is believed that there were many residues of CO-I gene of rice planthopper in the abdomen within 2 h after predation, which gradually decreased after 4 h with residue remained in the abdomen after 24 h.

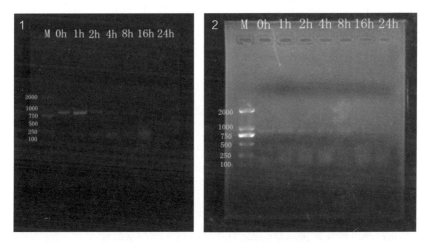

Fig.1-2　Results of routine PCR electrophoresis of cephalothorax (L) and of abdomen (R) of *P. pseudoannulata* (Note: M in the figure represents marker DS2000; 0 h, 1 h, 2 h, 4 h, 8 h, 16 h, 24 h represent different time after the spider preys on rice planthopper).

(2) Detection of digestion rate of *P. pseudoannulata* at different time after feeding by real-time fluorescence quantification PCR technique

Reaction melting curves are of single peak, the peak value is single, and Tm value of the amplified products is uniform. The reaction specificity is good, and there is no primer dimer and nonspecific amplification. The CO-I gene of cephalothorax and abdomen of the spider after 0-24 h of predation of rice planthopper was amplified with real-time fluorescence PCR technique.

The following amplification curves were obtained, in test results show that CT values of amplification curve of cephalothorax at each time are concentrated between cycle numbers 14 to 16. CT value of 0, 1, 2 h is 14. Similarly, the one of the 4th hour is 15. For that of 8th and 16th hour, it is 16. CT value of the template is linear with the logarithm of the initial copy number of the template. The more the initial copy number is, the smaller the Ct value will be. It indicates that there are many residues of CO-I gene of rice planthopper in the cephalothorax of *P. pseudoannulata* within 2 hafter predation, which decrease gradually with digestion time. Calculation of digestion rates of cephalothorax for each time period yielded a line graph as shown in Fig. 3.

As can be seen from Fig. 3, digestion rate of cephalothorax accelerates within 2 h after predation, which slows down during 2~24 h. The results of routine PCR and real-time fluorescence PCR show that residue of CO-I gene of rice planthopper in cephalothorax decreases after 2 h. It is because after capture of prey, *P. pseudoannulata* will inject venom and primary digestive juice secreted from the midgut, so that soft part of the prey is decomposed into liquid as a result of the in vitro primary digestion. The digestive juice mainly contains amylase, protease which only initially digests carbohydrates, proteins, etc., while DNA is not digested as sucking stomach located in cephalothorax does not digest it after sucking prey liquid, but temporarily stores it. Then, the liquid maintains the original state and constantly enters the abdomen after 2 h, so CO-I gene volume in the cephalothorax decreases, demonstrating a downward trend.

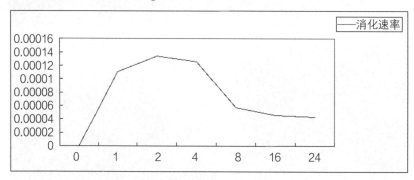

Fig. 3 Digestion rate of residual CO-I gene of rice planthopper in the cephalothorax of *P. pseudoannulata*.

CO-I gene amplification of rice planthopper in the abdomen of *P. pseudoannulata* show that CT values of the abdomen at various time are concentrated between 15 and 19. Specially, CT value of the fourth and eighth hours is 15; and that of 0, 1, 2, and 16 h is 16, which significantly increases to 19 after 24 h. Digestion rate of residual CO-I gene of rice planthopper in the abdomen of *P. pseudoannulata* is shown in Fig. 4.

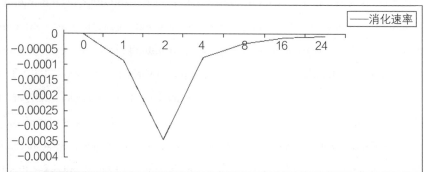

Fig. 4 Digestion rate of residual CO-I gene of rice planthopper in the abdomen of *P. pseudoannulata*.

As can be seen from Fig. 4, less CO-I gene residue of rice planthopper can be detected at the 0th and 1st hour. The detected CO-I gene residue of rice planthopper reaches the maximum at 2~4 h, which decreases at 8, 16, 24 h, but the difference is not obvious. The results show that there are less CO-I gene residue of the planthopper in the abdomen within 2 h after predation, and the food is digested in the abdomen during 2~24 h.

Considering the characteristics of the digestive system of *P. pseudoannulata*, the reason for this phenomenon is probably that just after the predation, a lot of food exists in the esophagus and sucking stomach of the cephalothorax, while there is very little food contained in midgut and other digestive organs of the abdomen, so CO-I gene detection volume is not obvious during 0 ~ 1 h. Over time, food successively enters into the midgut from the sucking stomach for massive digestion. During 2 ~ 4 h, CO-I gene volume increases, the midgut in the abdomen and developed digestive gland can secrete a variety of digestive enzymes including nuclease, and most macromolecules including CO-I gene are degraded, digested and absorbed here, showing accelerated digestion rate. After massive digestion of CO-I gene, there is not much residue in the abdomen, thus CO-I gene digestion rate remains almost the same during 8~24 h.

(3) Detection of impact of temperature on digestion rate of *P. pseudoannulata* by routine PCR method

As can be seen from Figs. 5-6, the amplified band of CO-I gene of rich planthopper in the cephalothorax of *P. pseudoannulata* is significantly brighter than that in the abdomen within 2 h of feeding under the same temperature, which is in agreement with the digestive results of *P. pseudoannulata* at different time in earlier stage after feeding. It is clearly seen from the results of cephalothorax electrophoresis, electrophoretic band brightness gradually become darken from 26 ℃ to 32 ℃, which becomes the darkest at 32 ℃.

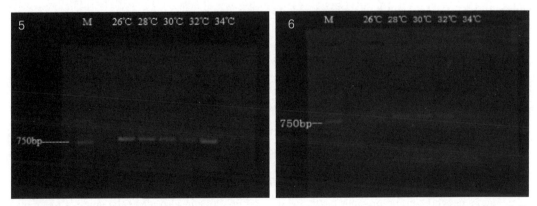

Fig. 5-6　Routine PCR electrophoresis of cephalothorax (L) and of abdomen (R) of *P. pseudoannulata* at different temperatures.

(4) Detection of impact of temperature on digestion rate of *P. pseudoannulata*

by real-time fluorescence quantification PCR technique

The total CT value of CO-I residual gene amplification of rich planthopper in cephalothorax of *P. pseudoannulata* is in the range of 14~17. Specially, CT value is the smallest at 26 ℃, which is only 14. On the contrary, CT value is 15 at 28 ℃, 16 at 30 ℃, and becomes the largest (reaching 17 in this case) at 32 ℃. A similar trend is observed in real-time fluorescence PCR amplification curve of the abdomen. The larger the CT value is, the less the residual CO-I gene of rice planthopper in *P. pseudoannulata* is, and the faster the digestion rate is, vice versa. The results show that temperature can affect digestion rate of rice planthopper by *P. pseudoannulata* to a certain extent.

IV. Discussion

4.1. The relationship between the CO-I gene residue of rice *planthopper* and the digestion time

Experiments were carried out in an incubator at 28 ℃, which effectively reduced the effect of temperature on the digestion rate (Hoogendoorn and Heimpel, 2001). At the same time, starvation for 7 days (De León et al., 2006; Harper et al., 2006) before the experiment could ensure that predator had consumed residue food before feeding, which increased its predation probability, with relatively accurate predatory capacity detected. The presence of other prey increased the detection rate of prey DNA (Dodd, 2004), so this experiment only fed single prey, rich planthoppers, to the *P. pseudoannulata*. Within 2 h after predation, the sucked prey liquid was not completely digested, but temporarily stored in the sucking stomach of spider cephalothorax, which gradually transferred to the midgut of the abdomen with the time. After 4 h, CO-I gene residues of rich planthopper in cephalothorax decreased gradually, which was totally transferred to the abdomen at 16 h. Therefore, during 0~1 h, food amount in the midgut and other digestive organs of the abdomen was very low, so CO-I gene detection volume was not obvious. Over time, food successively entered into the midgut from the sucking stomach for massive digestion. During 2~4 h, CO-I gene volume increased, the midgut in the abdomen and developed digestive gland could secrete a variety of digestive enzymes including nuclease, and most macromolecules including CO-I gene were degraded, digested and absorbed during this range, showing accelerated digestion rate. Detected CO-I gene residue of rice planthopper reached the peak during 2~4 h, which dropped rapidly at 8, 16 and 24 h, but still detectable. Studies pointed out that time of detectability of number and type of prey in indigestive tract of predators depends on the predator itself, while food quality can also affect the spider's metabolic rate (Anderson, 1974). Large prey increases time of detectability of prey, with a longer detection period even in the absence of feeding of alternate preys (Sheppard et al., 2005a). The longest time of detectability can range from a few hours to five days (Chen et al., 2000; Ma et al, 2005).

4.2. Effect of temperature on the digestion rate of *P. pseudoannulata*

Temperature can significantly affect the digestion rate of predators (Zhao, 2001; Liu, 2014). As the temperature increased from 26℃ to 32℃, CO–I gene residues of rich planthopper were decreased gradually in cephalothorax and abdomen of *P. pseudoannulata*, indicating that digestion rate increased with increasing temperature within a certain range. However, when the temperature continued to increase to 34 ℃, the digestion rate decreased. It is possible that enzymatic activities of the spider such as digestive enzymes are affected by different temperatures. As a result, digestive capacity, mobility of *Oxyopes sertatus* maintain at a better state under 28~32℃ (Wang, 2006), while excessive temperature will cause a negative effect on physiological activity of spiders（Xu, 1995）.

Acknowledgements

This research is supported by the National Natural Science Foundation of China(No.31372159 and No.31172107), Hunan Provincial Innovation Foundation for Postgraduate (No. CX2014B198).

原载◎ Saudi Journal of Biological Sciences, 2017, 24（3）: 711-717; 国家自然科学基金项目（NO.31172107、NO.31372159）资助

拟环纹豹蛛的视觉距离和颜色选择

黄婷　汪波　郑安妮　颜亨梅*

摘要： 为了探明拟环纹豹蛛（*Pardosa pseudoannulata*）的视觉距离与环境颜色的影响，以冻僵果蝇（*Drosophila melanogaster*）为猎物，自制试验设备，分别测定了豹蛛的视觉距离和其对红、橙、黄、绿颜色的选择。第一组在蜘蛛饥饿的情况下，观察其对不同距离下果蝇的选择停留时间，以确定视觉对距离的反应。第二组观察豹蛛对不同颜色的选择停留时间，统计的数据采用偏爱选择指数，即选择停留单项的时间占总时间的百分比，使用 EXCEL 制作标准曲线、SPSS16.0 统计软件进行 Duncan 多重比较，显著性水平设为 0.05。结果表明，该蜘蛛对 6 cm 以内距离的果蝇都具有敏感性；对距离 3~4 cm 果蝇的视觉敏感性相近且最好；对距离 5~6 cm 的果蝇仍有视觉反应，但比前者偏爱选择指数下降了 32%，说明敏感性显著（$P<0.05$）下降；对距离 7 cm 以上的果蝇，蜘蛛的视觉大幅度下降至无感知。通过豹蛛选择停留在有果蝇处的标准曲线 $y=-9.6770x+118.74$，$R^2=0.8378$ 和选择停留在无果蝇处的标准曲线 $y=9.6750x-18.729$，$R^2=0.8377$ 的比较表明：距离与豹蛛视觉的敏感性呈负相关。随着距离的增加，豹蛛视觉的感知性逐渐减弱，最后消失。测定豹蛛对颜色的偏爱选择指数为：红色 35.40%±1.60%，绿色 36.03%±1.60%，黄色 18.01%±1.60%，橙色 10.56%±1.60%，发现豹蛛对红色和绿色最敏感，可见豹蛛对不同波长的光色敏感性存在差异。

关键词： 拟环纹豹蛛；距离；定位；视觉反应；颜色

蜘蛛依靠视觉、听觉、触觉、嗅觉、味觉多种感觉寻觅捕食猎物。与织网型蜘蛛不同，视觉在游猎型蜘蛛的捕食中起到重要的作用。有文献指出，视觉对于一些蜘蛛类群如跳蛛（*Salticidae*）、狼蛛、蟹蛛（*Thomisidae*）的猎物寻觅、定位或者基材的选择起到最重要的作用。游猎型蜘蛛具有背单眼（dorsal ocelli），有反光色素层（tapeta），有移动的虹膜（mobile iris）。每个背单眼有 10 000 个受体，可以看到 150° 或者更宽广的视野。有人曾观察到一只猎蛛扑向停栖在饲养笼侧壁上的一只苍蝇，接着又准确地跳回原地，这表明蜘蛛不仅具有较好的视力，且能准确判断距离和物体移动速度。狼蛛作为一种游猎型蜘蛛有着相对发育完好的视觉，它们寻觅与定位猎物主要依靠视觉和振动刺激，其中视觉信号可能优先于振动信号。而且迄今为止的研究文献都是蜘蛛的视觉系统主要适于探测运动的物体。然而，有关蜘蛛对静止物体的视觉研究还未见报道，尤其需要进一步研究。

一、材料与方法

1. 拟环纹豹蛛的视觉距离测定

（1）**实验准备** 取拟环纹豹蛛 10 只，雌雄各半，于试管中喂食足量果蝇（*Drosophila melanogaster*）且给予供水培养 2 天。第 3 天到第 5 天，只供水，不喂食果蝇。第 6 天，测试每只蜘蛛在双向盒（图 1）中分别对装有果蝇的小盒和未装有果蝇的小盒的选择性。

① 用不透光的厚纸板分别制作中心盒（长 18 cm、宽 6 cm、高 6 cm）和 5 对两端开口的直管，直管长度分别为 4 cm、5 cm、6 cm、7 cm、8 cm。

② 将 10~20 只果蝇引入一个锥形瓶中，放置于冰箱冷冻层冰冻 3~5 min。冰冻后，将死亡的果蝇黏附在正对被试蜘蛛一面的透明塑料盒内侧（长 2.0 cm、宽 2.0 cm、高 2.0 cm，壁厚约 0.2 cm）并盖紧，用密封条密封。将果蝇放在透明塑料盒内，旨在去除声音、气味、味道对蜘蛛寻觅猎物的影响。

③ 将装有冻果蝇的透明塑料盒放在双向盒的一个直管内，确保结实不透风，将未装有果蝇的透明塑料盒放在双向盒另一侧的同样长度直管内，同样确保结实不透风。

（2）**实验设计** 按顺序分别观察并测量透明塑料盒距离中心盒 3 cm、4 cm、5 cm、6 cm、7 cm 时，豹蛛的选择情况。确保透明塑料盒向外的一面与直管末端对齐，让两侧直管的光照一致（图 1）。

将实验装置放置在室内，通过交替更换双向盒的方向，排除豹蛛的方向偏好对实验的影响。把被测蜘蛛从入口处放入，盖好入口确保密封，开始实验。人在距离左侧直管口 50 cm 处观察 25 min，分别记录蜘蛛在两个直管内停留的时间。观察结束后将蜘蛛转移回试管，用棉花蘸 75% 乙醇擦拭透明塑料盒外部，取出两个直管，用棉花进行清扫，同时清扫双向盒内部，透明塑料盒烘干后重新组装好双向盒，确保密封后更换被测个体，重复以上实验。10 只被测拟环纹豹蛛按顺序完成一个方向的实验后，调换双向盒的方向，观察者的位置不变，重复以上实验。该组实验重复 3 次。

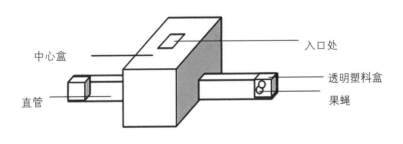

图 1 实验装置：双向盒

2. 豹蛛的颜色选择测定

（1）**实验准备** 实验材料及处置同（1）。制作长 8 cm、宽 8 cm、高 4 cm 的颜色分辨盒（图 2）。将红、橙、黄、绿色长约 30 cm 直径约 1 cm 的吸管均平均剪成 3 段，即每小段长 10 cm。每个颜色的吸管（长 10 cm）准备 10 根。用相同颜色的塑料袋将吸管朝外的一端封闭，确保不透风，用以排除管外环境对蜘蛛寻觅猎物的影响。将 4 种颜色的吸管分别插入盒子上的 4 个小孔，确保管伸出部分的长度一致（图 2）。

（2）**实验设计** 将颜色分辨盒放置在室内，确保 4 个颜色的吸管受光均匀。把拟环纹豹蛛从入口处放入，盖好入口确保密封，开始实验。观察 30 min，分别记录狼蛛进入 4 种颜色吸管的时间。观察结束后将拟环纹豹蛛转移回试管，用棉花清扫盒内部，排除被试蜘蛛在盒内留下的带有信息素的丝对后续被测蜘蛛的影响，将 4 根吸管取出，将另外一组全新的吸管插入孔中，更换被测蜘蛛，重复以上实验。

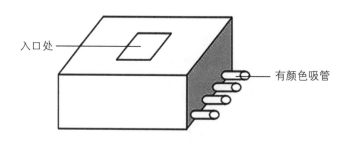

图 2　实验装置：颜色分辨盒

3. 数据统计方法

为了便于统计分析，参照王瑞刚（2009）的方法，把豹蛛对于有果蝇直管和无果蝇直管的选择，用偏爱选择指数（preference selection index，PSI），定义为 $100\,t\,/\,(t_1+t_2)$，即蜘蛛对于一种直管的选择总时间 t 占对 2 种直管选择时间（t_1、t_2）之和的百分比。

同样，通过蜘蛛对于某种颜色吸管的 PSI，定义为 $100\,t_x\,/\,(t_1+t_2+t_3+\cdots\cdots+t_n)$，即狼蛛对于一种颜色的选择总时间 t_x 占对 4 种颜色选择的总时间的百分比，判定蜘蛛的颜色选择情况。最后，对统计的数据采用 EXCEL 制作标准曲线以及用 SPSS16.0 统计软件进行 Duncan 多重比较分析，显著性水平设为 0.05。

二、结果与分析

1. 豹蛛的视觉距离

（1）不同距离的偏爱选择指数（PSI）

果蝇在距离狼蛛 3~7 cm 时，统计并比较测得的豹蛛蛛 PSI 值。结果见图 3。

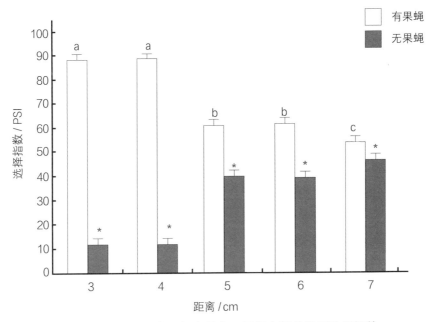

图3　豹蛛对有果蝇直管和无果蝇直管的偏爱选择指数

* 表示组内存在显著差异；不同字母表示组间差异显著性（$P < 0.05$，下同）。

通过组内 PSI 值比较得出，果蝇分别距离豹蛛 3 cm、4 cm、5 cm、6 cm 时，蜘蛛对两侧直管的 PSI 差异显著（$P < 0.05$），蜘蛛的视觉对于这 4 个距离的果蝇都具有敏感性。果蝇距离豹蛛 7 cm 时，蜘蛛对两侧直管的 PSI 差异不明显（$P > 0.05$），蜘蛛的视觉对于该距离的果蝇敏感性不强。

通过本组试验的组间 PSI 值比较得出（如图3），豹蛛对距离 3 cm 与距离 4 cm 的有果蝇方向端的 PSI 差异不明显（$P > 0.05$），说明蜘蛛对于距离 3 cm、4 cm 的果蝇敏感性相近。豹蛛对距离 4 cm 与距离 5 cm 的有果蝇方向端的 PSI 相差 32.00 % ± 1.04 %，差异明显（$P < 0.05$），说明蜘蛛对距离 5 cm 的果蝇比距离 4 cm 的果蝇敏感性明显降低。豹蛛对距离 5 cm 与距离 6 cm 的有果蝇方向端的 PSI 差异不明显（$P > 0.05$），说明蜘蛛对于距离 5 cm、6 cm 的果蝇敏感性相近。豹蛛对距离 6 cm 与距离 7 cm 的有果蝇方向端的 PSI 相差 12.00% ± 1.04%，差异明显（$P < 0.05$），说明蜘蛛对距离 7 cm 的果蝇比距离 6 cm 的果蝇敏感性大幅度下降。

（2）豹蛛偏爱选择指数标准曲线

豹蛛对果蝇的 PSI 值随距离的增加逐渐下降，相反，对无果蝇端的 PSI 值随距离的增加逐渐上升。豹蛛选择停留在有果蝇处的标准曲线为 $y=-9.6770x+118.74$，$R^2=0.8378$；而选择停留在无果蝇处的标准曲线为 $y=9.6750x-18.729$，$R^2=0.8377$。

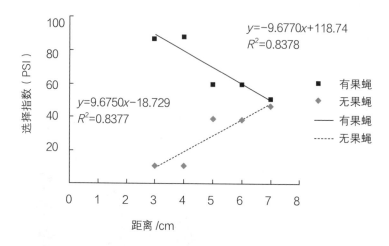

图 4　豹蛛对有果蝇直管和无果蝇直管的偏爱选择指数标准曲线

2. 豹蛛的颜色选择

豹蛛对红色的 PSI 为 $35.40\% \pm 1.60\%$，对绿色的 PSI 为 $36.02\% \pm 1.60\%$，差异不明显（$P > 0.05$），说明其对于红色和绿色的敏感性相近。豹蛛对橙色的 PSI 为 $10.56\% \pm 1.60\%$，对黄色的 PSI 为 $18.01\% \pm 1.60\%$，相差 $41\% \pm 1.60\%$，差异明显（$P < 0.05$）。说明豹蛛对黄色的敏感性明显大于对橙色的敏感性。其次，豹蛛对橙色和黄色的 PSI 与对红色和绿色的 PSI 分别相差 $70.00\% \pm 1.60\%$ 和 $49.00\% \pm 1.60\%$，差异显著（$P < 0.05$），说明狼蛛对红色和绿色的敏感性明显大于对橙色和黄色的敏感性。狼蛛对这 4 种颜色的敏感性从强到弱排序为红色 = 绿色 > 黄色 > 橙色（图 5）。

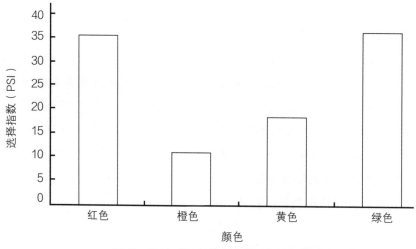

图 5　豹蛛对不同颜色的偏爱选择指数

三、小结与讨论

1. 豹蛛的视觉距离

通过测定豹蛛对不同距离果蝇的选择情况,得出豹蛛对距离3～4 cm的果蝇敏感性良好;对距离5～6 cm的果蝇仍具有敏感性,但是相比距离3～4 cm的果蝇,敏感性出现下降;对距离7 cm的果蝇几乎不具有敏感性。因此,通过测定豹蛛对不同距离果蝇的选择结果,可以认为豹蛛在视觉上可以感知距离,它们对于静止物体的视觉距离大约可达到7 cm。同时也可得出,在7 cm范围内,豹蛛对猎物的视觉敏感性随距离的增大而减弱。

2. 豹蛛对不同波长光色的选择

通过颜色选择实验,在一定程度上反映出豹蛛感光器对不同波长光刺激有敏感性差异。从实验结果看,当豹蛛处于饥饿状态时,选择红光和绿光区域的时间明显多于黄光和橙光区域,因此,可以认为豹蛛对红光(625～740 nm)和绿光(500～565 nm)的敏感性较高或者更偏爱这两种颜色,同时说明豹蛛对不同波长光照敏感性存在差异。豹蛛有昼伏夜出活动觅食的生活习性,而红光是相对最接近黑暗的环境。因此,豹蛛对红光的敏感性是与它的生活习性相一致的。其次,豹蛛对绿光同样具有较高的敏感性,可能与豹蛛生活的环境中多为绿色植物有关。

原载◎动物学杂志 . 2014,49(5):772～777;国家自然科学基金项目(NO.31172107、NO.31372159)资助

正十五烷对狼蛛嗅觉定位猎物的影响

汪波　黄若仪　谭昭君　黄婷　颜亨梅*

摘要：为探明猎物果蝇体表挥发性化合物正十五烷对狼蛛觅食过程中嗅觉定位的影响，采用 Y 型嗅觉仪法进行单因子变量试验，研究狼蛛在不同浓度（10%、20%、40% 和 80%）距离（5 cm、10cm、15 cm 和 20 cm）、温度（17 ℃、23 ℃和 28 ℃）条件下对正十五烷的嗅觉反应。结果显示：浓度为 20% 时狼蛛对正十五烷气味源端的选择指数最高和在该端的停留时间最长，显著高于其他浓度时的选择指数和停留时间（$P < 0.05$）；在距正十五烷气味源端 5 ~ 15 cm 内，狼蛛反应最为灵敏，随着距离的增大（20 cm 以外），嗅觉灵敏度与距离呈显著负相关关系（$P < 0.01$）随着距离的延长，狼蛛在正十五烷气味源端的选择指数和停留时间与距离呈显著负相关关系（$P < 0.01$）；随着温度的上升，狼蛛在正十五烷气味源端的选择指数和停留时间与温度呈显著正相关关系（$P < 0.01$）。可见，狼蛛对目标猎物体表挥发的正十五烷气味有一定的嗅觉反应，且当距离 15 cm 内，温度 22~28 ℃时适宜蜘蛛正确定位猎物。

关键词：狼蛛；正十五烷；嗅觉定位；选择指数；停留时间

本文采用 Y 型嗅觉仪法在视觉屏蔽条件下，研究了狼蛛对其猎物果蝇的挥发性化合物正十二烷（见另文）和正十五烷的嗅觉反应，旨在探明猎物利他素在狼蛛捕食过程中嗅觉定位的作用，为蜘蛛的保护及其在农林害虫生物防治中的应用提供理论依据。

一、材料与方法

1. 试验材料和装置

拟环纹豹蛛（*Pardosa pseudoannulata*）采自广东省珠海北师大校园草丛间，共 12 只，雌雄各半，均为体型大小一致的成熟狼蛛。将狼蛛先饲养 1 周，期间每只狼蛛每天饲喂 3 只果蝇成虫，使其熟悉果蝇体表的挥发性信息素气味，再进行 3 天饥饿处理，便可进行试验。饲养条件和饥饿处理方法参考舒迎花等的方法。

正十五烷，化学式 $CH_3(CH_2)_{13}—CH_3$，常温常压下为无色液体，挥发时为有微弱特殊气味的无色气体，是蜘蛛猎物身上的主要信息素之一。正十五烷不溶于水，溶于乙醇，故本试验使用经 75% 乙醇溶液稀释后的十五烷溶液。Y 型嗅觉仪的 Y 型管两侧臂等长 10 cm，柄长 20 cm，内径 2.5 cm，两臂夹角 90°。Y 型管两臂分别放置不同气味源（无十五烷的乙醇溶液脱脂棉、不同浓度的正十五烷乙醇溶液脱脂棉）。

2. 试验方法

采用动物行为学观察和单因子变量方法，观察并记录在不同浓度、距离、温度条件下，狼蛛在正十五烷气味源端的停留时间。分别对正十五烷浓度、距离、温度 3 个单因子变量进行试验，每个变量的试验均是从 12 只狼蛛中随机抽取 3 只进行，以每只狼蛛为 1 个试验组进行梯度试验，每个梯度重复 10 次，每次 3 min。此外，为避免狼蛛视觉的影响，试验在视觉屏蔽条件下进行。

（1）浓度对狼蛛嗅觉灵敏度的影响试验

设置的变量为正十五烷乙醇溶液浓度，分别是 10%、20%、40%、80%，控制的定量为室温 23 ℃、气味源与狼蛛距离 5 cm。详细方法参考汪波等（2014）的研究。

（2）距离对狼蛛嗅觉灵敏度的影响试验

设置的变量为气味源与狼蛛间距离，分别是 5 cm、10 cm、15 cm、20 cm，控制的定量为室温 23 ℃、正十五烷乙醇溶液浓度为 20%。

（3）温度对狼蛛嗅觉灵敏度的影响试验

设置的变量为环境温度。由于狼蛛的活动对温度有一定要求，最适温度为 20~30 ℃，过低的温度（15 ℃以下）及过高的温度（30 ℃以上）都会对其嗅觉等生物学特性造成影响，因此温度设置为 17 ℃、23 ℃、28 ℃。控制的定量为气味源与狼蛛距离 5 cm，正十五烷乙醇溶液浓度为 20%。此外，试验前将狼蛛置于试验温度条件下 20 min，使其适应环境温度。

3. 数据记录与处理

观察并记录狼蛛在每次试验时间内（180 s）对不同气味源端的选择结果和停留时间。试验开始后，当狼蛛开始反应并产生位移时开始计时，狼蛛停留在柄管处的时间不计在内。最后统计选择指数和停留时间，数据记录与统计分析参考王瑞刚（2009）的方法。

二、结果与分析

1. 正十五烷浓度对狼蛛嗅觉灵敏度的影响

试验结果（表 1）显示，当正十五烷浓度在 40% 以内时，狼蛛都能正确选择有正十五烷气味源端，且在有正十五烷气味源端的停留时间比较长，均大于 90 s，超过总观察时间的一半，其选择指数和端停留时间均显著大于无正十五烷气味源端（$P < 0.05$）；当浓度达 80% 时，狼蛛对有正十五烷气味源端的选择指数及在该端的停留时间均显著低于无正十五烷气味源端（$P < 0.05$）。说明供试狼蛛对高浓度（80%）的正十五烷不敏感，故未能依靠嗅觉正确定位；20% 正十五烷气味对狼蛛正确定位的导向作用最为明

显，其选择指数最高，停留时间最长（$P < 0.05$）；当浓度低于 20% 或者高于 20% 时，狼蛛对各梯度浓度十五烷气味源端的选择指数显著下降（$P < 0.05$），停留时间逐渐变短，其嗅觉灵敏度逐渐降低，各梯度浓度之间差异显著（$P < 0.05$）。

表 1　不同正十五烷浓度下狼蛛对气味源端的选择指数和停留时间

正十五烷浓度 /%	选择指数 /%		停留时间 /s	
	有正十五烷气味源	无正十五烷气味源	有正十五烷气味源	无正十五烷气味源
10	56.95 ± 4.03*	43.05 ± 4.03	102.50 ± 7.26*	77.50 ± 7.26
20	65.93 ± 1.12*	34.07 ± 1.12	118.67 ± 2.02*	61.33 ± 2.02
40	55.37 ± 1.40*	44.63 ± 1.40	99.67 ± 2.52*	82.00 ± 5.29
80	48.33 ± 1.27*	51.67 ± 1.27	87.00 ± 2.29*	93.00 ± 2.29

* 表示同一正十五烷浓度同一测定指标有、无气味源之间差异达 0.05 显著水平（下同）。

2. 距离对狼蛛嗅觉灵敏度的影响

当狼蛛与气味源间距离 15 cm 以内时，狼蛛均能正确选择有正十五烷气味源端，在有正十五烷气味源端的停留时间较长，均大于 90 s，超过总观察时间的一半，其选择指数和停留时间均显著大于无正十五烷气味源端（$P < 0.05$）；当狼蛛与气味源间距离达 20 cm 时，狼蛛对两端的选择指数和停留时间均无显著差异（$P > 0.05$），选择具有随机性，未能依靠嗅觉正确定位（表 2）。狼蛛正确选择的指数在距离为 5 cm 时最高，随着狼蛛与气味源之间距离的延长，狼蛛对各梯度距离的正十五烷气味源端的选择指数显著下降，在有正十五烷气味源端的停留时间逐渐变短（$P < 0.05$），其嗅觉灵敏度逐渐降低，各梯度距离间差异显著（$P < 0.05$）。回归分析结果显示，狼蛛对有正十五烷气味源端的选择指数和在有正十五烷气味源端的停留时间均与狼蛛和气味源间的距离呈极显著负相关关系（$P < 0.01$），R^2=0.992。

表 2　不同距离下狼蛛对气味源端的选择指数和停留时间

距离 / cm	选择指数 / %		停留时间 / s	
	有正十五烷气味源	无正十五烷气味源	有正十五烷气味源	无正十五烷气味源
5	68.24 ± 0.58*	31.76 ± 0.58	122.83 ± 1.04*	57.17 ± 1.04
10	63.24 ± 3.90*	36.76 ± 3.90	113.83 ± 7.02*	66.17 ± 7.02
15	55.56 ± 1.95*	44.44 ± 1.95	100.00 ± 3.50*	80.00 ± 3.50
20	48.15 ± 1.85	51.85 ± 1.85	86.67 ± 3.33	93.33 ± 3.32

3. 温度对狼蛛嗅觉灵敏度影响

当温度在 23 ~ 28 ℃时，狼蛛均能正确选择有正十五烷气味源端，在有正十五烷气味源端的停留时间较长，均大于 90 s，超过总观察时间的一半，其选择指数和停留时间均显著大于无正十五烷气味源端（$P < 0.05$）；当温度降低到 17 ℃时，狼蛛对两端的选择指数及在两端的停留时间都无显著差异（$P > 0.05$），选择具有随机性，未能依靠嗅觉正确定位（表3）。狼蛛正确选择的指数在温度为28 ℃时最高，随着温度的降低，狼蛛对各梯度温度下正十五烷气味源端的选择指数显著下降，在有十五烷气味源端的停留时间逐渐变短（$P < 0.05$），其嗅觉灵敏度逐渐降低。回归分析结果显示，狼蛛对有正十五烷气味源端的选择指数及在有十五烷气味源端的停留时间均与温度呈极显著正相关关系（$P < 0.01$），R^2=0.931。

表3　不同温度下狼蛛对气味源端的选择指数和停留时间

温度 /℃	选择指数 / %		停留时间 / s	
	有正十五烷气味源	无正十五烷气味源	有正十五烷气味源	无正十五烷气味源
17	47.96 ± 2.33	52.04 ± 2.33	86.33 ± 4.19	93.67 ± 4.19
23	65.93 ± 2.23*	34.07 ± 2.23	118.67 ± 4.01	61.33 ± 4.01
28	72.41 ± 1.97*	27.59 ± 1.97	130.33 ± 3.55*	49.67 ± 3.55

三、小结与讨论

在屏蔽视觉的情况下，狼蛛能分辨出适当浓度、距离、温度条件下的正十五烷气味，正确选择定位猎物，且对2种气味源端的选择指数存在显著差异（$P < 0.05$），说明正十五烷气味对狼蛛觅食过程中的嗅觉定位具有一定的引导作用。王国昌等在研究茶叶挥发物对鞍形花蟹蛛觅食行为的影响时也发现挥发性化合物能引导鞍形花蟹蛛的嗅觉定位。赵冬香等的研究结果也表明挥发性化合物对白斑猎蛛具有明显的引诱活性。与舒迎花等关于拟环纹豹蛛对白背飞虱的嗅觉反应试验结论相符。结果证实了嗅觉在狼蛛觅食定位过程中起着很关键的作用，狼蛛可感受并利用猎物的挥发性化学信息素寻觅和正确定位猎物。本研究发现，同是正十五烷气味，在不同浓度、距离、温度条件下，狼蛛对其反应灵敏度有差异。当浓度为20%时狼蛛对正十五烷气味的反应最为灵敏，低于或者高于此适宜浓度时，其嗅觉灵敏度均显著下降（$P < 0.05$），甚至出现负趋性，可见狼蛛嗅觉灵敏度与挥发性化合物浓度不是呈简单相关关系。存在拐点的原因可能是浓度太低时挥发物无法完全传达至狼蛛的嗅觉感受器，从而不能引起较大的嗅觉反应；浓度太高又容易扩散到无正十五烷端，干扰狼蛛判断气味源方向，难以作出正确选择，这与前人的研究结果有类似之处。距离和温度也是影响狼蛛对挥发性化合物的嗅觉灵敏度的重要因素。在距正十五烷气味源端5~15 cm时，狼蛛反应最为灵敏，随着距离的增大（20 cm以外），嗅觉灵敏度与距离呈显著负相关关系（$P < 0.01$），李建光和苏荣的研究试验也有相似结果。17℃时狼蛛反应迟缓，在不同气味源端的选择指数和停留时间无显著差异（$P > 0.05$），随着温度的上升嗅觉灵敏度与温度呈显著正相关关系（$P < 0.01$）。狼蛛依靠嗅觉感受机制进行猎物定位时对温度有一定要求，这是由于正十五烷在温度较低时挥发性相对较弱，或者是狼蛛在低温时自身活动能力减弱，反应迟钝所致。

Effects of n-Pentadecane on olfactory location of prey in wolf spiders

Wang Bo，Huang Ruo -yi，Tan Zhao-jun，Huang Ting，Yan Heng-mei*

Abstract: in order to investigate the effect of pentadecane on the olfactory localization of wolf spiders during foraging, Y-type olfactometer was used to study the olfactory response of wolf spiders to pentadecane at different concentrations (10%, 20%, 40% and 80%), distances (5 cm, 10 cm, 15 cm and 20 cm) and temperatures (17 ℃ , 23 ℃ and 28 ℃). The results showed that when the concentration was 20%, the selection index and residence time of n-Pentadecane were the highest, which were significantly higher than those of other concentrations ($P < 0.05$); Within 5~15 cm from the n-Pentadecane odor source, wolf spiders was the most sensitive. With the increase of the distance (beyond 20 cm), the olfactory sensitivity was negatively correlated with the distance ($P < 0.01$). With the extension of the distance, the selection index and residence time of the spiders at the n-Pentadecane odor source were negatively correlated with the distance ($P < 0.01$). With the increase of wolf spiders, the selection index and residence time of tarantula in n-Pentadecane odor source were positively correlated with temperature ($P < 0.01$). It can be seen that the spiders have a certain olfactory response to n-Pentadecane volatilized from the surface of target prey, and it can help spiders locate their prey correctly when the distance is within 15 cm and the temperature is 22~28℃ .

Key words: wolf spider；n-pentadecane；olfactory orientation；selection index；residence time

原载◎江苏农业学报，2015，31（3）：537-542；国家自然科学基金项目（No.31172107）资助

不同环境因素对拟环纹豹蛛捕食猎物效率的影响

钟文涛　谭昭君　汪波　颜亨梅 *

摘要： 环境因素直接影响蜘蛛的捕食效率。本文通过采用单因素分析法和三水平三因素正交实验法，从光照强度、光照颜色、环境温度 3 个宏观角度对影响拟环纹豹蛛捕食效率的环境因素进行了分析。研究结果显示，拟环纹豹蛛捕食在环境因素组合为光照强度 15 lx、环境颜色绿色、环境温度 27 ℃时，捕食效率最高。

关键词： 生物防治；拟环纹豹蛛；光照强度；环境颜色；环境温度

本文采用单因素分析法和三水平三因素正交实验法，以光照强度、光照颜色、环境温度 3 个宏观因子为考察对象，对影响中国南方稻田主要优势种——拟环纹豹蛛（*P. pseudoannulata*）捕食效率的环境因素进行了分析，以期在生产实践中采取相应措施，优化温度、光照等环境因子，提高蜘蛛控虫效率，减少农作物食品安全风险，从而达到保护环境和人民健康的目的。

一、材料与方法

1. 材料

拟环纹豹蛛、褐飞虱（*Nilaparvata lugens*）均采自湖南省农业科学院实验稻田。所有拟环纹豹蛛经饥饿处理 1 周时间，仅提供饮用水。

2. 实验设计

（1）光照强度的选择

用 75% 的乙醇对 200 mL 干净的锥形瓶、试管、镊子等实验器皿和工具进行消毒，随机选取 3 头拟环纹豹蛛通过试管引入不同的锥形瓶中，将 12 头褐飞虱分别放进锥形瓶中，瓶内放置一块湿润的脱脂棉，并用纱布包住瓶口。在自然光照颜色与室温固定时，分别调节光照强度至 10 lx、15 lx、20 lx、25 lx、30 lx 时进行实验，观察 8 h 后拟环纹豹蛛捕食褐飞虱的数量。重复 3 次，计算捕食率，判断拟环纹豹蛛在不同光照强度下捕获猎物的效率，从中优选出 3 种光照强度进行下一步的正交实验。

（2）光照颜色的选择

以实验（1）中的最佳光照强度为此实验的光照强度，在室温条件下，分别改变光照颜色为红色、绿色、白色、黑色、蓝色进行实验，观察光照强度和温度一定时，不同环颜色下拟环纹豹蛛 8 h 捕食褐飞虱的数量。重复 3 次，计算捕食率，以检测拟环纹豹蛛在不同光照颜色下对猎物的捕获效率，从中优选出 3 种光照环境颜色进行下一步的正交实验。

（3）环境温度的选择

以实验（1）和实验（2）的最佳光照强度和环境颜色进行实验，分别改变环境温度为 21℃、23℃、25℃、27℃、29℃进行实验，观察光照强度和颜色一定时，不同环境温度下拟环纹豹蛛 8 h 捕食褐飞虱的数量。重复 3 次，计算捕食率，以检测拟环纹豹蛛在不同环境温度下对猎物的捕获效率，从中优选出 3 个梯度环境温度进行下一步的正交实验。

（4）正交实验

根据上述实验的结果，采用三因素三水平正交实验法，观察不同光照强度、光照颜色和环境温度组合对拟环纹豹蛛捕食效率的影响，实验设计的因素水平见表 1，实验方案见表 2；以蜘蛛对猎物的捕获率作为评价指标，并依次记录实验结果。每组实验重复 3 次，依据结果进行正交设计的极差分析，以确定拟环纹豹蛛捕食猎物的最佳环境因素组合。

表 1 正交实验因素水平

Factor Level	A Illumination intensity/lx	B Illumination color	C Temperature/℃
1	10	Red	23
2	15	Green	25
3	20	Black	27

表 2 正交实验设计方案

Factor Serial number	A Illumination intensity/lx	B Illumination color	C Temperature/℃	Protocol
1	1	1	1	A1B1C1
2	1	2	2	A1B2C2
3	1	3	3	A1B3C3
4	2	1	2	A2B1C2
5	2	2	3	A2B2C3
6	2	3	1	A2B3C1
7	3	1	3	A3B1C3
8	3	2	1	A3B2C1
9	3	3	2	A3B3C2

（5）统计学分析

蜘蛛捕食率结果通过 SPSS 19.0 统计学软件进行分析，所有数据用平均值 ± 标准差（$\bar{x} \pm s$）表示，组间两两比较采用 LSD 法进行单因素方差分析（方差齐性检验显著性水平为默认值 0.05），显著性水平均为 $P < 0.05$。

二、结果与分析

1. 不同光照强度对拟环纹豹蛛捕食猎物的影响

不同光照条件下拟环纹豹蛛捕食效率的结果见表3。

表 3　不同光照强度下拟环纹豹蛛的捕食率 /%（$\bar{x} \pm s, n=3$）

Illumination intensity / Group	10 lx	15 lx	20 lx	25 lx	30 lx
1	58.3	41.7	33.3	33.3	41.7
2	41.7	50.0	58.3	41.7	33.3
3	58.3	58.3	50.0	33.3	33.3
Average predation rate /%	52.8 ± 9.6[a]	50.0 ± 8.3[ab]	47.2 ± 12.7[ab]	36.1 ± 4.8[b]	36.1 ± 4.8[b]

注：不同字母表示统计有显著性差异（下同）

实验结果（表3）表明：拟环纹豹蛛捕食猎物喜欢选择光线较暗的环境条件，当光照强度由 10 lx 增加到 30 lx 时，拟环纹豹蛛的平均捕食率呈现明显下降趋势；光照强度 10 lx 下，多数供试蜘蛛捕食率高达 52.8%，但是当照强度增加到 30 lx 时，其捕食率只有 36.1%。由此可见，强光照环境对拟环纹豹蛛捕食猎物有抑制作用。根据统计学结果，文中选择 3 种较暗的光照强度作为后续正交实验的因素之一。

2. 不同光照（环境）颜色对拟环纹豹蛛捕食猎物的影响

按照（2）实验方法考察不同环境颜色对拟环纹豹蛛捕食效率的影响，同时选取 2.1 结果中相对最优的光照强度 10 lx 作为本次实验的光照强度，实验结果如表4所示。

表 4　不同光照颜色下拟环纹豹蛛的捕食率 /%（$\bar{x} \pm s, n=3$）

Emitting color / Group	Red	Green	White	Black	Blue
1	58.3	41.7	25.0	33.3	33.3
2	50.0	50.0	33.3	41.7	33.3
3	50.0	58.3	16.7	41.7	33.3
Average predation rate / %	52.8 ± 4.8[a]	50.0 ± 8.3[a]	25.0 ± 8.3[c]	38.8 ± 4.8b	33.3 ± 0.0[bc]

从表4可以看出，光照（环境）颜色改变时，拟环纹豹蛛的平均捕食率有较明显的差异：当环境颜色为红色或绿色时，蜘蛛捕食率可高达 58.3%；其次为黑色，可高达 41.7%。统计学结果显示，拟环纹豹蛛在上述 3 种环境颜色中，表现出相对较高的捕食效率，说明环境颜色能够影响蜘蛛的捕食行为。

3. 不同环境温度对拟环纹豹蛛捕食猎物的影响

同样，按照（3）实验方法考察不同环境温度对拟环纹豹蛛捕食效率的影响，并依照上述两个实验结果选择光照强度 10 lx、光照（环境）颜色红色作为本次实验的其他两环境因素，得到的结果如表 5 所示。

表 5 不同环境温度下拟环纹豹蛛的捕食率 /%（$\bar{x} \pm s, n = 3$）

Environmental temperature / Group	21 ℃	23 ℃	25 ℃	27 ℃	29 ℃
1	33.3	41.7	50.0	41.7	33.3
2	16.7	41.7	50.0	50.0	41.7
3	25.0	33.3	33.3	58.3	33.3
Average predation rate /%	25.0 ± 8.3[b]	38.8 ± 4.8[ab]	44.4 ± 9.6[ab]	50.0 ± 8.3[a]	36.1 ± 4.8[b]

从实验结果（表 5）可知，环境温度对拟环纹豹蛛的捕食行为和猎物的捕获率有较明显的影响：过高或过低的环境温度都能够降低蜘蛛对猎物的捕获率。在本实验条件下，当光照（环境）颜色为红色、光照强度为 10 lx 时，27 ℃环境温度下蜘蛛捕食率可高达 58.3%，其次为 25 ℃（捕获率 44.4%）和 23 ℃（捕获率 38.8%）。根据统计学结果，文中选择上述 3 种温度作为后续正交实验的环境因素之一。

从单因素分析的统计学结果来看，在光照强度为 10 lx、光照颜色为红色、温度为 27 ℃这 3 个条件下，拟环纹豹蛛的捕食行为最活跃，成功捕食率最高。在生产实践中，可以认为调节上述 3 种环境因素，将其作为"保护蜘蛛控制害虫"的有利环境条件。

4. 拟环纹豹蛛捕食褐飞虱的最佳环境因子组合

根据本实验 $L_9（3^3）$ 正交实验方案完成的实验结果如表 6 所示。

表 6 正交实验方案及实验结果分析（$\bar{x} \pm s, n = 3$）

Group	A Illumination Intensity/lx	B Emitting color	C Environmental temperature/℃	Protocol	Predation rate/%
1	10	Red	23	A1B1C1	47.2 ± 9.6[b]
2	10	Green	25	A1B2C2	47.2 ± 4.8[b]
3	10	Black	27	A1B3C3	50.0 ± 0.0[b]
4	15	Red	25	A2B1C2	58.3 ± 8.3[b]
5	15	Green	27	A2B2C3	75.0 ± 0.0[a]
6	15	Black	23	A2B3C1	33.3 ± 14.4[c]
7	20	Red	27	A3B1C3	66.7 ± 8.3[ab]
8	20	Green	23	A3B2C1	47.2 ± 4.8[b]
9	20	Black	25	A3B3C2	16.7 ± 0.0[d]
K1	144.4	172.2	127.7		
K2	166.6	169.4	122.2		
K3	130.6	100.0	191.7		

Group	A Illumination Intensity/lx	B Emitting color	C Environmental temperature/℃	Protocol	Predation rate/%
k1	48.1	57.4	42.6		
k2	55.5	56.5	40.7		
k3	43.5	33.3	63.9		
R	12.0	24.1	28.6		

由表 6 可知，极差 R 最大的一项是 C 项，即环境温度。因此，对实验结果影响最大的一项是 C 环境温度，其次是 B 光照颜色，最后是 A 光照强度。本实验中是根据捕食率的大小来判断优势方案的组合，因此，捕食率最高的一项表示最优组合，即 A2 B2 C3 组合。

从以上分析可知，在本实验条件下，对拟环纹豹蛛捕食最有利的环境因素组合为 15 lx、绿色、27 ℃。此外，显著性分析结果显示，与上述最优组合方案的捕食率进行比较，拟环纹豹蛛在 A3 B1 C3 的环境因素组合方案条件下也具有较高的捕食率。

三、小结与讨论

本研究采用控制变量的单因素分析法，对不同光照强度、光照颜色、环境温度下拟环纹豹蛛的捕食效率进行了考察，结果表明拟环纹豹蛛的捕食行为和捕食率与其所处的微环境因子密切相关。在单因子实验条件下，光照强度为 10 lx，光照颜色为红色，环境温度为 27 ℃时，拟环纹豹蛛的捕食率最高。但是 $L_9(3^3)$ 的正交实验结果显示，环境温度对拟环纹豹蛛捕食率的影响最大，且在光照强度 15 lx、光照颜色绿色、环境温度 27 ℃这一特定环境条件下，拟环纹豹蛛的捕食行为最活跃，这与单因素分析法结果有些出入，说明拟环纹豹蛛的捕食习性受多种环境因素的综合影响。由此可见，拟环纹豹蛛与环境因子相适应，同时与猎物间建立信息联系而形成的捕食行为，体现了捕食者与其猎物、生存环境不断的磨合结果的自然选择。在生产实践中，我们可以认为调节上述 3 种环境因素，将其作为"保蛛控虫"的有利环境因子。研究结果对减少环境农药用量、增产增收、保护生态环境、保证食品安全和人类健康均有重要意义，并为农业部门制定相应措施提供了科学信息。

Prey Efficiency of *Pardosa pseudoannulata* in Different Environmental Conditions

ZHONG Wen-tao，TAN Zhao-jun，WANG Bo，YAN Heng-mei *

Abstract: Predatory relationship is used to control pests in farmland and is considered benefit to environment protection and food safety. Spiders are preponderant predators in agroecological system and their predations are directly affected by environmental factors. Single factor analysis and L_9 (3^3) orthogonal test were used to analyze the prey efficiency of *P. pseudoannulata*. The investigative factors included illumination intensity，illumination colour and environmental temperature. It was demonstrated that *P. pseudoannulata* would have best prey efficiency under environmental conditions with 15 lx illumination intensity， green colour and 27 ℃ .

Key words:bio-control；*P. pseudoannulata*；illumination intensity；illumination colour；environmental temperature

原载◎ Life Science Research，2017，21（5）；国家自然科学基金项目（No.31372159）资助

Next-Generation Sequencing Analysis of *Pardosa pseudoannulata's* Diet Composition in Different Habitats

（基于二代测序技术的拟环纹豹蛛的猎物谱分析）

Wentao Zhong   Zhaojun Tan   Bo Wang   Hengmei Yan*

摘要： 采用二代测序的方法对湿地、茶园、高山草甸、稻田等自然生境中拟环纹豹蛛的天然食谱和食量进行了分析。结果表明，在调查样区拟环纹豹蛛以捕食鞘翅目和双翅目昆虫为主，猎物谱极广，四种生境中共检测出昆虫纲的7个目、24个科。同时，发现蜘蛛所生存的环境、季节对其食物多样性的影响极大：生境的差异决定了蜘蛛食谱的多样性，蜘蛛猎物食谱丰富度总的趋势为：中低海拔生境＞高海拔生境；生物群落多样性高的生境＞群落单一生境；未使用农药的生境＞使用过农药的生境；湿地＞旱地；农作物生长中后期＞收割、换茬期。本研究在蜘蛛领域中，利用其消化道的吸胃内可短期（2 h）贮存猎物组织液、保留了猎物DNA信息的生物学特征，首次应用DNA条形码、二代测序和数字PCR技术等前沿分子生物学手段，从微观角度成功列出了不同生境下拟环纹豹蛛的食谱清单；建立了计算食量的数学模型（另文），对传统方法无法全方位检测蜘蛛食谱和精准捕食量的难题是一突破。理论上丰富了蜘蛛学内涵；生产实践上，为农田生态系统制定IPM策略提供了新的实用数据；为保蛛控虫提供了新的理论依据和科学信息，对减少农药用量，保护生态环境与人类健康有重要意义。

关键词： 二代测序；摄食方法；拟环纹豹蛛；猎物谱

Spiders are omnivorous predators, and their predation affects the energy flow of food web in the whole ecosystem. However, due to the spider's special way of predation, the traditional methods such as field observation, anatomy, intestinal or fecal content analysis are not suitable for spider's food habit analysis. The molecular biology method based on the specific primers of prey DNA is inefficient, that is, only a few species of prey can be detected each time, and the complete prey spectrum cannot be seen. The emergence of the Next-Generation sequencing technology provides a good solution to this problem. Based on the Next-Generation sequencing method, the differences of prey spectrum of *Pardosa pseudoannulata* in different habitats (such as wetland, tea garden, alpine meadow, rice field) were analyzed. The results showed that the prey spectrum of *P. pseudoannulata* was very wide. A total of 24 families and 7 orders of Insecta were detected in the four habitats. The environment and season had great influence on the food diversity of *P. pseudoannulata*. In this paper, the analysis method of the prey spectrum of *P. pseudoannulata* based on the Next-Generation sequencing was described.

I. Materials and Methods

1. Sample collection

A total number of 150 *P. pseudoannulata* were collected with clean 50 mL centrifuge tubes between June to September 2014 (Table 1). In order to prevent the further digestion of the prey, the samples were immediately frozen in ice boxes, taken back to the laboratory and stored at −80℃.

Table 1　Collecti on of *Pardosa pseudoannulata* from four different habitats

Sampling location	Sampling time	Sample size	Habitat	Longitude and latitude
Jindian mountain	2014.9	60	Wetland	102° 47'E, 25° 5'N
Gaoligong mountain	2014.7	30	Tea plantation	98° 49'E, 25° 59'N
Middle reaches of N'Mai River	2014.7	30	Alpine meadow	98° 21'E, 27° 54'N
Paddy field of Hunan Academy of Agricultural Sciences	2014.6	30	Paddy field	113° 5'E, 28° 11'N

2. Prime design

Mitochondrial cytochrome oxidase subunit I (*COI*) has been generally recognized as a standard "taxon barcode" for most animal groups, and has a wide application (Hebert et al., 2003, Meyer, 2015, HOAREAU and BOISSIN, 2010). The hypervariable region across the *COI* gene can categorize incognizable animal samples into different taxa by sequencing and comparing the results with reference databases that contain millions of species gene information. However, the amplification products of classical versatile primers (LCO1490 and HCO2198) have a length of 658 bp, which is likely to cause degradation or breakage (Jo et al., 2016, Huber et al., 2009). In addition, the longer the distance between forward and reverse primers, the better the required integrity of the prey target gene sequence and the lower the identification efficiency. Therefore, ideal primers used for diet analysis should have high classification coverage and resolution, and the target DNA fragments should to be short (Casiraghi et al., 2010). In order to increase the efficiency and accuracy of the taxon detection and identification, we modified metabarcoding primer sequences proposed by Matthieu Leray (Leray et al., 2013) to enhance the adaptability of the degenerate bases (Table 2).

Table 2　Prime sequences for NGS based on *COI*

PCR round	Group	Primer sequences（5'–3'）
First PCR	Wetland	F-primer：CCTAAACTACGGGGTCAACAAATCATAAAGATATTGG
		R-primer：CCTAAACTACGGGGNGGRTANANNGTYCANCCNGYNCC
	Tea plantation	F-primer：GTGGTATGGGAGTGGTCAACAAATCATAAAGATATTGG
		R-primer：GTGGTATGGGAGTGGNGGRTANANNGTYCANCCNGYNCC
	Alpine meadow	F-primer：TGTTGCGTTTCTGTGGTCAACAAATCATAAAGATATTGG
		R-primer：TGTTGCGTTTCTGTGGNGGRTANANNGTYCANCCNGYNCC
	Paddy field	F-primer：GTTACGTGGTTGATGAGGTCAACAAATCATAAAGATATTGG
		R-primer：GTTACGTGGTTGATGAGGNGGRTANANNGTYCANCCNGYNCC
Second PCR	Wetland	F-primer：CAAGCAGAAGACGGCATACGAGATGTGACTGGAGTTCAGACG TGTGCTCTTCCGATCTCCTAAACTACGG
		R-primer：AATGATACGGCGACCACCGAGATCTACACTCTTTCCCTACAC GACGCTCTTCCGATCTCCTAAACTACGG
	Tea plantation	F-primer：CAAGCAGAAGACGGCATACGAGATGTGACTGGAGTTCAGACG TGTGCTCTTCCGATCTGTGGTATGGGAGT
		R-primer：AATGATACGGCGACCACCGAGATCTACACTCTTTCCCTACAC GACGCTCTTCCGATCTGTGGTATGGGAGT
	Alpine meadow	F-primer：CAAGCAGAAGACGGCATACGAGATGTGACTGGAGTTCAGACG TGTGCTCTTCCGATCTTGTTGCGTTTCTGT
		R-primer：AATGATACGGCGACCACCGAGATCTACACTCTTTCCCTACAC GACGCTCTTCCGATCTTGTTGCGTTTCTGT
	Paddy field	F-primer：CAAGCAGAAGACGGCATACGAGATGTGACTGGAGTTCAGACG TGTGCTCTTCCGATCTGTTACGTGGTTGATGA
		R-primer：AATGATACGGCGACCACCGAGATCTACACTCTTTCCCTACAC GACGCTCTTCCGATCTGTTACGTGGTTGATGA

Note: The box sequence is the index sequence, the underline sequence is the Linker sequence.

3. DNA extraction and library preparation

The gut contents of all sample spiders were taken，mixed and homogenized by groups. All the samples were digested with 360 μL of ATL Buffer（Qiagen）and 40 μL of Protease （Takara）overnight. The DNA extraction was performed according to the kit instruction （DNeasy Blood & Tissue Kit，Qiagen）, and ultrapure water was used to substitute for the sample DNA as a negative control throughout the extraction process. The concentration and quality of the extracted DNA were tested with Nanodrop spectrophotometers（Thermo Scientific）.

Library preparation consisted of two PCR steps. The first round of PCR was performed in a final volume of 20 μL. Each tube contained:13.0 μL of H$_2$O，2 μL of 10×PCR Buffer，1.6

μL of dNTP（10 mmol/L）, 0.1 μL of Ex Taq enzyme（Takara）, 0.4 μL of each primer （10 μmol/L）, 1 μL of bovine albumin serum（Roche Diagnostic）and 1.5 μL of the sample DNA. The PCR protocol was comprised of an initial step of 4 min at 94 ℃, followed by 35 cycles of 45 s at 94 ℃, 45 s at 50 ℃, 90 s at 72 ℃, and a final cycle of 10 min at 72℃. Each library was repetitively amplified for three times.

The PCR products of the first round of amplification were mixed and subject to the second round of PCR, which was also performed in a final volume of 20 μL. The amplified protocol and program of the second round of PCR was consistent with those of the first round of PCR, except that 1.5 μL of the preceding PCR products were used as DNA templates, 0.4 μL of the second-round primes（10 μmol/L）were added to replace the previous primers. Each library was repetitively amplified for three times. About 60 μL of the final product was mixed, electrophoresed by 2% agarose, and about 500 bp DNA bands were purified and recovered using QIA quick Gel Extraction Kit（Qiagen）.

4. DNA sequencing

The purified PCR products were sent to the Kunming Institute of Zoology, Chinese Academy of Sciences（CAS）for sequencing. The sequence dates were carried out on the Illumina Miseq platform, the Paired-end method was used and the target fragment size was 319 bp.

II. Results

1. Sequencing data analysis

As more and more amplicon sequencing studies were published, it was found that slight contamination in the sequencing process was unavoidable, therefore sequences with reads below a certain threshold should be excluded in the final data analysis （Deagle et al., 2009, Binladen et al., 2007）. In this study, sequences with reads below 10 were excluded from the final results. After removing remove chimeras with Uchime, we obtained a total of 14 262 valid reads after eliminating the predator and problematic sequences. Sequences whose similarity is greater than 97% were defined as an Operational taxonomic units（OTU）, and a total of 63 OTUs were clustered. The exact information of species was searched adopting the Statistical Assignment Package（SAP）（Munch et al., 2008）approach in GenBank.

2. Diet analysis of *P. pseudoannulata*

Due to the absence of comprehensive gene information from public databases, it is challenging to identify more accurate classification based on the sequencing results. In this study, 7 out of 63 OTUs were identified to Insects only and the remaining 56 were identified to order, of which 40 were identified to family, 25 to genus, and only 15 to species (Table 3). The results showed that the predation efficiency of the spider on *Coleoptera* and *Diptera* was 52% and 28% respectively, significantly higher than that of other insects. This could be resulted from higher sensitivities of ocelli to the change of ambient light, and highly mobile insects (*Coleoptera* and *Diptera*) that would cause more detectable light changes around the spider were more likely to be preyed on. This could also be attributed to the long-term evolution of the predatory behavior of spiders, which resulted in the predatory preference in a certain ecological environment.

Table 3　List of diet items (OTUs) sequenced from gut contents of *P. pseudoannulata*

OTUs	order	Ident	family	Ident	genus	Ident	species	Ident
OTU 133	Coleoptera	100%	Coccinellidae	100%	*Azoria*	100%	*Azoria bayeri*	100%
OTU 420	Coleoptera	100%	Carabidae	100%	*Bembidion*	96%	*Bembidion parviceps*	84%
OTU 421	Coleoptera	97%	Carabidae	97%	*Bembidion*	95%	*Bembidion salinarium*	95%
OTU 322	Coleoptera	98%	Throscidae	98%	*Pactopus*	98%	*Pactopus hornii*	98%
OTU 2230	Coleoptera	100%	Melandryidae	86%	*Rushia*	83%	*Rushia parreyssi*	83%
OTU 192	Coleoptera	95%	Carabidae	95%	*Bembidion*	92%		
OTU 925	Coleoptera	100%	Curculionidae	100%	*Curculio*	100%		
OTU 215	Coleoptera	100%	Chrysomelidae	100%	*Gonioctena*	94%		
OTU 898	Coleoptera	100%	Curculionidae	100%	*Scolytoplatypus*	100%		
OTU 946	Coleoptera	100%	Cleridae	100%	*Stigmatium*	82%		
OTU 433	Coleoptera	100%	Throscidae	100%	*Trixagus*	100%		
OTU 246	Coleoptera	100%	Chrysomelidae	100%				
OTU 251	Coleoptera	100%	Chrysomelidae	100%				
OTU 4105	Coleoptera	100%	Chrysomelidae	100%				
OTU 422	Coleoptera	100%	Coccinellidae	100%				
OTU 741	Coleoptera	100%	Oedemeridae	100%				
OTU 20	Coleoptera	100%	Scarabaeidae	100%				
OTU 398	Coleoptera	100%	Scarabaeidae	100%				
OTU 78	Coleoptera	100%	Scarabaeidae	100%				
OTU 110	Coleoptera	100%						
OTU 112	Coleoptera	100%						
OTU 115	Coleoptera	100%						
OTU 3565	Coleoptera	100%						
OTU 37	Coleoptera	100%						

（续表）

OTUs	order	Ident	family	Ident	genus	Ident	species	Ident
OTU 3842	Coleoptera	89%						
OTU 390	Coleoptera	95%						
OTU 4351	Coleoptera	100%						
OTU 694	Coleoptera	96%						
OTU 88	Coleoptera	100%						
OTU 1203	Diptera	100%	Tachinidae	99%	*Chrysoexorista*	99%	*Chrysoexorista dawsoni*	99%
OTU 419	Diptera	100%	Stratiomyidae	100%	*Hermetia*	100%	*Hermetia illucens*	100%
OTU 294	Diptera	100%	Mycetophilidae	100%	*Mycomya*	100%	*Mycomya circumdata*	100%
OTU 2746	Diptera	100%	Stratiomyidae	100%	*Odontomyia*	100%	*Odontomyia garatas*	100%
OTU 4895	Diptera	100%	Dolichopodidae	99%	*Dolichopus*	98%		
OTU 375	Diptera	100%	Mycetophilidae	100%	*Exechia*	86%		
OTU 2172	Diptera	100%	Phoridae	99%	*Megaselia*	99%		
OTU 4777	Diptera	100%	Phoridae	98%	*Megaselia*	98%		
OTU 2219	Diptera	100%	Chironomidae	100%				
OTU 54	Diptera	92%	Chironomidae	89%				
OTU 2254	Diptera	100%	Dolichopodidae	100%				
OTU 4635	Diptera	100%	Sciaridae	100%				
OTU 1925	Diptera	96%						
OTU 3672	Diptera	100%						
OTU 4683	Diptera	82%						
OTU 326	Hemiptera	100%	Reduviidae	100%	*Triatoma*	100%	*Triatoma dimidiata*	100%
OTU 4682	Hemiptera	100%	Plataspidae	90%				
OTU 2493	Hemiptera	100%						
OTU 3262	Hymenoptera	100%	Formicidae	100%				
OTU 810	Hymenoptera	100%	Tenthredinidae	100%				
OTU 129	Hymenoptera	100%						
OTU 3461	Lepidoptera	100%	Lycaenidae	100%	*Luthrodes*	100%	*Luthrodes pandava*	98%
OTU 272	Lepidoptera	100%	Pieridae	100%	*Pieris*	100%	*Pieris canidia*	100%
OTU 1708	Lepidoptera	100%	Lycaenidae	100%	*Pseudozizeeria*	97%	*Pseudozizeeria maha*	97%
OTU 1877	Lepidoptera	100%						
OTU 311	Psocoptera	100%	Amphipsocidae	100%	*Polypsocus*	100%	*Polypsocus corruptus*	100%
OTU 2353	Trichoptera	100%	Lepidostomatidae	100%	*Lepidostoma*	100%	*Lepidostoma flavum*	100%

3. The diet diversity of *P. pseudoannulata* in different habitats

Habitats affect the diet diversity of spiders（Sanders et al.，2015）. By sorting the OTUs using the index sequence，the prey taxa of the spider in different habitats were then obtained （Table 4）.

The sampled wetland is located at the foot of the Jindian mountain in the eastern outskirts of Kunming city. It has a subtropical plateau monsoon climate with a wide range of vegetation types and diverse biocenoses. Its geographic characteristics coupled with random predatory behavior of spiders determined the most abundant prey taxa of the spider in this location. The sampled alpine tea plantation and meadow are both located in dry lands with altitudes of about 3500 m. These two places have a cool and dry climate with a single vegetation，and the prey taxa of the spiders are relatively simple. The biocenosis of paddy fields are accepted to be flourishing（Wang et al.，2017）. During the outbreak of pests，the population densities of prey（such as planthoppers and leafhoppers）will balloon，and spiders can feed themselves easily. However，in this study，the results indicated that the prey taxa of the spiders were not as abundant as expected. The possible explanation is as follows:the sampling took place at the end of June，when early rice had been harvested and late rice has not yet been sown. During this period，the most common pests in southern Chinese paddy fields（such as *Nilaparvata lugens*，*Laodelphax striatellus* and *Cnaphalocrocis medinalis*）migrated to other surrounding habitats for foraging. The frequent use of pesticides during the rice growing period could also lead to a significant decline of the pests population during the alternate husbandry period. Therefore，the gene fragments of those common pests were not detected in the guts of spiders，and the prey taxa of *P. pseudoannulata* appeared to be relatively scarce under this seasonal condition. The histograms present a more visualized comparison of the prey taxa in four habitats（Figure 1，Figure 2 and Figure 3）.

Table 4　Diet diversity of *P. pseudoannulata* in different habitats

	Species number			
	Wetland	Tea plantation	Alpine meadow	Paddy fields
Species				
Azoria bayeri	1	0	0	0
Bembidion parviceps	1	0	1	0
Bembidion salinarium	1	0	0	0
Chrysoexorista dawsoni	1	0	0	0
Hermetia illucens	1	0	0	0
Lepidostoma flavum	1	0	0	0

（续表）

	Species number			
	Wetland	Tea plantation	Alpine meadow	Paddy fields
Genus				
Luthrodes pandava	1	0	0	0
Mycomya circumdata	0	0	0	1
Odontomyia garatas	1	0	0	0
Pactopus hornii	1	0	0	0
Pieris canidia	0	0	0	1
Azoria	1	0	0	0
Polypsocus corruptus	1	0	0	0
Pseudozizeeria maha	0	0	0	1
Rushia parreyssi	1	0	0	0
Triatoma dimidiata	0	0	0	2
Bembidion	3	0	2	1
Chrysoexorista	1	0	0	0
Curculio	1	0	0	0
Dolichopus	1	0	0	0
Exechia	0	1	0	0
Gonioctena	1	0	0	0
Hermetia	1	0	0	0
Lepidostoma	1	0	0	0
Luthrodes	1	0	0	0
Megaselia	2	0	0	0
Mycomya	0	0	0	1
Odontomyia	1	0	0	0
Pactopus	1	0	0	0
Pieris	0	0	0	1
Polypsocus	1	0	0	0
Pseudozizeeria	0	0	0	1
Rushia	1	0	0	0
Scolytoplatypus	1	0	0	0
Stigmatium	1	0	0	0
Triatoma	0	0	0	2
Trixagus	1	0	0	0
Family				
Amphipsocidae	1	0	0	0
Carabidae	3	0	2	1
Chironomidae	1	0	0	0
Chrysomelidae	2	0	0	2
Cleridae	1	0	0	0
Coccinellidae	2	0	0	0

（续表）

	Species number			
	Wetland	Tea plantation	Alpine meadow	Paddy fields
Family				
Curculionidae	2	0	0	0
Dolichopodidae	2	0	0	0
Formicidae	0	0	0	1
Lepidostomatidae	1	0	0	0
Lycaenidae	1	0	0	1
Melandryidae	1	0	0	0
Mycetophilidae	0	1	0	1
Oedemeridae	1	0	0	0
Phoridae	2	0	0	0
Pieridae	0	0	0	1
Plataspidae	1	0	0	0
Reduviidae	0	0	0	2
Scarabaeidae	3	0	0	1
Sciaridae	1	0	0	0
Stratiomyidae	2	0	0	0
Tachinidae	1	0	0	0
Tenthredinidae	0	0	0	1
Throscidae	2	0	0	0

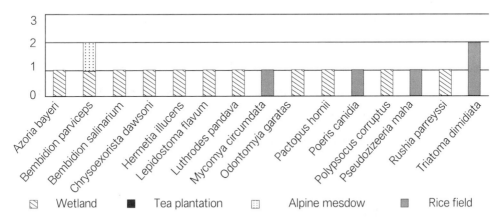

Figure 1　Diet diversity of *P. pseudoannulata* at species level

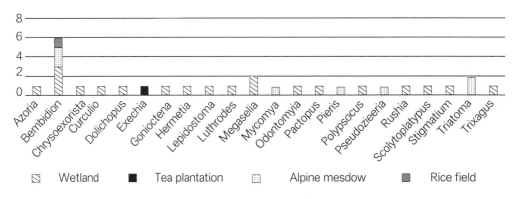

Figure 2   Diet diversity of *P. pseudoannulata* at genus level

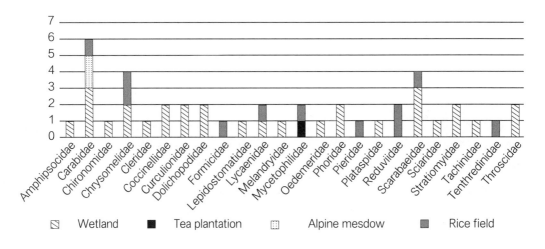

Figure 3   Diet diversity of *P. pseudoannulata* at family leve

The diversity of spider prey taxa and the capacity of spider predation are largely affected by the environmental conditions such as vegetation types, biocenosis diversity, geographical locations and seasonal conditions, etc. Generally speaking, the diet of the spider is more diverse in low altitude areas than in high altitude areas; more diverse in diversiform biocenoses than in simplex ones; more diverse during the crop growth period than during the alternate husbandry period, and more diverse in fields where no pesticides are used.

III. Disscusion

Diet analysis plays an important role in ecological research, and it is a prerequisite to understand the energy flow within ecosystems. However, it is difficult to obtain the detailed prey lists of predators in a given habitat, especially those of generalist predators. In order to compare what spiders feed on in different habitats, we need a more economical and efficient method. The power of the NGS technology and its association with the DNA barcode could provide an ideal solution （De Barba et al.，2014）. In this solution，a short piece of the standard DNA barcode is amplified using universal primers，under the premise of accuracy，numerous amplicons are sequenced simultaneously via the NGS system to obtain species classification information，which greatly reduce the experimental costs and improve the efficiency（Hajibabaei，2012）. In addition，the original data could be obtained directly with no previous understanding of the target habitats required，and the results could be accepted as important evidence for predator diet analysis.

However，no technology is impeccable. The NGS also has several defects that are worth noting in the process of the experimental design，implementation and data's analysis:1. During the sequencing process，the reliability of sequencing data gradually decreases because of the declining activity of the Taq enzyme，which is an important factor that limits the read-lengths. In addition，the digestion effect of spiders and the shearing force in the DNA extraction process can fragment the nucleic acid chains，reducing PCR amplification productivity（Leray et al., 2013，Symondson and Harwood，2014）. Therefore，the length of the amplicon needs to be taken into consideration to ensure that the data obtained could be used for later database comparison. 2. While the NGS technology does an excellent job in qualitative analysis of the prey taxa（Amend et al., 2010），it could hardly quantify the amount of the prey DNA compared with qPCR. 3. Barcode information in public resource databases（such as Genebank，BOLD，etc.）is patchy and needs constant update. In diet analysis，many prey OTUs sequences can be only identified to genus，family or even order，and the identification at species level remains challenging. As a result，it is difficult to know exactly what predators feed on （Casiraghi et al., 2010，Burgar et al., 2014）. That said，the advantages of NGS in diet analysis are irreplaceable.

This study used the NGS method for the first time to analyze the diet of *P. pseudoannulata* in four habitats（a wetland，a tea plantation，an alpine meadow and a paddy field）. Under the conditions of the study，the results suggested that the prey taxa of the spider was very wide，and in the sample wetland，the spider preyed on *Coleoptera* and *Diptera* insects. In all of the four habitats of this study，7 orders and 24 families of insects were detected. The living environment and season had a great impact on the spider diet diversity，the rules of which could be concluded as follows: low altitude areas ＞ high altitude areas；diversiform biocenoses ＞ simplex ones；crop growth period ＞ alternate husbandry period；fields with no pesticide use ＞ fields with pesticide use. The results would provide theoretical support and scientific information for the effective protection and utilization of the spiders.

Acknowledgements

This study was supported by a National Natural Science Foundation of China（NSFC）grant （No.31372159）. We wish to express our sincere gratitude to Dr. Li Zong-xu from Kunming Institute of Zoology，CAS for kindly providing the NGS platform and for patiently guiding us to analyze the experimental data.

原载◎ Saudi Journal of Biological Sciences, 2019, 26（1）：165-172；国家自然科学基金项目（NO.31372159）资助

生物安全性检测与评价研究

转抗除草剂 *Bar* 基因稻米对妊娠小鼠致敏性的研究

颜亨梅　刘金　孙艳波　黄毅　富丽娜　段妍慧

摘要：为探明转抗除草剂 *Bar* 基因稻米的食用安全性，以昆明小鼠为研究对象进行动物喂养实验。将 120 只小白鼠随机分为转基因组（60 只）和对照组（60 只），分别喂养含相同剂量转 *Bar* 基因水稻稻米和同品种常规水稻稻米 90 d（持续三代）。从每代每组妊娠 15 天母鼠中，随机抽样 5 只，采血、稀释、抗凝，并用全自动血液分析仪进行血液生理指标分析；随机抽样 5 只，用酶联免疫吸附测定法（ELISA）检测其肠道黏液免疫球蛋白 A（sIgA）；随机抽样 5 只，用 ELISA 测定血清二胺氧化酶（DAO）；随机抽样 5 只，用 ELISA 测定血清免疫球蛋白 E（IgE）；余下的用于繁殖。经检测，各项血液生理指标转基因组与对照组相比没有显著性差异。经酶联免疫吸附测定法（ELISA）测定，三项检测指标均无显著性差异（$P > 0.05$）。然后使用 SDAP、Farrp 和 NCBI 三大数据库对抗除草剂 *Bar* 基因的表达产物磷丝菌素乙酰转移酶（PAT）进行致敏原序列对比、分析，结果表明，PAT 酶与数据库中已知致敏原无任何同源性，无致敏性的可能。结论：在本试验条件下，小鼠食用转 *Bar* 基因的稻米无明显致敏性。

关键词： *Bar* 基因；水稻；致敏性；小鼠；PAT

一、引言

基于目前关于转 *Bar* 基因稻米对妊娠期间小白鼠血液生理指标和致敏性影响的研究未见报道。本研究拟通过对小白鼠饲喂转 *Bar* 基因稻米后测定其在妊娠期间血液生理指标的变化，作为评价转 *Bar* 基因稻米的致敏性指标之一。

Bar 基因（bialaphos resistance gene）来源于吸水链霉菌（*streptamyces hygroscopicus*），它编码的磷丝菌素乙酰转移酶（PAT 蛋白）能使除草剂中草胺膦的自由氨基乙酰化而失去活性，所以转 *Bar* 基因水稻能抗草胺膦除草剂。*Bar* 基因在水稻稻谷中有一定的表达量。

分泌型免疫球蛋白 A（*secretory Immunoglobulin A*，sIgA）是黏膜免疫系统的主要体液防御因子，如若肠道黏液中 sIgA 的含量超出正常水平，则说明肠道免疫处于亢进状态，食物存在致敏性；而二胺氧化酶（*Diamine Oxidase*，DAO）是一种具有高度活性的多胺物质的分解代谢酶，95% 以上存在于哺乳动物小肠的黏膜或纤毛上皮细胞中。小肠黏膜屏障功能衰竭时，肠黏膜细胞脱落入肠腔，DAO 进入肠细胞间隙淋巴管和血流，使血液 DAO 升高。因此，血液 DAO 活性可反映肠道损伤和修复情况。IgE 介导的免疫应答是食品过敏的主要效应，过敏原与 IgE 结合是过敏原发挥生物活性的中心环节，可以通过对 IgE 水平的检测来检验是否机体产生过敏反应。所以本研究拟通过对小白鼠饲喂转 bar 基因稻米后测定妊娠小鼠肠道黏液中 sIgA 的含量、血清 DAO 的含量、血清免疫球蛋白 E（IgE）的含量，作为评价转 Bar 基因稻米的致敏性的又一指标。

使用 SDAP、Farrp 和 NCBI 三大数据库对磷丝菌素乙酰转移酶（PAT 蛋白）进行致敏原序列对比，可在理论上研究 PAT 蛋白与数据库中已知致敏原有无同源性，也可作为小白鼠饲喂转 Bar 基因稻米后能否致敏的理论依据。

二、材料和方法

1. 材料

（1）小鼠养殖房的改建与整理。

（2）养殖房小鼠养殖笼、喂养器具等器材。

（3）稻米：转 Bar 基因抗除草剂稻谷"香两优681（香 125S/Bar68-1）"和常规稻谷"香两优 68（香 125S/D68）"（由中国科学院亚热带农业生态研究所生产），分别加工成大米。

（4）基础饲料：为满足蛋白等营养物质的摄入量，选用 1993 年美国营养学会推出的适用于啮齿动物的 AIN-93G 饲料配方为参照标准配制而成。

（5）小鼠日粮：按 10% 的鱼粉、30% 的基础饲料、60% 的转 Bar 基因稻米或常规大米组成，具体配方（见表1），每日投喂二次。

表 1 两组小鼠日粮配方

饲料配方 /100 g	实验组	对照组
水稻（pro% =9%）	60 g（Bar68-1）	60 g（D68）
基础饲料（pro% =23%）	30 g	30 g
鱼粉（pro% =65%）	10 g	10 g
总蛋白 /%	18.8	18.8

（6）实验动物：SPF 级昆明小鼠 120 只，体重 18~24 g（由湖南斯莱克景达实验动物有限公司提供）。

（7）全自动血液分析仪、SPSS17.0 统计软件、高速冷冻离心机（TCL-16A）。

（8）主要试剂：小鼠 sIgA、DAO、IgE ELISA 定量测定试剂盒（武汉 USCN life 公司）。

2. 方法

（1）小鼠的喂养

选取体重 18~24 g 的 SPF 级昆明小鼠 120 只，随机分为 2 组，转基因组按配方（见表1）添加 60% 的转 Bar 基因稻米，对照组添加等量的常规大米，其余条件相同。每日早晚各喂 1 次，喂养 90 d，实验持续三代。

（2）血样采集

实验前小鼠禁食 12 h，自由饮水。在妊娠第 15 d 每代每组随机抽取 5 只孕鼠进行眼球摘除静脉采血、稀释，迅速摇匀，抗凝后立即测定。

（3）血样测定

用全自动血液分析仪测定如下指标：白细胞总数（WBC）、红细胞总数（RBC）、血红蛋白浓度（HGB）、红细胞比容（HCT）、平均红细胞体积（MCV）、平均红细胞血红蛋白含量（MCH）、平均红细胞血红蛋白浓度（MCHC）、血小板含量（PLT）。

（4）肠黏液 sIgA 的检测

在妊娠第 15 d 每代每组随机抽取 5 只孕鼠解剖，打开腹腔，取其盲肠回部以上小肠肠段 7 cm，拭去血污，纵向平铺于滤纸上，手术剪挑开肠段，刮取小肠所有内容物与黏液于 EP 管中，加入 1 mL 磷酸盐缓冲溶液混匀，置于 4 ℃冰箱保存。样本于 4 ℃低温离心机 1500×g 离心 20 min，取其上清液。置于 4 ℃冰箱保存待用。按照 ELISA 说明书步骤操作，并于 450 nm 处读出各孔吸光度（A 值）。

（5）血清 DAO 和 IgE 的检测

在妊娠第 15 d 每代每组随机抽取 5 只孕鼠摘除眼球放血，置于 EP 管中。静置 1 h 后，4 ℃低温 1000×g 离心 20 min。取上层血清，4 ℃冰箱保存待用。按照 ELISA 说明书步骤操作，并于 450 nm 处读出各孔吸光度（A 值）。

（6）PAT 氨基酸序列的获得以及过敏原蛋白数据库对比

选用目前国际上过敏原相关信息比较丰富、功能强大并且可以互相补充的 SDAP、Farrp 和 NCBI 三大数据库，进行 PAT 蛋白的氨基酸序列与已知过敏原相似性的比较。PAT 氨基酸序列的获得可在 NCBI 网站 http:// ncbi.nlm.nih.gov 上查找到 *Bar* gene X17220，通过基因信息可得到其表达的磷丝菌素乙酰转移酶（phosphinothricinacetyl transferase，PAT）的全长氨基酸序列。然后，将 PAT 的氨基酸序列在三大数据库中进行比对：在 SDAP 上使用全序列比对、80 aa 读码框滑行比对以及 6 aa 框完全比对 3 种算法进行预测；在 Farrp 使用全序列比对和 80 aa 读码框滑行比对 2 种算法预测；在 NCBI 上进行全序列 Blastp 分析。检索使用缺省设置值，通过评估 E-values、比对长度和一致性百分率来推断 PAT 是否具有致敏性。

3. 数据统计

实验所测数据用平均数加减标准误，即 $\bar{X} \pm SE$ 表示。选用 SPSS17.0 统计软件进行独立样本 t 检验，采用 α =0.05 为假设检验标准，分析同代小鼠各统计量之间有无差异。

三、结果与分析

1. 亲代妊娠小鼠血液生理指标的比较

（1）亲代妊娠小鼠对照组与转基因组血液生理指标的比较

从测定结果的 LSD 值（见表 2）来看，亲代转基因组妊娠小鼠血液中各项指标变化与对照组相比差异不显著（$P > 0.05$）。

表 2　亲代对照组与转基因组血液生理指标的比较（LSD 值）

项　目	对照组	转基因组
WBC (10^9/L)	6.39 ± 1.71	8.54 ± 4.64
RBC (10^{12}/L)	7.12 ± 1.89	6.86 ± 1.86
HGB (g/L)	150.2 ± 24.01	158.4 ± 29.07
HCT (L/L)	23.18 ± 21.08	16.44 ± 11.8
MCV (fL)	42.68 ± 8.17	44.82 ± 6.29
MCH (pg)	83.12 ± 35.91	62.28 ± 38.39
MCHC (pg/g)	2240.2 ± 397.56	1499.0 ± 1108.68
PLT (10^9/L)	1025.6 ± 783.23	992.6 ± 348.48

注：表中数据均为平均值 ± 标准差。

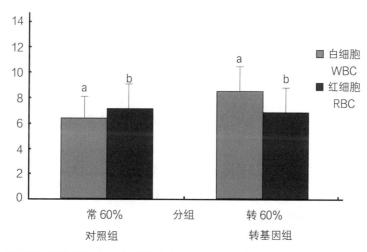

图 1　亲代对照组与转基因组白细胞总数（左：WBC）、红细胞总数（右：RBC）的数量变化

注：1. 相同图案字母相同为无显著性差异，字母不同为有显著性差异；2. 柱状图代表均数，工字线代表标准差（下同）。

实验结果（图 1）表明，亲代妊娠小鼠转基因组白细胞总数比对照组高，红细胞总数的数量比对照组低，但数值变化在正常范围内，没有显著性差异（相同图案字母相同，表明无显著性差异）。

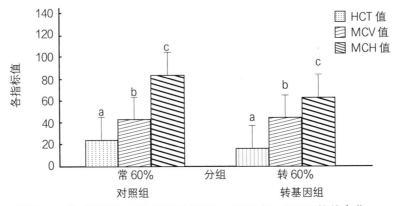

图 2　亲代对照组与转基因组 HCT 值、MCV 值、MCH 值的变化

由图 2 可知，亲代妊娠小鼠转基因组红细胞比容（HCT）比对照组低、平均红细胞体积（MCV）的数量比对照组高，平均红细胞血红蛋白含量（MCH）的数量比对照组低，但数值变化在正常范围内，没有显著性差异（相同图案字母相同，表明无显著性差异）。

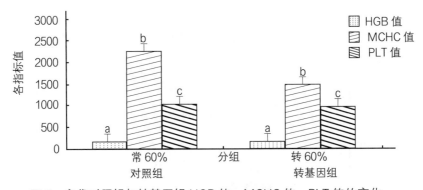

图 3　亲代对照组与转基因组 HGB 值、MCHC 值、PLT 值的变化

由图 3 看出，亲代妊娠小鼠转基因组血红蛋白浓度（HGB）与对照组略高，但平均红细胞血红蛋白浓度（MCHC）的数量比对照组低，血小板含量（PLT）的数量比对照组也略低，但数值变化在正常范围内，没有显著性差异（相同图案字母相同，表明无显著性差异）。

（2）F₁ 代妊娠小鼠血液生理指标的比较

表 3　F_1 代对照组妊娠小鼠与转基因组血液生理指标的比较

项　目	对照组	转基因组
WBC (10^9/L)	7.52 ± 2.17	9.92 ± 5.96
RBC (10^{12}/L)	7.45 ± 2.91	4.06 ± 2.78
HGB (g/L)	122.2 ± 47.99	145.6 ± 53.06
HCT (L/L)	29.96 ± 11.28	17.38 ± 12.24
MCV (fL)	43.84 ± 2.13	42.18 ± 3.49
MCH (pg)	24.00 ± 15.86	52.40 ± 32.90
MCHC (pg/g)	515.4 ± 279.6	1293.4 ± 865.2
PLT (10^9/L)	1025.4 ± 525.5	888.4 ± 325.6

注：1.表中数据均为平均值 ± 标准差（SD）；2.两组差异不显著（$P > 00.5$）。

从表3看出，F₁代转基因组妊娠小鼠血液中各项指标变化与对照组相比差异不显著（$P > 0.05$）。

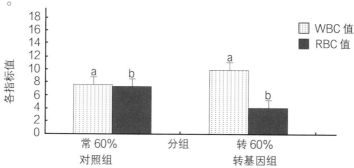

图 4　F₁ 对照组与实验组 WBC 值、RBC 值的数量变化

注：1. 相同图案字母相同为无显著性差异，字母不同为有显著性差异。 2. 柱状图代表均数，工字线代表标准差（下同）。

图4表明，F₁代转基因组妊娠小鼠白细胞总数（WBC）比对照组高、红细胞总数（RBC）的数量比对照组低，但数值变化在正常范围内，没有显著性差异（相同图案字母相同，表明无显著性差异）。

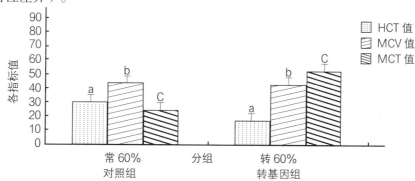

图 5　对照组与实验组 HCT 值、MCV 值、MCH 值的变化

从图5看出，F₁代转基因组妊娠小鼠红细胞比容（HCT）比对照组低、平均红细胞体积（MCV）的数量比对照组略高，平均红细胞血红蛋白含量（MCH）的数量比对照组高，但数值变化在正常范围内，没有显著性差异（相同图案字母相同，表明无显著性差异）。

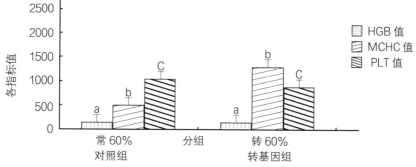

图 6　F₁ 代对照组与实验组 HGB 值、MCHC 值、PLT 值的变化

图 6 显示，F_1 代转基因组妊娠小鼠血红蛋白浓度（HGB）与对照组略高，平均红细胞血红蛋白浓度（MCHC）的数量比对照组低，血小板含量（PLT）的数量比对照组低，但数值变化在正常范围内，没有显著性差异（相同图案字母相同，表明无显著性差异）。

2. 过敏性理化指标检测

（1）肠黏液 sIgA 的检测

在妊娠第 15 d 每代每组随机抽取 5 只孕鼠，ELISA 检测 sIgA 水平，酶标仪于 450 nm 处读出各样本的吸光度 OD 值，即 A 值。SPSS17.0 统计结果见表 4。

表 4　实验组和对照组妊娠小鼠 sIgA 统计量比较（A 值，Mean ± SE）

项目	实验组	对照组	组间 P 值
亲代	0.703 ± 0.038	0.861 ± 0.065	0.293
F_1 代	0.703 ± 0.019	0.770 ± 0.036	0.180
F_2 代	0.697 ± 0.016	0.701 ± 0.031	0.074

由表 4 可以看出，亲代妊娠小鼠实验组肠道黏液 sIgA 的吸光度值（A 值）略低于对照组，但数量变化水平基本在对照组的范围之内，二者之间没有显著性的差异（0.703 ± 0.038 vs 0.861 ± 0.065，P=0.293 > 0.05）。F_1 代与 F_2 代妊娠小鼠实验组与对照组相比，肠道黏液中 sIgA 的含量与对照组也无显著性差异（P=0.180, 0.178, 0.078 > 0.05; P=0.074, 0.497, 0.440 > 0.05）。

（2）血清 DAO 和 IgE 的检测

在妊娠第 15 d 每代每组随机抽取 5 只孕鼠，ELISA 检测 DAO 和 IgE 水平，酶标仪于 450 nm 处读出各样本的吸光度 OD 值，即 A 值。SPSS17.0 统计结果见表 5。

表 5　实验组和对照组妊娠小鼠 DAO 和 IgE 统计量比较（A 值，Mean ± SE）

项目		实验组	对照组	组间 P 值
亲代	DAO	0.884 ± 0.042	0.844 ± 0.061	0.678
	IgE	1.581 ± 0.090	1.313 ± 0.102	0.985
F_1 代	DAO	0.866 ± 0.041	0.815 ± 0.054	0.870
	IgE	1.159 ± 0.054	1.386 ± 0.106	0.078
F_2 代	DAO	0.809 ± 0.040	0.814 ± 0.050	0.497
	IgE	1.609 ± 0.057	1.435 ± 0.090	0.440

由表 5 可以看出，亲代妊娠小鼠实验组血清 DAO 的 A 值波动范围略大于对照组，中数略高，但是并没有显著性差异（0.884 ± 0.042 vs 0.844 ± 0.061，P=0.678 > 0.05）。而血清 IgE 的组间比较时实验组出现了一个极大值，分析时用排除个案的方法排除此个案，再进行组间独立样本 t 检验，并没有显著性的差异（1.581 ± 0.090 vs 1.313 ± 0.102，P=0.985 > 0.05）。推测这个极大值的出现可能系实验者的操作误差所造成，也有可能

系小鼠自身产生了过敏反应，但考虑到过敏原的多重性以及 IgE 的特异性，IgE 的增高还有可能是由于其他感染、炎症的发生，如鼠间的打斗撕咬导致伤口的感染发炎等。

F_1 代与 F_2 代妊娠小鼠实验组与对照组相比，血清 DAO 含量、血清 IgE 含量与对照组也无显著性差异（$P=0.180$，0.178，$0.078 > 0.05$；$P=0.074$，0.497，$0.440 > 0.05$）。

由此可见，食用转 *Bar* 基因稻米并没有对小鼠的遗传产生影响，亲代实验组的后代并没有因为长期食用转基因稻米而出现机体过敏增加。在 90 d 的观察期内，每一代妊娠小鼠都没有明显的过敏症状出现，如呕吐、腹泻、过敏性休克等。

3. 蛋白质生物信息学与 PAT 的比对和分析

将膦丝菌素乙酰转移酶（PAT）全序列 183 aa 找出后与三大蛋白数据库的已知过敏原进行比对后发现，PAT 与已知致敏原无任何同源性。

分析外源基因编码的氨基酸序列是判定食物是否致敏的最快捷方法，通常情况下致敏原具有结构和功能上的保守性，因此通过比对序列的同源性能够很好地对外源蛋白做出理论预测。采用全序列比对、80 aa 读码框滑行比对以及 6 aa 框完全比对三种方法检测，结果表明 PAT 蛋白不存在致敏性可能。但目前蛋白序列相似性分析仅局限于比较氨基酸一级序列，由于除氨基酸顺序决定簇外还存在构象决定簇致敏，而序列相似性分析并不包括构象决定簇分析，因此，蛋白质一级结构的比较有一定局限性，对于非连续抗原决定簇的比较并不适用，而蛋白质的空间立体结构是保守的，所以比较其三维结构更为有效。

4. PAT 蛋白酶三维结构预测及分析

将 PAT 蛋白酶的一级结构放入 SWISS-MODEL 三维结构建模系统进行解析，构建其可能的蛋白质结构；通过 PDB 及 PHYRE 数据库软件找出与之相似三级结构的蛋白质，一共发现有 13 种已知的或预测的蛋白质结构与其相似，均系为 N- 酰基转移酶家族（N-acetyl Transferase Super Family，NAT SF）成员，PAT 酶与常见的乙酰转移酶具有相似的三维构象特征（图 7）。它们共同的保守区域为乙酰辅酶 A（acCoA）的化学绑定位点。

PAT   PA4866   PA01

图 7　PAT 酶的三级结构预测、铜绿假单胞菌乙酰转移酶 PA4866 结构、铜绿假单胞杆菌乙酰转移酶 PA01 的预测结构

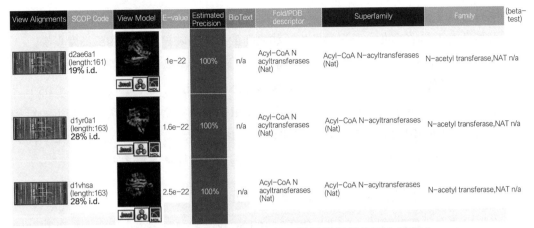

图 8　PHYRE 系统分析所得三维结构相似性蛋白图部分

通过分析 PAT 蛋白酶三维结构预测及比对结果可以得知，仅有乙酰转移酶家族符合其特殊的三维构象，而有研究表明，乙酰转移酶家族和 PAT 蛋白还未有过产生副作用的报道，并且 PAT 蛋白在植物中的表达量很低，加之 PAT 蛋白序列经三大过敏原数据库比对分析无致敏原相似性，由此可初步推断 PAT 酶不具有致敏性的可能。

四、小结与讨论

本实验的 sIgA、DAO 检测结果无显著性差异，由此可见转 *Bar* 基因水稻并没有对小鼠肠道黏膜及免疫屏障系统造成损害，这是由于 PAT 蛋白对胃肠液无耐受性，在生物体的消化液中会快速降解掉。IgE 的检测也未出现显著性差异，食用转 *Bar* 基因稻谷三代的小鼠都没有引起 IgE 介导的过敏反应，一方面可以说明转 *Bar* 基因的水稻的无致敏性反应，但另一方面也可能跟 *Bar* 基因在水稻中的表达含量较低有关，虽然受试小鼠长期喂养且繁殖三代检测，但微量的 PAT 蛋白也不足以致敏。

分析外源基因编码的氨基酸序列是判定食物是否致敏的最快捷方法，通常情况下致敏原具有结构和功能上的保守性，因此通过比对序列的同源性能够很好地对外源蛋白做出理论预测。本研究选用目前国际上过敏原相关信息比较丰富、功能强大并且可以互相补充的 SDAP、Farrp 和 NCBI 三大数据库，进行 PAT 蛋白的氨基酸序列与已知过敏原相似性的比较，采用全序列比对、80 aa 读码框滑行比对以及 6 aa 框完全比对三种方法检测，结果发现 PAT 没有与已知过敏源相似的序列，可见 PAT 酶的致敏可能性很低。

目前蛋白序列相似性分析大多仅局限于比较氨基酸一级序列，由于除氨基酸顺序决定簇外还存在构象决定簇致敏，而序列相似性分析并不包括构象决定簇分析，因此，蛋白质一级结构的比较有一定局限性，对于非连续抗原决定簇的比较并不适用，而蛋白质的空间立体结构是保守的，所以比较其三维结构更为有效。本实验对 PAT 酶的三维构象进行了预测，并找出了与其氨基酸序列相似的蛋白的三维结构，均系 NAT Super Family 成员。这些乙酰转移酶家族的共同点是具有乙酰辅酶 A（acCoA）的化学绑定位点这一保守区域（图 7、图 8）。

Bar 基因（bialaphos resistance gene）来源于吸水链霉菌（*streptamyces hygroscopicus*），属于 NAT Super Family 中的一员。其作用机理为编码的 PAT 蛋白能使除草剂中草丁膦的自由氨基乙酰化而失去活性，从而呈现对除草剂的耐受性。吸水链霉菌在自然界中广泛存在，属于生物圈的一部分，链霉菌属中几乎没有任何菌种与人、动物、植物的病原体有关。吸水链霉菌与链霉菌属的许多菌种相似，表达蛋白 PAT 具有专一酶活性，可以认为这些菌种至少含有 *Bar* 基因的同源物，而目前尚无这些同源物对人和动物是毒素或过敏原的报道。因此可推断 *Bar* 基因及其表达的 PAT 蛋白无致敏性的可能，这与本试验的相关结果正好吻合。

Sensitization of transgenic rice with herbicide resistant *Bar* gene to pregnant mice*

Yan Hengmei Liu Jin，Huang Yi，Sun Yanbo，Fu Lina，Duan Yanhui

Abstract: In order to investigate whether the rice with *Bar* gene is sensitized to human beings, the Kunming mice were used as the research object to carry out animal feeding experiment. 120 mice were randomly divided into two groups: 60 mice with *Bar* gene and 60 mice with control group. The rice with the same dose of *Bar* gene and the rice with the same variety of conventional rice were fed for 90 days（lasting for three generations）. In each group of 15 day pregnant rats，5 were randomly sampled for blood collection，dilution and anticoagulation，and the blood physiological indexes were analyzed by automatic blood analyzer；5 were randomly sampled for the detection of intestinal mucus immunoglobulin A（sIgA）by enzyme-linked immunosorbent assay（ELISA），5 were randomly sampled for the determination of serum diamine oxidase（DAO）and 5 were randomly sampled for the determination of blood by ELISA The rest was used for reproduction. The results showed that there was no significant difference between the two groups. There was no significant difference in the three detection indexes by ELISA（$P > 0.05$）. On this basis，we tried to use three databases，SDAP，Farrp and NCBI，to compare and analyze the sequence of the allergen，which was the expression product of *Bar* gene of herbicide. The results showed that there was no significant difference between pat and the known allergen in the database Homology，no possibility of sensitization. Conclusion:under the condition of this experiment，the rice transgenic with *Bar* gene has no obvious sensitization to mice.

Key words: *Bar*-transgenic; rice; PAT enzyme; allergenicity; mutagenicity; *Mus musculus*.

原载◎ The Sixth Conference Session of Specialty Committee of Medicated Diet & Dietotherapy of WFCMS. Xu Zhou, China, 2015（世界中联药膳食疗研究第 6 届学术年会论文集 . 中国·徐州，2015；亦为大会报告）；国家自然科学基金项目（No.30570226、No.30970421）资助

Assessment of Allergenicity and Mutagenicity of *Bar*-transgenic Rice using a Mouse (*Mus musculus*) Model

Liu Jin Huang Yi Sun Yanbo Yan Hengmei*

Abstract : To assess the safety of *Bar*-transgenic rice, its allergenicity and mutagenicity were tested on 100 Kunming mice (*Mus musculus*). The test mice were randomly divided into five groups of twenty mice each and were given diets containing varying doses of genetically modified (GM) *Bar*68-1 rice, D68 (non-GM) rice, and routine feed. On the 180th day, five mice from each group were randomly sampled, and the IgE and DAO levels in their serum and the sIgA in their small intestinal mucus were quantified. The quantification of these chemicals was done for three generations of mice. Moreover, the 12S rDNA and 16S rDNA conserved region of the small intestinal mitochondrial DNA (mtDNA) were sequenced using the double sequencing method. The results indicate no significant difference in the serum sIgA, DAO, and IgE between the *Bar*68-1 GM rice group and the non-GM D68 rice groups ($P > 0.05$). The *Bar*-transgenic rice did not have allergenic effects on the mice and no mutational site was found in the 12S rDNA and 16S rDNA conserved region of the intestinal mtDNA.

Keywords: *Bar*-transgenic; rice; PAT enzyme; allergenicity; mutagenicity; *Mus musculus*.

Introduction

Recent studies on the safety of transgenic crops worldwide mainly focus on substantial equivalence analysis, nutritional evaluation, toxicologic evaluation, and allergenic research. However, the experimental period of assessing the allergenicity and mutagenicity of transgenic rice did not last long enough. Thus, the objectivity of assessment might have been affected. Therefore, the present study was carried out uninterrupted for three mouse generations. Allergenicity studies on the intestinal immune barrier and the sequencing of intestinal mitochondrial DNA (mtDNA) fragments were carried out because the small intestine is the primary organ for digestion and absorption. The results could provide the scientific and objective basis for assessing the safety of transgenic rice.

1.Materials and Methods

Materials and Treatments

A total of 100 6-week-old SPF-grade Mus musculus [Number of Animal License: SCXK (Xiang) 2009-0004] weighing 18 g to 22 g were purchased from the Hunan Slca Jingda Experimental Animal Center Company Limited. The mice were divided randomly into five groups. Five diets (Table 1) that met or exceeded the minimum nutrient requirements were fed to the mice. Each group contained 10 male and

10 female mice. The mice were fed with routine feed [Production License: SCXK (Xiang) 2009–0009] for 3 days to 5 days before the start of the experiment. The mice were kept under standard environmental conditions (temperature between 22 ℃ and 25 ℃ , 50%~60% humidity, and 15 lx to 20 lx luminosity) with free access to food and water. The parent mice bred the first generation (F_1), and the F_1 were bred to produce the next generation (F_2) every 90 days (Table 1). Each generation was fed for 180 days. All experimental procedures were approved by the College of Life Science, Hunan Normal University.

Bar–transgenic rice *Bar*68–1 [Production License: Agriculture Basic Security Examination (2006) No.060] and the corresponding non–transgenic rice D68 were obtained from the Research Institute of Subtropical Agricultural Ecology of the Chinese Academy of Science. All ingredients were mixed at certain proportions, and were rolled into a root–shaped formula feed (diet) at the Animal Feed Manufacturer of Central South University.

Table 1　Ingredients and chemical composition of the experimental diets (%)

Item	Treatment				
	Z_1	Z_2	C_1	C_2	R
Ingredient					
Rice	40.0(*Bar*68–1)	60.0(*Bar*68–1)	40.0(D68)	60.0(D68)	—
Wheat	30.0	10.0	30.0	10.0	70.0
Soybean meal	19.58	19.58	19.58	19.58	19.58
Fish meal	4.52	4.52	4.52	4.52	4.52
Peanut oil	3.39	3.39	3.39	3.39	3.39
$CaHPO_4$	1.51	1.51	1.51	1.51	1.51
Premix*	1.00	1.00	1.00	1.00	1.00
Total	100.0	100.0	100.0	100.0	100.0
Analyzed composition					
Crude protein	19.21	19.18	19.21	19.18	19.19
Coarse fiber	3.24	3.26	3.24	3.26	3.25
Ca	1.23	1.25	1.23	1.25	1.24
P	0.49	0.50	0.49	0.50	0.48
NaCl	0.35	0.35	0.35	0.35	0.35
Lys	1.06	1.04	1.06	1.04	1.05
Met	0.48	0.47	0.48	0.47	0.47

* Content per kg of premix: VA 1, 1000 IU; VD 2, 800 IU; VE, 45 IU; VK, 1.60 mg; VB_1, 2.4 mg; VB_2, 6.5 mg; VB_6, 3.6 mg; VB_{12}, 38 g; nicotinic acid, 92 mg; folacin, 0.85 mg; pantothenic acid, 31 mg; biotin, 115 g; choline, 285 mg; Fe, 170 mg; Cu, 240 mg; Mn, 50 mg; Zn, 160 mg; I, 1.4 mg; and Se, 0.4 mg.

Table 2　Experimental design

Generation	Group 1	Group 2	Group 3	Group 4	Group 5
P	Z_1	Z_2	C_1	C_2	R
F_1	Z_1	Z_2	C_1	C_2	R
F_2	Z_1	Z_2	C_1	C_2	R

sIgA in the small intestinal mucus

On the 180th day, five mice from each group were randomly sampled and dissected. Segments of the small intestines 7 cm long were obtained along the appendix. The blood was washed away and the intestines were longitudinally spread out flat on filter paper. After the intestinal wall was cut using a surgical scissors, the intestinal mucus was collected and placed into EP tubes. The collected mucus was mixed evenly with 1 mL of PBS. After 20 min centrifugation at 1500 ×g and at 4 ℃, the supernatant liquid was collected and preserved in a refrigerator at 4℃. The absorbance of each sample was recorded at 450 nm using an ELISA meter (A value), according to the specifications in the ELISA kit (USCNlife, Wuhan).

DAO and IgE in serum

On the 180th day, five mice from each group were sampled and their eyeballs were removed to collect blood samples from the internal vein in the eye socket. Around 0.5 mL of blood was placed in EP tubes. After the blood coagulated an hour later, the serum was collected and centrifugated at 1500 ×g for 20 min at 4 ℃. The supernatant liquid was collected and preserved in a refrigerator at 4 ℃. The absorbance (A value) of each sample was recorded at 450 nm using an ELISA meter (BIO–TEK680), according to the specifications in an ELISA kit (USCNlife, Wuhan).

Mitochondrial DNA (mtDNA) extraction

On the 180th day, five mice from generations F_1 and F_2 in each group were randomly sampled and then dissected. The mtDNA of the small intestinal was extracted using a DNA extraction kit (Vgene), and was dissolved in 1 mL of TE. The resulting solution was stored at −20 ℃.

Polymerase chain reaction (PCR)

The gene–specific primers used for expression analysis were as follows: 5′–aggtttggtcctggccttat–3′, 5′–cccatttcattggctacacc–3′, 5′–actcaaaggacttggcggta–3′, and 5′–gtgtagggctagggctagga–3′ for the 12S rDNA and 5′–ccgtcaccctcctcaaatta–3′, 5′–ctttaggaattccggtgttg–3′, 5′–gttaacccaacaccggaatg–3′, and 5′–tagaatggggacgaggagtg–3′ for the 16S rDNA. The specific primers were designed by Sangon Biotech (Shanghai) Company Limited.

PCR was performed using a DNA amplification kit (Promega) in a 25 μL reaction flask containing 1.5 μL of template DNA, 16.2 μL of ddH$_2$O, 2 μL of dNTP (10 mmol/L), 2.5 μL of 10× buffer, 1.3 μL of each primer, and 0.2 μL of Taq DNA polymerase.

The reaction was denatured at 94 ℃ for 5 min, followed by 28 cycles of 30 s at 94 ℃ , 30 s at 60 ℃ , and 1 min at 72 ℃ , and extension for 7 min at 72 ℃ .

Electrophoretic analysis

The PCR products were analyzed using 1% agarose gel electrophoresis before the agarose gel was dyed for 30 min in ethidium bromide solution and rinsed at room temperature. The band profiles were visualized under ultraviolet light, and the gel images were saved in a computer using the Tanon GIS–1000B software.

mtDNA sequence

The 12S rDNA and 16S rDNA fragments were amplified using PCR and the resulting products were sequenced using the double sequencing method.

Data analysis

All data obtained are expressed as mean ± standard deviation ($\bar{X} \pm SD$). The data were subjected to an ANOVA using the SPSS 17.0 software. The specific effects of the *Bar*–transgenic rice were determined using a least significant difference (LSD) test at an assigned P–value of < 0.05.

2. Results

2.1 Effect of *Bar*68–1 on sIg in the parent mice

As shown in Table 3, no significant difference in sIg absorbance (A value) in the parent mice was observed between Group 1 and Group 3 ($P > 0.05$) and Group 2 and Group 4 ($P > 0.05$). The absorbance in Group 1 or Group 2 did not differ from that of other groups ($P > 0.05$). Thus, the *Bar*–transgenic rice had no significant effect on the sIg content in the parent mice.

Table 3　Dietary effect on sIg absorbance (A value) in parent mice ($n = 5$)

Group	sIgA	DAO	IgE
1	0.795 ± 0.043	0.884 ± 0.046	1.581 ± 0.098
2	0.810 ± 0.038	0.868 ± 0.039	1.565 ± 0.084
3	0.802 ± 0.052	0.872 ± 0.060	1.553 ± 0.071
4	0.798 ± 0.036	0.878 ± 0.049	1.572 ± 0.092
5	0.815 ± 0.049	0.880 ± 0.047	1.569 ± 0.090

2.2 Effect of *Bar*68–1 on DAO in F₁ serum

As shown in Table 4, no significant difference in the DAO absorbance (A value) in F_1 was found between Group 1 and Group 3 ($P > 0.05$) and Group 2 and Group 4 ($P > 0.05$). The absorbance in Group 1 or Group 2 did not differ from that of the other groups ($P > 0.05$). Thus, the *Bar*–transgenic rice had no significant effect on the DAO content in F_1 serum.

Table 4　Dietary effect on DAO absorbance (A value) in F_1 serum ($n = 5$)

Group	sIgA	DAO	IgE
1	0.783 ± 0.029	0.866 ± 0.041	1.553 ± 0.084
2	0.795 ± 0.040	0.851 ± 0.039	1.578 ± 0.061
3	0.770 ± 0.036	0.845 ± 0.050	1.586 ± 0.086
4	0.802 ± 0.042	0.861 ± 0.036	1.575 ± 0.092
5	0.797 ± 0.034	0.863 ± 0.045	1.590 ± 0.083

2.3　Effect of *Bar*68-1 on IgE F_2 serum

As shown in Table 5, no significant difference in the IgE absorbance (A value) in F_2 was observed between Group 1 and Group 3 ($P > 0.05$) and Group 2 and Group 4 ($P > 0.05$). The absorbance in Group 1 or Group 2 did not differ from that of other groups ($P > 0.05$). Thus, the *Bar*-transgenic rice had no significant effect on the IgE content in F_2 serum.

Table 5　ANOVA of IgE absorbance (A value) of F_2 serum ($n = 5$)

Group	sIgA	DAO	IgE
1	0.795 ± 0.029	0.858 ± 0.041	1.597 ± 0.079
2	0.802 ± 0.037	0.862 ± 0.037	1.580 ± 0.074
3	0.790 ± 0.035	0.854 ± 0.040	1.588 ± 0.086
4	0.815 ± 0.042	0.865 ± 0.045	1.591 ± 0.078
5	0.807 ± 0.043	0.859 ± 0.057	1.589 ± 0.081

2.4　PCR amplification of mtDNA fragments

PCR was performed using specific primers (Table 6) designed in advance for the 12S rDNA and 16S rDNA in mtDNA. Some of the PCR products were separated on 1.5% agarose gel, and the size and quantity of the amplified fragments were determined using DNA makers, as shown in Fig. 1. The size of the amplified 16S rDNA and 12S rDNA fragments were 900 bp to 1000 bp and 500 bp to 900 bp, respectively. The PCR products evaluated by electrophoresis were as expected.

Table 6　Specific primers for 12S rDNA and 16S rDNA in mtDNA

Primers	Sequence (5'--3')	Primer site	Amplified fragment length	Subordinate gene
P1	aggtttggtcctggccttat	nt72-92	704 bp	12S rDNA
P2	cccatttcattggctacacc	nt755-775	704 bp	12S rDNA
P3	actcaaaggacttggcggta	nt581-601	538 bp	12S rDNA
P4	gtgtagggctagggctagga	nt1098-1118	538 bp	12S rDNA
P5	ccgtcaccctcctcaaatta	nt910-930	975 bp	16S rDNA
P6	ctttaggaattccggtgttg	nt1865-1885	975 bp	16S rDNA
P7	gttaacccaacaccggaatg	nt1859-1879	935 bp	16S rDNA
P8	tagaatggggacgaggagtg	nt2774-2794	935 bp	16S rDNA

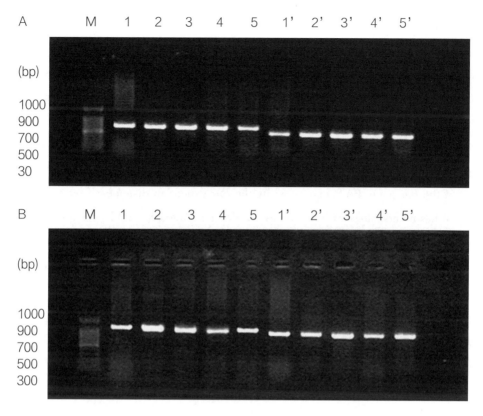

M: DL2000 DNA marker; Lanes 1–5: Group1–5 of F_1; Lanes 1'–5': Group 1–5 of F_2.

Fig. 1   PCR amplified 16S rDNA(A) and 12S rDNA (B) fragments in mtDNA.

2.5   Detection of mutation in mtDNA

The purified mtDNA fragments were directly sequenced. After reverse complementary splicing of the double sequencing fragments using DNAMAN software for analysis, the complete sequence was exported. Homology analysis was performed using BLAST software, and the results were compared with the mtDNA sequence to detect mutations.

The results of the double sequencing and BLAST analysis from NCBI suggested that these fragments shared 99% identity with the mitochondrial genome sequence of the mice. Thus, mutation was not found. The results indicate that the *Bar* gene did not have a mutagenic effect on 12S rDNA and 16S rDNA in the mtDNA.

3.Discussion

The bialaphos resistance gene is derived from *Streptomyces hygroscopicus*, and has phosphinthricin acetyltransferase (PAT) as its expression product. PAT acetylizes the free amino of phosphinothricin (PPT), which is the main component of glufosinate in herbicides. However,

PAT cannot restrain the activity of glutamine synthetase. Thus, PAT can make transgenic crops resistant to herbicides and eliminate the toxicity caused by glufosinate. *S. hygroscopicus*, which are a part of the biosphere, are widespread in nature. In *Streptomyces*, a few strains are related to the pathogens of human, animals, and plants. When PAT is expressed in plants, it can reach up to 0.1% of the total amount of soluble protein. PAT also bears no homology with over 120 human allergic proteins. *S. hygroscopicus* is similar to many *Streptomyces* strains, and PAT shares the same unique enzymatic activity in these strains. Thus, these strains should at least contain some homologs of the *Bar* gene. PAT, expressed by the *Bar* gene, can disappear from the digestive juices and it has no homology with the known toxalbumin. Moreover, PAT does not the features of allergens, such as heat stability, digestive stability, the absence of glycosylation sites, and so on. Thus far, no study has reported on the toxicity of homologs in the acetyltransferase family and PAT on human beings or animals. Moreover, the amount of PAT expressed in plants is very low. Therefore, PAT is relatively safe compared with other allergens.

The mitochondrion is the energy supply station of cells. It can divide by itself, and has its own DNA. Its inheritance is relatively independent, and is highly conservative in gene composition. It is an important and common marker in studying animal strain genetics and molecular systematics.

mtDNA is genetic inheritance aside from the nuclear DNA. mtDNA has been used in the past few years in studying the hereditary structure of animal strain and strain identification because of its simple structure, quick evolution, slim chance of recombination, and maternal inheritance.

Studying the 12S rDNA and 16S rDNA in mtDNA, which are highly conserved in cell evolution, is important in sequencing plant and animal genes. The 12S rDNA and 16S rDNA can be compared to confirm if the gene has changed or not during cell evolution. In the present study, the complete sequence fragments of 12S rDNA and 16S rDNA in the mtDNA of mice, which were amplified using PCR, were compared and no genic mutation was found. The mtDNA from mouse small intestines did not change under the influence of PAT. This result shows that PAT is possibly free of genetic toxicity. The result is different from those in a previous study, and this difference might be caused by changes in the materials and methods used. However, this hypothesis needs further study.

Secretory Immunoglobulin A is the main defensive element in the body fluid of the mucosal immune system. Many individuals who are sensitive to some food suffer from intestinal mucosal damage, and the permeability of their intestinal wall is increased. The immune barrier system of mucosa, where sIgA is the main defense element, has a specific lymphatic tissue. The tissue makes contact with the antigen in the internal environment. The former swallows the latter, which induces the T leukomonocyte and B leukomonocyte to react. The plasma cells split from B leukomonocyte to secrete the sIgA, which induces the mucosal immune response to protect the organism. If the sIgA content in the intestinal tract exceeds normal levels, the intestinal tract immunity is hyperactivated and the food is allergenic. However, diamine oxidase is a highly active cell endoenzyme that contains deammoniated putrescine and histamine. Diamine oxidase is a catabolic enzyme of histamine and many other polyamines, and over 95% of it is found in the small intestinal mucosa or ciliary epithelial cell in mammals. The activity of diamine oxidase is closely related to villus length and the synthesis of nucleic acids and proteins in small intestinal mucosa cells. When the barrier function of the small intestinal mucosa fails, the small intestinal mucosa cells fall into an enteric cavity and DAO goes into the intercellular lymphatic vessels and the bloodstream to increase the DAO in the blood. Thus, DAO activity can be indicative of intestinal damage or injury. The immune response induced by immunoglobulin E is the main reaction for food allergies. The combination of allergen and IgE is the central link that allows the allergen to enhance its bioactivity. The detection of the IgE levels can be used to check whether an organism has an allergic reaction.

4.Conclusion

In the present study, *Bar*-transgenic rice has no harmful influence on the small intestinal mucosa and the immune barrier system of mice. This finding might be due to the resistance of PAT against gastrointestinal fluids. Moreover, the amount PAT quickly declines in the digestive juices of an organism. In the present study, mice fed with *Bar*-transgenic rice did not produce an IgE-induced immune response. On one hand, *Bar*-transgenic rice possibly has no allergenicity. On the other hand, the *Bar* gene may have been expressed at very low levels in the rice. Although the tested mice were fed over a long period of time and bred for four generations, small amounts of PAT hardly caused allergenicity.

Acknowledgments

We thank Dr. Xiao GuoYing of the Research Institute of Subtropical Agricultural Ecology of the Chinese Academy of Science for providing the *Bar*-transgenic rice, and Dr. Xu MengLiang of the College of Life Science, Hunan Normal University for his insights and invaluable assistance.

摘要： 为评价转 *Bar* 基因水稻的安全性，对 100 只昆明种小鼠进行了致敏性和致突变性试验。将供试小鼠随机分为 5 组，每组 20 只，分别给予不同剂量的转基因（GM）Bar68-1 大米、非转基因 GM D68 大米和常规饲料。第 180 天后，每组随机抽取 5 只小鼠血液，定量测定三代小鼠血清中 IgE、DAO 水平及小肠黏液 sIgA 水平。用双测序法对小肠线粒体 DNA（mtDNA）的 12S rDNA 和 16S rDNA 保守区进行了序列测定。结果表明，*Bar*68-1 转基因水稻组与非转基因 D68 水稻组的小鼠血清 sIgA、DAO、IgE 水平无显著差异（$P > 0.05$）。实验结果表明：转 *Bar* 基因水稻对小鼠无致敏作用；肠道 mtDNA 的 12S rDNA 和 16S rDNA 保守区未发现突变位点。

关键词： *Bar* 转基因；水稻；PAT 酶；致敏性；致突变性；小家鼠

原载 © Journal of Food, Agriculture & Environment, 10（2）：236-240, 2012；国家自然科学基金项目（NO.30570226、NO.30970421）资助

Effects of Transgenic-*Bar* Rice on the Intestinal Microflora Diversity of the Mice (*Mus musculus*)
（转 *Bar* 基因稻米对小鼠肠道菌群多样性的影响）

Liu Jin Huang Yi Sun Yanbo Yan Hengmei*

摘要： 100 只 SPF 昆明小鼠（*Mus musculus*）（体重 20±2 g），随机分为 5 组，每组 20 只，雌雄各半。分别饲喂低剂量和高剂量 *Bar*68-1 转基因水稻、D68 非转基因水稻和常规饲料，共 180 天。90 d 后，亲本世代（P）育成第一子代（F₁）。每代分别饲喂 180 d。第 180 d，每组随机抽取 5 只小鼠，收集肠道内容物进行 DNA 分离。PCR 扩增 16S rDNA 的 V3 区，用变性梯度凝胶电泳（DGGE）分析。计算 PCR-DGGE 条带数（细菌种类），并通过计算 Sorenson 成对相似系数（*Cs*）分析条带模式。Sorenson 成对相似系数是衡量样本中常见细菌种类的一个指标。条带序列分析确定了小鼠肠道优势菌群。实验结果表明：各组间样本的组间 *Cs* 值没有差异（*P* > 0.05）。结论：在本试验条件下，转 *Bar* 基因稻米对小鼠肠道菌群多样性的影响不显著。

关键词： *Bar*-transgenic rice; *Mus musculus*; intestinal; microflora; denaturing gradient gel electrophoresis

Molecular biotechnology has several advantages over traditional methods on analysis of the intestinal microflora. Such as PCR-DGGE, it can completely and accurately analyzes microbial community structure and diversity, so it has been widely used. However, there is quite a few reports on the studies on effects of transgenic *Bar* rice on the intestinal bacterial microflora by DGGE so far. The effects of transgenic *Bar* rice on the intestinal microflora by DGGE were studied in this study. This will provide scientific and objective basis for the safety assessment of transgenic rice.

I.Materials and methods

1. Materials and methods

1.1 Materials and Treatments

6-week-old, weighing 18 ~ 22 g, 100 SPF *Mus musculus* [Number of Animal License: SCXK(Xiang) 2009-0004] which were purchased from Hunan Slca Jingda Experimental Animal Center Company Limited, were divided randomly into five groups. Five diets (Table 1) meeting or exceeding the minimum nutrient requirements were fed to *Mus musculus*. Ingredient and composition of five experimental diets were almost identical, except for the rice content. Experimental design was given in Table 2.

Every group contained 20 mice, half male and half female. Five groups of mice were fed with the routine feed [Production License: SCXK（Xiang）2009–0009] for 3~5 days before the initiation of the experiment. They were fed with five experimental diets that contained two doses of *Bar*68–1 genetically modified (GM) rice, two doses of D68 (non–GM) rice or routine feed respectively for duration of 180 days. The mice were kept under standard environmental conditions (22~25 ℃ of temperature, 50%~60% of humidity, 15~20 lx of luminosity) with free access to diets and water. After 90 days, parental generation(P) bred the first filial generation (F₁). Each generation was fed for 180 days respectively. On the 180th day, 5 mice of each group were sampled at random, and intestinal contents were collected for DNA isolation. All animal experiments were performed in accordance with the Guidelines for Use of Experimental Animals established by College of Life Science, Hunan Normal University.

Transgenic *Bar* rice *Bar*68–1[Production License: Agriculture Basic Security Examination(2006)No.060], and the corresponding non–transgenic rice D68 were produced by the Research Institute of Subtropical Agricultural Ecology of Chinese Academy of Science. All ingredients were mixed in a certain proportion and rolled into root–shaped formula feed (diet) at Animal Feed Manufacturer of Central South University.

Table 1　Ingredient and composition of the experimental diets (%， dry weight)

Item	Treatment				
	Z_1	Z_2	C_1	C_2	R
Ingredient					
Rice	40.0(*Bar*68–1)	60.0(*Bar*68–1)	40.0(D68)	60.0(D68)	0
Wheat	30.0	10.0	30.0	10.0	70.0
Soybean meal	19.58	19.58	19.58	19.58	19.58
Fish meal	4.52	4.52	4.52	4.52	4.52
Peanut oil	3.39	3.39	3.39	3.39	3.39
$CaHPO_4$	1.51	1.51	1.51	1.51	1.51
Premix*	1.00	1.00	1.00	1.00	1.00
Total	100.0	100.0	100.0	100.0	100.0
Composition					
CP	19.21	19.18	19.21	19.18	19.19
CF	3.24	3.26	3.24	3.26	3.25
Ca	1.23	1.25	1.23	1.25	1.24
P	0.49	0.50	0.49	0.50	0.48
NaCl	0.35	0.35	0.35	0.35	0.35
Lys	1.06	1.04	1.06	1.04	1.05
Met	0.48	0.47	0.48	0.47	0.47

*Provided per kg of premix：VA 1 1 000 IU, VD 2 800 IU， VE 45 IU, VK 1.60 mg, VB_1 2.4 mg, VB_2 6.5 mg, VB_6 3.6 mg, VB_{12} 38 g, nicotinic acid 92 mg, folacin 0.85 mg, pantothenic acid 31 mg, biotin 115 g, choline 285 mg, Fe 170 mg , Cu 240 mg, Mn 50 mg, Zn 160 mg, I 1.4 mg, Se 0.4 mg.

Table 2　Experimental design

generation	Group 1	Group 2	Group 3	Group 4	Group 5
P	Z_1	Z_2	C_1	C_2	R
F_1	Z_1	Z_2	C_1	C_2	R

1.1.2 Intestinal samples

Five mice of each group were sampled at random, knocked to death. After sterilization of the body surface with 70% alcohol, the mice were dissected under sterile conditions. All ileal and cecal luminal contents of 5 mice each group were collected into sterile plastic tubes and mixed evenly as described previously, then snap-frozen in liquid nitrogen and stored at $-70℃$ until analysis.

1.1.3 Preparation of denaturing gradient gel electrophoresis (DGGE)

According to Table 3, reagent was put into the 15 mL clean EP tubes in succession, and low and high concentration denaturing gradient gel solution were prepared.

Table 3　Composition and content of denaturing gradient gel solution

Composition	（LOW）denaturant	（HIGH）denaturant
$50 \times$ TAE Buffer	300 μL	300 μL
Acrylamide/ bisacrylamide	3.75 mL	3.75 mL
Deionized formamide	2.1 mL	3.9 mL
Urea	2.205 g	4.095 g
DCode Dye	0 μL	150 μL
10 % (w/v) ammonium peroxydisulfate	150 μL	150 μL
TEMED	15 μL	15 μL
ddH$_2$O	To 15 mL	To 15 mL

100% denaturant is equivalent to 7 mol/L urea and 40% (v/v) deionized formamide.

1.2 Methods

1.2.1 Sample pretreatment

After samples were thawed at the room temperature, 2 g intestinal contents were suspended in 1.5 mL 0.2 mol/L sterile PBS (pH 7.4), followed by vortexing for 5 min in a 2 mL tube. The suspension was centrifugated at 500 r/min for 10 min and the supernatant was transferred to a new sterile EP tubes. Then 1 mL sterile PBS was added to the pellets and vortexed for 5 min, the suspension was centrifuged at 12000 r/min for 5 min and the supernatant was transferred to the new tube as well. Combination of the two sets of supernatant was then centrifuged at 500 r/min for 6 min to remove coarse particles. The cells in the supernatant were collected and washed twice with PBS by centrifuging at 12000 r/min for 5 min，and kept in1 mL PBS at $-70℃$.

1.2.2 Genomic DNA extraction

Genomic DNA was isolated from above-mentioned samples as previously described with some modifications, according to the specification of DNA extraction kit, and kept at −20℃ .

1.2.3 Amplification of genomic DNA by polymerase chain reaction(PCR)

The V3 region of 16S rDNA was amplified by PCR using primers specific for bacteria. In this study a pair of primers for PCR were designed by Sangon Biotech (Shanghai) Company Limited, the oligonucleotides were as follows: the upstream primer HAD−1−GC−F(5'−CGCCCG GGGCGCGCCCCGGGCGGGGCGGGGGCACGGGGG GACTCCTACGGGAGGCAGCAG−3'); downstream primer HAD−2−R(5'−GTATTACC GCG GCTGCTGGCA−3').

PCR was performed using PCR kit (MBI Fermentas) in 30 μL of reaction volume containing 3.5 μL of template DNA(50 ng/mL), 20.0 μL of ddH$_2$O, 1.0 μL dNTP(10 mmol/L), 3.0 μL of 10 × buffer, 1.0 μL of each primer and 0.5 μL of Taq DNA polymerase(2.5 U/μL, Mg^{2+} plus).

The reaction was denatured at 95 ℃ for 5 min, then followed by 35 cycles of 30 s at 95℃ , 30 s at 56℃ and 40 s at 72℃ , and an extension for 10 min at 72℃ . The PCR products were separated on 1.5% agarose gel.

1.2.4 Denaturing gradient gel electrophoresis (DGGE)

After visual confirmation of the PCR products with agarose gel electrophoresis, DGGE was performed using the BioRad Dcode system as described previously. To separate PCR fragments, 35 to 65% linear DNA−denaturing gradients (100% denaturant is equivalent to 7 mol/L urea and 40% deionized formamide) were formed in 8% polyacrylamide gels using a Bio−Rad Gradient Former. Bacterial V3 16S PCR products were loaded in each lane and electrophoresis performed in 1 × TAE Buffer at 60 ℃ at 100 V for 16~18 h. Denaturing gradient parallels to the direction of electrophoresis. After electrophoresis, gels were silver−stained and scanned using a ChemiDoc XRS system (Image lab software version 3.0)(BioRad). Each individual amplicon was then visualized as a distinct band representing at least one bacterial species on the gel.

1.2.5 Identification of dominant microflora in intestines of the mice

Objective gels of DGGE were cut with disposable operation blade and collected into 1.5 mL sterile EP tubes (enzyme free). After the gels were pounded, 20 μL dd H$_2$O was added to them, kept overnight at 4℃ . PCR was performed with template objective gels using HAD−1−GC−F and HAD−2−R primers, under the same reaction condition as stated above. After PCR products were separated by electrophoresis on 1.5% agarose gel, the objective fragments were purified with Wizard SV Gel and PCR Clean−Up System (Promega) , and sequenced by BGI (Beijing). Sequence data were analyzed and a basic local alignment search tool (http://www.ncbi.nlm.nih.gov/ BLAST/) search was performed to identify sequences.

1.2.6 Analysis of data

Quantity One (Version 4.4) (BioRad) was used to analyze PCR−DGGE banding patterns by measuring migration distance and intensity of the bands within each lane of a gel. This information was then used to analyze banding patterns via measures of community diversity, including band number and Sorenson's pairwise similarity (Cs).

Data were described as mean ± SD. The statistical significance ($P < 0.05$) of difference between means was determined using ANOVA with SPSS (Version 17.0).

Sorenson's pairwise similarity (Cs) was estimated by the formula below:

$Cs\ (\%) = (2\ j)/(a+b) \times 100\%$

Where 'a' is the number of total bands in the PCR–DGGE pattern for one sample, 'b' is the number for the other, and 'j' is the number of the common bands shared by both samples.

2. Results and Analysis

2.1 Genomic DNA and PCR products

The DNA was checked for integrity first by electrophoresis analysis on 1.5% agarose gel, and then quantified using Spectrophotometer (Thermo). DNA bands amplified by primers were clear and bright. The purity and quality of DNA obtained by this method is satisfying. The ratio of OD_{260} to OD_{280} is 1.75~1.83.

After the V3 region of 16S rDNA was amplified by PCR, the PCR products evaluated by electrophoresis were as expected. The size of the amplified fragments of 16S rDNA were about 250 bp (Fig.1).

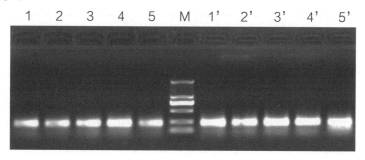

Fig.1　The PCR products were separated on 1.5% agarose gel.
Lanes1–5: Group1–5 of P ; Lanes1'–5': Group1–5 of F_1; M: DNA marker（from below to above）range from 100、250、500、750、1000 to 2000 bp.

2.2 The effect of transgenic-*Bar* rice on band numbers of 16S rDNA PCR–DGGE

As shown in Fig. 2, DGGE showed many bands, which was more or less diffrent in magnitude and mobility. Resulting DGGE bands numbers were counted (Fig. 2). The effect of transgenic-*Bar* rice on band numbers of PCR–DGGE in each sample were compared (Fig. 2).

By P and F_1, band numbers did not differ ($P > 0.05$) among Group 1, Group 3 and Group 5, and did not differ ($P > 0.05$) among Group 2, Group 4 and Group 5.

Table 4   The effect of transgenic-*Bar* rice on band numbers of PCR–DGGE

Group	P	F_1	Group	P	F_1
1	36.7 ± 1.5^a	35.8 ± 1.3^b	2	36.4 ± 1.6^c	35.8 ± 1.3^d
3	37.0 ± 1.7^a	35.6 ± 1.5^b	4	36.8 ± 1.4^c	35.7 ± 1.5^d
5	35.8 ± 1.3^a	36.1 ± 1.8^b	5	35.9 ± 1.2^c	36.1 ± 1.7^d

Values represent Mean±SD. a,b,c,d: Values sharing a common letter in a columnare insignificantly different ($P > 0.05$)

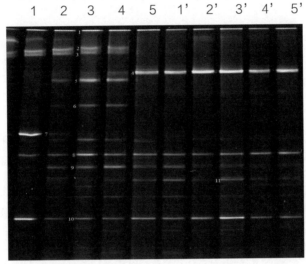

Fig.2   PCR–DGGE bands in intestinal samples from *Mus musculus*

Lanes1–5: Group1–5 of P; Lanes1'–5': Group1–5 of F_1

2.3 The effect of transgenic-*Bar* rice on Sorenson's pairwise similarity coefficient (*Cs*)

The effect of transgenic-*Bar* rice on 16S rDNA PCR–DGGE banding patterns were further assessed by comparisons of Sorenson's pairwise similarity coefficient (*Cs*), as presented in Table 5–6. As shown in Table 5, *Cs* values ranged from 87% to 91% . The greater the *Cs* values were, the higher the homogeneity was. By P and F_1, Intergroup Cs values did not differ ($P > 0.05$) among Group1, Group 3 and Group 5, and did not differ ($P > 0.05$) among Group2, Group 4 and Group 5 (Table 6), indicating that their higher homogeneity.

Table 5　Similarity coefficients (Cs) of intestinal microflora in mice/%

Group	P				F_1			
	1	2	3	4	1	2	3	4
2	89.3 ± 1.3	—	—	—	88.6 ± 1.2	—	—	—
3	88.7 ± 1.2	90.2 ± 1.2	—	—	87.9 ± 1.1	89.3 ± 1.3	—	—
4	87.8 ± 1.1	89.1 ± 1.3	91.3 ± 1.3	—	88.2 ± 1.3	88.7 ± 1.2	90.7 ± 1.3	—
5	88.4 ± 1.1	88.5 ± 1.2	89.6 ± 1.2	87.7 ± 1.3	89.5 ± 1.2	88.9 ± 1.4	88.9 ± 1.2	87.5 ± 1.1

Values represent Mean ± SD.

Table 6　Comparison of intergroup Sorenson's pairwise similarity coefficient (Cs)

Intergroup	P	F_1	Intergroup	P	F_1
1 vs. 3	88.7 ± 1.2 [a]	87.9 ± 1.1 [b]	2 vs. 4	89.1 ± 1.3 [c]	88.7 ± 1.2 [d]
1 vs. 5	88.4 ± 1.1 [a]	89.5 ± 1.2 [b]	2 vs. 5	88.5 ± 1.2 [c]	88.9 ± 1.4 [d]
3 vs. 5	89.6 ± 1.2 [a]	88.9 ± 1.2 [b]	4 vs. 5	89.6 ± 1.2 [c]	87.5 ± 1.1 [d]

Values represent Mean ± SD. a,b,c,d: values sharing a common letter in a column are insignificantly different ($P > 0.05$).

2.4 The dominant microflora in intestines of the mice

The identification results about No.1~11 dominant microflora was that they belong to 1—*Lactobacillus gasseri*; 2,3—Uncultured bacterium; 4—*Lactobacillus johnsonii*; 5—*Staphylococcus lentus*; 6—*Staphylococcus cohnii*; 7—*Lactobacillus intestinalis*; 8—*Lactobacillus murinus*; 9— Uncultured bacterium; 10—*Staphylo- coccus schleiferi*.

3　Discussion

Since denatured gradient gel electrophoresis (DGGE) was applied in research on microbial community structure by Muyzer et al for the first time in 1993, it has been used widely in every field in molecular microbial ecology. Now it has become one of the main methods for study on microbial community structure.

PCR–DGGE banding profiles are different among individuals due to individual differences among hosts, which has already been reported frequently. In order to eliminate the difference of samples, genomic DNA was isolated from mixed intestinal contents of 5 mice each group in this study, according to Gong, et al. So the mixed samples are more representative.

The more the number of bands of DGGE is, the more abundant intestinal microbial species in mice are. PCR–DGGE banding profiles of genomic DNA of intestinal microbial obtained in this study had complicated quantity and location, and it embodied the diversity of intestinal microbes in mice. On detailed analysis, the chief reason is, the main constituent of diets is grain (rice and wheat) containing more cellulose, which is decomposed by large numbers of intestinal microorganisms, therefore intestine becomes the palce of growth and reproduction of microorganisms. However, intestinal microbes and their metabolites affect digestion and absorption of nutrient, energy balance, immunologic function and other important physiological activities. Both sides keep and maintain a relationship of mutualism, which results from mutual selection and adaptation between the host and intestinal microbes in the course of long–term coevolution.

The dominant microflora were identified and the dominant genus were *Lactobacillus*, *Staphylococcus*, *Clostridium* and so on. They are the normal microflora in intestines of mammals, consistent with the works by ZHU X F.

The experimental results show that the diversity of intestinal microbes in mice fed with *Bar*68–1 genetically modified (GM) rice was the same as that of intestinal microbes in mice fed with D68 (non–GM) rice, and their homogeneity was higher. It is It is concluded that the effect of transgenic–*Bar* rice on the diversity of intestinal microbes is insignificant. Through analysis, the reasons are as follows:

（1）Bialaphos resistance gene derives from the streptamyces hygroscopicus, and its expression products are phosphinthricin acetyltransferase (PAT). PAT can make free amino of phosphinothricin (PPT) acetylize, which is the working component of Glufosinate in herbicide. However, it can not restrain the activity of glutamine synthetase so that it can make the transgenic crops be of tolerance to herbicide and eliminate the toxicity caused by Glufosinate Streptomyces hygroscopicus, a part of biosphere, are widespread in nature. In streptomyces there are few strains that are related to the pathogens of human beings, animals or plants. （2）PAT, expressed by the *Bar* gene, can disappear in the digestive juice and has no homology with the known toxalbumin. Moreover, it has not any features of allergen, such as heat stability, digestive stability and no glycosylation site and so on. So far, there has been no reports about any toxic effects on human beings or animals, caused by the homologs from the family of acetyltransferase and PAT. （3）The amount of PAT expresssed in plants is very low; therefore, PAT is relatively safe in comparation .

Acknowledgments

We thank Dr. XIAO GuoYing of the Research Institute of Subtropical Agricultural Ecology of Chinese Academy of Science for offering *Bar*–transgenic rice, and Dr. TANG of the Research Institute of Subtropical Agricultural Ecology of Chinese Academy of Science for many insightful discussions and invaluable assistances.

原载◎ American Journal of Molecular Biology, 2012（2）: 217-223；国家自然科学基金项目（No.30570226、No.30970421）资助

Health Safety Assessment of Rice Genetically Modified with Both Genes of *Bt* and *Epsps* Using a Mouse（*Mus Musculus*）Model

（用小鼠模型评价转 *Bt* 和 *Epsps* 双基因稻米的食用安全性）

Xiang Mo Zhaojun Tan Mengliang Xu* Hengmei Yan*

摘要： 本研究通过饲养试验和体外细胞毒性试验，研究了转 *Bt* 和 *Epsps* 双基因的稻米对小鼠健康的影响。用转双基因大米饲料喂养小鼠 245 d，雄性存活率为 90%，雌性存活率为 100%，不低于非转基因大米配方饲料喂养小鼠的存活率。用转双基因大米饲料喂养 30 d 的小鼠，其平均增重雄性为 20.9 g，雌性为 11.6 g，与非转基因大米配方饲料喂养的小鼠无显著差异。转基因大米饲料喂养 245 d 的小鼠与非转基因大米饲料喂养的小鼠或非转基因大米饲料喂养的小鼠和配方奶粉喂养的小鼠的内脏指数、血液参数和过敏性指标没有显著差异。不同剂量转基因和非转基因稻谷全蛋白对小鼠淋巴细胞的体外存活率均大于 90%，差异不显著。这些结果表明，转 *Bt* 和 *Epsps* 双基因水稻与非转基因水稻相似，是一种安全的小鼠饲料。

关键词： Genetically modified rice；*Mus musculus*；Biosafety assessment；Feeding；Cytotoxicity

I. INTRODUCTION

Most of the public hold the rejection attitude toward GM rice due to the lack of sufficient knowledge, which hindering its commercialization. Many scholars have performed the health biosafety assessment of different GM rice varieties. Most of them believe the GM rice varieties are safe and substantially equivalent to their non–GM rice counterparts（Yuan et al., 2013；Wang et al., 2013；Chen et al., 2012；Liu et al., 2012 a, b；Liu, et al., 2008；Wang et al., 2000；Wang et al., 2002；Momma et al., 2000），while the others believe GM rice varieties are unsafe or not currently considered safe（Zhang et al., 2010；Xu et al., 2011；Poulsen et al., 2007；Schröder et al., 2007；Kroghsbo et al., 2008）. Unsafe of other GM crops like corn has been reported（Séralini, et al., 2013, 2011；Spiroux de Vendômois, et al., 2009；Malatesta et al., 2002）. Séralini et al.（2011）believes that most of reported studies are not independent, the animal feeding test time is not long enough, long–term assessment of inter–generations is lack, and the contents of the assessment are too extensive；therefore, the assessment system needs to be improved. Obviously, there are differences among the scholars on the health safety of GM rice and GM crops, so it is necessary to continue independent studies（Zheng, 2013； Verma et al, 2011； Séralini et al, 2011）. In addition, as GM crops may produce unintended effects due to the position effects of insert gene(s), it is necessary to evaluate the health biosafety for each independent transgenic event based on case assessment rule. For these reasons, the health biosafety of rice genetically modified with *Bt* and *Epsps* genes was evaluated in this study. The aim is to provide a scientific foundation for the applications of this GM rice and other GM crops.

II. MATERIALS AND METHODS

1. Materials

The substance for test is seeds of an *indica* rice variety 93–11 genetically modified with both genes of *Bt* and *Epsps*. The seeds of GM rice and its corresponding non–GM rice variety 93–11 were provided by Yahua Zhongye Agriculture Academy of Hunan, Yuan Long Ping High–Tech Agriculture Co., Ltd., Hunan Province, China. The GM rice plants have both agronomic traits of stem borer resistance and glyphosate herbicide resistance.

The animals for experiment are six–week–old SPF–glade mice（*M. musculus*）, purchased from Hunan Slca Jingda Experimental Animal Center Co., Ltd.[production license number:SCXK（Xiang）2009–0004]. A total of 60 male and female（30 pairs）mice weighing about 20 g each（The variation in weight is ≤ 10%）were randomly divided into three groups numbered Group I, Group II, and Group III with 10 pairs for each group.

The feeds for mice were divided into three categories:1）the feed containing 60% GM rice grains； 2）the feed containing 60% of non–GM rice grains； and 3）the commercial formula feed without adding rice grains. The feeds with 60% GM rice grains and 60% non–GM rice grains were commissioned to be made by the Animal Feed Manufacturer of Central South University, Hunan Province, China, and the commercial formula feed was purchased from Hunan Slca Jingda Experimental Animal Center Co., Ltd.[production license number: SCXK（Xiang）2009–0009]. All three feeds were made according to China national standards GB14924.3–2010（Laboratory animals– Nutrients for formula feeds）, whose composition and content can be found in Liu's paper, and they are all in line with the nutritional requirements of mouse for feeding trial.

2. Method of feeding mice with GM rice grains

The feeding of mice was conducted in a mice breeding room in the College of Life Science, Hunan Normal University, Hunan Province, China. In the room, the temperature is 22 – 25℃ , the relative humidity is 50%~60%, and the light length is 13 h（the illumination time is from 6:00–19:00）with the light intensity of 2~3 μmol·s^{-1}·m^{-2} The mice were housed in steel cages （two male mice or two female mice per cage）with free access to food and water. The daily diet was provided with the quantity of 10% mouse body weight, and the water was sufficiently supplied by an 80 mL water-giving tube device per cage. Before the beginning of feeding test, the mice were fed the commercial formula feed for three days for acclimation. Then the mice were fed with the feed containing 60% GM rice grains（Group I）, with the feed containing 60% non-GM rice grains（Group II）, or with the commercial formula feed（Group III）, respectively, until the end of the experiment which lasted 245 days or 35 weeks.

3. Observation and measurement of morphological indicators of mouse's growth and development

The external morphology, behavior, and survival of mice were observed daily to determine whether they are normal or not, and the mortality rates of mice of three groups were investigated after the mice were fed 245 days.

The body weights of mice were measured on the day（s）of 1, 4, 7, 10, 13, 16, 19, 22, 25, 28, 31 after starting the feeding trial（fasting 12 h before weighing）, and the growth curves were drawn according to the body weights of mice.

For internal organ indices, the body weights of fasting mice were measured first after fed 245 days, then the mice were killed and their eyes and blood removed. Autopsy of their viscera was used to see if there was an exception. Then, the livers, kidneys, spleens, hearts, lungs, testes / ovaries, stomachs, small intestines, and brains of mice were removed and cleaned, and their fresh weights were measured. The internal organ index was calculated as the ratio of an organ weight / body weight.

4. Measurement of hematological and serum biochemical parameters

At the end of the feeding trial, five female mice and five male mice of each group were randomly selected to measure their hematological and serum biochemical parameters. The selected mice were killed; their eyes removed; and their bloods immediately taken from the damaged eyes with a pipette. One part of blood from each mouse was transferred into an anticoagulant tube for the detection of hematological indices, while the other part was transferred into an EP tube in which the serum was extracted from blood following Liu's Method（2012）for the determination of serum biochemical parameters. Hematological indicators including red blood cell count, hemoglobin content, white blood cell count, platelet count, etc. were measured with Mindray BC-5800 Auto Hematology Analyzer（Mindray Medical International Limited, Shenzhen, Guangdong Province of China）at the fourth hospital of Changsha City, Hunan Province of China. Serum biochemical parameters including serum total protein content, albumin content, alanine aminotransferase, etc. were measured with Mindray BS-300 Chemistry Analyzer

（Mindray Medical International Limited, Shenzhen, Guangdong Province of China）at the Hospital in Hunan Normal University, Hunan Province, China.

5. Analysis of serum IgG and IgE

The IgG and IgE levels in serum were analyzed by ELISA with IgG and IgE kits purchased from Huisong Science & Technology Co., Ltd., Shenzhen, Guangdong Province of China, following the manufacturer's protocol. The light absorbance（A value）of the sample was measured at 450 nm with DG5033A ELISA Analyzer（Nanjing Huadong Electronics Group Medical Equipment Co., Ltd., Nanjing, Jiangsu Province, China）. The level of IgG and IgE were evaluated according to the A values.

6. Detection of toxicity of whole protein extracted from dehulled GM rice grains on mouse lymphocytes

The toxicity of whole protein extracted from dehulled GM rice grains on mouse lymphocytes was detected according to Chen's Method（2012）with some modification. The detection target cells of mouse spleen lymphocytes were provided by Cardiac Development Research Lab., Life Science College, Hunan Normal University, and the whole protein concentrations of dehulled GM and non-GM rice grains exposed to lymphocytes were 200, 100, 50, 25 μg/mL with exposure times of 2, 6, 24 h for each concentration.

7. Statistical analysis

The values in all the tables and figures are means ± SD. Among them, the values in Fig. 1, Fig. 2, and Table 1 are means from 9 or 10 independent samples；in Table 2, Table 3, Fig. 3, and Fig. 4 from 5 independent samples；and in Table 4 and Table 5 from 3 independent samples. One way *ANOVA* and Duncan's multiple range tests were used to determine the differences among means obtained from 3 groups of mice. The *P*-value 0.05 was considered significant difference. All calculations were performed using statistical software of IBM SPSS Statistics 19.

8. Bioethics

All experimental procedures were approved by the College of Life Science, Hunan Normal University, Changsha, Hunan province, China.

III. RESULTS

1. The effects of GM rice on the signs, behavior, and survival of mice

The signs, behavior, and mortality rates of three groups of mice fed different kinds of feeds for 245 days were observed and measured comparatively. The results showed that the growth and development of mice of three groups were well–maintained with no abnormal signs and behaviors. and almost all the mice survived. Only one mouse died in each group of male mice and the Group II of female mice, therefore, the mortality rate of mice fed GM rice grains was not higher than either that of mice fed non–GM rice grains or that of mice fed commercial formula feed, indicating that feeding mice with GM rice grains does not influence their survival.

2. The effects of GM rice on the growth and development of mouse

The weights of the fasting mice of Group I, Group II, and Group III fed with GM rice feed, non–GM rice feed, or the commercial formula feed, respectively, were measured once every three days for one month. The results showed that there were no significant differences ($P \geq 0.05$) of body weights among the mice of three groups at each time (Fig.1 and Fig. 2). Therefore, there was no any side effect on the growth rates of mice fed GM rice grains.

Mouse organ index is an important indicator to reflect whether the growth and development of its organs are normal, and it is widely used to evaluate the impact of the test substance on organ growth and development. The ratios of liver weight / body weight (BW) , kidney weight / BW, spleen weight / BW, heart weight / BW, lung weight / BW, brain weight / BW, small intestine weight / BW, stomach weight/ BW, and ovary or teste weight / BW of Group I, Group II, and Group III mice were determined after they were fed with three kinds of feeds for 245 days. The results showed that except the ratio of male lung weight / body weight and the ratio of female kidney weight / body weight of Group I mice (fed with GM rice feed) were significantly less than those of Group III mice (fed with formula feed) , the organ indices of all others of male and female mice tested showed no any significant differences among the three groups of mice (Table 1) . Although there were significant differences of above two organ indices between Group I and Group III mice, there were no any significant difference of the two organ indices between Group I and Group II mice (fed with non–GM rice feed) , indicating that there is no obvious adverse effect on growth and development of mice fed GM rice grains.

Table 1　Organ indices of mice after fed with GM rice feed for 245 days

Organ indices	Group I GM rice feed	Group II Non–GM rice feed	Group III Formula feed
BW (g) of male mouse	44.5870 ± 3.0411 a	43.2145 ± 4.0456 a	45.1964 ± 2.9497 a
Liver / BW (%)	4.66 ± 0.47 a	4.69 ± 0.43 a	4.90 ± 0.22 a
Kidneys / BW (%)	1.85 ± 0.45 a	1.92 ± 0.18 a	1.93 ± 0.20 a
Spleen / BW (%)	0.24 ± 0.06 a	0.18 ± 0.06 a	0.23 ± 0.07 a
Heart / BW (%)	0.56 ± 0.09 a	0.60 ± 0.08 a	0.62 ± 0.13 a
Lungs / BW (%)	0.60 ± 0.09 a	0.67 ± 0.16 ab	0.77 ± 0.14 b
Brain / BW (%)	1.00 ± 0.11 a	0.97 ± 0.05 a	1.02 ± 0.07 a
Testes / BW (%)	0.53 ± 0.10 a	0.59 ± 0.06 a	0.54 ± 0.11 a

（续表）

Organ indices	Group Ⅰ GM rice feed	Group Ⅱ Non-GM rice feed	Group Ⅲ Formula feed
Stomach / BW（%）	1.58 ± 0.54 a	1.80 ± 0.28 a	1.58 ± 0.40 a
Small intestine / BW（%）	3.49 ± 0.58 a	3.79 ± 0.60 a	3.86 ± 0.46 a
BW (g) of female mouse	50.0650 ± 3.7440 a	46.9190 ± 4.7930 a	46.6380 ± 3.5000 a
Liver / BW（%）	5.85 ± 1.10 a	6.12 ± 0.90 a	6.90 ± 1.51 a
Kidneys / BW（%）	1.13 ± 0.16 a	1.31 ± 0.19 ab	1.43 ± 0.28 b
Spleen / BW（%）	0.37 ± 0.17 a	0.37 ± 0.12 a	0.30 ± 0.11 a
Heart / BW（%）	0.50 ± 0.06 a	0.55 ± 0.06 a	0.50 ± 0.07 a
Lungs / BW（%）	0.58 ± 0.14 a	0.67 ± 0.15 a	0.70 ± 0.12 a
Brain / BW（%）	0.98 ± 0.15 a	0.96 ± 0.10 a	0.98 ± 0.12 a
Testes / BW（%）	0.04 ± 0.02 a	0.03 ± 0.02 a	0.05 ± 0.03 a
Stomach / BW（%）	1.71 ± 0.34 a	1.63 ± 0.47 a	1.88 ± 0.26 a
Small intestine / BW（%）	4.01 ± 0.92 a	4.04 ± 1.59 a	4.19 ± 1.39 a

Note: The values in the table are means ± SD. The means with the same letters on a line indicate no significant difference ($P \geqslant 0.5$) among the groups, while the means with the different letters indicate significant difference ($P < 0.5$). These are also applied to Table 2 and Table 3 below. BW, body weight

3. The effects of GM rice on the hematological and serum biochemical parameters in mice

The hematological parameters like red blood cell count（RBC）, hemoglobin（HGB）content, white blood cell count（WBC）, platelet count（PLT）, etc., and serum biochemical parameters such as activities or contents of alanine aminotransferase（ALT）, alkaline phosphatase（ALP）, creatinine（CREA）, total protein（TP）, etc. of mice of three groups were analyzed after they were fed three kinds of feeds for 245 days. The results showed that all the indicators were not significantly different from each other among the mice of three groups（Table 2 – Table 3）, suggesting that feeding mice with GM rice has no adverse effect on the structure and function of their tissues and organs such as livers, kidneys, bone marrows.

Table 2　Hematological indices of mice after fed with GM rice feed for 245 days

Hematological parameters	Group Ⅰ GM rice feed	Group Ⅱ Non-GM rice feed	Group Ⅲ Formula feed
Male RBC（×10^{12}/L）	10.054 ± 1.304 a	9.858 ± 1.491 a	10.482 ± 0.638 a
HGB（g/L）	164.6 ± 20.0 a	158.0 ± 21.5 a	162.8 ± 6.9 a
HCT(%)	51.06 ± 6.47 a	48.94 ± 5.71 a	50.86 ± 2.29 a
MCV(fL)	50.88 ± 3.47 a	49.86 ± 2.65 a	48.60 ± 2.22 a
MCH(pg)	16.40 ± 0.97 a	16.06 ± 0.30 a	15.56 ± 0.63 a
MCHC(g/L）	322.6 ± 9.8 a	322.4 ± 14.0 a	320.4 ± 11.3 a
RDW（% CV）	14.24 ± 0.53 a	13.60 ± 0.51 a	13.94 ± 0.52 a

（续表）

Hematological parameters	Group Ⅰ GM rice feed	Group Ⅱ Non-GM rice feed	Group Ⅲ Formula feed
PLT（×10⁹/L）	995.2 ± 133.0 a	1056.0 ± 125.8 a	1140.4 ± 133.7 a
PCT(%)	0.4750 ± 0.0776 a	0.4816 ± 0.0612 a	0.5106 ± 0.0667 a
PDW(% CV)	14.56 ± 0.17 a	14.48 ± 0.13 a	14.42 ± 0.26 a
MPV(fL)	4.76 ± 0.24 a	4.56 ± 0.18 a	4.50 ± 0.31 a
WBC(×10⁹/L)	4.272 ± 1.001 a	3.920 ± 0.834 a	3.798 ± 1.082 a
Lymphocyte (%)	70.92 ± 3.57 a	71.82 ± 5.05 a	70.70 ± 7.51 a
Neutrophil (%)	21.88 ± 2.83 a	21.56 ± 4.79 a	22.18 ± 6.41 a
Eosinophil (%)	0.28 ± 0.11 a	0.52 ± 0.41 a	0.36 ± 0.18 a
Basophil (%)	0.10 ± 0.07 a	0.12 ± 0.18 a	0.10 ± 0.17 a
Monocyte (%)	6.82 ± 1.44 a	6.04 ± 2.25 a	6.62 ± 1.73 a
Female RBC（×10¹²/L）	9.674 ± 0.544 a	9.818 ± 0.847 a	10.508 ± 1.101 a
HGB（g/L）	155.0 ± 9.5 a	154.4 ± 19.0 a	164.6 ± 18.8 a
HCT(%)	44.86 ± 2.28 a	44.96 ± 3.63 a	47.50 ± 4.41 a
MCV(fL)	45.52 ± 1.35 a	44.98 ± 0.52 a	44.20 ± 1.72 a
MCH(pg)	16.00 ± 0.75 a	15.72 ± 1.06 a	15.70 ± 1.14 a
MCHC(g/L)	351.2 ± 7.7 a	349.4 ± 25.7 a	355.6 ± 26.3 a
RDW (% CV)	13.40 ± 1.0 a	13.16 ± 0.70 a	14.28 ± 1.01 a
PLT（×10⁹/L）	988.0 ± 463.2 a	1035.4 ± 234.2 a	1112.2 ± 392.0 a
PCT(%)	0.5012 ± 0.0581 a	0.5070 ± 0.0816 a	0.5128 ± 0.0756 a
PDW(% CV)	14.54 ± 0.59 a	14.62 ± 0.75 a	14.02 ± 0.70 a
MPV(fL)	5.78 ± 0.65 a	5.60 ± 0.89 a	5.54 ± 0.63 a
WBC(×10⁹/L)	4.96 ± 0.71 a	4.70 ± 1.01 a	4.56 ± 0.87 a
Lymphocyte (%)	70.26 ± 6.09 a	68.74 ± 4.92 a	69.18 ± 5.46 a
Neutrophil (%)	22.12 ± 3.68 a	22.44 ± 3.32 a	22.84 ± 5.27 a
Eosinophil (%)	0.34 ± 0.22 a	0.46 ± 0.43 a	0.5 ± 0.37 a
Basophil (%)	0.08 ± 0.08 a	0.20 ± 0.28 a	0.10 ± 0.22 a
Monocyte (%)	7.20 ± 2.58 a	8.16 ± 1.41 a	7.38 ± 0.45 a

Note: RBC, red blood cell count; HGB, hemoglobin; HCT, hematocrit; MCV, mean cell volume; MCH, mean cell hemoglobin; RDW, red blood cell volume distribution width; PLT, platelet; PCT, platelet ; PDW, platelet volume distribution width; MPV, mean platelet volume; WBC, white blood cell (leukocyte) count.

Table 3　Blood Biochemistry indices of mice after feeding with GM rice feed for 245 days

Biochemical compositions	Group Ⅰ GM rice feed	Group Ⅱ Non-GM rice feed	Group Ⅲ Formula feed
Male ALT（U/L）	50.34 ± 10.76 a	61.06 ± 14.19 a	53.42 ± 8.89 a
AST（U/L）	99.1 ± 18.78 a	105.2 ± 18.74 a	102.2 ± 24.32 a
γ-GT(U/L)	34.66 ± 13.47 a	39.32 ± 5.10 a	40.52 ± 9.58 a
ALP（U/L）	132.6 ± 17.56 a	129.54 ± 17.94 a	139.04 ± 21.46 a
TP（g/L）	62.58 ± 6.57 a	59.60 ± 5.59 a	58.44 ± 4.93 a
Alb（g/L）	28.80 ± 4.32 a	25.26 ± 3.65 a	24.26 ± 2.28 a

（续表）

Biochemical compositions	Group I GM rice feed	Group II Non-GM rice feed	Group III Formula feed
G（g/L）	33.8 ± 3.8 a	34.4 ± 5.1 a	34.2 ± 5.4 a
A/G	0.82 ± 0.11 a	0.72 ± 0.13 a	0.68 ± 0.13 a
TB（μ Mol/L）	4.316 ± 1.277 a	4.546 ± 1.924 a	5.134 ± 1.496 a
CREA（μ Mol/L）	52.60 ± 11.67 a	47.72 ± 13.93 a	50.52 ± 8.53 a
Urea (m Mol/L)	6.44 ± 2.17 a	6.94 ± 1.23 a	5.62 ± 2.61 a
UA（μ Mol/L）	63.60 ± 8.39 a	61.80 ± 5.21 a	58.16 ± 15.41 a
Glu (m Mol/L)	2.50 ± 0.35 a	3.66 ± 1.15 a	3.68 ± 1.29 a
TG(m Mol/L)	1.92 ± 0.45 a	1.84 ± 0.78 a	2.54 ± 0.34 a
TCH(m Mol/L)	3.72 ± 0.94 a	3.04 ± 0.59 a	3.62 ± 0.56 a
Female ALT（U/L）	40.57 ± 12.74 a	45.22 ± 7.23 a	53.80 ± 10.28 a
AST（U/L）	93.38 ± 12.24 a	89.24 ± 10.90 a	98.44 ± 22.59 a
γ –GT(U/L)	30.64 ± 8.15 a	38.99 ± 12.99 a	33.61 ± 4.87 a
ALP（U/L）	123.60 ± 14.70 a	134.04 ± 22.16 a	137.68 ± 21.67 a
TP（g/L）	56.88 ± 4.99 a	59.74 ± 18.47 a	65.48 ± 4.50 a
Alb（g/L）	25.29 ± 4.36 a	26.98 ± 9.07 a	28.82 ± 2.89 a
G（g/L）	32.00 ± 4.23 a	32.56 ± 9.55 a	36.22 ± 2.88 a
A/G	0.73 ± 0.17 a	0.76 ± 0.06 a	0.76 ± 0.09 a
TB（μ Mol/L）	5.134 ± 1.096 a	5.468 ± 0.570 a	5.736 ± 0.763 a
CREA（μ Mol/L）	44.64 ± 7.74 a	39.08 ± 8.92 a	39.88 ± 9.99 a
Urea (m Mol/L)	6.402 ± 2.196 a	6.021 ± 1.379 a	8.276 ± 2.335 a
UA（μ Mol/L）	65.98 ± 18.68 a	61.89 ± 10.80 a	57.3 ± 17.17 a
Glu (m Mol/L)	4.078 ± 0.359 a	4.218 ± 0.713 a	3.775 ± 0.506 a
TG(m Mol/L)	1.58 ± 0.37 a	1.73 ± 0.75 a	1.67 ± 0.45 a
TCH(m Mol/L)	3.492 ± 0.877 a	2.544 ± 0.771 a	2.904 ± 0.423 a

Note: Data in the table are mean ± SD. Alb: Albumin, G: Globulin, A/G: Ratio of Albumin/ globulin, TP: Total protein, ALT: Alanine aminotransferase, AST: Aspartate amino transferase, γ –GT: γ –glutamine transferase, ALP: Alkaline phosphatase, TB: Total bilirubin, CREA: creatinine, TG: Triglycerides. TCH: Total cholesterol, UA: Uric acid, Glu: Glucose.

Table 4　The survival % of mice lymphocytes detected by Cell Counting Kit-8 (CCK-8) assay after exposed to GM rice protein and non-GM rice protein *in vitro*

Test substances Category	Concentration（μg/mL）	Time of lymphocytes exposed to test substances（h） 2	6	24
Blank control	0.000	100.00 ± 0.00 a	100.00 ± 0.00 a	100.00 ± 0.00 a
Positive control(Vincristine)	0.025	81.52 ± 1.36 b	76.48 ± 1.45 b	67.36 ± 1.29 b
	25.0	94.53 ± 3.49 a	92.43 ± 3.54 a	93.25 ± 4.19 a
	50.0	92.68 ± 4.43 a	91.59 ± 3.35 a	94.48 ± 3.31 a
Whole protein of GM dehulled rice grains	100.0	92.53 ± 3.41 a	93.46 ± 4.29 a	93.39 ± 4.32 a
	200.0	93.21 ± 3.27 a	92.51 ± 3.58 a	92.37 ± 2.65 a

（续表）

| Test substances | | Time of lymphocytes exposed to test substances（h） | | |
Category	Concentration（μg/mL）	2	6	24
Whole protein of Non-GM dehulled rice grains	25.0	93.75 ± 4.21 a	94.25 ± 3.76 a	93.59 ± 4.43 a
	50.0	92.53 ± 3.29 a	93.78 ± 2.43 a	94.24 ± 3.32 a
	100.0	94.16 ± 4.24 a	92.36 ± 4.12 a	93.75 ± 3.52 a
	200.0	92.65 ± 3.47 a	92.46 ± 4.36 a	92.74 ± 4.16 a

Note: 1) Blank control: the lymphocytes were not exposed to any test substances ; 2) The values in the table are means ± SD. The means with the same letters on a column indicate no significant difference ($P \geqslant 0.5$), while the means with the different letters indicate significant difference ($P < 0.5$).

4. Analysis of allergenicity of feed containing genetically modified rice grains to mice

The IgG and IgE levels in serum are two important indicators to evaluate the allergenicity of the test substance. If a mouse is allergic to the test substance, the levels of either or both IgG and IgE in its serum will responsively increase. The analysis of serum IgG and IgE in mice of Group I, Group II and Group III showed that the serum IgG and IgE levels in mice among the three groups were not significantly different from each other after they were fed three kinds of feeds for 245 days(Fig.1, Fig.2) , indicating that the feed containing GM rice grains has no allergenicity to mice.

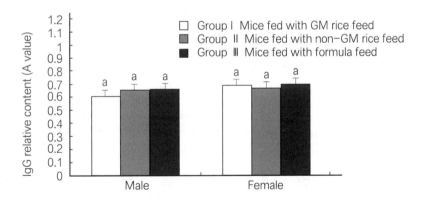

Fig.1　IgG relative content (A value) in blood of mice after fed with GM rice feed for 245 days

The values in the figure are means±SD. The means with the same letters indicate no significant difference ($P \geqslant 0.5$) of IgG among the mice of three groups.

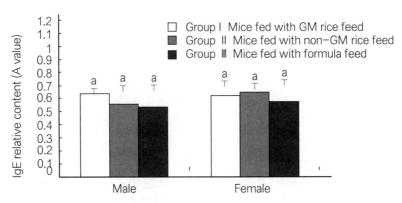

Fig. 2.　IgE relative content (A value) in blood of mice after fed with GM rice feed for 245 days

The values in the figure are means±SD. The means with the same letters indicate no significant difference ($P \geqslant 0.5$) of IgE among the mice of three groups.

5. Cytotoxicity of whole protein extracted from the dehulled genetically modified rice grains to mouse lymphocytes *in vitro*

The cytotoxicity of whole protein extracted from the dehulled GM rice grains and non-GM rice grains on mouse spleen lymphocytes was detected by Cell Counting Kit-8 and the Neutral Red Uptake assay in vitro with the exposure protein concentrations of 25, 50, 100, and 200 μg/mL and incubation time of 2 h, 6 h, 24 h. The results showed that the survival rate of lymphocytes exposed to whole protein of the dehulled GM rice grains was not significantly different from that of exposed to whole protein of the dehulled non-GM rice grains（Table 4, Table 5）, indicating that the whole protein of GM rice grains has no toxicity to mouse lymphocytes.

Table 4　The survival % of mice lymphocytes detected by Cell Counting Kit-8 (CCK-8) assay after exposed to GM rice protein and non-GM rice protein *in vitro*

Test substances		Time of lymphocytes exposed to test substances / h		
Category	Concentration/(μg/mL)	2	6	24
Blank control	0.000	100.00 ± 0.00 a	100.00 ± 0.00 a	100.00 ± 0.00 a
Positive control (Vincristine)	0.025	81.52 ± 1.36 b	76.48 ± 1.45 b	67.36 ± 1.29 b
Whole protein of GM dehulled rice grains	25.0	94.53 ± 3.49 a	92.43 ± 3.54 a	93.25 ± 4.19 a
	50.0	92.68 ± 4.43 a	91.59 ± 3.35 a	94.48 ± 3.31 a
	100.0	92.53 ± 3.41 a	93.46 ± 4.29 a	93.39 ± 4.32 a
	200.0	93.21 ± 3.27 a	92.51 ± 3.58 a	92.37 ± 2.65 a
Whole protein of Non-GM dehulled rice grains	25.0	93.75 ± 4.21 a	94.25 ± 3.76 a	93.59 ± 4.43 a
	50.0	92.53 ± 3.29 a	93.78 ± 2.43 a	94.24 ± 3.32 a
	100.0	94.16 ± 4.24 a	92.36 ± 4.12 a	93.75 ± 3.52 a
	200.0	92.65 ± 3.47 a	92.46 ± 4.36 a	92.74 ± 4.16 a

Note: 1) Blank control: the lymphocytes were not exposed to any test substances ; 2) The values in the table are means±SD. The means with the same letters on a column indicate no significant difference ($P \geqslant 0.5$), while the means with the different letters indicate significant difference ($P < 0.5$).

Table 5 The survival % of mice lymphocytes detected by neutral red uptake (NRU) assay after exposed to GM rice protein and non-GM rice protein *in vitro*

The test substances		Time of lymphocytes exposed to test substances /h		
Category	Concentration（μg/mL）	2	6	24
Blank control	0.000	100.00 ± 0.00 a	100.00 ± 0.00 a	100.00 ± 0.00 a
Positive control (Vincristine)	0.025	81.52 ± 1.36 b	76.48 ± 1.45 b	67.36 ± 1.29 b
Whole protein of GM dehulled rice grains	25.0	94.25 ± 4.16 a	93.87 ± 3.52 a	91.87 ± 3.34 a
	50.0	93.77 ± 3.36 a	93.56 ± 4.34 a	92.36 ± 4.41 a
	100.0	94.53 ± 5.12 a	94.47 ± 3.36 a	92.52 ± 3.54 a
	200.0	92.35 ± 4.23 a	91.82 ± 4.19 a	93.74 ± 4.43 a
Whole protein of Non-GM dehulled rice grains	25.0	92.52 ± 3.45 a	92.45 ± 2.48 a	91.58 ± 3.42 a
	50.0	93.38 ± 5.02 a	91.75 ± 3.52 a	93.38 ± 5.40 a
	100.0	93.76 ± 4.56 a	95.14 ± 4.26 a	92.67 ± 4.28 a
	200.0	92.84 ± 3.49 a	93.51 ± 5.39 a	94.10 ± 3.26 a

Note: 1) Blank control: the lymphocytes were not exposed to any test substances ; 2) The values in the table are means ± SD. The means with the same letters on a column indicate no significant difference ($P \geqslant 0.5$), while the means with the different letters indicate significant difference ($P < 0.5$).

IV. DISCUSSION

This study has analyzed the effects of GM rice genetically modified with both genes of *Bt* and *Epsps* on the health of mice. The results show that although there are significant differences of the ratio of male lung weight / body weight and the ratio of female kidney weight / body weight between the mice fed GM rice feed and the mice fed formula feed, for which the reason is undetermined, there are no significant differences of the two organ indices between the mice fed GM rice feed and the mice fed non-GM rice feed. And there are no significant differences of the other test indicators regarding the mouse health between the mice fed GM rice feed and the mice fed non-GM rice feed. Similarly, there are no significant differences between the survival percentage of lymphocytes exposed to whole protein of GM rice grains and that of lymphocytes exposed to whole protein of non-GM rice grains in vitro. Those results suggest that the GM rice has no adverse effect on the health of mice. This conclusion is consistent with those of most studies with other GM rice varieties using mice or rats as feeding animals（Yuan *et al.*, 2013；Wang *et al.*, 2013；Chen *et al.*, 2012；Liu *et al.*, 2012 a, b；Liu *et al.*, 2008；Wang *et al.*, 2000；Wang *et al.*, 2002；Momma *et al.*, 2000）. It provides a scientific foundation for the biosafety of GM rice, which is critical for the consideration of the approval of the commercial cultivation of GM rice. Additionally, it will help the production and consumption of this GM rice.

Compared with most previous studies, the feeding time of this study is much longer, almost three times of the time for 90 days feeding of sub–chronic toxicity test, and is the longest so far in the safety assessment of GM rice. These results will undoubtedly be more reliable and valuable. Due to the limitation of some conditions, the chronic toxicity test up to 2 years' feeding failed to be performed in this study, but this test is still worth undertaking in the future for a more comprehensive understanding of the health safety of GM rice.

In this study, the health safety assessment of *indica* GM rice variety 93–11 with *Bt* and *Epsps* genes is first carried out. It provides a safety evaluation reference for the applications of two foreign genes together in rice molecular breeding and has important reference value for the molecular breeding and application of GM rice with transgenic complex traits.

Conclusion

Feeding mice with the diet containing 60% rice grains genetically modified with genes of both *Bt* and *Epsps* for 245 days does not influence their survival. There is no obvious adverse effect on growth and development of mice fed with the GM rice diet. There is no side effect on the hematology and serum physiological and biochemical indices of mice fed with the GM rice diet for 245 days. The content of serum IgG and IgE（allergenic indicators）in mice fed with the GM rice diet for 245 days was not significantly different（$P \geqslant 0.05$）from that of mice fed with the non– GM rice diet and formula diet. The mouse lymphocyte exposed to whole protein of devilled GM rice grain can normally survive *in vitro*. In overall, GM rice genetically modified with genes of both *Bt* and *Epsps*, similar to its non–GM rice counterpart, is a safe feed for mice.

Acknowledgments

We thank Professor Yang Yuanzhu, Yahua Zhongye Agriculture Academy of Hunan, Yuan Long Ping High–Tech Co., Ltd., Hunan Province, China, for providing GM rice grains and non– GM rice grains. This work was supported by National Natural Science Foundation of China（No.30970421）, Key Project Funding of Science and Technology Program of Hunan Province, China（No.2012FJ2013）, Key Scientific Research Project of Education Department of Hunan Province, China（No.10A072）, Hunan Provincial Construct Program of the Key Discipline in Ecology（No.0713）, and the Cooperative Innovation Center of Engineering and New Products for Developmental Biology of Hunan Province（No.20134486）.

原载 ◎ J. Anim. Plant Sci., 25（3）2015 Special Issue；国家自然科学基金项目（No.30570226、No.30970421）资助

转 *Bar* 基因抗除草剂稻谷喂养小鼠的食用安全性评价

黄毅　孙艳波　段妍慧　富丽娜　刘金　颜亨梅*

摘要： 以转 *Bar* 基因抗除草剂水稻品种 *Bar*68 −1 及其受体品种 D68（CK）为材料，将其稻谷配制饲料后饲喂体重在 18~24 g 的 SPF 级昆明小鼠，喂养 90 d 后分别检测小鼠腿肌、肝脏、肾脏、脾脏、小肠中是否含有 *Bar* 基因片段及其表达蛋白磷丝菌素乙酰转移酶（PAT），同时检测了小鼠消化道内外源蛋白的消化降解和小肠线粒体基因组（mtDNA）的突变情况。结果表明：饲喂转 *Bar* 基因稻谷的实验组小鼠各脏器组织中没有检测到 *Bar* 基因片段和其表达的 PAT 蛋白；外源蛋白 PAT 在小鼠胃肠道内无耐受性，能够被机体完全消化；小鼠小肠 mtDNA 的测序结果无异常，没有发现突变位点，说明转基因成分没有在小鼠体内残留或发生转移，也没有导致小鼠肠道基因突变。

关键词： 转 *Bar* 基因水稻；稻谷；小鼠喂养；食用安全性评价

本文以转 *Bar* 基因抗除草剂水稻为材料，在保证小鼠正常生命活动的前提下加入了较高的（60%）转基因成分进行 90 d 的亚慢性毒性试验，以探明转 *Bar* 基因抗除草剂稻谷对小鼠生命活动的影响。

一、材料与方法

1. 试验材料

试验所选转基因抗除草剂水稻品系 *Bar*68 −1 为中国科学院亚热带农业生态研究所培育的抗草胺膦的早籼稻，是用基因枪法将 *Bar* 基因转入籼稻品种 D68 后育成的；所选对照组品种为 D68。

根据农业部最新规定，在保证小鼠正常生长发育不受影响的条件下，须加入最大剂量的转基因水稻进行安全性评价分析，并选用相应的常规水稻作为对照。本试验经过计算，在保证小鼠正常生命活动不受影响（主要考虑蛋白的摄入量）的情况下，选用 1993 年美国营养学会推出的适用于啮齿动物的 AIN–93G 饲料为标准参照物配比小鼠食物的成分，喂食参入转 *Bar* 基因水稻 *Bar*68−1 及相应对照品种 D68 稻谷的饲料，2 组饲料当中稻谷的加入量均为 60%（表 1）。其中基础饲料 [许可证编号为 SCXK（湘）2009−0009，粗蛋白＞ 20%]，由湖南斯莱克景达实验动物有限公司提供。

试验动物：SPF 级昆明小鼠 60 只，体重 18~24 g [许可证编号为 SCXK（湘）2009−0004]，由湖南斯莱克景达实验动物有限公司提供。

表 1　2 组小鼠日粮配方

成分	蛋白质含量	配比
稻谷	9	60
基础饲料	23	30
鱼粉	65	10

2. 动物分组

选取 18~24 g 的 SPF 级昆明小鼠适应饲养 3 d 后，将以上动物随机分为试验组（饲喂转基因稻谷）和对照组（饲喂非转基因稻谷），各组饲喂相对应的饲料及水。90 d 后，随机抽取小鼠处理后用于试验检测。

3. 试验步骤及方法

（1）稻谷 DNA 的提取及 *Bar* 基因定性检测

用 Omega 公司的 Plant Seed Direct PCR Kit 试剂盒来提取 *Bar*68-1 稻谷基因，试剂盒包含所有快速提取和扩增基因组 DNA 的试剂，按照说明书进行提取。之后 2~8 ℃ 储存用于 PCR 反应。*Bar* 基因 PCR 引物为 5'-caccatcgtcaaccactacatcg-3'，5'-taaatctcggtgacgggcaggac-3'，扩增产物长度 486 bp。

设置无 DNA 模板的空白对照、有外源基因重组质粒的阳性对照。反应体系为 $10 \times$ Buffer 2 μL，2.5 mmol/L dNTP 1.6 μL，10 μmol/L P1 1 μL，10 μmol/L P2 1 μL，100 ng/μL 模板 DNA 1 μL，2.5 U/μL Taq DNA 聚合酶 0.4 μL，dd H_2O 13 μL，总体积为 20 μL。反应设置程序为 95 ℃ 5 min；94 ℃ 1 min，58 ℃ 45 s，72 ℃ 1 min，30 个循环；72 ℃ 延伸 10 min，之后 4 ℃ 保存。

（2）小鼠样品采集和处理

从饲喂转基因稻谷的小鼠中随机抓取 6 只，每重复 2 只。无菌条件下处理后取肝脏、肾脏、脾脏，用无菌的生理盐水洗净血污，再取小肠约 5cm，挤出内容物，用无菌生理盐水洗涤干净，编号，密封于无菌的自封袋中，-20 ℃ 冰箱保存；取腿肌约 3 g，编号，密封于无菌自封袋中；取新鲜粪便 1g，密封于无菌的自封袋中，-20 ℃ 冰箱保存。

试验前，无菌条件下用无菌的手术刀轻轻将组织样品表面层切去，再用 10 % 次氯酸钠溶液清洗切面，以确保所使用样品不受表面 DNA 污染，按要求取一定量样品盛于无菌的 1.5 mL 离心管中，密封，置冰上。为避免 DNA 污染，处理过程中所使用的物品均提前高压灭菌，使用时再用 10% 次氯酸钠溶液擦拭，对样品进行操作时戴无菌塑料手套，所使用的刀片和手套，每个样品更换 1 次。由于小肠壁较薄，因此只对其外表面和内表面用 10 % 次氯酸钠溶液清洗。

（3）小鼠基因组 DNA 的提取

为避免在 PCR 过程中出现假阴性现象，采用水稻中的内源基因 SPS 片段（引物为：5'-ttgcgcctgaacggatat-3'，5'-ggagaagcactggacgagg-3'；扩增产物长度为 277 bp）和小鼠内参基因 GAPDH（引物为 :5'–catcactgccacccagaaga–3', 5'–tgaagtcgcaggagacaacc–3'；扩增产物长度为 340 bp）分别作为水稻和小鼠样品中 DNA 提取效果的阳性对照，采用 *Bar* 基因片段特异引物对小鼠样品 DNA 进行扩增，检测外源基因是否在小鼠体内代谢残留。

采用 Omega 公司的 E.Z.N.A. Tissue DNA Kit 试剂盒提取小鼠基因组 DNA，首先按要求制作 Buffer GPS 硅胶柱平衡缓冲液，接着将预处理过的内脏组织切碎放入 1.5 mL 小管中，按照说明书上的方法提取小鼠基因组 DNA，提取的基因组 DNA 置于 –20 ℃保存。

（4）DNA 检测及 PCR 扩增

所有样品 DNA 提取后，进行琼脂糖凝胶电泳检测提取效果，并且对提取的 DNA 浓度进行定量，将 DNA 样品稀释到约 20~30 ng / μL，作 PCR 反应的模板。设计好外源和内源基因的引物，将小鼠组织和稻谷 DNA 在适宜的条件下扩增，扩增产物在 1% 琼脂糖凝胶上电泳，凝胶成像系统下观察结果。

（5）蛋白质的提取

取新鲜转基因稻谷及其对照品种稻谷约 2 g，液氮研磨后按每克 1 mL 的比例加入提取缓冲液（0.3 mol / L NaHCO$_3$, 0.5 mol/L NaCl, 1% β 巯基乙醇, 10% 甘油, 1% PMSF, 0.1% Twee–20），4 ℃抽提过夜，12000×g 离心 15 min 后取上清液备用。取肌肉、肝脏、脾脏、肾脏和粪便各 1 g 和用于提取 DNA 后剩余的小肠样品，冰箱中解冻，捣碎，置无菌离心管中，低压冻干过夜（约 14 h），每个样品中加入 8~10 个洁净无菌的小玻璃珠，按鲜重加入 10 倍体积的蛋白提取缓冲液，摇床上振荡约 1h，使样品与缓冲液完全混合，放置 4 ℃冰箱过夜（约 14 h）。10000×g 离心 20 min，取上清平均分装到 1.5 mL 无菌离心管中。蛋白质提取缓冲液组成为 81 mmol / L Na$_2$HPO$_4$·7H$_2$O, 15 mmol/L KH$_2$PO$_4$, 1.5 mol/L NaCl, 27 mmol/L KC1, 1 mmoI/L PMSF（苯甲基磺酰氟）。

（6）转基因稻谷及小鼠外源蛋白的检测

将从稻谷及小鼠提取的蛋白质用美国进口的 Enviro Logix 转基因 ELISA 试剂盒（AP013）对 *Bar* 基因表达蛋白磷丝菌素乙酰转移酶（PAT）进行检测，分析转基因稻谷外源蛋白表达及小鼠体内外源蛋白的残留情况。按照试剂盒说明书进行操作，结束后在酶标仪 450 nm 波长下读数，进而计算含量并对数据进行统计分析。

（7）小鼠消化道外源蛋白残留检测

随机抽取 24 只转基因组小鼠，禁食 48 h 以排除体内食物残渣。之后饲喂足量的转基因饲料，然后分别于开始饲喂后 6 h、12 h 和 24 h 各处理 8 只小鼠，取小鼠的胃、小肠、大肠以及直肠的内容物各 1 g 分别放入灭菌小塑料管中，–20 ℃保存，利用 PAT 酶 ELISA 检测试剂盒进行检测。

（8）小鼠小肠线粒体 DNA（mtDNA）的突变观察

按照动物线粒体基因组 DNA 提取试剂盒的说明提取 mtDNA 后，溶解于 1 mL TE 中，–20 ℃保存。用引物设计软件 primer 设计覆盖 mtDNA12S RNA 和 16S RNA 全序列片段引物，将设计好的引物序列送往上海生工生物工程有限公司进行合成。PCR 反应体系为：上、下游引物 2 μL，模板 1.5 μL，2×Taq PCR Master Mix12.5 μL，dd H₂O 9 μL。PCR 反应程序为：94 ℃预变性 5 min，然后开始 28 个循环（包括 94 ℃变性 30 s，60 ℃退火 30 s，72 ℃复性 1 min），接着 72 ℃延伸 7 min，最后 4 ℃保存。PCR 反应后取 5 μL 产物进行凝胶电泳观察结果。将扩增出来的产物送往上海生工生物工程有限公司，采用 ULTRA PAGE 方法纯化后进行正、反向测序。

二、结果与分析

1. 转 *Bar* 基因水稻定性 PCR 检测

对 *Bar*68-1 进行 DNA 提取及 PCR 反应扩增后，电泳检测结果表明转基因组能够扩增出预期的 DNA 条带（图 1），说明所用稻谷确为转 *Bar* 基因抗除草剂稻谷。

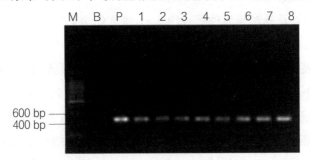

M：DNA 分子量标记；B：空白对照；P：质粒 pSHK5；1~8：*Bar*68-1 植株

图 1　转基因抗除草剂水稻 *Bar*68-1 植株 *Bar* 基因的 PCR 检测

2. *Bar* 基因残留的 PCR 检测

采用 *Bar* 基因片段特异性引物及水稻内参基因 SPS 的引物对转基因水稻 *Bar*68 — 1 和对照品种 D68 的 DNA 进行扩增，结果 *Bar*68-1 中扩增出了 *Bar* 和 SPS 基因的特异性条带，而 D68 只扩增出了 SPS 基因的特异性条带（图 2），表明本试验所用 *Bar*68-1 稻谷中已成功转入了外源 *Bar* 基因，为抗除草剂转基因稻谷，也说明试验设计的 PCR 体系和程序合适。以小鼠的管家基因 GAPDH 为阳性内对照。

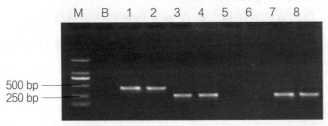

M：DNA 分子量标记；B：空白对照；1~2：*Bar*68 — 1 的 *Bar* 基因；3~4：*Bar*6-1 的 SPS 基因；5~6：D68 的 *Bar* 基因；7~8：D68 的 SPS 基因。

图 2　水稻外源 *Bar* 基因和 SPS 内参基因的 PCR 检测

对小鼠的内脏器官和肌肉组织 DNA 进行扩增，结果得到了 340 bp 的预期扩增条带（图 3），说明小鼠模板 DNA 没有问题，适于 PCR 反应。用 *Bar* 基因的特异性引物对小鼠器官和肌肉组织 DNA 进行 PCR 扩增，均未能扩增出预期的 *Bar* 基因 486 bp 片段（图 4），说明外源基因片段未能向小鼠的内脏器官和肌肉组织中转移和累积。

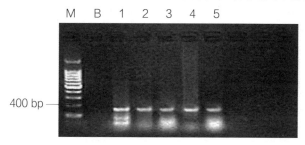

M：DNA 分子量标记；B：空白对照；1~5：分别为小鼠肝、脾、肾、小肠、肌肉组织。

图 3　小鼠内脏器官和肌肉组织中 GAPDH 基因的 PCR 检测

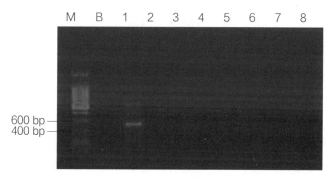

M: DNA 分子量标记; B: 空白对照; 1: *Bar* 基因阳性对照; 2 ~ 6: 分别为小鼠肝、脾、肾、小肠、肌肉组织。

图 4　小鼠内脏 器官和肌肉组织中 *Bar* 基因的 PCR 检测

3. 转基因稻谷及小鼠外源蛋白的检测

随机抽取转基因水稻 *Bar*68-1 的稻谷用 ELISA 试剂盒进行 PAT 蛋白检测，结果显示，转基因稻谷 ELISA 显色反应为黄色，与对照组（无色）差异明显。由酶标仪检测数据可知，对照组与空白组无显著差异，但两者与转基因组差异显著（表 2）。

表 2　转基因稻谷中 PAT 酶的 ELISA 检测结果

样品	吸光值 (OD$_{450}$)	样品	吸光值 (OD$_{450}$)
*Bar*68-1	0.732	D68	0.056
*Bar*68-1	0.688	D68	0.063
*Bar*68-1	0.721	D68	0.045
*Bar*68-1	0.763	D68	0.046
*Bar*68-1	0.664	D68	0.055
Bar68-1	0.785	D68	0.057

（续表）

样品	吸光值 (OD$_{450}$)	样品	吸光值 (OD$_{450}$)
Bar68-1	0.712	D68	0.061
*Bar*68-1	0.693	D68	0.058
空白对照	0.049	空白对照	0.055

以相同方法对小鼠肌肉、肝、脾、肾及小肠的蛋白提取物进行检测，结果可见，阳性对照具有颜色反应（显黄色），而其他组织样品均未出现颜色反应，表明在小鼠组织样品中没有检测到 PAT 酶的存在。由酶标仪的检测数据进一步证实 PAT 酶未有残留或转移（表3）。

表3　两组水稻 PAT 酶检测结果统计（$\overline{X} \pm SE$）

	*Bar*68-1	D68-1
OD 值（450 nm）	0.720 ± 0.014	0.040 ± 0.005

$P = 0.036 < 0.05$，差异性显著。

4. 小鼠消化道外源蛋白残留情况检测

饲喂转基因饲料后 6、12 和 24 h 分别取小鼠的胃、小肠、大肠以及直肠的内容物，用 PAT 酶 ELISA 检测试剂盒进行检测，结果见表4。检测发现，饲喂转基因稻谷 6 h 后小鼠胃内容物有部分样品出现颜色反应（显黄色），而小肠、大肠和直肠内容物无颜色反应；饲喂转基因稻谷 12 h 和 24 h 后，胃、小肠、大肠和直肠的所有内容物均没有出现显色反应。这可能是因为饲喂 6 h 后饲料在胃内尚未被完全消化，而在经过较长时间的消化处理后，外源 PAT 酶可被小鼠消化系统消化分解。表明 *Bar* 基因表达的外源蛋白质能被动物消化系统充分降解，不会通过粪便排泄到土壤中而对环境产生危害。

表4　饲喂转基因饲料后不同时间小鼠消化道内 PAT 酶含量的检测

	6 h	12 h	24 h
阳性对照	0.718 ± 0.019a	0.709 ± 0.018a	0.696 ± 0.023a
胃	0.368 ± 0.002a	0.049 ± 0.003b	0.050 ± 0.002b
小肠	0.052 ± 0.002b	0.046 ± 0.003b	0.048 ± 0.003b
大肠	0.056 ± 0.004b	0.055 ± 0.003b	0.057 ± 0.002b
直肠	0.055 ± 0.004b	0.050 ± 0.002b	0.051 ± 0.004b

注：a 为 ELISA 检测阳性，b 为阴性。

5. 小鼠小肠 mtDNA 的突变检测

设计了覆盖小鼠小肠 mtDNA 的 12S RNA 和 16S RNA 全序列的引物 4 对（表5）。用以对小鼠小肠 mtDNA 进行 PCR 扩增，将扩增产物送上海生工生物工程有限公司进行正、反向测序，再将双向测序结果用 DNAMAN 分析软件反向互补拼接，导出完整序列后，进入 NCBI 进行 Blast 分析其同源性，并与线粒体基因库的小鼠 mtDNA 序列作对比，检测其是否出现突变。结果发现测序片段与基因库中小鼠线粒体基因组序列一致，未出现任何突变的情况。说明在本试验条件下，外源 *Bar* 基因没有对小鼠 mtDNA12S RNA 和 16S RNA 的保守区域造成突变影响。

表5　小鼠小肠 mtDNA 引物序列

引物编号	引物序列 (5'-3')	引物位置	扩增片段长度	所属基因组序列
P1	agtttggtcctggccttat	nt72 ~ 92	704	12S RNA
P2	cccatttcattggctacacc	nt755~775	704	12S RNA
P3	actcaaaggacttgcggta	nt581 ~ 601	538	12S RNA
P4	gtgtagggctagctagga	nt1098~1118	538	12S RNA
P5	ccgtcaccctcctcaaatta	nt910~930	975	16S RNA
P6	ctttaggaattccggtgttg	nt1865 ~ 1885	975	16S RNA
P7	gttaccaacaccggaatg	nt1859~1879	935	16S RNA
P8	tagaatggggacgaggcagtg	nt2774~2794	935	16S RNA

三、小结与讨论

本实验条件下发现：以转 *Bar* 基因稻谷喂食动物体后，可在消化道内环境中彻底地降解消化，这主要是由于饲料进入消化道后，在胃中降解程度不大，而经过胃中酸性环境和胰腺及肠道上皮细胞分泌的各种 DNase 作用下则被降解成小的片段；而外源蛋白在胃肠道黏液中无耐受性，也会很快降解，转基因成分没有在小鼠体内残留或发生转移。PCR 反应扩增的小鼠 mtDNA 12S RNA 和 16S RNA 全序列片段经测序比对后没有发现异常及突变也从侧面支持了以上观点。

Bar 基因（bialaphos resistance gene）最初是从合成 Bialaphos 的吸水链霉菌（*Streptomyces hygroscopicus*）中分离出来的，是 *Streptomyces hygroscopicus* 避免自身产物 Bialaphos 毒害的保护基因，编码 PPT 乙酰转移酶（PAT），PAT 蛋白，能使草胺膦的自由氨基乙酰化使其失活，从而使草胺膦对植物无毒性作用。编码 PAT 蛋白的 DNA 本身对消费者并不会增加危险性。PAT 是一种新酶，在人体内无内源的这种酶。PAT 在植物中高表达时可达总可溶性蛋白的 0.1%，其与已知的 120 多种人体过敏蛋白无同源性。*Bar* 基因供体吸水链霉菌，在自然界中广泛存在，属于生物圈的一部分，链霉菌属中几乎没有任何菌种与人、动物、植物的病原体有关。目前也尚无这些同源物对人和动物是毒素或过敏原的报道，因此作者认为 *Bar* 基因供体是安全的。而由 *Bar* 基因编码表达的 PAT 蛋白在消化液内快速降解，与已知毒蛋白无同源性，也不具过敏原的特性，如热或消化稳定性、无糖基化位点等。到目前为止，乙酰转移酶家族和 PAT 蛋白还未发生副作用的报道，并且 PAT 蛋白在植物中的表达量是极其低的，PAT 蛋白是相对安全的。

原载◎杂交水稻，2012，27（2）；国家自然科学基金项目（No.30970421）资助

转 *Bar* 基因稻谷全蛋白对体外培养小鼠淋巴细胞的毒性

刘金　黄毅　孙艳波　颜亨梅 *

摘要： 为检测转基因大米 *Bar*68-1 全蛋白的急性细胞毒性，分别以 25、50、100 和 200 μg·mL^{-1} 转基因大米 *Bar*68-1 全蛋白孵育昆明小鼠淋巴细胞，并各孵育 2 h、6 h、24 h，然后通过体外试验用 CCK-8 及中性红摄取试验检测细胞毒性大小。在经过不同的孵育时间段后，阳性对照组淋巴细胞的细胞存活率与空白对照组相比，存在显著差异（$P < 0.05$）。其中，CCK-8 试验、中性红试验测得细胞存活率存在着明显的损伤作用－时间效应关系。转基因大米 *Bar*68-1 全蛋白组孵育的淋巴细胞存活率与非转基因大米 D68 全蛋白组孵育的淋巴细胞相比无明显差异（$P > 0.05$），且与空白对照组细胞存活率差异不显著（$P > 0.05$）。结果显示，转基因大米 *Bar*68-1 全蛋白与非转基因大米 D68 全蛋白急性细胞毒性效应相似，对小鼠淋巴细胞无明显急性毒性。

关键词： 转 *Bar* 基因稻谷；小鼠；安全性评价；细胞毒性；体外试验；存活率

本研究采用 CCK-8 试验（Cell Counting Kit-8 Assay）和中性红试验（Neutral Red Uptake assay，NRU）来检测转基因稻米全蛋白成分对小鼠淋巴细胞的损伤程度（毒性大小），耗时短，工作量较小，费用较低，能够在细胞水平上检测毒性大小，可对转基因大米的细胞毒性进行客观、科学的评价。

一、材料与方法

1. 实验材料

转基因大米（*Bar*68-1）及对照组非转基因亲本大米 D68（由中国科学院亚热带农业生态研究所鉴定提供）。试验以小鼠淋巴细胞系为靶细胞，该细胞系取自昆明小鼠（*Mus musculus*）脾脏，由湖南师大生科院心脏发育实验室提供。

2. 试剂（配方）

苯甲基磺酰氟（PMSF）（美国 Amresco 公司），Western 及 IP 细胞裂解液（碧云天生物技术研究所）；BCA 蛋白浓度测定试剂盒（碧云天生物技术研究所），长春新碱（美国 Amresco 公司），胎牛血清（美国 Hyclone 公司），中性红染料（上海三爱思试剂有限公司），CCK-8 试剂盒（日本同仁化学研究所），磷酸盐缓冲液（PBS）（将

NaCl 8.00 g、KCl 0.20 g、Na$_2$HPO$_4$ 1.56 g、KH$_2$PO$_4$ 0.20 g 定容至 1 L 室温储存，高压消毒后使用），中性红储备液（将中性红 10.0 g 加入去离子水至 100 mL，在 37 ℃温度下放置 30 min 后摇匀，室温保存，临用时用去离子水稀释 40 倍后即可），中性红萃取液（水 4.9 mL+ 乙醇 5.0 mL+ 冰乙酸 100 μL 充分混匀后配制，现配现用）。

3. 仪器设备

全波长多功能酶标仪（TECAN Safire2，法国），恒温振荡器（上海精宏公司），二氧化碳培养箱（GH5000B，美国 Forma 公司），生化培养箱（天津市泰斯特仪器有限公司），超净工作台（SW-CJ-1F，苏州安泰空气技术有限公司）。

4. 方法

（1）大米全蛋白的制备

分别取新鲜 *Bar*68-1 大米和 D68 大米约 10 g，加入液氮后用研钵充分研磨成粉末。溶解 Western 及 IP 细胞裂解液，混匀。取适当量的裂解液，在使用前的几分钟加入苯甲基磺酰氟（美国 Amresco 公司），使 PMSF 的最终浓度为 1 mM。称取 50 mg 样品，按照每 20 mg 组织加入 100~200 μL 裂解液的比例加入 Western 及 IP 细胞裂解液（碧云天）。充分裂解后，以 10000~14000 g 离心 3~5 min，取上清液。将上清液放入密理博 Microcon Ultra-0.5 3000 超滤管，再放入 1.5 mL 离心管以 14000 g 离心，弃离心管里滤液，往超滤管中加入 450 μL、4 ℃预冷的 1× 磷酸盐缓冲液（PBS）。以 14000 g 离心，弃离心管里滤液，此步骤重复一次。以 1.5 mL 新离心管替换，倒置超滤管，以 1000 g 的速度离心，收集蛋白。将提取的转基因大米全蛋白溶解于磷酸盐缓冲液（PBS）中，利用超声波震荡以充分混匀。使用 BCA 蛋白浓度测定试剂盒（碧云天）测定大米全蛋白的浓度，并调节浓度为 1 mg/mL，将原液置于 -80 ℃低温冰箱保存。

（2）实验分组

将 1 mL 小鼠淋巴细胞悬浮液（密度为 50000 个 / mL）加入 24 孔培养板中，在 37 ℃下培养细胞。*Bar*68-1 大米和 D68 大米全蛋白的暴露浓度分别设定为 25、50、100 和 200 μg/mL，各浓度暴露时间分别为 2 h、6 h、24 h。磷酸盐缓冲液（PBS）作为空白剂阴性对照，长春新碱（美国 Amresco 公司）作为 CCK-8 试验、中性红摄取试验的阳性对照。所有试验重复 3 次。

（3）细胞活性检测

a.CCK-8 试验

参考 Jiang 等的方法，按照 CCK-8 试剂盒（日本同仁化学研究所）上面的步骤进行试验。使用分光光度计（TECAN，法国）450 nm 波长测量并记录结果，以测定细胞中脱氢酶（催化物质氧化还原反应的酶）活性表示细胞活性。

b. 中性红摄取（NRU）试验

根据 Putnam 等和 Canal–Raffin 等的操作步骤并加以改进，在暗室黄光下完成试验。最后参考 Geh 等方法，用分光光度计（TECAN，法国）于 540 nm 波长处检测样品并记录结果，以测定溶酶体摄入中性红的量来表示细胞活性。

5. 统计分析

所得数据用 SPSS17.0 统计包处理。数据用独立样本 T 检验或单因素方差分析（ANOVA），如果方差齐，使用最小显著法（LSD）两两之间比较；如果方差不齐，就应用 Dunnett's T_3 进行两两比较。当 $P < 0.05$ 时，表示差异具有统计学意义。

二、结果与分析

1. CCK-8 试验

在 3 个孵育时间段后，长春新碱组的小鼠淋巴细胞经 CCK-8 试验检测，所测得的淋巴细胞存活率显著低于空白对照组的淋巴细胞（$P < 0.05$，见表 1）。淋巴细胞经长春新碱（0.025 μg/mL）分别孵育 2 h、6 h 和 24 h 后，测得细胞存活率分别为 79.45 ± 1.21、73.92 ± 0.94 和 59.53 ± 1.13，损伤作用与时间存在一定的效应关系。如转基因大米 Bar68-1 组与非转基因大米 D68 组体外 CCK-8 试验结果所示（见图 1），淋巴细胞与转基因大米 Bar68-1 全蛋白共同孵育后的存活率和与非转基因大米 D68 共同孵育后的存活率相比较，无显著差异（$P > 0.05$）；与空白对照组存活率比较，差异不显著（$P > 0.05$）。

表 1　体外 CCK-8 试验淋巴细胞存活率 (%)（平均值 ±SD）

处理	浓度 μg/mL	时间		
		2 h	6 h	24 h
空白对照组	—	100	100	100
长春新碱阳性对照组	0.025	79.45 ± 1.21*	73.92 ± 0.94*	59.53 ± 1.13*
转基因大米全蛋白组	25.0	93.83 ± 3.58	92.05 ± 3.72	93.41 ± 4.11
	50.0	93.90 ± 4.42	91.72 ± 3.43	94.22 ± 3.25
	100.0	91.31 ± 3.25	93.90 ± 4.71	93.45 ± 4.42
	200.0	94.12 ± 3.51	92.03 ± 3.95	92.42 ± 2.86
非转基因大米全蛋白组	25.0	93.57 ± 4.12	94.32 ± 3.91	93.87 ± 4.26
	50.0	92.44 ± 3.34	93.96 ± 2.84	94.56 ± 3.67
	100.0	94.05 ± 4.41	92.51 ± 5.03	93.93 ± 3.88
	200.0	91.41 ± 3.56	90.80 ± 4.21	92.84 ± 4.36

注：* 表示与空白对照组比较，$P < 0.05$。

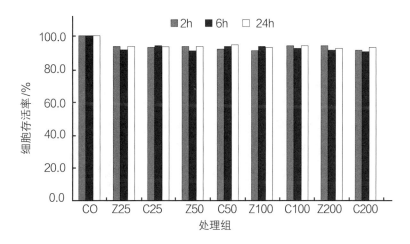

注：图中 C0 表示空白对照组，Z25、Z50、Z100 和 Z200 分别表示 25、50、100 和 200μg/mL 转基因大米全蛋白组，C25、C50、C100 和 C200 分别表示 25、50、100 和 200μg/mL 非转基因大米全蛋白组（下同）。

图 1　CCK-8 试验细胞存活率比较

2. 中性红摄取试验

在 3 个孵育时间段后，长春新碱组的小鼠淋巴细胞经中性红摄取试验检测，所测得的淋巴细胞存活率显著低于空白对照组的淋巴细胞（$P < 0.05$，见表 2）。淋巴细胞经长春新碱（0.025 μg/mL）分别孵育 2 h、6 h 和 24 h 后，测得细胞存活率分别为 81.26 ± 1.35、74.85 ± 1.16 和 60.51 ± 1.27，损伤作用与时间存在着明显的效应关系。转基因大米 $Bar68-1$ 全蛋白组与非转基因大米 D 68 全蛋白组体外中性红试验结果显示（见图 2），转基因大米 $Bar68-1$ 全蛋白孵育的淋巴细胞存活率和与非转基因大米 D68 孵育的相比，不存在显著性差异（$P > 0.05$）；与空白对照组存活率比较，差异不显著（$P > 0.05$）。

表 2　体外中性红摄取试验淋巴细胞存活率 (%)（平均值 ± SD)

处理	浓度 /(μg/mL)	时间		
		2 h	6 h	24 h
空白对照组	—	100	100	100
长春新碱阳性对照组	0.025	81.26 ± 1.35*	74.85 ± 1.16*	60.51 ± 1.27*
转基因大米全蛋白组	25.0	92.79 ± 4.51	93.92 ± 3.27	91.38 ± 3.15
	50.0	94.86 ± 3.24	93.65 ± 4.20	92.11 ± 4.26
	100.0	93.25 ± 5.32	94.84 ± 3.89	92.36 ± 3.46
	200.0	92.73 ± 4.11	91.96 ± 4.59	93.37 ± 4.23
非转基因大米全蛋白组	25.0	93.56 ± 3.58	92.84 ± 2.96	91.79 ± 3.58
	50.0	92.45 ± 5.43	91.87 ± 3.69	93.14 ± 5.62
	100.0	94.08 ± 4.24	95.42 ± 4.35	92.85 ± 4.83
	200.0	91.43 ± 3.32	93.72 ± 5.12	94.24 ± 3.95

注：* 表示与空白对照组比较，$p < 0.05$。

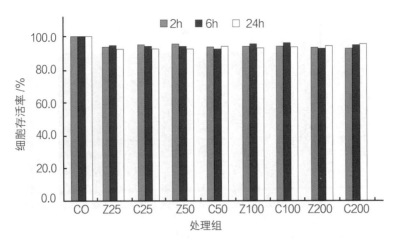

图 2　中性红试验细胞存活率比较

三、小结与讨论

CCK-8 试验、中性红摄取试验同属细胞毒性检测试验，但两者的检测机理不同：CCK-8 试验主要通过评价细胞内脱氢酶的活力来检测细胞的存活率，中性红试验通过测量溶酶体摄入染料的量来反映细胞的存活率。两者有机结合，可有效提高检测灵敏度和准确度。本研究在细胞毒性检测方面选取两种不同检测机理的试验，其目的在于提高试验的客观准确性。按照毒理学试验的要求，本试验暴露时间设定为 2 h、6 h 和 24 h，便于从短期内观测细胞存活率是否存在着明显的损伤作用 – 时间效应关系，以探讨细胞毒性大小与暴露时间之间的关系。

CCK-8 试验和中性红试验中阳性对照组小鼠淋巴细胞在 3 个不同孵育时间段后存活率与空白组相比，存在显著差异（$P < 0.05$）。其中，CCK-8 试验、中性红试验测得细胞存活率存在着明显的损伤作用 – 时间效应关系。说明 CCK-8 试验与中性红试验能有效检出长春新碱（Vincristine，VCR）导致的细胞死亡效应，方法敏感有效。转基因大米 Bar68-1 全蛋白组与非转基因大米 D68 全蛋白组体外试验结果显示，与转基因大米 Bar68-1 全蛋白一起孵育后的淋巴细胞存活率与被非转基因大米 D68 全蛋白孵育后的细胞存活率相比较，无显著性差异（$P > 0.05$）；与空白对照组细胞存活率的差异也不显著（$P > 0.05$）。结果表明，转基因大米 Bar68-1 全蛋白对小鼠淋巴细胞无明显急性细胞毒性，与非转基因大米 D68 全蛋白等同。这与陈吴建等对转基因大米 Bt63 的安全性评价结果一致，转基因大米 Bt 63 对人淋巴细胞无明显细胞毒性。

本研究应用了急性毒性试验方法，以多个剂量全蛋白分别孵育小鼠淋巴细胞 2 h、6 h 和 24 h，在短期（24 h）内了解转基因大米 Bar68-1 全蛋白的毒性大小和特点，所以，试验结果只能证明转 Bar 基因稻谷全蛋白没有短期试验中的细胞毒性。至于转基因大米 Bar68-1 全蛋白对小鼠淋巴细胞是否具有亚慢性或慢性细胞毒性，还有待于进一步研究。

转 *Bar* 基因抗除草剂稻谷的外源基因——*Bar* 基因的表达产物为膦丝菌素乙酰转移酶（phosphinthricin acetyl transferase，PAT），PAT 作为 *Bar* 基因的表达产物和稻谷的外源成分，在转 *Bar* 基因抗除草剂稻谷中具有一定的含量。研究结果表明，转基因大米 *Bar*68-1 全蛋白对小鼠淋巴细胞无急性细胞毒性，作者认为，可能存在两种原因：（1）PAT 本身对有机体无急性毒性，安全可靠；（2）转 *Bar* 基因稻谷中的 PAT 含量太低，不足以产生明显的急性毒性效应。具体情况还有待于进一步研究。

致谢：感谢中国科学院亚热带农业生态研究所唐香山博士和湖南师范大学生命科学学院研究生廖四芳等同学的帮助。

In Vitro Cytotoxicity of Whole Protein from *Bar*-transgenic Rice to Mus *musculus* Lymphocytes

Liu Jin，Huang Yi，Sun Yanbo，Yan Hengmei *

Abstract: In order to investigate the acute cytotoxicity of whole proteins from *Bar*68-1 genetically modified（GM）rice in *Mus musculus* lymphocytes with different assays *in vitro*，*Mus musculus* lymphocytes were exposed to whole proteins of GM rice *Bar*68-1 at doses of 25，50，100 and 200 μg/mL and incubated for 2 h，6 h and 24 h，respectively. The cytotoxicity induced by whole proteins of GM rice *Bar*68-1 was measured by CCK-8 assay and neutral red uptake（NRU）assay. After different incubation periods，the survival rate of lymphocytes in positive control group was significantly less than that of lymphocytes in blank control group（$P < 0.05$）. Moreover，the exposure time-effect relationship was observed in positive control group with CCK-8 assay and neutral red uptake（NRU）assay. There was no significant difference in survival rate between GM rice *Bar*68-1group and non-GM rice D68 group（$P > 0.05$）. Also，GM rice *Bar*68-1 group did not show higher survival rate than that of non-GM rice D68 group（$P > 0.05$）. The results of this study indicate that whole proteins from GM rice *Bar*68-1 and non-GM rice D68 have equivalent cytotoxicity effect，and GM rice *Bar*68-1 has no acute cytotoxicity effect on Mus *musculus* lymphocytes in *vitro*.

Key words: *Bar*-transgenic rice；*Mus musculus*；safety assessment；cytotoxicity；in vitro；survival rate

原载◎ Asian Journal of Ecotoxicology，2014，9（3）：453-458；国家自然科学基金项目（No.31172107）资助

转抗除草剂 *Bar* 基因稻谷对小鼠肝功能若干参数的影响

段妍慧　富丽娜　黄毅　孙艳波　刘金　颜亨梅*

摘要：选择 18～20 g 区间的 SPF 级昆明小鼠 60 只随机平均分三组，分别喂食含量为 20%（A）、40%（B）、60%（C）的转 bar 基因稻谷，并设置对照。饲喂相应饲料 90 天后合笼，繁殖 F_1、F_2 代，观察小鼠的日常行为，并于 F_1、F_2 代性成熟后随机取样，测定小鼠肝脏器官指数及血液生化指标。数据显示，F_1 和 F_2 代供试小鼠代各剂量的常规组与转基因组小鼠肝脏器官指数无明显差异（$P > 0.05$）。F_1 代中 A 组和 C 组的白球比、谷草转氨酶、谷丙转氨酶、碱性磷酸酶、乳酸脱氢酶等指标无显著性差异（$P > 0.05$），C 组的白球比、谷草转氨酶、谷丙转氨酶、乳酸脱氢酶等几项指标无显著性差异（$P > 0.05$），但碱性磷酸酶指数出现显著性差异（$P < 0.05$）；F_2 代 A、B、C 三组各指标均无显著性差异（$P > 0.05$）。F_1、F_2 代 20%、40% 和 60% 常规组和转基因组的葡萄糖、甘油三酯和总胆固醇三项指标均无显著性差异（$P > 0.05$）。结果表明，在本试验条件下，与常规水稻相比，用转基因稻谷喂养小鼠，对其肝脏功能基本无影响。

关键词：转 *Bar* 基因稻谷；小鼠；肝功能；血液生化指标

本试验通过 90 天喂养亲本小鼠，采用其繁殖的 F_1 代、F_2 代小鼠，对其进行生化指标的检测，来了解实验室条件下转基因稻谷对传代小鼠肝功能、肾功能及代谢的影响。

对供试小鼠进行血生化检测可判断转基因稻谷是否会对小鼠机体造成影响。器官指数是指实验动物某脏器的重量与其体重之比值。正常时各脏器与体重的比值比较恒定。动物染毒后，受损脏器重量可以发生改变，故脏器系数也随之而改变。脏器系数增大，表示脏器充血、水肿或增生肥大等；脏器系数减小，表示脏器萎缩及其他退行性改变。通过两项指标的检测以及对小鼠行为的观察，可以综合了解转基因稻谷是否会对小鼠造成影响，较单一的指标更有参考价值。

一、材料与方法

1. 供试材料

（1）转基因抗除草剂恢复系 *Bar*68-1 和杂交早稻组合香 125S/*Bar*68-1，对照香两优 68（香 125S/D68），由湖南亚热带植物研究所提供。

（2）昆明小鼠，4 周龄大小的小鼠 120 只，体重分布范围 18~20 g，由湖南斯莱克景达实验动物有限公司提供。

2. 试验方法

（1）本实验在保证小鼠正常生命活动不受影响（主要考虑蛋白质的摄入量）的情况下，以 AIN-93G 为标准参照物，配比小鼠食物的成分（主要成分为饲料、鱼粉、转 / 常水稻）。按照 GBl5191-2003《食品安全性毒理学评价程序》规定，设置低、中、高 3 个剂量组，稻谷的加入量分别为 20%、40%、60%，最高剂量组是不影响膳食平衡的最大添加量。试验组在标准小鼠饲料中分别添加了 20%、40%、60% 转 Bar 基因稻谷，用同品系常规稻谷饲料作为对照组。

（2）将小鼠分成六个组，用稻谷含量 20%、40%、60% 的转基因稻谷和常规稻谷配制饲料（后用 A、B、C 组表示），采取自由取食取水方式喂养，雌雄分笼喂养 90 天。

（3）用相对应组别亲本小鼠合笼，产下 F_1 代，饲养至性成熟后，随机每组抽取 5 只进行检测。同方法繁殖 F_2 代，饲养至性成熟后，随机每组抽取 5 只进行检测。处死前 12 小时禁食。

（4）观察各组小鼠日常行为，记录是否出现异常行为。

（5）采样及血生化指标测定：随机取每组小鼠，摘眼球采血，取 1.5 mL 血于离心管中呈斜面放置 30 min，用 4500×g 离心 15 min，制备血清。用全自动生化分析仪检测，取主要值：白 / 球比（A/G）、谷丙转氨酶（ALT）、谷草转氨酶（AST）、乳酸脱氢酶（LDH-L）、碱性磷酸酶（AKP）、葡萄糖（GLU）、甘油三酯（TG）、总胆固醇（CHOL）等各项指标。

（6）器官指数测定：每组随机抽取 5 只空腹小鼠，取血后，取肝脏拭去表面污血，用天平（10^{-4}g）称重。器官指数 = 器官重量 / 体重。

（7）数据处理：运用数据软件 SPSS13.0 对数据进行独立样本 t 检验，$P<0.05$ 差异有统计学意义。统计结果均用均数 ± 标准差（Means ± SD）表示。

二、结果与分析

1. 对传代小鼠行为的影响

本试验通过持续性观察，发现常规组和转基因组 F_1 和 F_2 两代小鼠均未出现异常行为，因此，转基因稻谷对传代小鼠的日常行为未产生明显影响。

2. 对传代小鼠肝功能的影响

（1）小鼠肝脏器官指数

表 1　供试小鼠肝脏器官指数测定结果

	常规组 A	转基因组 A	常规组 B	转基因组 B	常规组 C	转基因组 C
F_1 代肝脏指数	0.05 ± 0.008	0.055 ± 0.003	0.054 ± 0.011	0.052 ± 0.005	0.056 ± 0.002	0.051 ± 0.005
F_2 代肝脏指数	0.06 ± 0.017	0.050 ± 0.013	0.060 ± 0.005	0.052 ± 0.008	0.057 ± 0.008	0.055 ± 0.008

注：* 表示差异显著，即 $P < 0.05$。

由表 1 可见，F_1 代各剂量常规组与转基因组小鼠肝脏器官指数无明显差异（$P >$ 0.05），F_2 代亦无显著性差异（$P > 0.05$）。

（2）小鼠肝脏细胞损伤生化项目测定

表 2　F_1 代供试小鼠肝脏生化指标的测定结果

生化指标	常规组 A	转基因组 A	常规组 B	转基因 B	常规组 C	转基因 C
白 / 球比	1.16 ± 0.09	1.14 ± 0.13	1.10 ± 0.12	1.2 ± 0.08	1.16 ± 0.17	0.92 ± 0.06
谷草转氨酶 (U/L)	127.50 ± 16.58	131.96 ± 13.80	118.48 ± 13.15	152.85 ± 10.83	176.765 ± 16.09	179.42 ± 21.58
谷丙转氨酶 (U/L)	39.06 ± 5.47	33.42 ± 5.91	53.86 ± 20.13	36.45 ± 2.89	37.04 ± 6.39	42.62 ± 10.18
碱性磷酸酶 (IU/L)	103.50 ± 5.78	114.33 ± 7.26	97.80 ± 2.58*	110.7540 ± 3.40*	104.33 ± 5.46	104.50 ± 4.84
乳酸脱氢酶 (U/L)	1271.00 ± 63.26	1266.75 ± 104.72	1161.60 ± 46.07	1271.50 ± 89.28	1166.00 ± 30.22	1165.25 ± 49.25

注：* 表示差异显著，即 $P < 0.05$。

表 2 测定结果表明，F_1 代 A 组的白球比、谷草转氨酶、谷丙转氨酶、碱性磷酸酶、乳酸脱氢酶等指标无显著性差异（$P > 0.05$）；B 组的白球比、谷草转氨酶、谷丙转氨酶、乳酸脱氢酶等几项指标无显著性差异（$P > 0.05$），但碱性磷酸酶指数出现显著性差异（$P < 0.05$）；C 组别中 5 项生化指标均无显著性差异（$P > 0.05$）。

表 3　F_2 代供试小鼠肝脏生化指标的测定结果

生化指标	常规组 A	转基因组 A	常规组 B	转基因 B	常规组 C	转基因 C
白 / 球比	1.24 ± 0.22	1.36 ± 0.09	1.40 ± 0.16	1.44 ± 0.15	1.56 ± 0.05	1.42 ± 0.18
谷草转氨酶 (U/L)	146.86 ± 47.69	134.26 ± 24.25	170.80 ± 34.69	158.00 ± 42.15	143.60 ± 27.46	134.98 ± 44.33
谷丙转氨酶 (U/L)	29.90 ± 6.61	40.42 ± 20.87	48.62 ± 16.37	55.38 ± 31.55	27.32 ± 6.14	28.78 ± 7.19
碱性磷酸酶 (IU/L)	108.00 ± 5.70	105 ± 7.48	104.20 ± 5.12	106.80 ± 9.07	101.80 ± 6.22	106.80 ± 9.20
乳酸脱氢酶 (U/L)	1122.80 ± 52.80	1131.40 ± 89.36	1094.00 ± 81.42	1118.00 ± 70.05	1069.60 ± 49.72	1073.80 ± 42.53

注：* 表示差异显著，即 $P < 0.05$。

由表 3 可见，F_2 代 A、B、C 组的白球比、谷草转氨酶、谷丙转氨酶、碱性磷酸酶、乳酸脱氢酶等 5 项生化指标均无显著性差异（$P > 0.05$）。

（3）对传代小鼠肝脏代谢能力生化指标的影响

表4　F$_1$代供试小鼠代谢生化指标的测定结果　　　　单位：mmol/L

生化指标	常规组 20%	转基因组 20%	常规组 40%	转基因 40%	常规组 60%	转基因 60%
葡萄糖	10.99 ± 0.95	8.42 ± 1.21	10.27 ± 1.40	10.90 ± 0.86	10.85 ± 1.41	8.78 ± 1.32
甘油三酯	1.02 ± 0.25	0.92 ± 0.05	1.24 ± 0.10	1.29 ± 0.10	2.35 ± 0.32	1.38 ± 0.39
总胆固醇	2.34 ± 0.13	2.77 ± 0.33	2.61 ± 0.21	2.59 ± 0.32	2.75 ± 0.26	3.05 ± 0.29

注：* 表示差异显著，即 $P < 0.05$。

由表4可见，F$_1$代A、B和C组的葡萄糖、甘油三酯和总胆固醇三项指标均无显著性差异（$P > 0.05$）。

表5　F$_2$代供试小鼠代谢生化指标的测定结果　　　　单位：mmol/L

生化指标	常规组 A	转基因组 A	常规组 B	转基因 B	常规组 C	转基因 C
葡萄糖	5.99 ± 0.91	5.13 ± 0.67	4.74 ± 0.65	3.90 ± 1.37	5.69 ± 1.31	5.41 ± 1.06
甘油三酯	1.40 ± 0.46	1.08 ± 0.18	1.44 ± 0.71	1.14 ± 0.19	1.45 ± 0.64	1.19 ± 0.18
总胆固醇	2.59 ± 0.82	2.40 ± 0.90	2.35 ± 0.36	3.47 ± 1.05	2.61 ± 0.47	2.54 ± 0.88

注：* 表示差异显著，即 $P < 0.05$。

由表5可见，F$_2$代A、B和C组的葡萄糖、甘油三酯和总胆固醇三项指标均无显著性差异（$P > 0.05$）。

三、小结与讨论

1. 通过对动物的行为进行观察，可以了解动物的身体以及生活状况。动物的行为是个体与其内外环境维持动态平衡的重要表现形式。当动物受到外界刺激时，将会产生某些异常行为。动物的异常行为主要表现有：（1）以固定形式反复地出现的行为，并没有明确的生物学 功能；（2）嗜血；（3）攻击性加强；（4）生殖方面失常，主要为性行为失常或缺乏母性。

有资料报道，供试的昆明小鼠在13:00—14:00是皮质醇分泌高峰期，小鼠高度兴奋，这也是异常行为发生较多时间段。因此本试验除通过每天按时跟踪观察和记录两代小鼠日常行为外，尤其在13:00—14:00时间段内进行了仔细观察，两代小鼠均未发现异常现象。另外小鼠的摄食饮水情况，可以反映出小鼠身体状况，当小鼠身体产生病变时，小鼠会出现厌食，精神萎靡等的现象。每天分别在8:30—9:00、19:30—20:00两时段喂食后，观察小鼠摄食饮水情况，均积极摄食，饮水，并未发现精神不振，厌食的现象。由此可见，转 *Bar* 基因稻谷喂养小鼠，在本试验条件下，未发现对小鼠日常行为产生明显影响。

2. 解剖观察小鼠肝脏形态及结构，未发现明显硬化、肿大、萎缩等病理变化。本实验测定结果（见表1）表明：两代转基因组与常规组小鼠肝脏器官指数并无显著性差异（$P > 0.05$）。由此可见，转基因稻谷对小鼠肝脏器官指数无明显影响。

肝脏出现病理变化时，血浆蛋白尤其是白蛋白含量降低，同时肝病变的各种因素又刺激巨噬细胞系统合成球蛋白增多，故 A/G 值下降，因此，通过 A/G 值的比较，可以了解肝脏是否发生病变。谷丙转氨酶主要存在于肝细胞浆内，其细胞内浓度远远高于血清中浓度，只要有 1% 的肝细胞坏死，就可以使血清中此酶含量增高一倍。该酶被世界卫生组织推荐为肝功能损害最敏感的检测指标。谷草转氨酶主要存在于肝脏细胞线粒体内，当肝脏发生严重坏死或破坏时，才能引起谷草转氨酶在血清中浓度会偏高。因此，将两种转氨酶共同作为判断肝脏病变的主要指标。根据白 / 球比、两种转氨酶等主要肝功能细胞损伤生化指标值来看，常规组和转基因组的两代小鼠中以上三项指标均无显著性差异。

血清中血糖的浓度代表了肝糖的生成能力，血糖直接氧化供给动物机体代谢活动所需能量，血糖的含量变化是机体对糖的吸收、转运和代谢的动态平衡状态的反应。正常动物的血糖水平一般相对稳定。甘油三酯和胆固醇是血脂检测中最重要的两项指标，其含量是衡量动物健康的重要标志。本试验结果显示，血糖、甘油三酯和总胆固醇各组间差异均不显著。由此表明，转基因水稻喂养小鼠与常规稻谷相比，对其肝脏代谢影响不显著。

总之，综合考虑供试小鼠的日常行为、肝脏器官指数、肝脏细胞损伤生化指标、肝脏代谢水平生化指标等测定结果，作者认为，在本试验条件下，与非转基因稻谷相比，转 *Bar* 基因稻谷喂养小鼠两代，未发现对小鼠肝功能造成明显的影响。

原载 © Hunan Agricultural Sciences, 2012, （11）：4-7；国家自然科学基金项目（No.30970421）资助

转 *Bt* 基因稻谷对小鼠生理与生殖的影响

张珍誉　　颜亨梅 *

摘要： 目的：通过对小鼠饲以转 *Bt* 基因稻谷，观察转 *Bt* 基因稻谷对小鼠的生理与生殖能力的影响。为评价转 *Bt* 基因稻谷的安全性提供科学依据。方法：将 48 只雌、雄昆明小鼠分开饲养，各按体重随机分为转基因稻谷组和非转基因稻谷组，饲以对应的稻谷进行 90 天喂养试验，检测相关生理与生殖指标。结果：与非转基因稻谷组相比，饲以转 *Bt* 基因稻谷组小鼠的行为、脏器系数、血常规与血生化及受孕母体的体重增长情况、胚胎称重、着床率、活胎数、死胎数、吸收胎数、胎儿内脏及骨骼检查等各项检测指标均无明显变化，同对照组比较差异无统计学意义。结论：*Bt* 转基因稻谷对小鼠表观体征、脏器系数、血常规与血生化无明显不良影响。转 *Bt* 基因稻谷在本试验所用剂量和周期内供试小鼠的胚胎无致畸现象。由此可见，在本试验条件下转 *Bt* 基因稻谷对小鼠无生理和生殖毒性作用。

关键词： 转 *Bt* 基因；稻谷；小鼠；生理；生殖；安全性评价

本试验所评价的转 *Bt* 基因稻谷属抗病虫害型，本文以它为材料，进行了小鼠喂养试验，检测转基因稻谷对小鼠脏器系数、血常规与血生化指标及生殖的影响，为转 *Bt* 基因系列稻谷的食品安全性评价提供参考依据。现将结果报道如下。

一、材料与方法

1. 材料

昆明小鼠：由中南大学动物所提供。

转基因稻谷组饲料：以 AIN293G 配方为参照，根据转基因稻谷营养成分分析结果，以最大量加入转基因稻谷蛋白为原则，蛋白质不足的部分由酪蛋白补齐。其他营养成分根据 AIN293G 配方补齐，最终配成除蛋白质来源不同外，蛋白质的含量及其他所有营养成分和含量均与 AIN293G 配方相同的饲料。经过计算，转基因稻谷最大加入量为 73%。

非转 *Bt* 基因稻谷组饲料：非转基因稻谷是有传统食用史、被证实可安全食用的与转基因稻谷同品系的稻谷。饲料配制原则与方法同转基因稻谷组。经过计算，非转基因稻谷最大加入量为 72%。

小鼠基础饲料配方：玉米 25%、豆粕 10%、麦麸 20%、茯粉 25%、鱼粉 15%、鱼肝油 1%、酵母 1.4%、食盐 1%、碳酸钙 1%、多维 0.1%、微量元素添加剂 0.5%。

2. 方法

（1）小鼠 90 d 喂养试验。 选取健康的 6 周龄昆明小鼠 48 只，雌雄比例 1∶1，将以上动物按雌雄分别随机分为两组：转基因稻谷组和非转基因稻谷对照组。各组饲相应的饲料，饮同一自来水。小鼠分笼饲养，自由进食饮水，90 d 后将雄雌小鼠按 1∶1 合笼，每天对雌鼠进行阴道涂片检查，以发现精子之日为妊娠 0 d，于妊娠 20 d 处死孕鼠进行剖检。同时取眼眶静脉血和心、肝、脑、肺、肾、脾、肾上腺、胸腺、睾丸或卵巢等器官保存，以进行后续的生理指标检测。待生殖毒性试验完成后处死所有的小鼠进行生理指标检测。

（2）血常规与血生化指标的测定。 小鼠从眼眶放血，用肝素抗凝管收集，爱尔兰产 Bayer2120 全自动血球计数仪分别检测红细胞（RBC）数、血红蛋白（HGB）量、白细胞（WBC）数、血小板（PLT）数。

取血清用罗氏 PPE 全自动生化分析仪、罗氏原装试剂，测总蛋白（TP）、白蛋白（ALB）、球蛋白（GLB）、白 / 球（A/G）、谷丙转氨酶（ALT）、谷草转氨酶（AST）、葡萄糖（GLU）、尿素氮（BUN）、肌酐（CR）、甘油三酯（TG）、总胆固醇（CHOL）、乳酸脱氢酶（LDH）、碱性磷酸酶（ALP）及磷酸肌酸激酶等各项指标。

（3）器官指数。 心、肝、脑、肺、肾用百分之一克天平称量，脾、肾上腺、胸腺、睾丸或卵巢用千分之一克天平称量。脏器指数 = 器官重量（g）/ 活体重（kg）。

（4）孕鼠体重变化对妊娠小鼠体重增加观察。 各组于妊娠的 0、3、7、10、13、16、20 d 称重，观察体重的变化。

（5）孕鼠生殖能力指标对妊娠小鼠生殖能力检查。观察并记录胚胎称重、着床数、活胎数、死胎数、吸收胎数。

（6）胚胎生长发育情况对胎仔生长发育和致畸作用的观察。 活胎逐一检查，记录性别、体重、身长、尾长及外观有无畸形。将每窝 1/2 胎仔用茜素红染色，检查骨骼项目。将每窝 1/2 胎仔用 Bouin 氏液固定 2 周，用徒手切片法作内脏检查。

（7）数据分析与统计。 数据分析与统计均在 SPSS11.0 version 软件上完成。

二、结果与分析

1. 表观行为观察

试验期间，受试小鼠的表观行为、动作、呼吸、毛色等均无异常，没有死亡。

2. 对器官系数的影响

小鼠的肝、脾、肾、心脏、胃、肠、生殖腺等外形、颜色、大小比例等无异常。本试验测定了 8 个器官的器官指数，数据见表 1。统计结果表明，两处理组的 7 个器官指数均未见显著差异（$P > 0.05$），即饲喂含转基因稻谷对小鼠的器官发育未产生明显的不良影响。

表1　转 *Bt* 基因稻谷对小鼠器官指数的影响

器官	n	雌性		雄性	
		对照组	*Bt* 组	对照组	*Bt* 组
心	10	0.56 ± 1.17	0.57 ± 1.14	0.55 ± 1.08	0.54 ± 1.65
肝	10	4.89 ± 0.03	4.84 ± 0.55	4.87 ± 0.46	4.81 ± 0.44
脾	10	0.33 ± 0.05	0.34 ± 0.07	0.35 ± 0.21	0.37 ± 0.18
肺	10	0.61 ± 0.09	0.68 ± 0.05	0.69 ± 0.02	0.85 ± 0.11
肾	10	1.32 ± 0.20	1.32 ± 0.06	1.18 ± 0.13	1.21 ± 0.47
脑	10	1.87 ± 0.02	1.72 ± 0.02	1.67 ± 0.11	1.71 ± 0.21
小肠	10	1.63 ± 0.05	1.66 ± 0.01	1.69 ± 0.09	1.63 ± 0.11
卵巢 / 睾丸	10	0.67 ± 0.68	0.48 ± 0.22	0.55 ± 0.47	0.62 ± 0.54

3. 转基因稻谷对小鼠血常规与血生化指标的影响

本试验测定了小鼠血液中红细胞数、血红蛋白量、白细胞数、血小板数，两处理组小鼠的血常规指标数据见表2。表中数据表明，所测得两个处理组的血常规指标均无显著差异（$P > 0.05$）。通过对血清生化成分进行检测，发现以转 *Bt* 稻谷饲喂小鼠，其指标值略高于或低于对照组，但均无显著差异，数据见表3。

表2　转 *Bt* 基因稻谷对小鼠血常规指标的影响

组别	红细胞 RBC/($\times 10^{12}$/ L)	白细胞 WBC/($\times 10^9$/ L)	血红蛋白 HGB/(g/L)	血小板 PLT/($\times 10^9$/ L)	淋巴细胞 LYM/%
对照组	7.2 ± 0.3	5.6 ± 0.9	138 ± 5	783 ± 125	0.82 ± 0.06
Bt 组	7.0 ± 0.2	5.7 ± 0.6	130 ± 8	755 ± 112	0.82 ± 0.06

表3　转 *Bt* 基因稻谷对小鼠血生化指标的影响

指标（单位）	n	对照组	*Bt* 组
ALB(g/L)	10	33.46 ± 1.14	33.86 ± 0.06
ALT(IU/L)	10	62.76 ± 7.85	59.47 ± 5.06
AST(IU/L)	10	125.64 ± 13.35	133.73 ± 15.81
TP (g/L)	10	70.17 ± 2.38	71.13 ± 5.09
GLB(g/L)	10	24.55 ± 5.03	23.60 ± 4.30
A/G	10	1.83 ± 1.33	1.65 ± 2.25
UREA(mmol/L)	10	6.77 ± 0.60	6.23 ± 0.89
CREA（μmol/L）	10	35.64 ± 4.39	32.36 ± 1.27
GLU (mmol/L)	10	12.46 ± 1.72	14.22 ± 0.37
TG (mmol/L)	10	0.54 ± 0.11	0.47 ± 1.56
CHOL(mmol/L)	10	1.66 ± 0.10	1.91 ± 0.08

4. 转 *Bt* 基因稻谷对孕鼠孕期体重增长的影响

Bt 组体重增长组与对照组比较差异均无显著性（$P > 0.05$），见表4。

表4　转 *Bt* 基因稻谷对母鼠体重的影响（$n = 12$）

组别	0 d	3 d	7 d	10 d	13 d	16 d	20 d
对照组	32.36 ± 1.75	34.37 ± 2.13	36.55 ± 1.50	39.07 ± 2.65	42.67 ± 2.26	51.0 ± 2.79	58.91 ± 2.23
Bt 组	32.30 ± 1.63	33.15 ± 1.66	35.11 ± 1.73	38.89 ± 1.50	42.66 ± 1.54	49.7 ± 3.36	58.15 ± 2.44

5. 转 *Bt* 基因稻谷对胎鼠存活率的影响

总死胎率与对照组差异无显著性（$P > 0.05$），见表5。这说明转 *Bt* 基因稻谷对胚胎发育是无毒性的。

表5　转 *Bt* 基因稻谷对胚胎发育的影响（$n = 12$）

| 组别 | 着床数 | 吸收和死亡胎数 | | | | 活胎数 | |
| | | 吸收胎 | | 死亡胎 | | 总比 | 均数 | 体重 |
		n	%	n	%	%		$g, \bar{x} \pm s$
对照组	168	3	1.78	2	1.19	2.97	1.61	1.44 ± 0.25
Bt 组	165	4	2.42	3	1.81	4.23	1.58	1.46 ± 0.26

6. 转 *Bt* 基因稻谷对胎鼠外观、内脏及骨骼的影响

对照组和转 *Bt* 基因稻谷组均未见外观、内脏畸形。用放大镜检查各组骨髓透明标本的头部骨骼、脊椎部、胸骨、四肢骨，除2组均存在少数胸骨发育不全外，其他骨骼均未见异常。

图1　胎鼠的骨骼

* 左图为对照组骨骼的正面观和侧面观，右图为 *Bt* 组的正面观和侧面观

三、讨论

我们对转 *Bt* 基因稻谷进行了小鼠一般生理和生殖毒性试验，剂量设为转 *Bt* 基因稻谷的最大加入量73%及转 *Bt* 基因稻谷对照组最大加入量72%，雄鼠和雌鼠分笼饲

养 90 d 后雌雄按 1：1 同笼交配。结果表明转 Bt 基因稻谷对 F_1 仔鼠生长发育、母鼠的生殖功能和仔鼠的存活等多项指标均无明显的影响。同时对小鼠的相关生理指标进行了测定，初步认为转 Bt 基因稻谷对小鼠的表观体征、重要脏器系数、血常规及血生化指标无明显不良影响。与 Momma 等、王茵等研究结果相似。试验结果显示在本试验条件下 Bt 转基因稻谷对小鼠无生理和生殖毒性作用，这为进一步深入研究转 Bt 基因系列稻米品种的食品安全性提供了参考依据。

Reproductive Toxicity Test of *Bt* Transgenic Rice on *Musculus*

ZHANG Zhen-yu， YAN Heng-mei *

Abstract: *Objective* In order to evaluate *Bt* transgenic rice' s security， mice were fed with transgenic *Bt* rice to observe the reproductive toxic effects of it. *Methods*: 48 male and female Kunming mice were feeding separately， each group were randomly divided into the transgenic rice group and non-transgenic rice group， they were correspondingly fed for 90 days， and then relevant physiological and reproductive indexes were detected on a toxicity test. *Results*: compared with non-transgenic rice group， *Bt* group's behavior， organ coefficient， blood and blood biochemical index had no significant adverse effects on the pregnant daily basis， the day of sperm for pregnancy 0 d and at 20 d gestation was recorded， pregnant mice were sacrificed for an autopsy. All mice were sacrificed for physiological tests The reproductive mother' s body weight， growth of the embryo weighing， implantation rate， number of live births， stillbirths number， absorption of fetal number， fetal organs， and bone scan， and other test parameters were not significantly changed. *Conclusion*: There is the evidence to confirm that *Bt* transgenic rice has no adverse effects on mice's physiology and fertility.

Key words: *Bt* transgene; rice; mice; physiology; fertility; safety evaluation

原载◎激光生物学报， 2011，20（1）：50-53；国家自然科学基金项目（No.30970421）资助

物种濒危的机制与保护对策

颜亨梅

摘要： 本文以生物多样性和保护生物学的若干基础理论为依据，分析了物种濒危的现状，论述了濒危物种的概念和特征、易于濒危和灭绝的类型，阐明了物种濒危的机制，并由此提出了濒危物种种质资源的保护对策。

关键词： 濒危物种；濒危机制；保护对策

生物圈内包含着丰富的生物资源，据保守估计，全球大约有 500 万至 3000 万种生物，已定名的约为 140 万至 170 万种。近年来根据对热带森林冠层和深层海底的研究，认为地球上存在的物种有 1000 万至 8000 万种，尤其在土壤中还存在很多未知的生物。各种各样的生物资源是人类赖以生存的基础，可以毫不夸张地说，如果没有多种多样的生物，人类的衣、食、住、行均难以想象！然而，当今世界由于产生了人口、粮食、资源、环境和能源五大危机，致使生物界受到严重威胁，许多物种，特别是珍稀物种濒临危险和灭绝的境地。

一、物种濒危的现状

随着农牧业的发展，尤其是近一个多世纪以来，现代工业的突飞猛进，世界范围内生物多样性遭受了严重破坏，受人类干扰所造成物种灭绝的速度竟为自然灭绝率的 1000 多倍。据估计，全球每年灭绝的野生生物高达 4 万余种，相当于每天有 110 余种生物从地球上悄悄地消失了。数百万年前，地球上 2/3 的陆地被森林覆盖，面积达 76 亿公顷，而今森林面积已不足 30 亿公顷。尤其是被称为"生物多样性宝库"的热带雨林情形更糟，每年大约以 1700 万公顷的速度在减少。人类为了自身的经济利益，对自然界进行了大规模开发，野生高等动物更受到了严重的威胁，全世界灭绝的鸟兽类有 75 种，平均每 4 年灭绝 1 种。进入 20 世纪以来，灭绝速度已激增为 1 年 1 种。近 2000 年来灭绝的 200 多种鸟兽中，由于人类捕杀造成绝灭的占灭绝总种数的 3/4，而在自然演化中逐渐消失仅占 1/4，且也与人类活动有直接或间接的关系。

我国由于人口剧增的巨大压力，资源一度无计划地开发，加之传统饮食和中药材的索取，生物资源损失的情形更为突出。大约 2000 年前，我国的森林覆盖率在 50% 左右。如今约为 11.5%，还不及世界平均覆盖率（31.3%）的一半。大片的天然林已难见到。据估计，中国受威胁的物种可能占整个区系成分的 15%~20%，受威胁状况高于世界水平。

我国植物物种处于濒危状态者达全国植物总数的 15%~20%（4000~5000 种），估计在最近数十年中有 5% 左右遭灭绝。

我国近期内灭绝了多少动物种类，虽然很难准确估计，但可以肯定，如野麋鹿（*Elaphurus davidianus*）、犀牛（*Rhinoceros*）等许多动物的绝迹只不过是几十年的历史。不少动物虽然尚未绝灭，但由于其种群数量的急剧减少，已明显影响到野生种群的生存和繁衍，例如我国的珍稀动物朱鹮（*Nipponia nippon*）、华南虎（*Panthera tigri samoyensis*）、东北虎（*Panthera tigris altaica*）、亚洲象（*Elephas maximus*）、黑长臂猿（*Hylobates concolor*）、白鳍豚（*Lipotes vexillifer*）都是濒危种类，其种群数量均远远低于最小生存种群（Minimum Viable Population）大小。即使能保持他们免遭偷猎、污染等厄运，由于种群内部过分近亲繁殖所导致的生存力退化，加之随机因素的作用，其种群灭绝的命运可能也难以扭转。

中国是生物多样性丰富度高的国家之一。据统计，中国的生物多样性居世界第 8 位，北半球的第一位。同时，中国又是生物多样性受到最严重威胁的国家之一。由于生态系统的大量破坏和退化，我国有许多物种已变成濒危种（Endangered species）和受威胁种（Threatened Species）。在《濒危野生动植物种国际贸易公约（CITES）》中列出的 640个世界性濒危物种中，中国就占了 156 种，约占总数的 1/4。其中野生高等动物就有 118 种。许多以前常见的野生动物，现在也已被列入重点保护名录中，这说明我国野生生物物种受威胁而致危的形势是十分严峻的。

二、濒危程度类型的划分及其基本概念

按照国际自然与自然资源保护联盟（IUCN）红皮书的划分，濒危程度类型主要有如下几种。

1. 灭绝种（EX）

指在野外 50 年没有被肯定发现的物种。

2. 濒危种（E）

面临灭绝危险的类群（种和亚种），如果致危因素继续存在，它们就不可能生存。包括那些数量已经降低到临界水平或者是其栖息地剧烈地缩小以至于被认为随时会有灭绝危险的类群；或是已经在自然界消失，但在近 50 年中却又曾被发现的类群；或是自然种群数量已经很少，虽然采取了保护恢复措施，排除了致死因素，但近 5~15 年来数量仍在降低或很难恢复的类群。

3. 易危种（V）

如果致危因素继续存在，可能很快会沦为濒危种的类群。包括那些由于过度开发和栖息地急剧破坏或其他因素干扰，使得大部分或全部种群的数量继续下降的类群，以及

那些种群已被严重地捕杀耗尽，它们最基本的安全得不到保证的类群；或那些种群尽管丰盛，但整个分布范围都处在严重的恶劣因素威胁下的类群。

4. 稀有种（R）

在全球总数量很少，但现在尚不属于濒危种，或受危种，尽管因人类保护行动，使它们的种群开始恢复，但这种恢复暂时还不能使其地位获得更大的改观。稀有种常分布于有限的地理区或栖息地；或零星地分布在广阔的范围，很容易陷入濒危或灭绝境地。

5. 未定种（I）

无充分资料说明它究竟应属于上述"濒危种""易危种"和"稀有种"中的任何一类的物种（据 IUCN，1985）。

三、易于濒危和灭绝的类型

易于濒危和灭绝的物种大致有如下几种类型。

1. 地理上隔离成小种群的物种

如海岛上的物种，由于受地理隔离的限制，很容易产生某些适应性特化特征，从而很难忍受生境的变化，种群扩散难度大，基因交换更困难，无论是外界干扰还是自身近亲繁殖，都容易使其濒危或灭绝。

2. 生境变化导致隔离物种相接触并产生杂交的物种

如美国的红狼（*Canis rufus*）和郊狼（*C. Latrans*）。20 世纪初，由于森林的砍伐，迫使郊狼的分布区扩大并和红狼的分布产生重叠现象，如果二者产生杂交，则纯种红狼就有可能因杂交而最后消失。结果到 1981 年，野生纯种红狼在美国已不足 50 只，且全部生活在与郊狼杂交个体混合的种群内，因而红狼有濒临灭绝的危险。

3. 要求顶极演替群落的物种

这些物种因对生境要求严格，难以适应非顶极群落，产生了许多特有的适应特征，一旦生态环境遭到破坏，就很容易丧失生存条件，而导致濒危和灭绝。

4. 位于食物链末端的物种

这类物种大都是活动力强的高等动物，其普遍特征是活动范围大、单位平均密度较低、总的数量也较少，种群增长多为 K 选择型。繁殖更新的速度较慢，易于灭绝。

5. 难以适应引入种影响的物种

指种群尚稳定的特有种或稀有种，当栖息地中进入其他竞争者、捕食者或有影响力的物种时，它们一时难以适应生境中发生的变化，尤其难以适应新的种间关系，从而导致濒危或灭绝。据报道，美国夏威夷引入兔子后，就曾造成 3 种鸟类的绝迹。

四、物种濒危的机制

探讨物种濒危的机制是当前生物多样性研究的热点之一，也是保护生物学的重要研究内容。研究濒危物种对生境的需求，分析濒危过程，阐明濒危原因，指出物种濒危趋势和灭绝的可能性，测定物种种群的生存力，确定保存这些物种所需要的最小种群数量，都是濒危物种保护的重要理论基础，也是为濒危物种制定保护措施的科学依据。物种濒危的原因概括起来有如下几点。

1. 遗传衰竭

指物种在自然演化过程中，由于种种原因而受到生存力减退和遗传力衰竭的威胁，导致种群数量难以恢复。到目前为止，解释遗传衰竭有 3 种学说：

（1）消沉原理。这种学说认为小的种群遗传多样性差，衰竭是因隔离的小种群中基因的随机扩散改变了基因频率，使遗传多样性在小种群中减少了的缘故。但也有相反的例子，如欧洲山羊（*Capra ibex*）曾因过度狩猎，最后只有一小群保留在意大利的埃尔匹斯山，后来向其他地区引种，结果发展成兴旺的大种群。由此可见，这个学说的解释是不完美的，因为这种原因导致物种遗传力衰竭是有条件的，至少和周围环境因素有某种联系。

（2）种内近交学说。该学说认为在小的种群中极易发生种内近交，结果减少了种群之间的基因交换概率，从而限制了基因的流动，并常导致有害基因的显性，从而造成物种的遗传衰竭。

（3）地域选择学说。这一学说认为遗传衰竭是由于在稳定环境中，遗传性趋于一致的结果。也就是说，减少了物种本身的遗传多样性，物种的数量多、分布广、扩散愈广，其遗传性愈趋异型性。当种群数量减少，变成残存时，环境狭隘、适应差异小，那么它就会遭受到减少或丧失原始的遗传物质变异的可能，从而导致物种遗传力衰竭。

2. 竞争产生特化

那些长期生存在特殊生活环境下的物种，在适应了局限性生活方式后，很难再获得其他栖息条件下的竞争能力，适应性特差。如我国的大熊猫，食性单一，因而 1983 年当其主食箭竹大面积开花枯死后，食物短缺，严重威胁种群的生存，导致其成为濒危物种。

3. 进化潜能的丧失

自然种群为什么会灭绝，很多研究表明物种灭绝是种群丧失了进化潜能。近亲繁殖和远缘杂交都会降低物种对环境的适应性和进化潜能。灭绝是物种及其栖息的生态系统长期受到损害的累积。

4. 生境片断化导致领地缩小

生境片断化主要由于砍伐、垦荒、火灾等使大面积连续的生境变成许多总面积较小的小斑块，斑块之间被与过去不同的背景基质所隔离。残存面积的再分配对原有生境的物种并不合适，物种不易扩散和迁移。而且某些片断对于某一物种来说，其面积小于它们所需要的最小居住范围和领地，物种必然受到威胁。这种后果，在大型动物种群上尤为明显，例如生存在美国西部的雄性山地狮子，它们居住面积需要 400 km² 以上，如果达不到它们所需的最小面积，物种常常在片断化的生境中消失。生境的"岛屿化"使许多珍稀动物不仅数量减少，而且被分隔成若干小种群，每一个小种群随时面临灭绝。

5. 生境异质性的消失

生境片断化的后果导致生境异质性的消失。一些看上去一致的大面积生境（如森林或草地），实际上是由不同生境镶嵌而成。个别的片断不可能找到大面积原生生境中的不同小生境。斑块状分布的物种或仅利用小生境的物种在这种情况下变得更为脆弱。有的物种在其生活周期中需要较多的生境，片断化的生境使它们在生境之间移动受到障碍，从而影响其存活。

6. 断片之间的生境影响

因自然地理隔离或人造景观隔离，前者如在海岛上，由于海洋的障碍，使得有可能的迁入者，或成功迁入岛上，或不能越过海洋而消亡；后者如陆地上生境的断片，被居民点或农田景观所包围，与海洋不同，人类创造的景观可以直接使断片中生存的物种灭绝；或人类所建立的动物种群，伤害了断片中生存的物种。如在美国东部自 40 年代末以来，在小片林地中的鸣禽种群下降，主要是由于营巢的捕食鸟类和一种灰头小鸟的巢寄生现象增加所致。

7. 次生灭绝

所谓次生灭绝是指片断化现象扰乱了群落中很多重要的生态学联系：如捕食者－被捕食者、寄生物－寄主、植物－传粉者的关系以及互惠共生等关系被破坏而导致物种灭绝。如英国大的兰蝶（*Papilio*），具有特殊的生活史，其蛹期必须在红蚁的巢中发育，由于当地耕地发展，减少了空旷地和家畜放牧，红蚁巢也相应减少，大的兰蝶则濒临灭绝。

8. 栖息地环境质量恶化

由于化学污染和人类活动如旅游等引起物种的生境质量恶化，影响到物种的生育率和存活率，使种群走向衰亡，如 DDT 对鸟类卵壳形成有破坏作用，是引起许多鸟类灭绝或濒临灭绝的罪魁祸首。

9. 资源的过度开发

主要指人类的过度狩猎、捕捞和开采等活动。受害者多是一些具有经济价值的种类，如毛皮兽和药用动植物等。人们为了自身的经济利益，盲目索取生物资源，有时几至"涸泽穷鱼"的地步，更加剧了物种的濒危。

10. 生态入侵

又称引种不当，主要指因有目的或无意识地引进外来物种，造成爆发性蔓延发生，破坏了当地物种的生存环境，使受胁物种濒危或灭绝。如在具有许多特有种的非洲裂谷省的一些湖泊中，引进鱼种已使当地土产鱼等物种濒临灭绝。

五、濒危物种的保护对策

保护自然既是人类未来的需要，更是当代生活的需要。世界野生生物基金会（WWF）等一些重要的国际组织认为，21世纪是生物多样性保护的关键时期，而珍稀濒危物种应视为优先保护之列。保护的目标是通过不减少基因和物种多样性，不毁坏重要的生境和生态系统的方式，尽快挽救和保护濒危的生物资源，以保证生物多样性持续发展和利用。根据濒危物种的分布特点、保护现状和致危机制，笔者认为应采取如下几个主要方面的保护对策。

制定物种保护政策法规和行动计划。尤其要制定地方级的物种保护政策、法规和行动计划。保护政策应确定优先保护对象，强调保护的急迫性和必要性。明确领导部门的责任，落实实施步骤和切实可行的措施，特别要争取主管部门对计划的支持，及时检查执行机构的实施效率。

大力开展宣传教育工作，强化民众的保护意识。通过学校、电视广播和图书等广泛宣传，让人们了解珍稀濒危物种保护的意义，让全社会重视、理解、支持和参与。明确保护的最终目的是持续利用。

建立、健全管理机构和技术队伍。首先应该建立相关管理机构和懂专业的技术员队伍，特别是"责、权、利"落实到位；要落实管理机构和技术队伍各自的管理职责和权益，对基层组织或个人必须明确有关资源的所有权和经营权。

实施资源综合利用积极实施农村多种经营和资源综合利用，以促进农、林、牧、渔相结合，实施多种经营；提高土地、能源、原料等综合利用，最大限度地减少资源的消耗。改变以往坡地全垦，炼山等"刀耕火种"的劳作方式，稳定资源利用、恢复和维护自然生态系统。发展有利于环境的土地管理及合理轮作，营造阔叶林和混交林，改善生境质量，实现高效的生态农业，以利于保护物种生存的天然环境。

努力做好珍稀濒危物种就地保护和迁地保护工作。物种的就地保护是指保护濒危物种的重要栖息地和繁殖地，合理地建立各种类型的自然保护区和国家公园，是一项带根本性的物种保护措施。另一方面，把那些严重濒危的物种从原来已破坏的栖息地转移到植物园、动物园、水族馆、畜牧场或专门的保护中心，经人工驯养和繁殖，待恢复到一定数量以后，再重新放回大自然安家落户。复兴种群，进行迁地保护，也是一项重要的保护措施。如抢救欧洲野牛、麋鹿、蒙古野马等均为成功的事例。所以，如何加强自然保护区的建设和有效管理。笔者认为，必须正确认识和处理以下四个问题：

第一，最根本的问题是防止人的干扰。人的干扰原因复杂，方式也多种多样，如保护区产权不清，区内居民不断进行采伐，管理不严造成的偷猎现象，以及不顾生态环境的盲目建设和开垦等，致使保护动物无法休养生息，达不到保护增殖的目的。也还有极少数不健全的保护区自己砍伐森林、吃食保护动物，这些非法行为无异于保护区自己毁掉自己。

第二，保护区必须树立"保护第一"的观念。从某种意义上说，保护区是我们留给子孙后代为数不多（目前面积不过5%左右）的一笔财富，这个"财富"的意义，首先是生态效益，其次是社会效益，最后才是经济效益，因此保护区必须强调保护第一。特别是核心区，应当是一草一木都不许动，尽可能维护它的原始状态。但实际上，往往由于认识上的片面性或出于某种局部的暂时利益，很容易主次颠倒，如保护和旅游的矛盾，目前在部分自然保护区相当尖锐，由于旅游部门插入了保护区，而保护区自己也觉得有利可图，于是热衷于修公路、盖宾馆、买汽车、捉养动物等，偏离了保护区的方向，其结果不仅可能毁掉保护事业，也可能毁掉旅游业及其他。

第三，科学是建设自然保护区的根本。自然保护是科学的事业，离开了科学，就不知道保护什么、为什么保护、怎样保护？实践证明，凡是由科研单位管理或有科学家参加，或本身科技力量较强的自然保护区，都管理得好；反之，凡是不重视科学，甚至歧视、排斥科学，就不可能办好保护区。

第四，科学家、领导者和群众的通力合作是办好自然保护区的基础。科学家能积累、创造并应用科学知识，为领导者提供与保护政策和措施有关的信息和依据；领导者能够运用政治和政策手段动员各方面力量，把自然保护区的设想变为现实；当地群众与自然保护事业息息相关，许多保护措施必须通过他们的实践得以落实，所以这三者是缺一不可的。在自然保护这个问题上，我国与西方一些发达国家的最大差距是在那些国家里，保护自然已经真正成为群众的自觉行动，并自己建立了多种多样的自然保护组织，在自我教育，多办实事，特别是协助和监督政府等方面发挥了任何力量所不可替代的作用。这一点很值得我们借鉴和学习。只有广大群众有热爱自然、保护自然的强烈意识，又有一个有法必依的严格态度，加之有科学家、领导和群众的互相协调、互相配合，才能使那些珍稀濒危的物种真正转危为安，并达到持续利用之目的。

本文系中科院主办的"95·5中国桂林珍稀濒危动植物国际研讨会"大会报告；修改稿载：生命科学研究，1998，2（1）：6-11.

DNA 条形码在肉制品掺伪中非定向筛查技术的研究

钟文涛　王芳妹　李白玉　蒋伟　颜亨梅 *

摘要：目的： 对基于 DNA 条形码的肉制品掺伪中非定向筛选技术进行探索。**方法：** 以线粒体基因组中 *COI* 基因为靶标，设计猪、牛、羊、马、鸡、鸭、鹅、鼠 8 种动物源物种间的通用引物和特异性引物，建立禽畜肉的 DNA 条形码检测方法。同时应用该技术对 50 份市售的肉制品进行检测。**结果：** 本研究建立了 DNA 条形码筛选技术，电泳条带通过基因测序能正确识别猪、牛、羊、马、鸡、鸭、鹅、鼠 8 种动物源成分，结合分子克隆技术能实现对混合肉的检测。50 份市售肉制品的 DNA 条形码结果显示，16 份掺杂了除牛羊肉以外的其他禽畜肉。**结论：** DNA 条形码技术能打破传统标准中 PCR 法检测目标唯一性的局限，具有良好的应用前景。

关键词： DNA 条形码；*COI* 基因；肉制品掺伪；非定向筛查

一、引言

DNA 条形码概念一经提出，立刻引起全世界关注，它是以小片段基因（线粒体细胞色素氧化酶 I 亚基，Cytochrome Oxidase I，*COI*）作为物种快速鉴定的通用标记，利用 DNA 序列建立起物种名称和生物实体之间一一对应的关系。DNA 条形码有一种潜在的可能性，能够成为地球上已被认知的一千万多种真核生物的有效鉴定方法，目前主要应用于对未知物种或表型相似的物种进行分类鉴定，但该技术的应用绝不限于生物分类学领域。国内 DNA 条形码技术除了在生物分类学的应用外，在生物安全性检测方面的研究虽然较少，但已有人涉足。

本研究通过比对猪、牛、羊、马、鸡、鸭、鹅、鼠 8 个物种线粒体 *COI* 基因序列，设计满足实验要求的通用引物，建立了针对肉制品掺伪的 DNA 条形码检测方法。同时，用该方法对市售的 50 份肉制品进行动物源成分分析，以期为肉制品真实性的监管提供技术支持。

二、材料与方法

1. 材料与试剂

基因组 DNA 提取试剂盒（离心柱式，QIAGEN 公司）；电泳级琼脂糖（生工生物工程（上海）股份有限公司）；2×PCRMastermix、DNALadder、琼脂糖 DNA 纯化试剂盒、

TA 克隆试剂盒、*E.coli HST08* 感受态细胞、质粒抽提试剂盒（宝生物工程（大连）有限公司）；引物序列由宝生物工程（大连）有限公司合成；猪肉、牛肉、羊肉、马肉、鸡肉、鸭肉、鹅肉阳性样本由湖南红星冷冻食品有限公司提供，鼠肉阳性样本由湖南师范大学生命科学学院提供。

2. 仪器与设备

CFX96PCR 仪（美国 Bio-Rad 公司）；Smart Spec plus 核酸蛋白测定仪，Power Pac universal 电泳仪，Gel Doc XR+ 凝胶成像系统（美国 Bio-Rad 公司）；Mini Spin Plus 高速离心机，Thermo Mixer C 恒温混匀仪（德国 Eppendorf 公司）。

3. 核酸提取

样品用液氮研磨粉碎，分别称取 100 mg 于干净的离心管内。按照 QIAGEN 基因组 DNA 提取试剂盒操作说明书小心操作，将纯化后的核酸用 100 μL TE 溶液洗脱后，用核酸蛋白测定仪测定 OD_{260}/OD_{280} 后，计算 DNA 的纯度和浓度，于 –20 ℃ 保存备用。

4. 引物设计

在 GeneBank 中搜索猪、牛、羊、马、鸡、鸭、鹅、鼠 *COI* 的基因组编码序列，将全序列导入到 DNASTAR 软件中，通过 MegAlign 功能分析属间 *COI* 基因的同源性，用 Primer Premier 6 设计适合在不同物种间扩增的通用引物。同时，在 *COI* 基因序列内设计各物种特异性引物，用于后续验证试验。所有引物序列、产物大小、GeneBank 编号见表 1。

表 1　通用引物及特异性引物序列

引物名称	引物序列 (5'-3')	片段大小 / bp	编号
通用引物	正向引物：CAGACCAAGAGCCTTCAAAGC 反向引物：GGTTCGATTCCTTCCTTT	1927	/
猪源性	正向引物：ACAGCCGTACTACTTCTACT 反向引物：ATTAGCTAGTACAATGCCCG	510	NC_000845.1
牛源性	正向引物：CTTTATCTACTATTTGATGCTTGGG 反向引物：ATTACGGATCATACGAACAGA	515	NC_006853.1
羊源性	正向引物：ATACACGGGCTTACTTCAC 反向引物：CAGAGTATCGTCGTGGTAT	426	NC_005044.2
马源性	正向引物：GCTTTCTAGGCTTCATCGTA 反向引物：TTGGTTGAGTGTGTATCCTG	380	NC_001640.1
鸡源性	正向引物：AATTCGCGCAGAACTAGG 反向引物：GGAGGAAACACCTGCTAAG	361	NC_001323.1
鸭源性	正向引物：CCGTAGGAATAGACGTTGAC 反向引物：TTGAGATCAGGGACCCAATAG	504	NC_009684.1

（续表）

引物名称	引物序列 (5'-3')	片段大小 / bp	编号
鹅源性	正向引物：CACCATTTCCTCCATCGGC	175	NC_011196.1
	反向引物：GGCCGGTTCCTCGAAAGTAT		
鼠源性	正向引物：TTCGTTAACCGTTGACTCTT	273	NC_011638.1
	反向引物：TATATCAGGGGCTCCAATCA		

5. PCR 扩增

通用引物 PCR 反应在 20 μL 体系中进行：2 × PCR Master mix 10 μL、10 μmol/L 正反引物各 0.5 μL、DNA 模板 1 μL、无菌水 8 μL。

PCR 反应条件为：94 ℃预变性 3 min，94 ℃变性 30 s，52 ℃退火 30 s，72 ℃延伸 30 s 循环 35 次，72 ℃再延伸 5 min。

取 5 μL 反应产物进行 1% 的琼脂糖凝胶电泳，用凝胶成像系统分析扩增产物。将琼脂糖凝胶上的电泳条带切下，按照琼脂糖 DNA 纯化试剂盒说明书进行提取纯化后，送至宝生物工程（大连）有限公司进行基因测序鉴定，测得序列提交 GeneBank 进行 BLAST 比对。

6. 质粒制备

将纯化后的 DNA 与 pMD20-T 载体进行连接（图 1），导入 E. coli HST08 感受态细胞中，涂布接种于添加了氨苄青霉素、X-Gal 的 LB 琼脂平板上，36 ℃ ±1 ℃ 培养 12 h 进行蓝白斑筛选。挑取白色菌株在 36 ℃ ±1 ℃ 培养 12 h 进行纯化增菌，将菌液离心后按照质粒抽提试剂盒提取质粒。通过特异性引物 PCR 和 EcoR Ⅰ、Hind Ⅲ 双酶切 2 种方式对克隆结果进行验证。

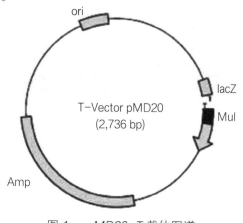

图 1 pMD20-T 载体图谱

特异性引物 PCR 反应在 20 μL 体系中进行：2 × PCR Master mix 10 μL、10 μmol/L 正反引物各 0.5 μL、DNA 模板 1 μL、无菌水 8 μL。PCR 反应条件为：94 ℃预变性 3 min，94 ℃变性 30 s，52 ℃退火 30 s，72 ℃延伸 30 s，循环 35 次，72 ℃再延伸 5 min。

双酶切反应在 20 μL 体系中进行：EcoR Ⅰ 1 μL、Hind Ⅲ 1 μL、10×M Buffer 2 μL、DNA 1 μg，灭菌水补充至 20 μL，在 37 ℃下水浴反应 1 h。

7. 市售肉制品掺伪调研检测

从超市、农贸市场、夜宵摊位购买牛羊肉制品 50 份，进行 DNA 条形码检测。由于市售的肉制品可能掺杂了其他动物源成分，在使用通用引物对 DNA 扩增、电泳后，需按照 2.6 所述方法制备质粒，进一步细化筛选，每个样品拟挑取 10 个白色菌株送至宝生物工程（大连）有限公司进行基因测序鉴定，测得序列提交 GeneBank 进行 BLAST 比对。

三、结果与分析

1. 阳性纯肉样品 DNA 条形码电泳及验证

使用通用引物分别对猪、牛、羊、马、鸡、鸭、鹅、鼠纯肉的 DNA 样本进行扩增，电泳结果如图 2 所示，所设计的通用引物对 8 种动物的 DNA 均能实现有效扩增，且未出现干扰杂带。将测序得到的碱基序列导入 BLAST 进行比对，扩增序列与物种间的同一性均在 99% 以上，能清晰地对以上 8 种动物源成分进行识别。

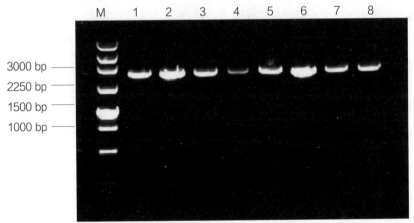

M. DNA Ladder；1. 猪肉；2. 牛肉；3. 羊肉；4. 马肉；5. 鸡肉；6. 鸭肉；7. 鹅肉；8. 鼠肉

图 2　八种阳性纯肉样品 DNA 条形码电泳图

2. 质粒有效性验证

在波长为 365 nm 的紫外灯下将 8 条 DNA 条形码电泳条带迅速切下后并纯化，按照 2.6 所述方法进行克隆实验，通过蓝白斑筛选后提取质粒，进行后续验证实验。使用表 1 中特异性引物对 8 种条形码质粒一一对应进行 PCR 反应，结果如图 3 所示，所得电泳产物与实验设计中产物大小一致。

质粒经过双酶切后，在 1900 bp 及 2700 bp 左右形成了 2 条带，分别与克隆片段和载体大小一致，电泳结果如图 4 所示。

2 个结果从不同的角度证明，DNA 条形码的基因片段已与载体连接，质粒制备方法可行有效，可以满足后续测序需求；同时由于特异性引物设计在通用引物序列范围内，且能实现有效扩增，证明通用引物的扩增产物中有能够区别 8 种动物成分的特异性基因片段。综上所述，使用本实验设计的通用引物对猪、牛、羊、马、鸡、鸭、鹅、鼠 8 种动物 DNA 进行扩增，制备质粒并结合基因测序技术，可实现对于肉制品掺伪的非定向筛选，但对于非上述 8 种动物肉成分是否能够有效鉴定，还需进一步实验证实。

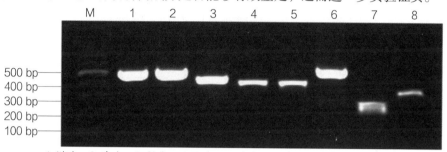

1. 猪肉；2. 牛肉；3. 羊肉；4. 马肉；5. 鸡肉；6. 鸭肉；7. 鹅肉；8. 鼠肉

图 3　质粒的特异性引物 PCR 扩增验证

1. 猪肉；2. 牛肉；3. 羊肉；4. 马肉；5. 鸡肉；6. 鸭肉；7. 鹅肉；8. 鼠肉

图 4　质粒酶切验证

3. 市售 50 份样品掺伪检测

采用 2.5、2.6 所述方法对市售的 50 份牛羊肉制品进行 DNA 条形码检测，结果见表 2。

表 2　市售肉制品鉴定

样品	数量	掺假数	掺假率 /%	备注
牛肉干	10	1	10	检出猪肉成分
烤牛肉串	22	8	36.4	检出鸭肉成分
烤羊肉串	14	5	35.7	检出鸭肉成分
牛肉丸	4	2	50	检出马、猪、鸭肉成分
总计	50	16	32	

从表 2 可以看出，样品中除了牛、羊肉成分外，鸭、猪、马肉成分均有检出，鸡、鹅、鼠肉 3 种成分未检出，可能由于是鸭、猪、马肉比较容易获得，成本较低，肌肉纤维和口感跟牛肉较为接近。

企业生产行为中掺假原材料主要是猪肉、鸭肉、马肉，掺入的动物源成分复杂（1~3种）；个体商户（夜宵摊位）生产行为中掺假原材料主要是鸭肉，掺入动物源成分相对单一。根据检测结果，牛肉丸的掺假率高达 50%，其原因可能为：商家在生产过程中将多种肉泥掺杂在一起，而产品标签上对除牛肉外的其他肉成分不做标注，经过加工调味后，消费者无法以肉眼或口感判断真伪，商家从中牟取暴利。烤牛肉串、烤羊肉串掺假率分别为 36.4%、35.7%，同样是由于在烤肉过程中加入大量香辛料，导致消费者无法对肉质进行识别。

四、小结与讨论

随着食品加工工业的发展，市售肉制品的种类越来越丰富，凭感官对肉制品品种进行鉴定的局限性越来越大，只有通过技术手段进行特征指标的检测才能鉴别，其中以 DNA 检测最为稳定，受深加工影响最小，应用最为广泛。动物源成分的 PCR 鉴定现阶段有检测标准可依，但随着技术的进步，现行标准需要向更深检测层次延伸，检测手段需要升级，实现从有靶标的检测向无靶标筛选发展，对检测能力的精准性有了更高要求。而 DNA 条形码技术能打破传统标准中 PCR 法检测目标唯一性的局限，具有不可替代的优势，在大众消费领域应用前景良好。

原载 © Journal of Food Safety and Quality, 2017, 8（5）：1547-1551；国家自然科学基金项目（No.30970421）、湖南省科技厅项目（No.2008SK3066）资助

海藻糖对酸奶中乳酸菌保护作用研究

汪波　于金迪　杨弘华　李秀菊　颜亨梅 *

摘要：目的：为解决冷冻条件下，温度骤变对乳酸菌细胞膜的损伤。方法：在酸奶中添加 4% 的保护介质海藻糖，测定酸奶感官指标、酸度、蛋白含量以及乳酸菌含量的变化。结果：添加海藻糖的酸奶，感官指标和酸度略有下降，蛋白质含量和活菌数显著高于空白组酸奶。结论：冷冻条件下，海藻糖可以有效地保护乳酸菌，降低低温对乳酸菌的损伤。

关键词：酸奶；冷冻；乳酸菌；海藻糖

近年来大部分研究集中于乳酸菌干粉的冷冻保藏，但酸奶的保存需要在液体状态下进行，酸奶在进行冷冻时，由于温度过低，使细胞形成冰晶，对菌体细胞膜产生机械损伤，导致乳酸菌死亡；而在解冻时期，细胞会发生重结晶，也有足够的能力破坏细胞。针对上述难题，本论文对冷冻酸奶保存方法进行了优化处理，选择理想的保护剂海藻糖，延长酸奶的保存时间，提高营养价值。

一、实验方法

1. 实验设计

将全脂牛奶和乳酸菌菌粉按 1000 mL∶1 g 比例混匀，分成三组，分别为 4% 海藻糖组、5% 海藻糖组、空白组，在 42 ℃的恒温箱中发酵 6~8 小时后，放入 –20 ℃环境中保藏备用。分别在第 2、4、6、8、10、12 天取样，测定酸奶的各项指标，组内重复三次。

2. 酸奶指标测定

感官测定：从滋味、气味、组织状态等方面评价冷冻贮藏条件下酸奶感官指标随时间的变化情况，分值设定为 9~10（很好）、7~8（较好）、5~6（一般）、3~4（较差）、1~2（很差）。酸度测定：按照中华人民共和国国家标准 GB5413.4—2010 规定的方法测定。蛋白质含量测定：按照考马斯亮蓝的方法测定。乳酸菌含量测定：按照中华人民共和国国家标准 GB4789.35—2010 规定的方法检验。

3. 实验数据统计分析

所有实验数据运用 SPSS 软件统计：对所测酸奶的各个指标进行单因素方差分析，

置信水平设置为 95%，即显著性水平 $a = 0.05$。

二、结果与分析

1. 海藻糖对酸奶感官指标的影响（见表 1）

表 1　海藻糖对酸奶感官指标的影响

贮藏时间 / d	滋味		气味		状态	
	空白组	4% 海藻糖	空白组	4% 海藻糖	空白组	4% 海藻糖
2	9.4 ± 0.1^a	8.3 ± 0.1^a	9.4 ± 0.1^a	8.9 ± 0.1^a	8.7 ± 0.1^a	7.3 ± 0.2^a
4	9.2 ± 0.2^a	8.1 ± 0.1^a	9.2 ± 0.1^a	8.9 ± 0.2^a	8.5 ± 0.1^a	7.3 ± 0.1^a
6	9.2 ± 0.1^a	8.1 ± 0.2^a	9.2 ± 0.1^a	8.8 ± 0.1^a	8.5 ± 0.2^a	6.8 ± 0.2^b
8	9.0 ± 0.1^a	8.0 ± 0.1^a	9.0 ± 0.2^b	8.8 ± 0.1^a	8.5 ± 0.1^b	6.8 ± 0.1^b
10	9.0 ± 0.1^a	8.1 ± 0.2^a	8.9 ± 0.1^b	8.8 ± 0.1^b	8.4 ± 0.1^b	6.7 ± 0.1^b
12	9.0 ± 0.1^a	8.1 ± 0.2^a	8.9 ± 0.2^b	8.6 ± 0.2^b	8.4 ± 0.2^b	6.6 ± 0.1^b

注：表中数据由平均值 ± 标准差表示；每列数据右上方的字母不同表示在 0.05 水平有显著性差异。

由表 1 数据可知：在冷冻条件下，两组酸奶的感官指标随时间的延长变化不大，两组酸奶的滋味指标随时间延长没有发生显著性变化；空白组酸奶的滋味指标从第 8 天开始产生显著性差异（$P < 0.05$），4% 海藻糖组酸奶的滋味指标从第 10 天开始产生显著性差异（$P < 0.05$）；酸奶的状态指标，空白组酸奶与 4% 海藻糖组酸奶分别从第 8 天与第 6 天产生显著性差异（$P < 0.05$）。而在相同保藏时间内，空白组酸奶的滋味指标明显高于 4% 海藻糖组；在气味指标上，两组没有明显差别；而酸奶的状态指标，空白组明显高于 4% 海藻糖组酸奶。总体来讲，空白组酸奶的指标明显高于 4% 海藻糖组酸奶。

2. 海藻糖对酸奶酸度的影响（见表 2）

表 2　海藻糖对酸奶酸度的影响

贮藏时间 /d	空白组	4% 海藻糖	
2	80.19 ± 0.01^a	77.39 ± 0.01^a	**
4	80.07 ± 0.01^a	79.37 ± 0.01^b	**
6	80.21 ± 0.01^a	79.50 ± 0.01^b	**
8	80.29 ± 0.01^a	80.80 ± 0.01^b	**
10	79.96 ± 0.01^a	80.92 ± 0.01^c	**
12	81.13 ± 0.01^a	80.96 ± 0.01^c	**

注：表中数据以平均值 ± 标准差表示；数据右上方的字母不同表示每列数据间有显著性差异（$P < 0.05$）；* 表示每行数据间有显著性差异（$P < 0.05$），** 表示差异极显著（$P < 0.01$）。下同。

由表 2 数据可见：在冷冻条件下，随贮藏时间的延长，空白组酸奶的酸度几乎没有发生变化；而 4% 海藻糖组酸奶的酸度随着时间的延长酸度逐渐增加，从第 2 天开始产生显著性差异，酸奶的酸度与贮藏时间呈显著性正相关（$P < 0.05$）。4% 海藻糖组酸奶的酸度小于空白组酸奶，且差异极显著（$P < 0.01$）。

3. 海藻糖对酸奶蛋白质的影响（见表 3）

表 3　海藻糖对酸奶蛋白质的影响

贮藏时间 /d	空白组	4% 海藻糖	
2	8.01 ± 0.06^a	8.73 ± 0.01^a	**
4	7.93 ± 0.10^a	8.49 ± 0.06^a	**
6	7.97 ± 0.09^a	8.33 ± 0.01^a	**
8	7.90 ± 0.10^a	8.37 ± 0.01^a	**
10	7.84 ± 0.04^b	8.30 ± 0.10^a	**
12	7.81 ± 0.13^b	8.30 ± 0.09^a	**

由表 3 数据可得：在冷冻条件下，随着贮藏时间的延长，空白组酸奶的蛋白质含量从第 10 天开始产生显著性差异（$P < 0.01$），而 4% 海藻糖组酸奶的酸度几乎没有发生变化。而同一贮藏时间内，4% 海藻糖组酸奶的蛋白质含量高于空白组酸奶，且差异极显著（$P < 0.01$）。

4. 海藻糖对乳酸菌对影响（见表 4）

表 4　海藻糖对乳酸菌的影响

贮藏时间 /d	空白组	4% 海藻糖	
2	2.62×10^3	3.77×10^3	**
4	2.40×10^3	3.73×10^3	**
6	2.07×10^3	3.73×10^3	**
8	2.01×10^3	3.71×10^3	**
10	1.83×10^3	3.70×10^3	**
12	1.80×10^3	3.70×10^3	**

由表 4 数据可得：在冷冻条件下，两组酸奶乳酸菌含量随着时间的推移，呈现逐渐下降的趋势，空白组酸奶下降趋势较大，在第 4 天以及第 8 天都发生的较大幅度的下降；而 4% 海藻糖组酸奶中乳酸菌数变化不大。在相同贮藏时间内，4% 海藻糖组酸奶的乳酸菌含量大于空白组酸奶，且差异极显著（$P < 0.01$），随着贮藏时间的延长，两组酸奶乳酸菌含量的差异呈现增大趋势。

5. 海藻糖的最佳添加浓度（见表 5）

表 5　海藻糖的最佳添加浓度

贮藏时间 /d	4% 海藻糖	5% 海藻糖	
2	3.77×10^3	3.93×10^3	**
4	3.73×10^3	3.93×10^3	**
6	3.73×10^3	3.91×10^3	**
8	3.71×10^3	3.87×10^3	**
10	3.70×10^3	3.86×10^3	**
12	3.70×10^3	3.80×10^3	**

由表 5 数据可得：在冷冻贮藏条件下，4% 海藻糖组和 5% 海藻糖组酸奶中乳酸菌的含量随时间的延长变化幅度不大；5% 海藻糖组酸奶中的乳酸菌含量高于 4% 海藻糖组酸奶，且差异极显著（$P < 0.01$）。

三、小结与讨论

4% 海藻糖组酸奶在冷冻条件下贮藏一定时间后，不仅乳酸菌的含量发生了显著性变化，酸奶的酸度、蛋白质含量以及感官指标也有所改变；而在相同贮藏时间内，4% 海藻糖组酸奶的各项指标也与空白组酸奶存在显著性差异（$P < 0.01$）。

酸奶在进行冷冻处理时，由于温度较低，乳酸菌胞内外会形成冰晶，对细胞膜产生机械损伤，使其通透性增加，胞内的一些内容物将渗透到胞外，对乳酸菌造成致命性损伤；而酸奶在进行解冻处理时，由于温度的骤变，同样会对乳酸菌造成损伤。实验结果表明，4 % 海藻糖组酸奶的乳酸菌量显著性高于空白组酸奶，可见，海藻糖对温度骤变环境中的乳酸菌能够起到一定的保护作用。

在对乳酸菌的保护作用中，海藻糖作为保护剂是属于半渗透型保护剂，能渗入细胞壁，不能渗入细胞膜。这类保护剂使细胞在冷冻前先部分脱水，保护剂在细胞壁与细胞膜之间浓缩，形成缓冲层，防止冰晶的产生，机械性地保护细胞膜。关于海藻糖对生物分子的保护作用，目前主要是"水替代"假说，是指生物大分子物质周围均包围着一层水膜，当这层水膜遭到破坏时，生物大分子的结构和功能也会受到严重影响，酸奶中的乳酸菌在温度骤变的情况下，乳酸菌周围的水膜遭到破坏，而海藻糖作为保护剂能在相应的失水部位以氢键形式连接，形成一层保护膜以代替失去的水膜，从而达到保护乳酸菌的作用。

酸奶中的活乳酸菌量直接影响酸奶的营养价值，在冷冻酸奶中，由于温度较低，使乳酸菌受到大大的损伤，而海藻糖作为保护剂可以有效地保护冷冻条件下的乳酸菌。因此，应对海藻糖的保护机制进行进一步探究。

原载◎食品工业科技，2016，（13）：253-257；珠海市农业专项资金项目（No.201112018）；北京师范大学珠海分校科研基金重点项目（No. Z 07002）资助

菲牛蛭抗凝血活性物质提取方法研究

汪波　杨思毅　周子华　陈鑫　颜亨梅 *

摘要： 为对菲牛蛭抗凝血活性物质的提取进行优化，通过采取不同方法对菲牛蛭活体（6种）、干体（6种）及唾液腺分泌物（3种）进行提取得出最适提取方法。结果表明对于菲牛蛭活体和干体均是采取 80% 预冷丙酮提取得到的抗凝血物质含量高，最高分别达至（61.20±1.13）AT-U/g 和（89.19±1.13）AT-U/g；对于菲牛蛭唾液腺分泌物则是采取 10% 的三氯乙酸提取得到的抗凝血物质含量高，最高达（24.41±0.98）AT-U/g。研究结果得出了适合菲牛蛭活体、干体和唾液腺分泌物中提取抗凝血活性物质的最适方法，有利于推动水蛭素的大规模生产和广泛的临床应用。

关键词： 菲牛蛭；抗凝血活性物质；提取

引言

凝血酶（thrombin）是凝血过程中的关键性酶，迄今已经发现多种蛋白质具有抑制凝血酶的作用。从医用水蛭中提取的水蛭素（hirudin）是目前发现的对凝血酶最强的天然抑制物。水蛭素的 C 端含有较多的酸性氨基酸，可阻止凝血酶与其底物血纤维蛋白原的相互作用。自从 1955 年 Markwardt 等用传统的方法从医用水蛭咽周腺体分泌物中提取获得天然水蛭素后，对水蛭素的研究就一直是临床的重点，促使水蛭及水蛭素的研究步入迅速发展阶段。1986 年以来，国外已有几个实验室成功地应用基因工程方法获得相当量的结构、药理活性与天然水蛭素基本相同的蛭素（recombinant hirudin，rH），从而推动了水蛭素的药理、临床等方面研究工作的深入开展。在天然水蛭素方面，张汉贞等认为抗凝血物质的有无与水蛭的食性有着绝对的关系，吸血蛭类的日本医蛭具有较强的抗凝血活性。而对日本医蛭和菲牛蛭进行体外抗凝血活性比较后，发觉菲牛蛭具有更强的抗凝血活性。吴志军等对 4 个不同品种水蛭生物活性的研究与比较，同样得出菲牛蛭的活性强于日本医蛭。

然而，对于水蛭素的分离和纯化技术方法种类繁多，不同的提取方法得出来的结论不同，张玉杰等得出水蛭酶提取物的抗凝和溶栓效果要优于水煎及乙醇提取物。而李宝红等认为在水提醇沉法、醇提水沉法、丙酮醇沉法中，水提醇沉法是宽体金线蛭最理想的提取方法。汪蜜等系统比较了浸渍法、渗漉法、煎煮法和回流提取法对水蛭素抗凝血活性的影响。笔者主要通过比较不同提取方法之间的提取效率，探索适合菲牛蛭活体、干体、唾液腺分泌物的提取方法，为水蛭素的大规模生产提供参考资料。

一、材料与方法

1. 实验对象的处理

（1）实验对象的预处理

活体处理：取生长活跃的菲牛蛭，用蒸馏水多次清洗，清洗干净后，再用滤纸吸干水分，置于 –85℃下冷冻处死，以保持体内抗凝血活性物质活性。称重后肌肉粉碎机粉碎，再组织匀浆。

干体处理：取生长活跃的菲牛蛭，同样用蒸馏水清洗干净，再用滤纸吸干净水分，称重后置于 –85℃下冷冻处死，然后太阳下晒干，再称重后，用研钵捣碎。唾液腺分泌物处理：菲牛蛭投喂新鲜血液后，采用挤压法收集唾液腺分泌物。

所有方法中除特殊说明外，质量单位均为 g，体积单位均为 mL，提到几倍体积时候，均是指初始时候质量单位的几倍体积。

（2）菲牛蛭活体和干体处理方法

方法一：称取水蛭后，加 5 倍体积 80% 乙醇，浸泡 24 h；过滤后滤渣再加入 3 倍体积 80% 乙醇提取 2 h；过滤，合并 2 次乙醇提取液，浓缩至 1/2 体积左右；置分液漏斗中，加入 1 倍体积蒸馏水，振荡，放置分层后，取下层水溶液加蒸馏水配成浓度为 1 g/mL 备用。

方法二：称取水蛭后加 4 倍体积 40% 丙酮水溶液，室温下搅拌 30 min；过滤后滤渣再以 3 倍体积 40% 丙酮水溶液搅拌提取 30 min；合并 2 次提取液，低于 50℃，减压蒸馏到 2 倍体积；加 3 倍体积丙酮，放置 10 min；过滤，弃去沉淀，上清液于超净工作台上放置过夜，尽量除去丙酮液，加蒸馏水配成浓度为 0.5 g/mL 备用。

方法三：称取水蛭后放入到离心管中，再加 1 倍体积磷酸缓冲液（pH 7.2），超声提取 10 min；室温下离心（3000 r/min，10 min），取上清液加蒸馏水配成 1 g/mL 备用。

方法四：称取水蛭置于 25 mL 三角瓶中；加入 8 倍体积生理盐水，贴上封口膜，室温（15~20℃）浸取 24 h，浸取期间不时摇动；室温下滤去残渣，滤液加蒸馏水配成 0.1 g/mL 备用。

方法五：称取水蛭置于 25 mL 三角瓶中；加入 8 倍体积蒸馏水，贴上封口膜，50℃水浴浸取 5 h，浸取期间不时摇动；室温下滤去残渣，滤液加蒸馏水配成 0.1 g/mL 备用。

方法六：精密称取水蛭后，然后加入 10 倍体积的 80% 预冷丙酮（–18℃），在 4℃下搅拌 10 min；再加入氯化钠和三氯乙酸（使其浓度分别为 0.2~0.5 mol/L 和 0.1~0.4 mol/L，pH 2.5~5.0），搅拌 30 min；然后离心（3000 r/min，10 min），弃上清液；沉淀中加入 1/3 倍体积的 80% 预冷丙酮（–18℃），抽提 2 次，每次 3000 r/min，离心 5 min，收集上清液；合并 2 次抽提液加入 2 倍体积的冷丙酮（–20℃），静置 2 h，再离心（5000 r/min，15 min）弃上清，收集沉淀，加蒸馏水配成 0.1 g/mL 待测液备用。

（3）菲牛蛭唾液腺分泌物处理方法

方法 A：加入大约 4 倍体积冰箱（ −20 ℃ ）中预冷的 85% 丙酮；搅拌后冰箱中（ −20 ℃ ）放置 12 h；离心（8000 r/min，10 min）后弃上清液；沉淀中加入预冷的 0.1 倍体积（唾液腺分泌物体积）10% 三氯乙酸，使其溶解；离心（3000 r/min，10 min）后，取上清液加蒸馏水配成 1 g/mL 备用。

方法 B：加入 3 倍体积生理盐水稀释；加入硫酸铵使其浓度约为 30%，4 ℃下静置 12 h；离心 10 min（8000 r/min），取上清液，再加入硫酸铵使其浓度约为 70%，4 ℃下静置 12 h；离心 10 min（8000 r/min），弃上清液，沉淀加蒸馏水配成 1 g/mL 备用。

方法 C：加入大约 5 倍体积的 0.9 % NaCl 液稀释，搅拌 30 min；用 10 % 的三氯乙酸液调 pH 2.5，于 65～70 ℃ 保温 30 min，不时搅拌；4 ℃（8000 r/min，30 min）离心，收集上清液；用 1 mol/L NaOH 调 pH 7.0，离心（8000 r/min，10 min）取上清液配成 0.2 g/mL 备用。

2. 抗凝血活性成分测定方法

参考陈华友等（2002）改进的凝血酶滴定法测定水蛭素活性。

3. 抗凝血活性成分测定方法

所有实验数据运用 SPSS 软件统计，组间差异的显著性作单因素方差分析（One-way ANOVA），若差异显著，则作 LSD 多重比较，$P < 0.05$ 表示差异显著。

二、结果与分析

1. 菲牛蛭活体粗提物抗凝血活性测量结果

从体外凝血酶直接滴定法结果来看，不同方法提取的 1 g 菲牛蛭活体中抗凝血物质含量不同，且差别较大，差距最大的方法一和方法六之间约达到 15 AT–U/g（表 1）。方法三、四、五所得的抗凝血物质单位数无显著性（$P > 0.05$）。不过，最适合从菲牛蛭活体中提取具有抗凝血活性物质的方法六显著高于其他 5 种方法（$P < 0.05$），抗凝血物质最高达到了（61.20 ± 1.13）AT–U/g。

表 1　不同方法提取菲牛蛭活体中抗凝血物质含量比较

方法	单位质量菲牛蛭活体中所含抗凝血物质单位数 /(AT–U/g)
一	(45.64 ± 0.41) ～ (45.83 ± 0.41)d
二	(52.08 ± 0.45) ～ (52.47 ± 0.45)c
三	(48.63 ± 0.20) ～ (48.83 ± 0.20)b
四	(51.43 ± 1.13) ～ (53.39 ± 1.13)b
五	(51.43 ± 1.13) ～ (53.39 ± 1.13)b
六	(59.24 ± 1.13) ～ (61.20 ± 1.13)a

注：数据后面的字母不同表示每列数据间有显著性差异（$P < 0.05$），下同。

2. 菲牛蛭干体粗提物抗凝血活性测量结果

干体是由活体直接处理得来的，也就相当于从菲牛蛭活体中提取具有抗凝血活性的物质，且方法也是一样的，因此提取效果与活体提取效果类似（表2）。方法一和方法三无显著差异性（$P > 0.05$），提取效果最好的方法六与其他5种提取方法差异显著（$P < 0.05$），且方法六所得干体中所含抗凝血物质单位数最多，达（89.19 ± 1.13）AT–U/g。

表2　不同方法提取菲牛蛭干体中抗凝血物质含量比较

方法	单位质量菲牛蛭干体中所含抗凝血物质单位数 /(AT–U/g)
一	$(70.70 \pm 0.78) \sim 70.90 \pm 0.78)$d
二	$(66.15 \pm 0.90) \sim (66.54 \pm 0.90)$e
三	$(69.79 \pm 0.81) \sim (69.99 \pm 0.81)$d
四	$(79.43 \pm 1.13) \sim (81.38 \pm 1.13)$b
五	$(76.17 \pm 1.95) \sim (78.13 \pm 1.95)$c
六	$(87.24 \pm 1.13) \sim (89.19 \pm 1.13)$a

3. 活体菲牛蛭唾液腺分泌物中抗凝血活性测量结果（见表3）

表3　不同方法提取菲牛蛭唾液腺分泌物中抗凝血物质含量比较

方法	单位质量菲牛蛭唾液腺分泌物中所含抗凝血物质效价 /(AT–U/g)
A	（20.38 ± 0.41）~（20.57 ± 0.41）b
B	（19.86 ± 0.69）~（20.05 ± 0.69）b
C	（23.44 ± 0.98）~（24.41 ± 0.98）a

从结果可以看出，经不同的方法提取后，活体菲牛蛭唾液腺分泌物中具有抗凝血活性的物质。方法A和方法B无显著性差异（$P > 0.05$），以体外抗凝血活性为指标来进行筛选的话，方法C是最合适的，提取效果显著优于方法A和方法B（$P < 0.05$），提取的抗凝血活性物质达到达（24.41 ± 0.98）AT–U/g。

三、讨论

水蛭素是一种分泌型生物活性物质，菲牛蛭起抗凝血作用的主要存在于头部唾液腺及其分泌的唾液中。张维强等运用20%~80%丙酮对尖细金线蛭中抗凝血活性物质进行沉淀，得出不同浓度的丙酮液提出的物质活性不同，方法二和方法六验证的结果与之类似。何志鹏等利用优化后的丙酮提取工艺提取油茶籽饼多酚，多酚提取率高达(3.217 $\pm$ 0.153) %，也验证了丙酮提取率的较高值的正确性。笔者在80%预冷丙酮中所得抗凝血物质量最多，与杨潼等用预冷的85%的丙酮和三氯乙酸从唾液腺分泌物中提取到比活力为6708AT–U/mL的蛋白结论基本一致。

菲牛蛭活体粗提取物与干体粗提取物中抗凝血活性的测量方法是一样的，但是不管是哪种方法均是干体中所含抗凝血物质单位数多，因此，可以判断提取菲牛蛭抗凝血活性中干体比活体好。王德斌等按照匈牙利 Bagdy D 的方法，经抽真空干燥后，得到含抗凝血活性物的粗品，验证了菲牛蛭干体粗提取物的含凝血活性的正确性。胡艳妮等关于杨桃的多酚氧化酶的活性提取中，丙酮提取法优于匀浆浸提法，此法能够获得较高比活性的酶液且有利于酶液的进一步纯化。刘亭君等采用正交试验法研究丙酮提取菠萝皮抑菌物质的工艺条件，结果表明提取物对大肠杆菌、黑曲霉、金黄色葡萄球菌具有明显的抑制作用。这些实验验证了丙酮作为提取剂对于生物活性提取率都有显著的效果。

黄仁槐等运用 10% 的三氯乙酸溶液从水蛭嗉囊消化液同样提取到了可进行抗凝血酶活力分析的活性物质，验证了菲牛蛭唾液腺分泌物中含有抗凝血活性的正确性，与实验验证出的结果相照应。笔者对菲牛蛭唾液腺分泌物进行提取，也是利用三氯乙酸的 2 种提取方法（A 和 C）得率较高，原因可能是三氯乙酸沉淀蛋白效果较好。方法 A 和方法 C 均是有用 10% 三氯乙酸，但是实验结果仍然存在差距，原因可能是方法 A 中离心时间比较长，预冷丙酮升温导致蛋白变性，导致提取的抗凝血酶含量降低，而方法 C 采用的是 0.9% NaCl 溶液，提取条件比较温和，相对适合菲牛蛭唾液腺分泌物中的抗凝血活性物质提取。

四、结语

对于菲牛蛭活体和干体均是采取 80% 预冷丙酮提取效果较好，得到的抗凝血物质含量较高，最高分别达至（61.20 ± 1.13）AT–U/g 和（89.19 ± 1.13）AT–U/g；而对于菲牛蛭唾液腺分泌物则是采用 10% 的三氯乙酸提取（24.41 ± 0.98）AT–U/g。研究结果得出了适合菲牛蛭活体、干体和唾液腺分泌物中提取抗凝血活性物质的最适方法，有利于推动水蛭素的大规模生产和广泛的临床应用。

原载◎中国农学通报，2015，31（20）：51-54；珠海市农业专项资金项目（No.201112018）资助

有机和常规养殖条件下南美白对虾 *Penaeus vannamei* 产品质量比较研究

汪波　许华　张成　李文芬　周天杨　颜亨梅 *

摘要： 对有机和常规养殖条件下南美白对虾的肌肉营养成分、矿物质元素、重金属和药残含量进行了比较分析。有机养殖条件下南美白对虾的水分、粗灰分和粗蛋白含量和常规养殖条件下无显著差异（$P > 0.05$）；粗脂肪含量显著低于常规养殖条件下（$P < 0.05$）；钙、磷元素含量显著高于常规养殖条件下（$P < 0.05$）；在重金属和药残含量方面，常规养殖条件下南美白对虾除呋喃唑酮超标外，其余均符合无公害食品标准，但有机养殖条件下重金属和药残含量更低。结果表明，从产品卫生安全性角度考虑，有机养殖条件下的南美白对虾对人体更健康无害。

关键词： 南美白对虾；有机；常规；质量

引言

目前，南美白对虾（*Penaeus vannamei*）的研究主要集中在不同盐度下人工养殖研究、不同盐度条件下养殖的南美白对虾肌肉营养成分的分析，而对于不同养殖模式下南美白对虾的产品质量差异比较研究亟待深入。

通过对来自有机养殖条件和常规养殖条件的南美白对虾进行水分含量、粗灰分、粗蛋白、粗脂肪、钙磷元素、重金属、农残等指标进行测定，比较其营养成分、矿物质、重金属和农药残留含量的不同，为有机养殖与常规养殖南美白对虾的品质和安全性差异提供资料。

一、材料与方法

1. 试验材料

有机养殖组从广东省新会南美白对虾养殖股份有限公司养殖场采样，测量个体，体重为 10.25~12.36 g，体长为 9.14~10.29 cm；常规养殖组取自珠海养殖场，体重为 9.56~11.87 g，体长为 8.91~9.85 cm。虾体均健康无伤。

2. 样品处理

在收集的南美白对虾样品中选择体健无伤者为分析样品，分析前经测量体长和体重，洗净后，去头、壳，取其肌肉进行测定。

3. 试验方法

a水分：105℃常压干燥法；b粗灰分：550℃灼烧法；c粗蛋白：凯氏定氮法；d粗脂肪：氯仿—甲醇抽提法；e钙：EDTA络合滴定法；f磷：钼蓝比色法；g砷：参照国家标准（GB/T 5009.11）测定；h汞：参照国家标准（GB/T 5009.17）测定；i铅：参照国家标准（GB/T 5009.12）测定；j镉：参照国家标准（GB/T 5009.15）测定；k呋喃唑酮：参照国家标准 NY 5158—2005 测定；o磺胺类：参照国家标准 NY 5158—2005 测定；p土霉素：参照国家标准 NY 5158—2005 测定；q氯霉素：参照国家标准 NY 5158—2005 测定。

二、结果与分析

1. 营养成分和矿物质比较

有机和常规养殖条件下南美白对虾体内营养成分含量见表1。结果显示，不同养殖条件下南美白对虾肌肉一般营养成分基本相同，除粗脂肪含量差别较显著外（有机养殖条件下低于常规养殖条件下），水分、粗灰分和粗蛋白成分含量差异不显著。有机和常规养殖条件下南美白对虾体内矿物质比较见表 2。结果显示，对虾肌肉内钙、磷元素差异显著（有机养殖条件下南美白对虾肌肉内钙、磷元素均高于常规养殖条件下）。

表 1　有机和常规养殖条件下南美白对虾体内营养成分（%）比较

营养成分	有机养殖	常规养殖
水分	78.91 ± 0.24 a	78.99 ± 0.49 a
粗灰分	1.18 ± 0.05 a	1.17 ± 0.07 a
粗蛋白	17.26 ± 0.31 a	17.29 ± 0.26 a
粗脂肪	1.02 ± 0.05 a	1.14 ± 0.07 b

注：表中数据由平均值 ± 标准差表示，每行数据后的字母不同表示有显著性差异（$P < 0.05$）。下同。

表 2　有机和常规养殖条件下南美白对虾体内矿物质（%）比较

矿物质	有机养殖	常规养殖
钙	0.34 ± 0.02 a	0.27 ± 0.02 b
磷	1.18 ± 0.04 a	1.06 ± 0.03 b

注：表中数值为干重值。

2. 重金属和药残含量比较

在不同养殖条件下，南美白对虾体内重金属和药残含量比较见表3。常规养殖条件下南美白对虾重金属检出率为100%，但含量均未超过无公害食品淡水虾（NY5158—2005）标准中的规定；农药残留除呋喃唑酮化合物超标外，磺胺类、土霉素、氯霉素均未检出。有机养殖条件下重金属和药残含量除检出极低含量的汞外，其他均未检出。在重金属和药残含量方面,有机养殖条件下南美白对虾均比常规养殖条件下南美白对虾低。

表3　有机和常规养殖条件下南美白对虾体内重金属和药残含量比较（mg/kg）

药物	有机养殖	常规养殖	无公害食品标准
砷（以 As 计）	未检出（< 0.01）	0.340	≤ 0.5
汞（以 Hg 计）	0.008	0.070	≤ 0.5
铅（以 Pb 计）	未检出（< 0.01）	0.430	≤ 0.5
镉（以 Cd 计）	未检出（< 0.005）	0.013	≤ 0.5
呋喃唑酮	未检出（< 0.0005）	0.0032	不得检出
磺胺类（总量）	未检出（< 0.005）	未检出（< 0.005）	≤ 0.1
土霉素	未检出（< 0.02）	未检出（< 0.02）	≤ 0.1
氯霉素	未检出（< 0.0001）	未检出（< 0.0001）	不得检出

三、讨论

造成水产动物营养品质差异的主要原因，是其生态环境、所摄取的饵料以及遗传差异。不同养殖条件下南美白对虾蛋白质含量差别不大，因为同一南美白对虾种群内遗传差异很小，而蛋白合成是受基因调控的，因而导致上述结果，这与李广丽等2001年报道的相一致，饵料中不同蛋白质水平的饵料对南美白对虾虾体蛋白质含量没有明显的影响。由此可见，要提高虾类蛋白含量，最好利用蛋白质工程技术，培育新的品系。粗脂肪含量差别却较大，这可能是因为有机养殖条件下主要使用有机饵料，而常规养殖条件下主要使用人工配合饵料，人工配合饵料中不同糖源以及鱼粉却能使全虾脂肪含量显著升高。

钙和磷等元素是南美白对虾呈鲜味不可缺少的因子，而且对维持人体的生理功能可以起到特殊作用，是判断南美白对虾产品质量的重要标准。由于饵料钙、磷对南美白对虾体组织钙、磷含量存在显著的影响，有机养殖条件下南美白对虾体内钙和磷含量均高于常规养殖条件，这与不同养殖条件下形成了不同层次的环境质量，尤其是使用的饵料不同有很大的关系，说明有机虾的养殖，除了水体环境以外，饵料也是一个关键的环节。

南美白对虾体内重金属和药残的含量是衡量食品卫生安全的关键指标之一，有机虾不应有任何重金属的污染和人工合成化学药剂的残留。试验中，有机养殖条件下的南美白对虾，体内重金属和药残含量均符合无公害食品淡水虾标准，而常规养殖条件下的重金属和药残含量比有机养殖条件下高，生物体内的重金属含量主要与其生存的水域环境及喂养的饲料有关，通常水域环境和饲料中重金属含量越高，生物体富集能力越强。由于在常规养殖中也未使用药物，说明饵料可能是导致南美白对虾药残检出的原因。

原载 © Chinese Agricultural Science Bulletin, 2012, 28（02）: 74-77；珠海市农业科技三项资金（No.2011014）及北京师范大学珠海分校重点基金项目（No.Z07002）资助

颜 亨 梅 文 集

第三篇

中医农业技术研究

中草药配方饵料对南美白对虾生存力及抗病力的影响

颜亨梅　　汪波　李文芬　刘楚乔

摘要： 为探明中草药对南美白对虾生长发育、免疫和抗病力的影响，在其日粮中添加 1.0%、1.5%、2.0%、2.5%、3.0% 五种不同剂量的中草药。实验结果表明，2.0% 的中草药配方 1 和配方 2 为最佳添加剂量，能显著提高南美白对虾的增长率和成活率。同时发现该复合中草药配方不仅能够激活南美白对虾体内 SOD 酶的活性（$P < 0.05$），尤其显著提高了虾苗体内 PO、ACP 和 LSZ 等酶类的活性（$P < 0.01$），因而使对虾的非特异性免疫力增长，从而增强了南美白对虾抗溶藻弧菌和抗白斑病的能力。研究结果可为中草药在促对虾的生长发育和治疗病毒感染的实践中提供启示。

关键词： 中草药；南美白对虾；生长；抗病力

一、前言

本试验在借鉴前人工作的基础上，利用天然池塘养殖条件，应用不同剂量的复方中草药配方添加剂的饲料喂养南美白对虾，然后测定其对虾苗生长发育、免疫及抗病力的影响程度，旨在为生产实际中合理使用中草药饲料添加剂喂养南美白对虾提供指导。

二、材料与方法

1. 试验材料和试剂

将虾苗于暂养池暂养 2 周后，挑选大小一致、健康活泼的对虾，利用实验室内设备，每天进行排污、换水，观察对虾摄食、蜕壳及生长情况。南美白对虾初始均重为（1.28 ± 0.01）g，试验水温 18~25 ℃，试验持续 8 周，试验期间日均投喂 3 次，饱食投喂。发现死亡虾及时捞起，称重并做记录。试验基础饲料以鱼粉、豆粕、啤酒酵母、花生麸等为主要蛋白原，设计成蛋白质含量为 41% 的基础饲料。A/B 组的试验饲料中分别添加剂量比例为 1.0%（A1/B1）、1.5%（A2/B2）、2.0%（A3/B3）、2.5%（A4/B4）、3.0%（A5/B5）的配方 1/ 配方 2 的复方中草药制剂。对照组（C）饲料中不添加任何材料。中草药配方如下：

表 1　试验用中草药配方及剂量　　　　　　　　　　　单位：g

配方 1	人参	黄芪	淫羊藿	金银花	枸杞	香菇	杜仲	马齿苋	甘草
	9	6	6	6	6	6	6	6	3
配方 2	白术	丹参	何首乌	五味子	陈皮	香菇	连翘	马齿苋	甘草
	6	6	6	6	6	6	6	6	3

2. 试验方法

在处理不同时间后取样，测定下面的指标。

（1）试验开始前记录初始供试对虾的身长、体重，结束后称取终极身长与体重，计算生长指标。

计算体长增长率、相对增重率。计算公式如下：

体长增长率（%）=［（试验末体长 – 试验初体长）/ 试验初体长］× 100

相对增重率（%）=［（试验末体重 – 试验初体重）/ 试验初体重］× 100

成活率（%）= 终试尾数 / 始试尾数 × 100

（2）对虾血清中的酚氧化酶、溶菌酶、超氧化物歧化酶和血清蛋白含量等免疫因子的活性测定。

参照邓碧玉等（1991）的方法测定血清中超氧化物歧化酶（SOD）的活力；参照王雷等（1995）的方法测定酚氧化酶（PO）的活力；参照宋善俊（1991）的方法测定碱性磷酸酶（AKP）的活力，酸性磷酸酶（ACP）活力的测定方法同 AKP，但在酸性条件下（枸橼酸缓冲液，pH 为 4.5）进行；采用管华诗（1999）的方法测定过氧化物酶（POD）和溶菌酶（ISZ）的活力。

（3）抗病力测定。

溶藻弧菌（*Vibrio alginolyticus*）悬液制备：从南美白对虾中分离的病原菌，由本实验室保存。将溶藻弧菌在营养琼脂培养基上 28 ℃培养 24 h 后，用 0.15 mol / L 生理盐水洗下菌苔，并调整浓度为 $4 × 10^6$ CFU/mL，用于细菌攻毒实验。

白斑病毒（*Penaeus chinensis baculovirus*）悬液制备：出现白斑综合征典型症状的南美白对虾匀浆过滤成悬液，用于病毒攻毒实验。

抗病力测定方法：饲养结束后，每组取 15 尾虾放于另一水族箱内，每尾注射 0.05 mL（10^7 CFU/mL）溶藻弧菌液；另取 15 尾放于另一不族水箱内，每尾注射 0.04 mL 病毒滤液；再取 15 尾虾，每尾注射 0.05 mL 生理盐水作为对照。继续投喂原来实验饲料饲养，记录 7 d 内虾的累计死亡情况。

三、结果与分析

用不同剂量中草药配方饲料饲养 8 周后，随机在各组取 10 尾对虾测定其生长指标，结果见表 2；免疫指标见表 3。

1. 中草药对南美白对虾生长速率的影响

表 2 试验虾的增长率和成活率

分组	初始体重 / g	末体重 / g	增长率 / %	成活率 / %
C	1.28 ± 0.02	6.91 ± 0.13	439.84 ± 5.25	87.77 ± 3.31
A1	1.26 ± 0.01	6.96 ± 0.06	452.38 ± 7.45	88.79 ± 2.67
A2	1.29 ± 0.01	7.04 ± 0.11	445.74 ± 6.10	89.2 ± 2.52
A3	1.28 ± 0.01	7.32 ± 0.07	471.87 ± 4.48	92.1 ± 3.42
A4	1.27 ± 0.02	7.06 ± 0.09	455.91 ± 10.12	90.1 ± 2.53
A5	1.27 ± 0.01	7.02 ± 0.14	452.76 ± 6.33	89.4 ± 3.64
B1	1.28 ± 0.01	6.96 ± 0.12	443.75 ± 6.90	88.59 ± 3.73
B2	1.29 ± 0.01	7.04 ± 0.15	445.74 ± 11.51	89.23 ± 2.42
B3	1.28 ± 0.02	7.28 ± 0.09	468.75 ± 5.06	92.3 ± 3.32
B4	1.27 ± 0.02	7.06 ± 0.70	455.91 ± 9.41	89.78 ± 1.67
B5	1.28 ± 0.01	7.02 ± 0.13	448.44 ± 7.16	89.52 ± 3.24

由表 2 可知，与对照相比，饲料中添加不同浓度的中草药对南美白对虾终末平均体重、增重率和成活率均有提高的作用，其中添加中草药量为 2.0% 的两组（配方 1 和配方 2）增重率和成活率最高，经 t 检验，差异显著（$P < 0.05$）。因此，2.0% 中草药量为最适合南美白对虾生长和生存的添加剂量。本实验选择 2.0% 的中草药配方 1 和配方 2 作为添加剂量进行南美白对虾免疫和抗病性鉴定，展开后面的实验。

2. 中草药对南美白对虾免疫指标的影响

表 3 中草药对南美白对 SOD、PO、ACP、LSZ 活力的影响

分组	C	A3	B3
SOD/（U/mg）	133.42 ± 4.61	147.56 ± 3.2	146.34 ± 3.12
PO/（U/min·mL）	2.57 ± 0.05	4.16 ± 0.10	3.98 ± 0.08
ACP/（U/mL）	0.36 ± 0.007	0.46 ± 0.009	0.45 ± 0.010
LSZ/（U/mg）	31.68 ± 0.66	37.11 ± 0.76	37.00 ± 0.87

由表 3 可知，与对照组相比较，2.0% 的中草药配方 1 和配方 2 能显著提高南美白对虾的 SOD 活性（$P < 0.05$）；2.0% 的中草药配方 1 和配方 2 能极显著提高南美白对虾的 PO、ACP 和 LSZ 活性（$P < 0.01$）。

3. 中草药对南美白对虾抗病力的影响

通过注射弧菌和白斑病毒的攻毒试验（表 4）发现，添加中草药显著提高了南美白对虾的抗病力。注射白斑病毒后 3 d 后对照组出现南美白对虾死亡，而 2.0% 的中草药配方 1 和配方 2 组中 4 d 后才出现死亡现象。6 d 后对照组的南美白对虾全部死亡，而此时添加中草药配方 2 和配方 2 的试验组死亡率只有 30.9% 和 32.4%。注射溶菌弧菌后半天后对照组出现南美白对虾死亡，而 2.0% 的中草药配方 1 和配方 2 组中 1 d 后才出现死亡现象。3 d

后对照组的南美白对虾全部死亡，而此时添加中草药配方 2 和配方 2 的试验组还有 19.1%和 14.6% 的存活率。

表 4　中草药对南美白对虾抗病力的影响

类型	时间 / 天	C /%	A3 /%	B3 /%
白斑病毒	1	0	0	0
	2	0	0	0
	3	3.6	0	0
	4	47.5	4.6	5.3
	5	89.7	12.6	14.1
	6	100	30.9	32.4
注射溶菌弧菌	0.5	7.2	0	0
	1	20.8	7.2	8.9
	2	71.3	20.7	26.7
	3	100	80.9	85.4

四、小结与讨论

1. 2.0% 的中草药配方 1 和配方 2 为最佳添加剂量

增长率和成活率反映生产性能，是决定南美白对虾养殖效益的关键指标之一。本中草药饲料添加剂可根据饲喂对象的不同种类、生理特点、生产性能的差异，进行配方的调整，可以单方制剂，也可以联合其他不同作用的中草药配伍使用。在本研究中，通过外源添加各种比例的中草药 1 和中草药 2 发现，不同比例的两个中草药配方均能提高南美白对虾的增长率和成活率，其中 2% 的中草药配方 1 和配方 2 能显著提高南美白对虾的增长率和成活率。因此，2.0% 的中草药配方 1 和配方 2 为最佳添加剂量。但本实验设计的中草药配方 1 的成本费远比配方 2 的成本费高，故从节约生产成本、增加渔民收入角度考虑，在生产实践中选择中草药配方 2 为宜。

2. 复方中草药增强了南美白对虾的非特异性免疫力

动物机体的免疫能力是机体抗御和清除外来入侵的微生物和有害物质，处理自身衰老、损伤、变性和凋亡细胞等代谢废物，以保持和恢复正常生理功能的能力。大量研究表明，中草药饲料添加剂在应用中确实能够改善动物机体免疫指标，达到提高免疫能力的功效。ACP 是巨噬细胞内溶酶体的标志酶，是溶酶体的重要组成部分，已经有研究结果证明，在甲壳动物血细胞进行吞噬和包围化的免疫反应中，会伴随有 ACP 的释放。虾体非特异性免疫因子活性大小反映了虾体非特异性免疫功能的大小，免疫机制的研究是合理防治虾病害的根本和依据。超氧化物歧化酶（SOD）是重要的抗氧化酶，抗氧化酶是无脊椎动物机体非特异性免疫的一个重要方面。在虾的整个生长过程中，超氧化物歧化酶（SOD）除起到清除活性氧自由基的作用外，对于增强吞噬细胞的吞噬能力和整个机体的免疫功能起重要作用。因此本实验对南美白对虾的溶菌酶，SOD、PO，ACP 等体液防御系统中的重要免疫因子进行了分析比较。发现中草药可以显著提高南美白对虾的 SOD 活性（$P < 0.05$），极显著提高南美白对虾的 PO、ACP 和 LSZ 活性（$P < 0.01$）。本实验结果表明，中草药可增强南美白对虾的非特异性免疫力。

3. 复方中草药提高了南美白对虾的抗病力

试验中通过注射的方法使南美白对虾直接感染溶藻弧菌和白斑病病毒，这种方式相对于南美白对虾自然染病显得剧烈。在此情况下，外源添加中草药延缓了南美白对虾死亡的出现，提高了生存率。可见在自然染病的情况下，中草药的抗病力会更加有效。研究发现，2.0 % 的中草药配方 1 和配方 2 为最佳添加剂量，能显著提高南美白对虾的增长率和成活率。另一方面，发现中草药显著提高南美白对虾的 SOD 活性（$P < 0.05$），极显著提高南美白对虾的 PO、ACP 和 LSZ 活性（$P < 0.01$）。由此可见，本研究设计的中草药配方能使对虾有效地提升生命活力、增强体质，从而显著提高了南美白对虾的抗溶藻弧菌和抗白斑病能力。因此，本研究为中草药的外源添加提供了借鉴，同时为南美白对虾的免疫和抗性研究提供了理论基础。进一步研究需要阐明其免疫机理以及增强抗病力的分子机制。

Effects of different doses of Chinese herbal medicine on the survival and disease resistance of *Penaeus vannamei*

Yan Hengmei   Wang Bo   Li Wenfen   Liu Chuqiao

Abstract: In order to explore the effects of Chinese herbal medicine on the growth, immunity and disease resistance of *Penaeus vannamei*, five different doses of Chinese herbal medicine were added to the diet. The results showed that 2.0% Chinese herbal medicine formula 1 and formula 2 were the best dosage, which could significantly improve the growth rate and survival rate of *Penaeus vannamei*. At the same time, it was found that the compound Chinese herbal medicine formula could not only activate the activity of SOD（$P < 0.05$）, especially significantly increase the activities of PO, ACP and LSZ（$P < 0.01$）. Thus, the ability of resistance to *Vibrio alginolyticus* and white spot disease of *Penaeus vannamei* was enhanced.

Keywords: Chinese medicine compound; *P. vannamei* Boone; growth; resistance to disease

原载◎ The Seventh Conference Session of Specialty Committee of Medicated Diet & Dietotherapy of WFCMS. ShenZhen, China, 2016: P.135-139; 国家自然科学基金项目（No.31372159）; 珠海市农业科技三项资金（No.2011014）资助

中草药制剂在虾类疾病防治中的应用

汪波　许华　张成　李文芬　颜亨梅 *

摘要： 本文依据近年来利用中草药防治虾类疾病的研究文献，综述了中草药在虾类病毒、细菌、寄生虫疾病方面的防治效果及其最新研究成果与发展趋势。

关键词： 中草药制剂；虾类；疾病；防治

中草药天然、高效、低残留，不易导致耐药性，含有丰富的调节水产动物免疫表达的有效成分，如有机酸类、生物碱、聚糖类、挥发油、蜡、甙、鞣质物质及一些未知免疫活性因子等，主要通过影响非特异性免疫系统、激活和诱生多种细胞因子等途径提高机体免疫力，能直接杀菌、抑菌、抗病毒、抗原虫，在防治虾类疾病上具有广泛的应用前景。

一、中草药在防治虾类病毒病上的应用

自 1974 年 Couch 在佛罗里达的墨西湾北部桃红对虾中首次发现对虾杆状病毒以来，感染虾类的病毒种类已发现近 20 种。病毒病发病快，死亡率高，其暴发流行给世界对虾养殖业造成巨大的经济损失，对海洋资源的可持续发展带来巨大威胁。近年来，危害最大的虾病毒主要有白斑综合征病毒（WSSV）、黄头病毒（YHV）和桃拉综合征病毒（TSV）等。

1. 中草药在防治虾类白斑综合征病毒上的应用

吴俊文给南美白对虾喂服中草药复合制剂对虾病毒净，每千克饲料内添加对虾病毒净 10 g，连续投喂 5~7 d，每天 2 次，取得了一定疗效，病情都得到了很好的控制，控制率达 80% 以上，并在一定程度上也控制了白斑综合征的传播；杨清华等研究表明在饲料中添加复方中草药投喂凡纳滨对虾可以影响对虾对 WSSV 的抗病能力。当添加复方中草药浓度为 0.1% 时，连续饲喂 26 d，对虾抗病力的提高最为明显。若饲喂时间过短或过长，对虾抗病力的提高均不明显。连续饲喂比间断饲喂效果要好，短期间断给药，高剂量组对虾抗病力提高，而低剂量组对虾抗病力下降。在治疗试验中，当复方中草药添加浓度为 0.2%，连续饲喂 30 d，对虾治疗效果最为明显。

2. 中草药在防治虾类桃拉综合征病毒方面的应用

余秀英等将 9 味中药（黄芪、猪苓、杜仲、枸杞子、鱼腥草、甘草、陈皮、茯苓、黄连）制剂的饵料喂养南美白对虾，在季节交替期每日投喂中药，试验池对虾桃拉病毒病的平均发病率较对照池低 37.2%，试验池对虾的平均产量与平均成活率分别比对

照池高 1851 kg/hm^2 及 15.2%；邢华研制出一种中草药复合制剂——白虾红体消，在基础饵料中添加 1.5% 中草药复合制剂，经过中试及大面积扩大试验，发现能够有效阻断核酸合成，抑制南美白对虾传染性病毒繁殖，同时提高对虾机体免疫力，可有效预防及治疗南美白对虾由桃拉病毒造成病毒性疾病，且不易反复，取得了较好的疗效；湛嘉等在南美白对虾饲料中添加维生素、大蒜泥、聚维酮碘、三黄粉等，可有效预防桃拉病毒对虾体的感染。

二、中草药在防治虾类细菌性疾病上的应用

细菌性疾病是水产养殖动物最重要的疾病之一。随着水产养殖规模扩大和集约化程度的提高，养殖环境日益恶化，近年来水产养殖病害发病率越来越高。利用中草药进行虾类养殖抑菌方面的研究主要集中在对水产动物危害较严重的细菌上，如弧菌属、嗜水气单胞菌属等。

1. 中草药在防治虾类弧菌属细菌所致疾病方面的应用

苏永腾等研究表明在罗氏沼虾的基础日粮中添加 0.4% 大黄蒽醌提取物后，12、24、48 h 的罗氏沼虾试验组血清溶菌酶活性以及肝胰腺溶菌酶含量均比同期对照组提高，从而提高罗氏沼虾的免疫水平，降低罗氏沼虾对鳗弧菌的敏感程度，增强其抗病力；李文珍等利用抗生素占基础原料的 0.3%~0.6%、中草药占基础原料的 1.5%~2.0% 的饵料，对现有 6 种病原菌引起的中国对虾"红腿病"进行防治，防治效果都比较理想，而且病虾对所投药饵主动抱食，有利于发挥药物的作用，提高了防治效果，残留量低，可在生产中推广应用；李明等在基础饲料中添加中草药制剂，复方中草药添加剂由黄芪、板蓝根、金银花、生石膏 4 种中草药按质量比为 1∶1∶1∶1 的比例配制而成，研究表明复方中草药对凡纳滨对虾血清中超氧化物歧化酶、碱性磷酸酶、酚氧化物酶和溶菌酶有显著影响，酶活力最高的组是 2.1% 中草药制剂组，弧菌攻毒试验中间隔投喂组和连续投喂添加 2.1% 中草药制剂组的免疫保护率分别为 50% 和 79.19%，比对照组高 27.1% 和 17.2%。

许兵等研究表明：在发病前或发病初期投喂适当的药物饵料对防止虾病的流行具有重要作用，应用药敏纸片法研究了中草药水浸液对中国对虾红腿病病原菌生长的抑制作用，乌梅完全抑制试验菌株生长的最高稀释度为 1∶320，石榴皮对各菌株的抑制作用也很强，抑制生长的最高稀释度可达 1∶1280；覃振林等将复方马齿苋（马齿苋为主药制成的复方制剂）添加于饲料中投喂南美白对虾，能够显著提高血细胞吞噬活力、血清溶菌酶活力、血清酚氧化酶活力，对溶藻弧菌攻毒后的免疫保护率可达 40%；陈孝煊利用 1% 的大黄和黄连拌饵投喂克氏原螯虾和红螯虾，使这 2 种螯虾红细胞的吞噬活性明显提高，并且增强了克氏原螯虾对活弧菌的抵抗力。另外 2 种螯虾的非特异性免疫功能也得到增强。

郭文婷等在基础饲料中添加中草药制剂煎液制成试验饲料，采用连续投喂的方法，对虾血清中蛋白含量有不同程度地提高，增强了对虾抗病力，中草药制剂对凡纳滨对虾对副溶血弧菌攻毒的免疫保护率最高达 65%；叶均安等研究表明复合中草药制剂对严重危害对虾健康的弧菌病具有极显著的防治作用，试管内弧菌抑菌试验结果表明千里光、女贞子、连翘、复方制剂（由多种中草药混合而成）抑菌作用明显，最小抑菌浓度（MIC）< 20 mg/mL，而黄柏、七叶一枝花、金银花、鱼腥草、大青叶、黄芩抑菌作用不明显，MIC > 50 mg/mL。将 0.7% 复方制剂添加于中国对虾的颗粒饲料中，治疗弧菌感染对虾成活率达 95%；张诗义将土黄连（全株干制）3 kg、十大功劳（干）4 kg、千里光（干）5 kg、大青叶 6 kg（干）、狼尾草（干）7 kg、狭叶十大功劳 7 kg（干）等粉碎后与 1000 kg 配合饲料混合拌匀，制成颗粒喂养长毛对虾后，分别对 2 个虾池的病虾治疗和对 2 个虾池的虾进行预防"红腿病"，均取得满意效果；许美美等探讨了中草药对中国对虾"红腿病"病原菌的抑制作用，研究表明所有菌株对黄芩、黄柏、大黄、黄连高度敏感，而对地榆、苦参、野菊花、桉叶、穿心莲中度敏感或轻度敏感。金银花、紫苏、甘草、车前草、茜草的敏感性因菌株而异，而槟榔没有抑菌作用；沈锦玉将复合中草药添加到中国对虾的基础饵料中后，中国对虾溶菌酶活力、酚氧化酶活力、吞噬细胞吞噬能力有不同程度提高，有效改善了机体的免疫状态，在一定程度上提高了机体的非特异性免疫，提高其抗病力。对虾口服免疫药饵约 1 个月后，用毒力较强的溶藻弧菌以 6×10^5 个 /mL 菌含量进行攻击，注射量为 0.05 mL / 尾，口服免疫药饵组虾的免疫保护率最高达 89.47%。

2. 中草药在防治虾类嗜水气单胞菌属细菌所致疾病方面的应用

潘开宇将大黄、黄芩、党参、板蓝根等 10 余味组成复方药物，经粉碎、过筛后按 1%、2%、3% 的比例添加于基础饲料中制成颗粒药饵，能显著增强青虾血细胞吞噬百分比和吞噬指数、血清溶菌酶活力，提高了青虾对嗜水气单胞菌攻毒的免疫保护率，卡方检验结果表明各试验组与对照组之间差异极显著，表明添加复方药物能有效地预防嗜水气单胞菌对青虾的感染；吴惠仙等利用具有显著抑菌作用的中草药黄芩、五倍子能较好抑制日本沼虾嗜水气单胞菌菌株的生长，可选用此药物进行疾病治疗；李义将黄芪、党参、大黄、板蓝根等 10 余味中草药粉碎过筛后制成复方添加剂，按 2% 的比例添加于基础饲料中制成颗粒药饵投喂罗氏沼虾后，罗氏沼虾血细胞吞噬百分比和吞噬指数、血清溶菌酶活力及酚氧化酶活力均有显著提高。经嗜水气单胞菌攻毒后，各试验组的免疫保护率也明显提高；姜新发采用两倍试管稀释法研究了中药提取物对水生动物常见病原菌的体外抑菌效果，结果表明，大黄、黄芩和板蓝根提取物对产气单胞菌病原菌具有较强的抑菌效果，而五倍子的抑菌作用较弱。

3. 中草药在防治虾类其他细菌所致疾病方面的应用

董任彭等使用 2 mg/L 石菖蒲煎煮液和 2 mg/L 藿香煎煮液浸泡罗氏沼虾，研究表明煎煮液对罗氏沼虾的莫格球拟酵母病具有明显的治疗效果；孙红祥等测定了 9 味中药和7 种中药挥发性成分对饲料中某些霉菌的最低抑菌浓度，发现 9 种中药中以陈皮、藿香、艾叶的抗霉菌活性较强，白芷、茴香作用较弱；7 种挥发性成分中桂皮醛、茴香醛、丁香油和香草醛均具有较强的抑菌作用，其中桂皮醛的抑菌作用最强，而山梨酸，薄荷油、冰片和桉叶油的抑菌效果较差。

三、中草药在防治虾类寄生虫疾病方面的应用

寄生虫疾病也是水产养殖的重要疾病之一，其造成的危害仅次于细菌性疾病，其中纤毛虫和聚缩虫危害较大。姚嘉赟等利用系统溶剂极性法提取重楼，制备粗提物。研究表明，重楼甲醇提取物对纤毛虫的杀灭作用最强。当重楼甲醇提取物浓度为 45 mg/L 时，对寄生在罗氏沼虾上的纤毛虫（聚缩虫和靴纤虫）杀灭率为 100%；尹伦甫等研究表明当苦参末泼洒浓度达到 15 mg/L 时，才能杀灭纤毛虫，用量较大；潘开宇将苦参、大黄、百部、贯众、五倍子，单独粉碎成末，以一定的比例混合，将中草药用蒸馏水煎煮提取有效成分，采用 15 mg/L 中草药合剂浸泡中国对虾，可有效杀灭聚缩虫而不对中国对虾产生毒害。

四、展望

我国对虾病毒病研究起步较晚，虽然近年对虾病毒病的研究已取得很大进展，但生产中仍存在很多问题未完全解决。现有中药的药效研究大多以中药单剂原药或复方中草药为基础，能确定有效药物成分的研究极少。中草药本身含有多种有效成分，其对水产动物的免疫增强效果是多种成分综合作用的结果，而且不同地区、不同季节和不同时期采集的中草药的有效成分差异很大，对其产品难以进行准确的药效评价和质量控制。没有严格的质量控制标准，就很难保证生产出质量稳定的定型产品。

中草药是我国医学的宝贵财富，在当今化学药物因污染环境和有害人体健康而越来越受到限制的养殖形势下，应当加强中药的应用研究。首先，应进一步加强对现有水产品中药应用效果和条件的关系研究，以提高现有药品的使用效果；其次，应推进中药有效成分的研究，以期尽快研制出有自主知识产权的新中成药；最后，应加强中西药结合防治虾类疾病的研究。

原载◎安徽农业科学，2012，40（1）：185-187；珠海市农业科技三项资金项目（No.2011014）、北师大珠海分校重点基金项目（No.Z07002）资助

板蓝根配方对南美白对虾的生长及酚氧化酶 PO 的影响

颜亨梅　钟彦怡　汪波　李文芬

摘　要： 2012 年 3~5 月期间，在水温 20~30℃，pH 6.5~7.5 的实验室条件下，将南美白对虾置于钢化玻璃养殖桶里，通过喂养不同比例的板蓝根、黄芪、鱼腥草、杜仲复合配方饵料，探究其对对虾的生长发育速度及免疫力的影响。实验结果发现，在南美白对虾的饲料中添加本配方，与对照组相比，实验组的体长相对增加 17.4% ~ 51.9%，体重相对增加 26.5% ~ 74.3%；血清酚氧化酶（PO）活性相对提高了 16.7% ~ 66.7%；通过组间多重比较，结果表明，以 2 % 的中草药制剂效果最佳，既能提高其生长发育速度，又能增强虾体免疫力，明显提高其抗病毒能力；还能减少化学药品对环境的污染。

关键词： 中草药；南美白对虾；生长；免疫力

一、前言

从古至今一直有不少人研究使用中草药增强免疫力从而达到抗病治病的目的，中草药具有天然、高效、毒副作用小、抗药性不显著、资源丰富以及性能多样等优点，既能提高水产动物性能和饲料利用率，又能防治水产动物病害，是其他禁用抗生素和化学药物的优良替代产品，在水产养殖应用中将会越来越受到人们的青睐。

近几年对中草药作为饵料添加剂使用中，有人发现采用复方中草药能够取长补短，有效增强中草药中活性成分的使用效果。作者在前人工作的基础上，按照中医配伍原则将黄芪、板蓝根、鱼腥草、杜仲等按一定比例混合制成鱼虾饲料添加剂，以探究其对对虾的生长发育速度及免疫力的影响。

二、材料与方法

1. 板蓝根（*Isatis tinctoria*）

板蓝根又名大青根、靛蓝根，分为北板蓝根和南板蓝根两种。板蓝根中含有蒽醌类、多种甙类和氨基酸等有效化学成分，具有广谱的抗菌抗病毒功效，能够抗肿瘤、解毒，通过实验还发现，使用板蓝根能够有效提高动物的免疫力。

2. 黄芪（*Astragalus membranaeus*）

黄芪，又名黄耆，来源于豆科草本植物蒙古黄芪、膜荚黄芪的根，具有补气固表、利水退肿、解毒排脓、生肌等功效。根据现代研究，黄芪含皂苷、蔗糖、多糖、多种氨基酸、叶酸及硒、锌、铜等多种微量元素，具有增强机体免疫功能、保肝、利尿、抗衰老、抗应激、降压和较广泛的抗菌作用。

3. 鱼腥草（*Houttuynia cordata*）

鱼腥草具有抗菌、抗病毒的功效，其具有的有效成分如鱼腥草素等物质能够作用于免疫细胞，提高机体的免疫力。

4. 杜仲（*Eucommia ulmoides*）

杜仲为杜仲科植物的干燥树皮，是中国名贵滋补药材。具有强筋骨、降血压、补肝肾等功效，同时还可以广谱抗菌，增强免疫力，提高白细胞的数量。《神农本草经》将其列为益补类中药上品。

5. 中草药饵料配方

将购买的板蓝根、黄芪、鱼腥草、杜仲研磨成粉状，按照 1:1:1:1 的比例混合，用蒸馏水浸泡成水剂置于 4 ℃冰箱中待用。

将供试虾苗分别饲养在 6 个钢化玻璃饲养桶中，每天 9:00、12:00、17:00、21:00 投喂饲料。饲料中的中草药制剂添加剂量分别为 0%、1%、1.5%、2%、2.5%、3% 六个处理组；喂养期间全天均用增氧机增氧。按照水质情况适时换水，每次换水 1/3，每天观察虾类运动行为及生长发育和死亡等情况。

6. 样品数据收集

实验开始前，测量并记录供试虾苗的初始体长、体重，实验即将终止时将虾苗饥饿 24 h 后，每组测量最终身长、体重，计算相对增长率，相对增重率、存活率。

7. 试剂的制备

（1）血清的制备。对虾最后饥饿 24 h 后用 1 mL 针筒从心脏位置抽取血液，4 ℃冰箱过夜后，以 5000 r/min 速度离心 10 min，上清液为血清。

（2）磷酸钾盐缓冲液的制备。0.1 mol／L，pH=6.0 的磷酸钾盐缓冲液，由 86.8 mL 1 mol/L 的磷酸二氢钾溶液和 13.2 mL 1 mol/L 的磷酸氢二钾溶液组成。

（3）L- 多巴溶液的制备。准确称取 0.1971 g L- 多巴溶解在 60 mL 的 0.01 mol／L 的 HCL 溶液中，使用容量瓶定容至 100 mL。

（4）HCL 溶液的制备。用移液管准确吸取 0.9 mL 的盐酸，缓缓滴入 600 mL 的蒸馏水中，用容量瓶定容至 1000 mL，即为 0.01 mol／L 的 HCL 溶液。

8. 酚氧化酶（PO）活力测定

PO 活力分析参照王雷（1995）的方法。反应的混合物由 3 mL 的 0.1 mol / L，pH=6.0 的磷酸钾盐缓冲液与 100 μL 10 mmol / L 的 L–多巴和 100 μL 各组对虾血清在室温下混合，每隔 2 min 测定在 490 nm 处的光吸收值。以在实验条件下每分钟 OD 值增加 0.001 定义为一个酶活力单位。

9. 数据统计处理

将所得实验数据按照下列公式，在 excel 软件进行统计分析。

相对增长率（%）=[（平均终止体长 – 平均初始体长）/ 平均初始体长]×100

相对增重率（%）=[（平均终止体重 – 平均初始体重）/ 平均初始体重]×100

存活率（%）=[（终止存活量 – 初始投放量）/ 初始投放量]×100

PO 活性以在 490 nm 下的酶活力单位对时间作图。为简单起见，本实验采用相同控制相同测定条件的办法，直接用酶活力单位表示酶活性。

三、 结果与分析

1. 对虾苗生长发育的影响

中草药配方饵料饲养 3 周后，每次随机取 5 尾用游标卡尺测量体长，结果见表 1，图 1。

表 1　南美白对虾体长变化结果（n=5，$\overline{X} \pm SD$）

实验试剂浓度梯度	1%	1.5%	2%	2.5%	3%	对照组
平均初始体长（cm/尾）	4.85 ± 0.0224	4.91 ± 0.0255	4.93 ± 0.0224	4.88 ± 0.0316	4.91 ± 0.0255	4.89 ± 0.0308
平均终止体长（cm/尾）	5.56 ± 0.036	5.71 ± 0.0485	5.84 ± 0.0485	5.79 ± 0.0213	5.84 ± 0.0361	5.50 ± 0.0316
平均增长量（cm/尾）	0.71 ± 0.011	0.80 ± 0.0552	0.91 ± 0.0324	0.91 ± 0.0102	0.93 ± 0.0308	0.61 ± 0.0534
相对增长率	14.6%	16.29%	18.46%	18.65%	18.94%	12.47%

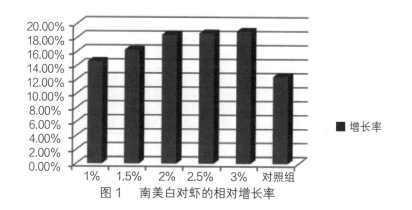

图 1　南美白对虾的相对增长率

由图 1 结果可知，与对照组相比，喂食本配方的五个比例组的虾苗，体长均明显增加，其中以 2% ~ 3% 效果较好，增长率相对提高了 48.1% ~ 51.9%，以 2% 剂量效果为最佳，平均增长 0.93 cm/尾。中草药配方饲养 3 周后，每次随机取 5 尾用电子天平测量虾苗体重，结果见表 2、图 2。

表 2　南美白对虾体重变化结果（$n=5$，$\overline{X} \pm SD$）

实验试剂浓度梯度	1%	1.5%	2%	2.5%	3%	对照组
平均初始体重（g/尾）	1.54 ± 0.0292	1.56 ± 0.0316	1.54 ± 0.0361	1.55 ± 0.0312	1.58 ± 0.0485	1.56 ± 0.0224
平均终止体重（g/尾）	1.84 ± 0.0255	1.89 ± 0.0360	1.93 ± 0.0224	1.95 ± 0.0381	2.00 ± 0.0224	1.80 ± 0.0316
平均增重量（g/尾）	0.30 ± 0.0509	0.33 ± 0.0354	0.39 ± 0.0308	0.40 ± 0.0652	0.42 ± 0.0381	0.24 ± 0.0224
相对增重率	19.48%	21.15%	25.33%	25.81%	26.58%	15.38%

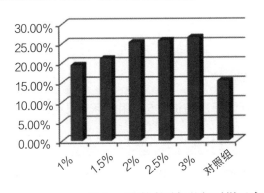

图 2　南美白对虾的相对增重率

表 2 和图 2 结果表明，与对照组相比，喂食本配方的五个比例组的虾苗，体重均明显增加，其中以 2% ~ 3% 效果为最佳，增重率相对提高了 64.7% ~ 74.3%。

2. 南美白对虾存活率测定结果

通过上述不同比例的中草药配方饲养 3 周后，计算钢化玻璃养殖桶中供试虾苗的存活率，结果见图 3。

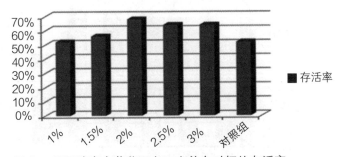

图 3　不同浓度中草药配方下南美白对虾的存活率

由图 3 结果可知，在供试不同中草药剂量组的虾苗中，与对照组相比，1% ~ 1.5%剂量组的存活率与对照组没有太大区别，但 2 % 剂量组的存活率（68%）效果突出，相对提高了 30.8%。

3. 对虾苗血清酚氧化酶（PO）活性的影响

通过上述不同比例的中草药配方饲养 3 周后，用 1 mL 针管抽取对虾血清进行 PO活性检测，结果见图 4。

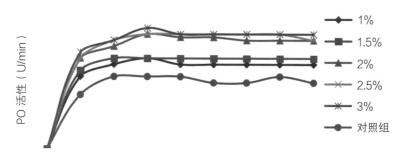

图 4　不同浓度中草药配方下南美白对虾的 PO（酚氧化酶）活性测定结果

图 4 结果显示，喂食本配方的五个剂量组的虾苗，与对照组相比，血清 PO 活性均不同程度有所增加，其中 1% ~ 1.5% 剂量组间虾苗的 PO 活性增加幅度不大，而 2% ~ 3%剂量组虾苗的 PO 活性比对照组相对升高了 58.3 %。

四、小结与讨论

综上所述，采用本中草药复合配方的五个剂量组喂食的虾苗，无论是相对增长率、相对增重率、存活率还是 PO 活性，与对照组相比均有所提高。在不同添加剂量试验组间，经多重比较发现，添加剂量 2% ~3% 的试验组效果更为明显。单从实验数据看，其中 3% 剂量组的相对增长率、相对增重率、PO 活性值最高；但三者差别仅仅 5% 以内，从购买药材成本核算，实际上 2% 的添加剂量成本较低、综合效益最佳。这样不仅能加快对虾的生长发育速度和提高免疫力，同时可降低使用化学药品对动物造成毒性累积或者生理生化的影响，有利于养殖户增产增收，由此带来了明显的经济、生态和社会三大效益。

原载◎中医农业技术应用成果 100 例，北京：中国农业科学技术出版社，2022：56. 珠海市农业科技三项资金（No.2011014）、北京师范大学珠海分校重点项目基金（No.Z07002）资助

复方中草药对南美白对虾碱性磷酸酶（AKP）和血清蛋白的影响

颜亨梅　汪波　李文芬　高婉君

摘要： 以南美白对虾 *Penaeus vannamei* 为对象，在饲料中分别添加质量分数为 0%、1%、1.5%、2%、2.5%、3% 复方中草药制剂（板蓝根、黄芪、杜仲、鱼腥草），连续饲喂 30 天。结果显示，随着饲料中复方中草药浓度的增加，南美白对虾的生长指标、血清中 AKP 活性、血清蛋白含量比对照组均有明显提高。且药剂组中血清中蛋白含量的提高远远大于肌肉中蛋白含量。在各试验组中以 2.5% 的添加剂量效果最好，虾苗特定生长率 SGR 比对照组高出 59%，但饲料系数 FCR 比对照组降低了 24%；同时 AKP 活性达到最高值（30.41 金氏单位 /100 mL），血清中蛋白浓度达到最大值（2.17 g /L），分别比对照组高 1.5 ~ 3.0 倍。试验证明，添加复方中草药制剂对南美白对虾的免疫活性、生长性能均有明显的促进作用。该结果能够为南美白对虾的健康养殖提供科学信息。

关键词： 南美白对虾；复方中草药；AKP 活性；生长性能；蛋白浓度

一、前言

本次试验探讨了饲料中添加黄芪、板蓝根、杜仲、鱼腥草制成的复方中草药制剂对南美白对虾生长性能和免疫活性的影响，旨在为南美白对虾的健康养殖提供科学信息。

二、材料与方法

1. 供试材料及设置

（1）实验处理

试验设置对照组 CK（0%）及 1%、1.5%、2%、2.5%、3% 五个浓度梯度（A~E 组），每个浓度梯度分组中各有 25 只对虾，分别饲喂于 6 个水箱中。在基础饲料中分别添加不同剂量的中草药黄芪、板蓝根、杜仲、鱼腥草复方制剂，采用连续投喂的方法，饲喂对虾 30 天，提取对虾心脏血清检测 AKP、溶菌酶及蛋白含量，与对照组作对比，并得出最佳中草药浓度。

（2）复方中草药制剂

本次试验选取黄芪、板蓝根、杜仲、鱼腥草 4 味中草药按质量比为 1:1:1:1 配成复方中草药制剂，为方便复方中草药制剂与饲料较为准确地按照浓度梯度混合，将中草药制剂粉碎后进行浸泡处理，中药制剂所占质量分数为 10%。

实验浓度梯度为：试验饲料中分别添加质量分数为 1.0%、1.5%、2.0%、2.5%、3.0%的复方中草药制剂，对照组饲料中不添加。

每组浓度梯度分组虾一天需喂养 10 g 试验饲料（日投喂量为体重的 4%~10%），将复方中草药制剂与饲料混匀后投喂南美白对虾，配方如下表。

	对照	1%	1.5%	2%	2.5%	3%
饲料 /g	10	10	10	10	10	10
复方中草药制剂 /g		1	1.5	2	2.5	3

（3）试验用虾

试验用南美白对虾来自珠海市三灶双胜虾场，虾苗个体大小均匀，体色透明，活力强，肠胃饱满，在静止状态下大部分虾苗呈伏底状态，受到水流刺激后有顶水现象；饲养于规格为内径 80 cm、高 100 cm 圆形黑色水箱内。

（4）饲养管理

养虾用水需要事先将自来水存于干净水箱中曝气 1~2 天，并调节自来水的软硬度，于每桶水中加入 0.4 g $Na_2S_2O_3$、2.0 g 葡萄糖、3.0 g NaOH，以适应海虾生存环境，在每桶水中投 200 g 海盐，调节水的 pH 在 7~8，水温控制在 26~30 ℃。

每天在 08:00、12:00、17:00、21:00 投喂复方中草药饵料，早晚两次的投喂量为总投喂量的 60%~70%。每天换一次水进行排污，注意换水时只可放出 1/3 的水，空压泵不间断充气增氧。

2. 采样及对虾生长性能指标的测定

（1）体长及体重

试验结束后，于每个浓度梯度桶取 5 尾虾，分别用电子天平测其体重、游标卡尺测器体长，求其平均值，记录下数据。求其体重增长率和体长增长率，计算公式如下：

体长增长率（Growth rate of body length，GL，%）=（试验末体长 – 试验初体长）/实验初体长 ×100%

相对增重率（Weight Gain Rate，WGR，%）=（试验末体重 – 试验初体重）/试验初体重 ×100%

特定生长率（Specific Growth Rate，SGR，%/d）：=（ln Wt–ln Wo）/t ×100

存活率（Survival Rate，SR，%）= 试验结束时虾尾数 / 试验开始时放虾尾数 ×100%

饲料系数（Feed Coefficient，FC，%）= 摄食量 /（Wt–Wo）

其中：Wt 为试验末虾体均重（g），Wo 为试验初虾体均重（g），t 为试验时间（d）。

（2）对虾心脏血清的提取

每个浓度梯度桶重复取 10 尾虾，逐尾用 10 mL 注射器自对虾头胸甲后插入心脏取血，合并置于 Eppendorf 管，4 ℃冰箱中保存，以 5000 r/min 离心 10 min，收集血清，−70 ℃下保存待测。

3. 南美白对虾血清免疫指标的测定方法

（1）碱性磷酸酶（AKP）的活力测定

参照宋善俊的方法，磷酸苯二钠比色法测定血清碱性磷酸酶，各试剂加入位置和数量的操作表如下。

试剂	测定孔	标准孔	空白孔
血清 /μL	5		
0.1 mg/mL 酚标准应用液 /μL		5	
双蒸水 /μL			5
缓冲液 /μL	50	50	50
基质液 /μL	50	50	50
充分混匀 37℃水浴 15 min			
显色剂 /μL	150	150	150

轻轻振摇孔板使各孔内试剂混匀，波长 520 nm，测定各孔吸光度值。

a. 定义：100 mL 血清在 37 ℃与基质作用 15 min 产生 1 mg 酚为 1 个金氏单位。

b. 计算公式：

碱性磷酸酶(金氏单位/100 mL)=[（测定孔吸光度−空白孔吸光度）/（标准孔吸光度−空白孔吸度）] × 酚标准品浓度（0.1 mg/mL）× 100 mL × 样品测定前稀释倍数

c. 按照浓度梯度分组及对照组一共测 6 组测定孔，并且做 2 组平行实验。

（2）血清及组织匀浆中蛋白测定

采用考马斯亮蓝法测定血清及组织匀浆蛋白。

a. 样本前处理：

均匀切取对虾腹肌组织一块，准确称量其重量，按重量体积比加生理盐水制备成 10% 的组织匀浆，1000~3000 转/分，离心 10 min，取组织匀浆上清再用生理盐水按 1：9 稀释成 1% 组织匀浆，待测。

血清用生理盐水按血清：生理盐水 =1：49 稀释，待测。

b. 考马斯亮蓝显色剂需用考马斯亮蓝贮备液按所需量用蒸馏水 1：4 稀释，配成应用液（现用现配）。4 ℃保存 6 个月。

c. 测定管分血清组及组织匀浆组，每组 6 个浓度梯度（含对照组），并且设三组平行实验。

d. 按照下表操作。

试剂	空白管	标准管	测定管
蒸馏水 / mL	0.05		
0.563g/L 标准液 / mL		0.05	
样品 / mL			0.05
考马斯亮蓝显色剂 / mL	3.0	3.0	3.0

e. 计算公式：

蛋白浓度（g/L）=［（测定管 OD 值 − 空白管 OD 值）/（标准管 OD 值 − 空白管 OD 值）］×
标准管浓度（0.563 g/L）

4. 实验数据统计

采用 Microsoft Excel 软件对试验数据进行方差分析，数据用平均值 ± 方差表示。

三、结果与分析

1. 复方中草药对南美白对虾生长发育的影响（见表 1，图 1）

表 1　复方中草药制剂浓度对南美白对虾生长的影响

组别	体长增长率 LG/%	相对增重率 WG/%	特定生长率 SGR/（% / d）	饲料系数 FCR
CK（对照组）	0.39 ± 0.05	1.09 ± 0.09	2.87 ± 0.11	1.12 ± 0.08
A（1%）	0.41 ± 0.09	1.29 ± 0.16	2.92 ± 0.19	1.02 ± 0.27
B（1.5%）	0.42 ± 0.07	1.31 ± 0.13	3.21 ± 0.15	0.98 ± 0.15
C（2%）	0.42 ± 0.03	1.32 ± 0.06	3.24 ± 0.07	0.94 ± 0.06
D（2.5%）	0.48 ± 0.05	1.41 ± 0.07	3.46 ± 0.12	0.88 ± 0.09
E（3%）	0.44 ± 0.08	1.35 ± 0.15	3.30 ± 0.16	0.90 ± 0.19

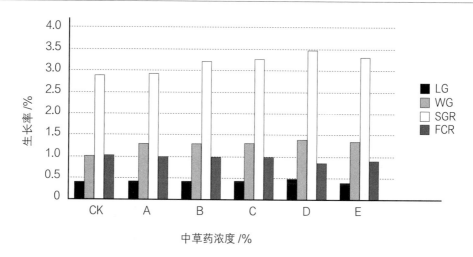

图 1　复方中草药制剂浓度对南美白对虾生长的影响

由图 1 可以看出，南美白对虾的 SGR、LG、WG 三项指标随着饲料中复方中草药制剂的浓度的增加呈现先上升后下降的趋势，与对照组相比，试验组三项指标有明显提高。饲料系数 FCR 与对照组相比差异不明显，但依然呈现先缓慢下降后上升的趋势。当复方中草药制剂浓度增加到 2.5%（D 组）时，三项指标达到最高，FCR 达到最低（说明饲料转化率提高），当浓度增加到 3%（E 组）时，三项指标均有所降低，FCR 有所升高（饲料转化率降低）。并且当复方中草药制剂浓度分别为 1%、1.5%、2% 时，各项指标差异不明显。这表明当饲料中复方中草药制剂的浓度为 2.5% 时，虾苗特定生长率 SGR/（% / d）比对照组高出 59%，但饲料系数 FCR 比对照组降低了 24%。说明南美白对虾此时的生长效能最佳。

2. 复方中草药饲料添加剂对南美白对虾血清中免疫指标的影响（见表 2，图 2）

表 2　各复方中草药浓度梯度分组血清中 AKP 及蛋白活性

中草药浓度 /%	AKP/（金氏单位 /100 mL）$\bar{X} \pm S$	蛋白浓度 /（g/L）$\bar{X} \pm S$
CK（对照组）	19.97 ± 0.33	0.78 ± 0.26
A（1%）	20.76 ± 0.28	0.94 ± 0.18
B（1.5%）	23.98 ± 0.06	1.21 ± 0.32
C（2%）	28.32 ± 0.17	1.89 ± 0.78
D（2.5%）	30.41 ± 0.08	2.17 ± 0.51
E（3%）	26.63 ± 0.11	1.64 ± 0.42

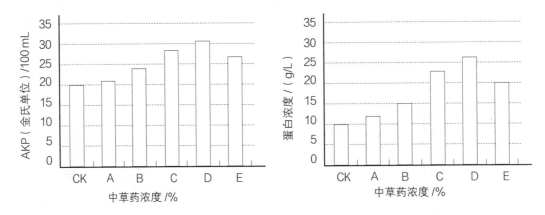

图 2　复方中草药不同剂量对南美白对虾血清中 AKP 活性（左）及蛋白浓度（右）的影响

表 2、图 2 表明：随着复方中草药饲料添加剂剂量的提高，南美白对虾血清中的 AKP 活性以及蛋白浓度均匀呈现先上升后下降的趋势，当中草药浓度达到 2.5% 时，AKP 的活性达到最高值（30.41 金氏单位 /100 mL），蛋白浓度达到最大（2.17 g/L），分别比对照高 1.5 ~ 3.0 倍。但当中草药浓度为 3% 时，AKP 活性及蛋白含量均有下降趋势。

3. 复方中草药对南美白对虾肌肉中蛋白含量的影响（见表3，图3）

由表3可以看出，复方中草药对南美白对虾肌肉中蛋白含量的影响没有血清中蛋白浓度的明显，但仍然呈现缓慢上升后下降的趋势，以中草药浓度梯度为横坐标、蛋白浓度为纵坐标作曲线图，对虾腹肌中蛋白含量为血清中蛋白含量下方一条平滑的曲线（图3），当中草药浓度达到2.5%（D组）时，南美白对虾腹肌中蛋白浓度达到最大值（0.32 g/L）。这表明当复方中草药制剂浓度为2.5%时，南美白对虾的免疫力最强，对非特异性免疫活性有明显的促进作用，并且有助于提高南美白对虾的营养价值。

表3　各复方中草药浓度梯度南美白对虾肌肉中蛋白浓度

组别	CK （对照组）	A组 （1%）	B组 （1.5 %）	C组 （2%）	D组 （2.5%）	E组 （3%）
虾腹肌组织匀浆蛋白浓度 /（g/L） $\overline{X} \pm S$	0.12 ± 0.17	0.16 ± 0.21	0.24 ± 0.19	0.29 ± 0.08	0.32 ± 0.11	0.26 ± 0.10

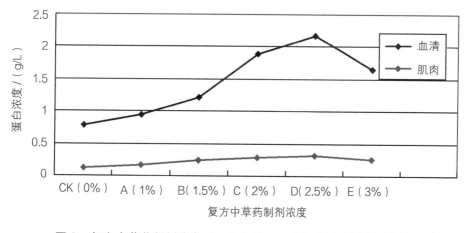

图3　复方中草药制剂浓度对南美白对虾肌肉和血清中蛋白浓度的影响

四、小论和讨论

1. AKP、血清蛋白活力的测定可作为衡量免疫水平的指标

本次试验选取的黄芪、板蓝根、杜仲、鱼腥草4味中草药含有多糖、皂苷、黄酮、氨基酸等多种有效成分，这些活性成分均有促进抗体生成和免疫反应的作用，均为具有免疫增强作用或双向免疫调节作用的药物。本试验证明，富含这些成分的复方中草药添加剂可明显提高南美白对虾的免疫活性。南美白对虾的抗病机制主要是通过非特异免疫系统来实现的，而对虾的免疫反应又依赖非特异免疫因子的调节。因此南美白对虾的碱性磷酸酶（AKP）活性、血清蛋白浓度可在一定程度上反映机体的免疫活性或健康状况，并作为衡量对虾免疫水平的指标。

2. 复方中草药饲料添加剂能明显提高南美白对虾的生长效能

试验结果表明：当饲料中复方中草药制剂的浓度为 2.5% 时，虾苗特定生长率 SGR/（% / d）比对照组高出 59%，但饲料系数 FCR 比对照组降低了 24%，表明南美白对虾的生长效能最高。复方中草药制剂对南美白对虾的促生长作用可能与其提高饲料营养物质消化利用率和改善消化道内环境有关。

3. 复方中草药饲料添加剂对南美白对虾碱性磷酸酶（AKP）的活性、蛋白含量、免疫力有明显的促进作用

试验结果表明，饲料中添加浓度为 2.5% 的复方中草药制剂对南美白对虾的 AKP 等免疫活性、蛋白含量均有明显的促进作用；并且血清中蛋白含量的提高远远大于肌肉中蛋白含量。中草药浓度达到 2.5% 时，对虾血清中的碱性磷酸酶（AKP）活性值最大可达 30.41 金氏单位 /100 mL，蛋白浓度可达 2.17 g/L，分别比对照组高 1.5 ~ 3.0 倍。碱性磷酸酶和血清蛋白等免疫因子活性随中草药浓度先上升到一定值有下降趋势，可能与南美白对虾能够消化的最高阈值和本次选用复方中草药属于双向免疫调节剂有关。

原载◎中医农业技术应用成果 100 例 . 北京：中国农业科学技术出版社，2022：61；珠海市农业科技三项资金（No. 2011014）、北京师范大学珠海分校重点基金项目（No. Z07002）资助

"稻-蛛-螺"种养生态调控复合模式的综合效益评价

颜亨梅　卢学理　朱泽瑞　王洪全

摘要： 通过对全国稻田蜘蛛地理区系分布特点、群落结构和功能的多年研究，结合湖南岳阳君山实施的稻田生物灾害生态调控大田示范实验，提出"稻-蛛-螺"种养生态调控复合模式。本模式采用"保蛛控虫，养螺灭草肥田，辅以高效生物农药控制爆发性害虫"等主要配套措施。2002—2003年在岳阳君山区示范试验结果表明：采取"以蛛控虫、养螺灭草"的主要措施，调控田化学农药用量降低了65%，土壤和稻谷的甲胺磷含量均低于化防田，但物种多样性指数明显高于化防田，能有效地保护稻区的生物多样性；调控田的杂草群落由于南美螺的啃食而显著低于化防田，同时由于螺的大量排泄物可以补充作物生长发育所需要的营养，无需追肥，降低了化肥用量；因实施了种养立体化，调控田的土地生产率、产值利税率、农副产品商品率和纯收入均高于化防田。

关键词： 稻田；种养模式；生态调控；效益

稻田生态综合调控，是以整个稻田生态系统或区域生态系统为对象，强调充分发挥系统内一切可利用的能量。本项研究保护利用捕食稻田害虫的蜘蛛等自然天敌，在此基础上，将淡水贝类南美螺（*Ampullias gigas*）引入稻田进行人工养殖，发挥其除草和增肥作用，实施立体种养。本文报道的是单季稻田实施生态调控的综合效益研究结果。

一、材料和方法

1. 系统观察区和系统观察田

2002—2003年，在洞庭湖区的岳阳市君山区选择灌溉自流的稻田设置为试验区，总面积为 6.67 hm²，调控田和化防田系统观察面积均为 0.33 hm²，各 2 处。

2. 生态调控田（以下简称调控田）处理

稻田整地后加高加固田埂，田埂宽高均约0.5 m，并在田间开挖深0.3 m、宽1 m的围沟，上下水闸门处用铁丝网和尼龙筛网防逃。水稻品种为丝优63，插秧前施足底肥，6月23日移栽，严格控制农药和化肥用量。禾苗返青后，投放体重为1.5～6.5 g的南美螺（*Ampullias gigas*）约20万只。在螺沟内均匀投喂植物性饵料，日投2次，如新鲜构树叶每天1250 kg/hm²。稻田水位经常保持在10～15 cm，1～3 d换水1次，使田间处于湿润状态。

大田主要调控措施：景观护蛛、生态保蛛、功能养蛛、调控增蛛、生理壮蛛、行为诱蛛，以蛛控虫；养螺灭草；辅以高效生物农药控制爆发性害虫。

3. 化防田处理

化防田水稻品种及移栽日期与调控田相同，但田间只种植水稻，其他稻田常规管理由承包户自主进行，水稻生育期内农户自行施用化学农药 3 ~ 7 次。

4. 取样方法

（1）稻田蜘蛛群落系统调查

从水稻移栽后 10 d 开始调查，每周调查 1 次，全年总共调查 11 次。5 点随机取样，每点实查 10 丛（蔸，下同）稻株，100 丛计数，将所得标本用 75% 的乙醇浸泡带回室内鉴定和统计分析。

（2）稻田土壤动物调查

在水稻收割前 1 d，每类系统调查田 3 点随机取样，每点用取土环刀取 0~5 cm 土层，带回室内用干漏斗和湿漏斗法分离提取土壤动物。

（3）稻田杂草调查

每月调查 1 次，采用目测法，5 点随机取样，100 丛计数。

5. 生物群落分析指数

Shannon–Wiener 多样性指数（H'），均匀性指数（E），优势集中性指标（C'），统计分析应用 SPSS 软件。

6. 农药残留检测

在水稻收割前 1 d，每类调查田 2 点随机取样，土壤用取土环刀取 0~5 cm 土层；稻谷用摘穗法带回室内烘干，剥离谷壳，取其糙米。对土样和米样中甲胺磷含量用气相色谱法进行分析。

7. 稻田生态系统经济分析指标

土地生产率：即稻田生态系统内每单位土地所产出的经济产品数量。

产值利税率：即稻田生态系统内每单位土地当年实现的利税总值与当年实现的总产值的比率。

农副产品商品率：即稻田生态系统内每单位土地所产出的商品总值与经济产品总值的比率。

二、结果与分析

1. 调控田和化防田生物多样性比较分析

（1）稻田蜘蛛群落的生物多样性比较

调控田蜘蛛群落由 10 科 22 属 49 种组成，优势种为拟水狼蛛（*P. subpiraticus*）、八斑鞘腹蛛（*Coleosoma octomaculatum*）和食虫沟瘤蛛（*Ummeliata insecticeps*）。狼蛛、肖蛸和皿蛛分别占蜘蛛总量的 51.5%、19.3% 和 13.8%；化防田蜘蛛群落由 9 科 19 属 40 种组成，优势种为拟水狼蛛和拟环纹豹蛛，狼蛛、皿蛛、肖蛸和球蛛分别占蜘蛛总量的 34.1%、21.9%、20.94% 和 18.3%。调控田蜘蛛群落的物种丰富度、个体总数和多样性指数均高于化防田，而均匀性指数和优势集中性指数比化防田稍低（见表 1）。对调控田与化防田蜘蛛群落物质数和个体数季节动态进行差异性分析，根据 t 检验（$P_物=0.014$，$P_个=0.0214$），差异显著，可见，稻田蜘蛛资源十分丰富。

表 1 两类单季稻田蜘蛛群落的生物多样性特征值比较

稻田类型	种类 S	个数 N	多样性指数 H'	均匀指数 E	优势指数 C'
调控田	49	3094	2.6902	0.6913	0.1020
化防田	40	2004	2.5812	0.6997	0.1073

（2）稻田土壤动物群落的生物多样性比较

生活在土壤中的动物是土壤污染的敏感指示生物，应用土壤动物监测土壤污染的研究已引起许多国家的重视，稻田生态调控措施有利于保护稻田土壤动物群落的生物多样性，调控田的土壤动物类群数、个体数和多样性指数均高于化防田（见表 2）。两类稻田的类群数的差异性 t 检验 $P=0.0014$，达到极显著水平；个体数差异性 t 检验 $P=0.000035$，达到高度显著水平。单纯的化学调控对土壤动物群落结构存在破坏作用，这符合 Edwards 的实验研究结果。

表 2 两类稻田土壤动物群落重要指标值比较

指标	调控田样地				化防田样地			
	1	2	3	均值	1	2	3	均值
类群数	12	13	15	13.3	4	6	4	4.7
个体总数	88	84	100	90.7	16	28	16	20
多样性指数	1.5228	1.8179	1.9023	1.7477	1.0397	1.4751	1.3863	1.3004

（3）稻田杂草群落的生物多样性比较

调查结果表明：调控田的杂草类群数和株数均低于化防田（见表 3），两类稻田杂草群落的差异性均达显著水平（$P_类=0.0161$，$P_株=0.0456$）。南美螺是一种杂食性的优良食用螺类，根据有关生态学原理，在适宜地区将它引入稻田进行综合养殖，使其发挥除草、增肥和创收等功效。

表3　两类稻田杂草群落的重要指标值（湖南岳阳，2002年）

指标	稻田类型	7–28	8–30	9–18	均值
物种丰富度 S	综防田	2	2	4	2.67
	化防田	6	8	10	8
个体数量（株/100丛）	综防田	15	21	18	18
	化防田	176	92	197	155

2. 调控田蜘蛛群落与飞虱的相关性分析

蜘蛛是稻田害虫的重要捕食性天敌。根据调控田蜘蛛个体数和飞虱个体数季节动态（见图1），对蛛、虱数量进行相关性分析，计算结果表明：调控田蛛虱数量存在正相关，其相关系数为0.2826。说明稻田蜘蛛对飞虱具有重要的控制作用，这是稻田生态综合防治的前提。

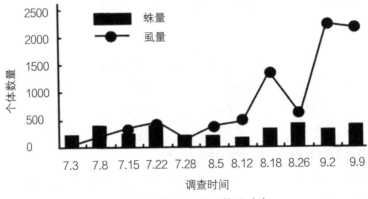

图1　调控田蛛虱数量动态

3. 农药用量情况分析

调控田严格控制化学农药的施用，主要表现在严格控制打药次数，只在害虫大爆发时辅用低毒高效农药一次，降低农药用量达65.2%，降低农药费用38.9%（见表4）。经气相色谱法分析，调控田的土壤和稻谷的甲胺磷含量均低于化防田（见表5）。

表4　调控田和化防田稻田用药比较

稻田类型	毒级与品种数			总用量 /（g·hm⁻²）	购药费用 /（元·hm⁻²）	施药费用 /（元·hm⁻²）	总计 /（元·hm⁻²）
	高	中	低				
调控田	2	2	1	17 250	138	270	408
化防田	0	1	1	6 000	69	180	249
降低率 /%	100	50	0	65.2	50	33.3	38.9

表5　调控田和化防田的甲胺磷含量比较　　　　单位：ng/g

稻田类型	糙米			土壤		
	1	2	均值	1	2	均值
调控田	0.57	0.54	0.56	1.62	1.27	1.45
化防田	0.84	0.55	0.70	1.48	1.96	1.72

4. 调控田和化防田的经济效益分析

由于化学农药和化肥的不合理施用及作物结构单一等多方面的原因，导致水、土和粮食污染，水稻害虫猖獗，稻田效益十分低下。本研究以"保蛛控虫"和"稻螺互利共生"等生态学原理为切入点，实施生态调控，优化稻田管理，采取多方位立体化种养取得了较好成效。由于种养结合，调控田的土地生产率大大提高，南美螺按单价4元/kg计算，稻谷按单价0.86元/kg计算，纯收入达20475元/hm²，产值利税率达47.87%，农副产品商品率达84.17%；化防田的稻谷产量要略高于调控田，这与整个稻田系统的能量分配有关，而因作物单一，纯收入仅为1497.3元/hm²，产值利税率为20.65%，指标值远远低于调控田，相比调控田产生了较高的经济效益（见表6）。

表6　调控田和化防田的经济效益指标值

| 稻田类型 | 土地生产率 | | | 产值利税率 /% | 农副产品商品率 /% |
	谷 /（kg·hm⁻²）	螺 /（kg·hm⁻²）	纯收入 /（元·hm⁻²）		
调控田	7 875	9 000	20 475	47. 87	84. 17
化防田	8 430	0	1 497.3	20. 65	0

三、小结与讨论

本研究中以调控田为代表的稻田生态调控模式具有良好的生态、经济和社会效益。该模式有利于保护稻田蜘蛛和土壤动物的生物多样性，对稻田杂草有明显的抑制作用，有利于稻田生态系统的稳定性调节。保护好稻田蜘蛛和土壤动物的生物多样性，能为稻田生态调控模式提供良好的物质基础。在调控田保护利用蜘蛛等自然天敌，严格控制化学农药的施用，在害虫爆发期选用低毒高效农药辅助控虫。经气相色谱法分析，调控田的土壤和稻谷的甲胺磷含量均低于化防田，降低农药用量达65.2%，降低农药费用38.9%，为实现无公害农业生产提供了有力保障。而将淡水贝类南美螺引入调控田进行人工养殖，结合稻田生态系统资源，南美螺啃吃杂草和其排泄物肥田等优点，在降低了成本的同时，增加了养殖业比重，农副产品商品率大大提高，有利于调整农村产业结构，活跃市场，搞活经济，产生了良好的社会效益，优化了稻田生态系统的结构，为发展水稻和特种水产相结合生态立体农业提供了可行有效的新模式。当然，南美螺的人工养殖具有地域性限制，本模式的应用需结合各地区的具体环境条件及农业类型，适当的调整产业结构，在维持稻田生态系统稳定的同时，提高农田的利用率，走生态高值农业之路。

原载 © Life Science Research, 2006, 10（2）: 151-155；国家自然科学基金项（No.39830040、No.30370208）、湖南十五农业攻关重点项目（No.01N KY 1005）资助

附一：历年其他研究成果题录

一、期刊类

[1] 颜亨梅，钟文涛．动物捕食性天敌摄食分析方法的研究进展．生命科学研究，2021，25（1）．

[2] 颜亨梅．值得深入探索的蛛形动物．大自然，2020（3）．

[3] 颜亨梅．神奇的猎手，初识蜘蛛．大自然，2020（3）．

[4] 汪波，李文芬，颜亨梅*．教师科研项目在实验教学改革中的应用．生物学杂志，2018(6)．

[5] 汪 波，李文芬，颜亨梅*．开展实践教学改革 培养学生创新能力．实验技术与管理，6.2018（5）．

[6] 黄 颖，颜亨梅*．模拟不同因素对狼蛛嗅觉器官定位猎物的影响．农业科学，2017,45(9)．

[7] 谭昭君，汪 波，钟文涛，龚 瑶，黄 婷，颜亨梅*．光照强度、颜色和温度对狼蛛捕食功能的影响．湖南师范大学自然科学学报，2016（3）．

[8] 汪波，张敏瑜，李文芬，戴 唯，颜亨梅*．基于 *CO-I* 基因分析狼蛛进食果蝇后的消化速率．西北农业学报，2015，24（7）．

[9] 汪 波，周子华，杨弘华，李思萍，蔡洁仪，颜亨梅*．正十二烷对拟环纹豹蛛定位猎物影响的研究．西南农业学报，2015，28（6）．

[10] 汪 波，李文芬，颜亨梅*．普通生物学实践教学探究．教育教学论坛，2015（4）．

[11] 龚 瑶，黄 婷，谭昭君，颜亨梅*．拟环纹豹蛛 *Pardosa pseudoannulata* 卵黄蛋白的分离纯化及性质．生命科学研究，2015（5）．

[12] 李 桑，张 琳，邱义兰，刘胜姿，孙一兵，颜亨梅*，郭向荣，刘如石．乡村沼气池污泥微生物多样性的研究．生命科学研究，2015（4）．

[13] 谭昭君，颜亨梅*．蜘蛛与蜘蛛、蜘蛛与猎物之间的信息联系机制．生命科学研究，2015（4）．

[14] 汪 波，柯紫君，汪昕蕾，李 妍，颜亨梅*．狼蛛对黑腹果蝇捕食数量的 PCR 检测．浙江农业学报，2015（7）．

[15] 汪 波，王伟达，李沛钿，杜 晨，颜亨梅*．一种海洋细菌显色分离培养基优化．中国农学通报，2015（8）．

[16] 汪 波，曾佳丽，黎于汾，贾甜甜，周思雨，陈 鑫，颜亨梅*．凝结芽孢杆菌对凡纳滨对虾生长和免疫的影响．西北农业学报，2015（6）．

[17] 汪 波，汪昕蕾，张晓津，李文婷，于金迪，颜亨梅*．温度和猎物密度对斜纹猫蛛捕食的影响．湖北农业科学，2014（17）．

[18] 徐孟亮，陈淑媛，莫 香，颜亨梅*．水稻耐冷相关基因克隆研究进展．生命科学研究，2014（2）．

[19] Cheng ZHANG, Yingjiang WANG, Gaojian WU, Yuxian WEI, Houyan DONG, Hengmei YAN*. Study on Scavenging and Disconnecting Effects of Nitrosation Reaction by Extracts of *Tetradium ruticarpum* and Glycyrrhizae. Agricultural Science & Technology,

2014（6）.

［20］汪 波，黄 婷，韩 梦，汪昕蕾，常玉婷，颜亨梅*. 狼蛛的化学感受器在寻觅定位猎物中的作用研究. 四川动物，2014（1）.

［21］刘 金，黄 毅，孙艳波，颜亨梅*. PAT酶长期胁迫下小鼠遗传多态性的变化. 湖南师范大学自然科学学报，2013，36（6）.

［22］张 成，徐子梁，温广辉，杨 虹，许 华，张梦诗，颜亨梅*. 葡萄子浸提液对亚硝化反应的抑制作用. 湖北农业科学，2013（14）.

［23］张 成，兰 阳，袁 麒，朱科谕，叶慧颖，王应江，李远弛，颜亨梅*. 蕺菜茶提取液对亚硝化反应清除和阻断作用的研究. 食品工业科技，2013（11）.

［24］富莉娜，颜亨梅*，段妍慧. 转Bar基因稻谷对妊娠小鼠生殖及健康的影响. 湖南农业科学，2012（13）.

［25］李文芬，刘沛芬，颜亨梅*，付秀芹，汪 波. 5种浮床植物在水环境恢复治理中的净化差异. 北京师范大学学报（自然科学版），2012（2）.

［26］富莉娜，颜亨梅*，段妍慧，黄 毅，孙艳波. 转Bar基因抗除草剂稻谷对妊娠小鼠亚慢性毒性的响应. 安徽农业科学，2012，40（11）.

［27］许 华，蒋梦娇，魏宇昆，颜亨梅*. 连作对植物的危害及形成原因. 湖北农业科学，2012（5）.

［28］孙艳波，黄 毅，段妍慧，富丽娜，刘 金，颜亨梅*. 转Bar基因抗除草剂稻谷对小鼠致敏性的研究. 湖南师范大学自然科学学报，2012（1）.

［29］许 华，蒋梦娇，陈 超，张 成，颜亨梅*. 清远市肿眼肉鸡病原诊断和药敏试验. 湖北农业科学，2012（4）.

［30］张 琳，熊格生，吴莎莎，卢向阳，吴俊文，刘如石*，颜亨梅*. 沼气池污泥微生物总DNA提取方法的比较. 激光生物学报，2011（6）.

［31］孙继英，张志罡，付秀芹，颜亨梅*. 农药长期胁迫对拟环纹豹蛛乙酰胆碱酯酶活性影响研究. 中国植保导刊，2011（8）.

［32］许 华，汪 波，魏宇昆，张 成，颜亨梅*. 三裂叶蟛蜞菊对两种草坪植物的化感作用. 广东农业科学，2011（14）.

［33］周 琼，苏 旭，熊正燕，颜亨梅*. 苍耳甾醇类物质对小菜蛾的产卵及趋向行为选择的影响. 环境昆虫学报，2011（1）.

［34］刘立军，黄 毅，段妍慧，张志罡，颜亨梅*. 转基因水稻表达的Bt蛋白对拟环纹豹蛛(Pardosa pseudoannulata)生长发育的影响. 激光生物学报，2011（1）.

［35］王丽冰，颜亨梅*，卢学理，袁喜才，陶福文. 海南猕猴岭自然保护区野放海南坡鹿的生境选择. 四川动物，2010（6）.

［36］颜亨梅，汪 波，陈 超，许 华，吴 杰. 有机虾养殖关键技术探讨. 嘉应学院学报，2010（8）.

［37］尤克西，周 琼，荆 奇，颜亨梅*. 农药对蜘蛛的影响. 华中昆虫研究，2010（6）.

［38］荆 奇，周 琼，尤克西，颜亨梅*. 蜘蛛捕食行为和化学通讯的研究. 华中昆虫研究，2010（6）.

［39］曾赞安，梁广文，颜亨梅*. 有机荔枝园、常规荔枝园和天然荔枝园蜘蛛类群的比较（英文）. 环境昆虫学报，2010（2）.

［40］王幼萍，颜亨梅*. 喘可治对辐射损伤小鼠造血与免疫重建的作用. 激光生物学报，2010（1）.

［41］汪 波，陈 超，许 华，李文芬，吴 杰，颜亨梅*. 珠海虾类资源及其养殖对策. 嘉应学院学报，2010（2）.

［42］王丽冰，卢学理，颜亨梅*，袁喜才，陶福文，赵仁东. 野放海南坡鹿的群大小与组成及社群分离. 四川动物，2010（6）.

［43］刘立军，颜亨梅*. 转基因水稻表达的 *Bt* 蛋白对拟环纹豹蛛（*Pardosa pseudoannulata*）体内保护酶活性的影响. 蛛形学报，2010，19（1）.

［44］文菊华，颜亨梅. 狼蛛不同发育时期及不同饥饿时间酯酶同工酶的研究. 湖南师范大学自然科学学报，2006.

［45］王 智，田 云，卢向阳，颜亨梅*，曾伯平. 低剂量农药对稻田蜘蛛控虫能力的影响及其作用机理研究与应用. 湖南农业大学，湖南师范大学，河北大学，2019.12.31.

［46］刘立军，王丽冰，张 巍，颜亨梅*. 转基因抗虫水稻的安全性及其防范策略. 生物技术通报，2009（51）.

［47］王丽冰，刘立军，颜亨梅*. 转 *Bt* 抗虫基因水稻的研究进展和生物安全性及其对策. 生命科学研究，2009（2）.

［48］杨筱慧，颜亨梅*. 基于 SRAP 分析的拟环纹豹蛛种群遗传多样性. 湖南师范大学自然科学学报，2009（1）.

［49］胡朝暾，陈 鑫，颜亨梅*. 虎纹捕鸟蛛栖息地生态环境与自然种群的调查研究. 怀化学院学报，2009（2）.

［50］Chen Xin, Yan Heng-Mei*, Yin Chang-Min. Two new species of the Genus *Hahnia* from China (Araneae:Hahniidae). Acta Arachnologica Sinica. 2009, 18（1）.

［51］陈连水，袁凤辉，饶 军，颜亨梅*. 江西水浆自然保护区蜘蛛多样性研究. 蛛形学报，2008（1）.

［52］张志罡，张 巍，付秀芹，刘立军，颜亨梅. 转 *Bt* 基因水稻对稻纵卷叶螟幼虫健康的影响. 第五届广东、湖南、江西、湖北四省动物学学术研讨会论文摘要汇编，2008.11.

［53］李文芬，颜亨梅*，余道坚，李建光，徐 浪. 地中海实蝇及其近缘种基因芯片检测研究. 第五届广东、湖南、江西、湖北四省动物学学术研讨会论文汇编，2008.11.

［54］付秀芹，张志罡，张 巍，刘立军，颜亨梅*. 转 *Bt* 基因水稻对土壤动物的影响. 第五届广东、湖南、江西、湖北四省动物学学术研讨会论文汇编，2008.11.

［55］钟福生，邓学建，颜亨梅*，王焰新，彭波涌. 西洞庭湖湿地鸟类群落组成、多样性及保护对策. 长江流域资源与环境，2008（3）.

［56］张志罡，付秀芹，孙继英，胡 波，颜亨梅*. 分子标记技术在蛛形学研究中的应用. 生物技术通讯，2008（2）.

［57］付秀芹，孙继英，张志罡，胡 波，颜亨梅*. 拟环纹豹蛛不同地理种群遗传多样性的 AFLP 标记研究. 昆虫学报，2008（2）.

［58］陈连水，袁凤辉，饶 军，颜亨梅*. 江西水浆自然保护区蜘蛛资源的初步研究. 安徽农业科学，2008（5）.

［59］李文芬，余道坚，颜亨梅，李建光，徐 浪，颜亨梅*. 地中海实蝇及其近缘种基因芯片检测研究. 昆虫学报，2008（1）.

［60］孙 慧，黄琼瑶，彭 飞，刘年猛，颜亨梅*. 血水草(Eomecon chorantha)根茎提取物ECA对钉螺的杀灭作用及其细胞超微结构的影响. 中国血吸虫病防治杂志，2009（1）.

［61］钟福生，颜亨梅*，李丽平，蒋 勇，姚 毅. 东洞庭湖湿地鸟类群落结构及其多样性. 生态学杂志，2007（12）.

［62］袁凤辉，陈连水，范志刚，颜亨梅*，饶 军. 东乡野生稻原产地蜘蛛群落结构动态研究. 植物保护，2007（6）.

［63］袁凤辉，白 涛，曹 波，陈连水，饶 军，颜亨梅*. 临川水蕹菜地节肢动物多样性研究. 中国植保导刊，2007（9）.

［64］张志罡，付秀芹，孙继英，胡 波，颜亨梅*. 中国转基因作物风险评估技术研究进展. 生物技术通报，2007（4）.

［65］胡朝暾，颜亨梅*. 蜘蛛神经节的解剖与神经细胞的分离培养. 动物学杂志，2007，42(2).

［66］胡朝暾，付秀芹，颜亨梅*. 不同饲养方法对虎纹捕鸟蛛生物学特征的影响. 怀化学院学报（自然科学），2007（3）.

［67］胡自强，刘 俊，付秀芹，颜亨梅*. 湘江干流软体动物的研究. 水生生物学报，2007(4).

［68］刘 金，王文彬，颜亨梅*，曾伯平. 寄生虫感染对黄鳝肠道pH值的影响. 湖南师范大学自然科学学报，2007（2）.

［69］张志罡，孙继英，付秀芹，颜亨梅*，黄志农. 稻田不同种植模式对蜘蛛群落的影响. 中国植保导刊，2007（6）.

［70］陈连水，袁凤辉，饶 军，颜亨梅*. 广昌白莲田蜘蛛资源、群落结构特征及利用. 中国植保导刊，2007（5）.

［71］张志罡，孙继英，付秀芹，胡 波，颜亨梅*. 2种杀虫剂对拟环纹豹蛛的毒力测定. 蛛形学报，2007（1）.

［72］陈连水，袁凤辉，饶 军，范志刚，颜亨梅*. 东乡野生稻原产地蜘蛛资源及群落结构特征的初步研究. 江苏农业科学，2007（2）.

［73］张志罡，孙继英，付秀芹，胡 波，颜亨梅*. 转Bt基因水稻的生态安全性研究进展. 中国稻米，2007（2）.

［74］付秀芹，张志罡，胡 波，张 巍，颜亨梅*. 洞庭湖湿地土壤动物群落特征与土壤质量的关系探讨. 农业现代化研究，2007，28（6）.

［75］罗育发，颜亨梅*. 由12S rDNA序列探讨中国狼蛛科主要类群的分子系统发育关系. 四川动物，2006，25（3）.

［76］邱冬梅，孙继英，刘 金，颜亨梅*. 扩增片断长度多态性(AFLP)荧光标记和银染技术的比较分析. 生命科学研究，2006（S.3）.

［77］谭远德，颜亨梅*. 多重检验法在基因芯片研究中鉴定差异表达基因的统计功效(英文). 遗传学报，2006，33（2）.

［78］聂团文，孙继英，胡 波，颜亨梅*．稻田4种优势种蜘蛛POD同工酶的比较研究．湖南师范大学自然科学学报，2006（4）．

［79］张志罡，孙继英，胡 波，颜亨梅*．土壤动物研究综述．生命科学研究，2006（S3）．

［80］王 智，付秀芹，宋大祥，颜亨梅*．不同防治田内不同发育期拟环纹豹蛛乙酰胆碱酯酶及羧酸酯酶的活性比较．农药学学报，2006，8（2）．

［81］王 智，颜亨梅*．温度和光照时间对虎纹捕鸟蛛的捕食影响．经济动物学报，2006（1）．

［82］王常玖，颜亨梅*．桃源县乌云界蜘蛛群落结构及资源．湖南师范大学自然科学学报，2006（1）．

［83］王 智，付秀芹，宋大祥，颜亨梅*．田间施药对拟环纹豹蛛羧酸酯酶和乙酰胆碱酯酶分布及活性的影响．昆虫学报，2006，49（2）．

［84］袁凤辉，陈连水，刘细明，饶 军，颜亨梅*．江西南丰蜜橘园蜘蛛优势种和目标害虫生态位研究．湖北农业科学，2005（2）．

［85］袁凤辉，陈连水，刘细明，饶 军，颜亨梅*．江西南丰橘园土壤动物群落结构及其多样性．动物学杂志，2005，40（4）．

［86］陈连水，袁凤辉，刘细明，饶 军，颜亨梅*．江西马头山自然保护区蜘蛛群落多样性研究．江西农业大学学报，2005，27（3）．

［87］袁凤辉，陈连水，刘细明，饶 军，颜亨梅*．江西老虎脑自然保护区蜘蛛名录初报．江西农业学报，2005，17（1）．

［88］晏毓晨，颜亨梅*，王常玖，袁金荣，林仲桂，朱雅安．湖南"三难地"土壤动物群落结构研究．农业现代化研究，2005，26（2）．

［89］刘 金，曾伯平，颜亨梅*，王文彬．黄鳝体内寄生虫感染对血液若干生化指标的影响．湖南师范大学自然科学学报，2005，28（1）．

［90］颜亨梅，王常玖，徐 英，孙在铭，陈立文．"稻－蛛－螺"生态调控复合模式的配套措施研究．农业现代化研究，2004，25（2）．国家自然科学基金九五重点项目资助．

［91］文菊华，颜亨梅*．狼蛛不同发育时期及不同饥饿时间脂酶同工酶的研究．湖南师范大学自然科学学报学术专刊，2004．

［92］晏毓晨，颜亨梅*，袁金荣．蜘蛛研究领域中利用分子标记技术的发展趋势．湖南师范大学自然科学学报学术专刊，2004．

［93］付秀芹，颜亨梅*，袁金荣．湖南衡南"三难地"土壤动物群落生物多样性研究．湖南师范大学自然科学学报学术专刊，2004．

［94］彭光旭，袁金荣，颜亨梅*．常宁县"三难地"土壤动物群落生态学研究．湖南师范大学自然科学学报学术专刊，2004．

［95］杨华南，彭光旭，晏毓晨，付秀芹，颜亨梅*．分子标记技术在蛛形学和昆虫学中的应用研究进展．生命科学研究，2004，8（2）．

［96］罗育发，颜亨梅*．RAPD技术在蜘蛛遗传多样性研究中的方法探讨．湖南师范大学学报，2004，27（2）．

［97］刘 金，颜亨梅*，曾伯平．黄鳝体内寄生虫生态学研究进展．生命科学研究，2004，8（2）．

［98］袁凤辉，陈连水，饶 军，颜亨梅*．江西黎川岩泉自然保护区蜘蛛研究初报．江西农业大学学报，2004，26（4）．

［99］陈连水，袁凤辉，饶 军，颜亨梅*．江西省马头山自然保护区蜘蛛初步名录．蛛形学报，2004，13（2）．

［100］肖永红，贺一原，杨海明，颜亨梅*．拟水狼蛛幼蛛饥饿耐受性研究．湖南师范大学自然科学学报，2004，27（1）．

［101］陈连水，袁凤辉，颜亨梅*．中国蜘蛛染色体组型的研究进展．遗传，2004， 26（1）．

［102］朱泽瑞，卢学理，颜亨梅*，王洪全，贺一原，胡自强，杨海明，刘年喜，李一平．南美螺（*Ampullaria gigas*）对 3 种农药的耐受力．湖南师范大学自然科学学报，2003，26（1）．

［103］颜亨梅，王洪全，杨海明，胡自强，朱泽瑞，贺一原．湖南稻田蜘蛛群落生态特点及控虫作用研究．蛛形学报，2002，11（11）．

［104］谭远德，颜亨梅*．mtDNA基因树的拓扑距离比较和基因分群．动物分类学报，2002，27（2）．

［105］卢学理，颜亨梅*，朱泽瑞，石光波，王洪全．中国稻田狼蛛亚群落结构及多样性研究，湖南师范大学自然科学学报，2002，25（4）．

［106］王 智，李文健，颜亨梅*，王洪全．不同类型防治田稻田蜘蛛群落物种组成及优势类群演替．中国农学通报，2002，18（1）．

［107］王智，李文健，王文龙，曾伯平，颜亨梅*，王洪全．稻田蜘蛛群落物种丰富度动态分析．北华大学学报（自然科学版），2002，3（1）．

［108］徐 湘，尹长民，颜亨梅*．湖南近管蛛科一新种（蛛形纲：蜘蛛目）．湖南师范大学自然科学学报，2002，25（4）．

［109］王 智,曾伯平,王文彬,李文健,颜亨梅*．虎纹捕鸟蛛的生物学特性．北华大学学报(自然科学版)，2002，3（4）．

［110］石光波，颜亨梅*，王洪全．基于 GIS 的稻田蜘蛛混合种群发生分析．生命科学研究，2002，6（2）．

［111］胡自强，贺一原，颜亨梅，杨海明，朱泽瑞，王洪全．荧光物示踪法定量测定水稻－叶蝉－蜘蛛食物链的营养关系．生态学报，2002，22 （7）．

［112］吕志跃，杨海明，颜亨梅，卢学理，王洪全．早稻不同生育期水稻白背飞虱拟水狼蛛食物链的能流动态研究．湖南师范大学自然科学学报，2002，25（2）．

［113］王 智，曾伯平，徐 湘，颜亨梅，唐 果，尹长民，傅 俊，李麓芸，卢光琇．用RAPD技术检测不同生态类型蜘蛛代表品种的基因组 DNA 多态性．蛛形学报，2002，11（1）．

［114］尹长民，颜亨梅．中国马利蛛属 1 新种（蜘蛛目：拟平腹蛛科）．蛛形学报，2001，10（1）．

［115］王 智，曾伯平，颜亨梅*，王洪全*．综防田和化防田稻田蜘蛛群落优势类群相异性比较研究．中国农学通报，2001，17 （5）．

［116］尹绍武,颜亨梅*,许 芳．大瓶螺多级轮养放养密度的研究．动物学杂志,2001,36(2)．

［117］王 智，颜亨梅*，王洪全．稻田蜘蛛混合种群空间分布的动态研究．植物保护，2001，27（6）．

［118］王 智，颜亨梅*，吕志跃，王洪全．稻田蜘蛛优势种对飞虱与叶蝉控制力的分析．生命科学研究，2001，5（1）.

［119］王 智，李文健，颜亨梅*，王洪全*．早稻田蜘蛛和目标害虫空间分布的动态分析．激光生物学报，2001，10（4）.

［120］Wang Zhi, Li Wen-Jian, Zeng Bai-Ping, Yan Heng-Mei*, Joo-Pil Kim. PRELIMINARY STUDIES ON SPECIES OF EDIBLE SPIDERS IN FOLK CHINA. KOREAN ARACHNOLOGY, 2001, 17（2）.

［121］Wang Zhi, Zeng Bai-Ping, Li Wen-Jian, Wang Wen-Bin, Yan Heng-Mei*, Joo-Pil Kim, STUDY ON THE EFFECT OF TEMPERATURE AND ILLUMINATION ON OMITHOCTONUS HUWENA'S PREDATION. KOREAN ARACHNOLOGY, 2001, 17（2）.

［122］尹绍武，颜亨梅*，王洪全，陈嘉勤，许 芳．饵料种类对福寿螺生长发育的影响．中国农学通报，2000，16（2）.

［123］尹绍武，颜亨梅*，王洪全，许 芳．福寿螺的生物学研究．湖南师范大学自然科学学报，2000，23（2）.

［124］尹绍武，颜亨梅*，王洪全，宋利俭，肖 栋．福寿螺对饵料的选择性研究．生命科学研究，2000，4（2）.

［125］Yin Chang-Min, Heng-Mei Yan, Joo-Pil Kim. ONE NEW SPECIES OF GENUS *HETEROPODA* FROM CHINA (ARANEAE, HETEROPODIDAE). REPRINTED FRM THE KOREAN JOURNAL OF SOIL ZOOLOGY, 2000, 5（1）.

［126］颜亨梅．不同生态类型蜘蛛代表种基因组 DNA 的多态性．蛛形学报，1999，8（2）．国家自然科学基金资助.

［127］王 智，颜亨梅*，王洪全．虎纹捕鸟蛛人工养殖技术研究．激光生物学报，1999,8(4).国家基金 N.39570119 资助.

［128］王 智，颜亨梅*．一种供 RAPD 分析用蜘蛛模板 DNA 的快速提取方法．生命科学研究，1999，3（3）．国家基金项目 N.39570119 资助.

［129］王洪全，颜亨梅*，杨海明．中国稻田蜘蛛群落结构研究初报．蛛形学报，1999,8(2).

［130］王 智，颜亨梅*，王洪全，尹长民．蜘蛛血细胞染色体制片技术探讨．常德高等专科学校学报，1999，11（2）.

［131］龙春林，王 红，李美兰，颜亨梅，周翊兰．基诺族传统文化中的生物多样性管理与利用．云南植物研究，1999，21（2）.

［132］Xiang-Jin Peng, Chang-Min Yin, Heng-Mei Yan, Joo-Pil Kim. FIVE JUMPING SPIDERS OF THE FAMILY SALTICIDAE (ARACHNIDA: ARANEAE) FROM CHINA. Korean Arachnol, 1998, 14（2）.

［133］Peng X. J., H. M. Yan, M. X. Liu, and J. P. Kim, Two new species of the genus *Coelotes* (Araneae : Agelenidae) from China. Korean Arachnology, 1998, 14（1）.

［134］颜亨梅，王洪全，尹长民．庐山蜘蛛垂直分布调查．湖南师范大学学报，1988,11(2).

［135］Yan Heng-Mei, Yin Chang-Min, Peng Xian-Jin, Bao You-Hui, Kim Joo-Pil. One New Species of the Genus *Pirata* From China (Araneae: Lycosidae). Korean Arachnol,

1997，13（2）.

［136］Xie Li-Ping, Yin Chang-Min, Yan Heng-Mei, Kim Joo-Pil. Two New Species of the Family Clubionidae from China (ARACHNIDA: Araneae). Korean Arachnol, 1996, 12(1).

［137］Yin Chang-Min, Yan Heng-Mei, Gong Lian-Su, Kim Joo-Pil. Three New Species of the Spiders of Genus *Clubiona* from China. Korean Arachnol, 1996, 12(1).

［138］郭永灿，颜亨梅，赖勤，邓继福，王振中，张友梅，胡觉莲，郑云友，夏卫生. 重金属污染对土壤动物群落生态影响的研究. 环境科学，1996，17（2）.

［139］郭永灿，王振中，张友梅，赖勤，颜亨梅，夏卫生，邓继福. 重金属对蚯蚓的毒性毒理研究. 应用与环境生物学报，1996，2（1）.

［140］王洪全，颜亨梅，杨海明. 中国稻田蜘蛛生态与利用研究. 中国农业科学，1995，29（5）.

［141］王振中，颜亨梅等. 有机磷农药对土壤动物群落结构的影响研究. 生态学报，1996，16（4）.

［142］胡自强，颜亨梅，杨海明，韦清伟. 硇洲岛沿海双壳类的种组成和生态分布. 湖南师范大学自然科学学报，1996，19（1）.

［143］胡自强，颜亨梅，杨海明. 硇洲岛沿海腹足类的种类组成和生态分布. 湖南教育学院学报，1996，14（5）.

［144］颜亨梅. 动物王国的体育明星（一）. 科学启蒙，1996，（1）.

［145］颜亨梅. 动物王国的体育明星（二）. 科学启蒙，1996，（2）.

［146］颜亨梅. 绿色猎手. 科学启蒙，1996（5）.

［147］郭永灿，王振中，张友梅，赖勤，颜亨梅，夏卫生，邓继福. 株洲工业区土壤重金属污染与蚯蚓同工酶的研究. 应用生态学报，1995，6（3）.

［148］Yan Hengmei, Kim, Joo-Pil. Biology of the Spider *Tetragnatha squamata* (Araneae : Tetragnathidae). KOREAN ARACHNOL, 1994, 10（1.2）.

［149］王振中，邓继福，郭永灿，颜亨梅，赖勤. 湖南省清水塘工业区重金属污染对土壤动物群落生态影响的研究. 地理科学，1994，14（1）.

［150］颜亨梅，王洪全，尹长民. 中国橘园蜘蛛名录. 蛛形学报，1994，3（1）.

［151］王振中，张友梅，颜亨梅，邓继福. 土壤重金属污染对蚯蚓（*Opisthopora*）影响的研究. 环境科学学报，1994，14（2）.

［152］郭永灿，颜亨梅，赖勤，王振中. 土壤中重金属污染对白颈环毛蚓（*Pheretime cali foncia*）胃肠道黏膜损伤的扫描电镜观察. 电子显微学报，1994（2）.

［153］王振中，邓继福，郭永灿，颜亨梅，赖勤. 湖南省清水塘工业区重金属污染对土壤动物群落生态影响的研究. 地理科学，1994，14（1）.

［154］Hengmei YAN, Hongquan WANG, Changmin YIN. Study on Interaction relationship between Spider and planthopper. 第19届国际昆虫学术研讨会大会报告/论文集(XIXXICE)，1992. 国家基金资助项目.

［155］宋大祥，颜亨梅，朱明生. 梵净山和张家界地区蜘蛛群落结构及多样性研究. 蛛形学报，1992，1（1）.

［156］王洪全，颜亨梅，杨海明．稻田蜘蛛与飞虱制约关系及其利用．蛛形学报，1992，1（2）．

［157］颜亨梅，王洪全，尹长民．中国西南稻田蜘蛛群落结构及生态分布．湖南师大学报，1991，14（1）．

［158］王洪全，颜亨梅．新疆稻棉害虫捕食性天敌调查及其控虫作用评价．全国生物防治学术讨论会论文集，1991．

［159］王洪全，颜亨梅．晚稻田间蛛虫相考察．湖南师范大学自然科学学报，1989，12（1）．

161．颜亨梅，尹长民，王洪全．长沙橘园蜘蛛资源调查研究．生物防治通报，1987（01）．

［160］颜亨梅．温度对斑管巢蛛（Clubiona reichlini）生长发育的影响．湖南师范大学自然科学学报，1986，3（3）．

（注：＊代表为该文章通讯作者。）

二、图书、专利类

［1］颜亨梅，彭贤锦，等．蜘蛛学．长沙：湖南师范大学出版社，2020．

［2］王洪全，颜亨梅，杨海明，等．生态高值农业之路——保护蜘蛛与生态调控水稻有害生物．长沙：湖南科学技术出版社，2017．

［3］汪波，杨弘华，颜亨梅．一种液态下益生菌高效保存方法．中国（申请（专利）号：CN201610023429.1），2016.06.08．

［4］陈超，颜亨梅．生物信息分析初级使用教程．广州：华南理工大学出版社，2012．

［5］陈超，王英典，万一非，万沅松，龙云映，颜亨梅，安宝生，袁剑锋，陈超．一种油脂中黄曲霉毒素B1快速检测试剂盒及其制备方法．中国（申请（专利）号：CN201110172360.6），2012.12.26．

［6］文礼章，沈佐锐（主编），颜亨梅等（副主编）．昆虫学研究方法与技术导论（全国高等院校生物类专业研究生十一五规划教材）．北京：科学出版社，2009．

［7］王洪全，古德祥，颜亨梅，吴进才．中国稻区蜘蛛群落结构和功能的研究．长沙：湖南师范大学出版社，2006．

［8］颜亨梅．山之缘，师之本／／尹长民教授文集．长沙：湖南师范大学出版社，2003．

［9］颜亨梅，等．烟草田蜘蛛的保护与利用／／中国烟草昆虫种类及害虫综合治理．北京：中国农业科学技术出版社，2003．

［10］颜亨梅，王洪全，杨海明．长沙地区稻田蜘蛛群落与目标害虫的生态位研究／／中国植保学会2001年学术研讨会论文集．北京：中国科学技术出版社，2001．

［11］王洪全，杨海明，李承志，朱泽瑞，贺一原，胡自强，颜亨梅，黎红辉．食物链传递标记物定量分析法．湖南师范大学，中国（申请（专利）号：CN01114479），2001.10.10．

［12］谢国文，颜亨梅，张文辉，等．生物多样性保护与利用．长沙：湖南科技出版社，2001．

［13］颜亨梅，刘曼媛．生物世界之最．长沙：湖南师范大学出版社，2000．

［14］杨其仁，王国秀，李方满，颜亨梅，等．普通动物学学习指南．武汉：华中师范大学出版社，2000．

［15］尹文英，王振中，颜亨梅，等．环境污染对土壤动物的影响／／中国土壤动物．北京：

科学出版社，2000.国家自然科学基金项目.

［16］颜亨梅，邓学建.动物学//理学——继续教育科目指南.北京：中国人事出版社，1999.

［17］颜亨梅，王洪全，尹长民.蜘蛛制约稻虫的生物生态学基础的探讨//98海峡两岸害虫生物防治学术研讨会论文集.北京：中国科技出版社，1998.

［18］颜亨梅，王洪全，尹长民.湖南烟叶仓库内节肢动物群落的物种多样性研究//中国桂林珍稀濒危动植物国际研讨会.北京：中国科学技术出版社，1995.

［19］颜亨梅，王洪全，尹长民.云贵高原松林蜘蛛群落多样性研究//中国动物学会成立60周年纪念暨学术讨论会论文集（学报级）.北京：中国科技出版社，1994.国家自然科学基金资助项目.

［20］颜亨梅，杨海明，王洪全，尹长民.东北地区农田蜘蛛群落的研究（同上）.北京：中国科技出版社，1994.国家自然科学基金资助项目.

［21］宋大祥，颜亨梅，等.武陵山地区蜘蛛资源调查及其群落多样性研究//西南武陵山地区动物资源和评价.北京：科学出版社，1994.

↑ 附件二：个人小传

成长

1950 年 6 月 3 日，农历四月十八日申时，我出生于湖南省安仁县安平镇青岭村坳上颜古老屋场。父亲颜国光读过几年旧学，颜体毛笔书法在当地有些名气，加之他待人平和、见识较广且热心助人，本地村民如有纠纷、红喜白丧，父亲都前往张罗，得到了乡亲们的尊敬。母亲张菊英是典型的华夏农妇，特别能吃苦耐劳，一生勤俭持家，为我们兄弟树立了榜样。

1957—1970 年，我完成了小、中学阶段的学业。高中毕业后回乡劳动锻炼期间，我主动担任村民小组长一职，吃苦耐劳且业绩突出；经本人申请，于 1971 年 5 月 7 日，由中共安平人民公社（后改安平镇）党委批准我成为中共正式党员。

1975 年，我于湖南师范学院生物系毕业后留校任助教；1985 年湖南师范大学生物学系（后改生命科学学院）研究生毕业，获理学硕士后继续留校任教；1986 年晋升讲师，1992 年被评为副教授、遴选为硕士研究生导师；1995 年破格晋升教授，随后被遴选为湖南省昆虫学会副理事长、省生态学会副理事长、省植物保护学会副理事长、省医卫害虫防治学会常务理事；1997 年国务院为表彰我发展我国教育事业做出的突出贡献，颁发了"政府特殊津贴"荣誉证书。2000 我被遴选为湖南省青年动物学会理事长；先后受聘湖南农业大学兼职教授、生态学博士生导师，中国地质大学（武汉）环境学院博士生导师；兼任全国动物教学工作指导委员，中国蛛形学会常务理事。2002—2003 年作为公派高级出访学者在澳大利亚昆士兰大学完成了国际合作研究，同时经单位推荐遴选为生物学一级学科博士生导师；2003—2016 年任湖南省动物学会理事长和中国动物学会理事，中国生物防治专业委员会委员，《生命科学研究》和《北京师范大学珠海分校学报》杂志编委，湖南省中学生生物学奥赛竞赛委员会副主任，湖南省青少年科普辅导团成员等职。2004 年起在北京师范大学珠海分校任职，历任分校教授委员会委员、党委纪委委员、工程技术学院书记兼副院长；2005 年作为资深生物学者，应邀赴美国加州科学院从事生物多样性合作研究；同年因业绩突出，被遴选为"国家科学技术奖励"评审专家、科技部"863"计划评审专家、"全国学位与研究生教育评估专家"。2009 年受聘国家质检局珠海国际旅行卫生保健中心"高级科学技术顾问"。2012 年经湖南省人社厅评选、确认为二级教授。

参加工作以来，我先后完成了 10 项国家自然科学基金项目（含重点项目 1 个），20 余项省、市级课题，发表论文 210 余篇，合作出版著作 12 部、教材 8 册，获省部级以上教学科研成果奖 11 项；2019 年被中国动物学会授予"终身成就奖"；2020 年荣获"珠海市优秀共产党员"称号；2021 年在庆祝建党 100 周年之际，中共中央

授予我 "光荣在党 50 年"纪念章。

教学

自 1975 年起，我一直在高校生物学领域中从事教书育人工作，先后为本科生开设了植物保护学、无脊椎动物学、普通动物学、普通生态学、昆虫学、经济动物学、动物生物学、人体解剖与生理学、生命科学前沿概论、人类生态学、应用营养学、环境生物学、药用动物学、营养设计与膳食配餐、食品安全与健康、功能食品学、微生物与发酵、微生物工程、人类生态与文明和生态旅游共 20 门课程；为研究生开设了蜘蛛学、昆虫与害虫防治、经济动物健康养殖、生物多样性、环境与生物安全、生态学原理与方法、转基因生物安全性评价、科学研究方法、生物专业英语、文献阅读与英文写作和生物统计学共 11 门学位课程；指导硕士研究生 50 余人，博士研究生 9 人，其中 6 人次获"省级优秀研究生"或"省级优秀研究生论文"称号。

1992—2015 年历任湖南师范大学生物学系教学系主任、动物学系主任，湖南师范大学生态安全监测与评价重点实验室主任等职，其间新开设生态学硕士学位专业 1 个、省级重点本科专业 1 个、普通本科专业 1 个；主持 "利用多媒体进行教学管理" "生物学类专业教学内容和课程体系改革的研究" 等教改项目，后者于 1997 年获省级教学成果二等奖。同年国务院为我颁发了"特殊津贴"荣誉证书。 2003 年我赴上海参加"中国动物学教学工作委员会第八次会议"，并在大会上作了"大学动物学及其野外实习教学改革的思考与实践"的主体报告。

2004 年起受聘北京师范大学珠海分校教育学院教授，我以该院家政专业为基础创办了"生活科学系"，成为该系学术带头人。2006 年我受命创建分校工程技术学院，设置了生物技术、工业设计、教育技术和遥感测控技术四个专业，其间为创造更好的教学科研环境，从企业引资 2500 万元，建成了 30000 ㎡ 的教学实验大楼。后经本人牵线，与国家质监局珠海出入境检验检疫中心合作办学，对方在实验室安装了价值 4000 多万元的仪器设备，实现了"不求所有，但求所在（用），资源共享"的目标，成功创建了"协同创新构建'检学研'一体化应用型人才培养的新型教育教学模式"，培养的学生连续多年在国内最高级别的大学生专业技能竞赛中获得大奖，毕业生考研率达 20 ％，就业率 99.5％。因我们办学机制新颖，办学理念先进，办学成效显著，2009 年 6 月 24 日《光明日报》以"小山头上'变戏法'"为题作长篇报道；2012 年得到广东省高教学科评估专家组的一致好评；2013 年获北京师范大学教学成果一等奖，同年我被教育部列为全国有建树的科学家。

科研

我长期致力于生物安全与人类健康领域研究。1975 年起我师从尹长民、王洪全教授，在平江、湘阴等地开展"以蛛控虫，减少农药污染"的应用研究。持续多年的"稻田蜘蛛保护利用"项目产生了明显的经济、生态和社会效益，研究成果于 1980 年荣获农业部"农牧业技术改进奖一等奖"和湖南省政府"科技进步奖二等奖"。为此联合国粮农组织两次来华在湘阴召开"水稻害虫综防现场会议"，该组织主管埃尔逊博士等与会代表一致认为，"中国在保蛛控虫方面已在国际上遥遥领先"，为降低化学农药用量，保护农产品与环境安全做了开创性工作。

1987 年我承担王洪全教授主持的首批国家自然科学基金项目"中国农林蜘蛛资源与利用研究"（No.3860603），对全国的农林蜘蛛资源和生态分布进行了全面调查分析，为蜘蛛保护和利用提供了丰富的科学数据。1990 年我主持湖南省教委"无公害茶叶环境生物监测技术研究"项目，实地考察茶园生态环境与病虫发生特点，为"保蛛控虫，降低茶叶农药残毒"的研究做积累。1991 年借鉴稻田"保蛛控虫"成功经验，在湖南和广东等地对茶园和橘园的有害生物实施生态调控措施，使农药用量下降50% 以上，让农民增产增收，产生了明显的经济、生态和社会效益。1991 年承担国家自然科学基金项目"利用土壤动物群落结构监测环境污染的研究"（No.4907003，主持人尹文英和王振中教授），提出利用土壤动物作为生物因子监测环境污染程度，为环境监测与污染治理开辟了一条新途径。1992 年出席第十九届国际昆虫学（含蜘蛛与蜱螨）学术研讨会，在大会上报告了农田"保蛛控虫"以减少农药用量，保护生物安全的研究成果，得到与会者的高度赞赏。 1996 年受湖南省府委托，我参加了国家人事部"无公害农业技术高级研讨班"学习后，主持湖南省科委九·五重点项目"控制烟草害虫的无公害技术研究"，为控制农药残毒量，提高烟草质量提供了技术支持。同年主持国家自然科学基金项目"虎纹捕鸟蛛的生物生态学研究"（No.39570119），探明了虎纹捕鸟蛛珍稀濒危的原因及其人工养殖技术，并拓展了对蛛毒应用研究新领域。 1997 年主持湖南省农委九·五攻关项目"金宝螺人工高产养殖配套技术研究"，为其商品化、产业化进入水产市场提供了技术支撑。1998 年应邀出席在美国芝加哥召开的第 14 届国际蛛形学会学术研讨会，并在大会上发言，获得 500 美元嘉奖。1999 年承担尹长民教授主持的"湖南省动物志蜘蛛分册的研究"项目，历经 4 年艰辛的标本采集、鉴定和资料收集、研读及编写，由尹长民、彭贤锦和颜亨梅等编著的《湖南省动物志·蜘蛛类》终于问世了。

2000 年我主持湖南省自然科学基金项目"不同生境蜘蛛基因组 DNA 的多态性研究"，开启了对蜘蛛分子层面的研究。同年，作为中方的资深动物学学者，我应邀参加由美国科学基金立项资助、中美英合作的"中国云南高黎贡山生物多样性研究"项目（No.DEB-0103795），并担任昆虫蜘蛛生态学组负责人之一，经过 7 年的努力探明了高黎贡山丰富的生物、民族文化资源及其成因，为贡山建立世界级生物种质基因库提供了科学依据。该研究成果获得了学术界的首肯。2002 年受教育部派遣，作为高级访问学者，我赴澳大利亚昆士兰大学与 J. N.Tullberg 博士做环境污染对土壤动物的影响研究，为后续的转基因作物安全性评价奠定了基础。同期应邀赴新西兰坎特伯雷大学与 Robuter 博士合作研究蜘蛛等天敌的摄食检测方法。这些工作不仅加强了国内外同行的交流合作，而且拓展了本人科技研究的广度与深度。

2003 年起湖南省植保站特邀我为湖南省农业重点攻关项目"改制稻田农作物生物灾害生态调控技术研究"的技术顾问，创建了"稻—蛛—螺"生态种养模式，试验区降低农药和化肥的用量 65%，实现了稻田生态系统的健康、农产品的安全和增产增收，7 年后该研究成果被省政府授予科技进步二等奖。2004 年我主持国家自然科学基金项目"农药胁迫下狼蛛优势种群基因组 DNA 多态性及其适应性机理研究"（No.30370208）从基因水平上揭示了农药胁迫对蜘蛛的影响，为污染环境的治理及蜘蛛的保护利用提供了分子层面的依据。2005 年 6 月，我应邀赴美国加州科学院与 C.E.Griswold 博士合作研究利用蜘蛛多样性监测环境安全性，拓宽了中美两国对蜘蛛的研究领域。

2006—2015 年我主持完成了"转 Bt 水稻对土壤动物的安全性评价及其机理"（No.30570226）和"转基因稻谷对小鼠生物安全性评价及其机理"（No.30970421），两个国家自然科学基金项目历时十年，带领团队率先对转基因作物的安全性进行了检测与评价，为国家有关部门制定关于转基因作物的政策提供信息。2009 年我应邀出席由中科院与中科协主办的"达尔文诞辰 200 周年纪念及国际学术研讨会"，在大会上作了题为"Safety Evaluation of Bt Transgenic Rice on Ecosystem"的报告。次年出席贵阳的"全国生物安全应用技术学术研讨会"，报告该研究结果，并于会上提出：第一，要肯定转基因技术的优势；第二，转基因农作物的安全性，应取决于转入基因的安全性，及其所表达蛋白质的安全性两个观点引起了与会者的强烈反响。

2009 年起我被任命为"北京师范大学珠海分校功能食品研究所"所长，主要从事"药食同源"应用研究：（1）与珠海元朗食品公司共建了"珠海食品工程中心"，与珠海香记食品公司合作研发"长乐藻"系列特色功能食品。（2）羊栖菜的健康种植及其应用研究，经实验确认其所含多糖类、膳食纤维、维生素、甾醇类、多酚类等活性成分，具有清洁血液、抗氧化、抗菌、抗疲劳和免疫调节等功能。（3）利用复合中草药配方提高鱼虾生存力，与对照相比，中草药复合配方饵料使鱼虾苗成活率高达 93% 左右，生长速率高出 59%，抗病力提高 1.5 倍。

2012—2018 年我先后主持完成了国家自然科学基金项目"游猎型蜘蛛与猎物之间的信息联系及其机制"（No.31172107）和"基于分子生物技术的蜘蛛摄食生态学分析及控虫效能评价"（No.31372159）。其间带领研究团队在蜘蛛领域中首次应用

DNA 条形码和数字 PCR 等前沿分子技术，结合计算机技术，探索了不同生境下蜘蛛食谱清单，并建立了测定蜘蛛在自然条件下控虫效能的数学模型，突破了因蜘蛛有体外和体内两类消化方式，无法检测其"吃了什么""吃了多少"的难题，理论上丰富了蜘蛛学内涵；生产实践上为测定蜘蛛控虫量提供了新的科学方法，对减少农药用量、保护生态环境与人类健康有重要意义。为此，省政府授予我"湖南科技杰出贡献专家"称号，载入《湖南强省先锋谱》。

公益

作为一名普通高校教师，我时刻牢记：要担当教学、科研和服务社会三项职责。退休后，我往返湖南和广东两地，积极发挥余热做公益，充分利用自己的专业特长，发扬"蜡烛精神"，送健康知识上门，服务民众。例如尽管我的人事关系在湖南而没有享受珠海特区优惠政策，但我从不计较，承担了珠海市生态学会副理事长、市营养学会副理事长、市老科技工作者协会副会长和市茶文化协会副理事长等多种公益性社会兼职，积极为珠海教育科技事业、社会文明建设服务。2017 年应邀参与珠海市科普志愿者协会初建工作，任副会长；2018 年接任会长。针对初期协会不景气的现状，我提出了"科教兴国，科普惠民，服务珠海"的办会宗旨，抓住"一条主线（科普大讲堂）、两个服务点（学校、农村）、三突出（自身、网站、制度建设）、四统一（思想、目标、要求、行动）、五坚持（大战略、方向、原则、品牌、前提）"的发展思路与行动方案，获得了理事和会员的一致赞同，全会上下达成了共识，明确了目标，激发了热情。3 年来面向市民开展各类科普讲座 300 余场（本人主讲 59 场），服务近 6 万人次；完成政府的公益性科普服务项目 20 余个，建立了金湾、青妇儿童活动中心、高新区、狮山、北师大和斗门 6 个工作站，承担了 6 个社区长者饭堂管理任务，深受市民的赞赏和欢迎。2020 年我被中共珠海市社会组织总会党委授予"优秀共产党员"荣誉称号。

　　本文集得以顺利完稿，首先我由衷感谢刘少军院士在百忙之中为本书作"序"，让我感到莫大的荣幸！感谢彭贤锦院长日理万机还拨冗给本书撰写"前言"，对我关怀备至！这一切都在我脑海中留下了深刻的、不可磨灭的烙印！他们在文中所表述真挚感人的每一句话对我今后的工作与生活都是无形而又无穷的激励和鞭策！

　　文集中所收集的一些早年论文，主要是在我的导师尹长民教授、王洪全教授和胡运瑾教授指导下，同时又一起工作的结晶；而近期的一些论文，则多数是在国家自然科学基金的资助下，与我的研究生共同努力获得的研究成果。因此，本文集不仅是当作对导师的一份感恩和怀念，而且也是对我和学生们当年一起度过的难忘岁月的纪念。文集的出版应该说是对热情促成此事的学生们的答谢！

　　我感谢为本文集出版所给予过帮助的每一个人，尤其感谢我的夫人刘曼媛教授一直操劳家务，免除我的后顾之忧，让我全身心投入工作；感谢以前的 59 名博士、硕士研究生参与相关研究中所付出的创新性劳动。还要特别感谢出版社宋瑛老师对本书稿所做的精益求精的努力及全书编辑中所付出的辛勤劳动！

颜亨梅

2021 年 9 月